vmware®
技术丛书

The New Generation SDN
VMware NSX Network Principles and Practices

新一代SDN
VMware NSX
网络原理与实践

范恂毅 张晓和 著

U0285247

人民邮电出版社
北京

图书在版编目（CIP）数据

新一代SDN：VMware NSX 网络原理与实践 / 范恂毅,
张晓和著. -- 北京：人民邮电出版社，2016.4（2021.8 重印）
ISBN 978-7-115-41922-4

Ⅰ. ①新… Ⅱ. ①范… ②张… Ⅲ. ①计算机网络—
网络结构 Ⅳ. ①TP393.02

中国版本图书馆CIP数据核字(2016)第055427号

内 容 提 要

　　VMware NSX 是 VMware 网络虚拟化平台，是结合了 Overlay 技术的新一代 SDN 解决方案。本书作为市面上第一本专门讲解 VMware NSX 的中文图书，揭开了这项新技术的神秘面纱。

　　本书共分为 12 章，主要介绍了 SDN 与网络虚拟化的起源与现状，NSX 网络虚拟化概览，NSX-V 解决方案基本架构，NSX-V 逻辑交换与 VXLAN Overlay，NSX-V 逻辑路由，NSX-V 安全，NSX-V 的 Edge 服务网关，多 vCenter 环境中的 NSX-V，多虚拟化环境下的 NSX-MH，NSX 与 OpenStack，在 NSX 之上集成第三方服务，NSX 的底层物理网路设计等知识。

　　本书适合网络和虚拟化设计架构师、项目实施工程师和 IT 管理人员阅读。

◆ 著　　　　范恂毅　张晓和
　　责任编辑　傅道坤
　　责任印制　张佳莹　焦志炜

◆ 人民邮电出版社出版发行　　北京市丰台区成寿寺路 11 号
　　邮编　100164　电子邮件　315@ptpress.com.cn
　　网址　http://www.ptpress.com.cn
　　北京盛通印刷股份有限公司印刷

◆ 开本：800×1000　1/16
　　印张：25
　　字数：498 千字　　　　　　　2016 年 4 月第 1 版
　　印数：10 901 – 11 100 册　　2021 年 8 月北京第 15 次印刷

定价：79.00 元

读者服务热线：(010)81055410　印装质量热线：(010)81055316
反盗版热线：(010)81055315

序

今天，移动通信正在重新定义我们的社会。新的移动应用和业务，不仅让我们的衣食住行变得更加便利，新的创新和商业机会也层出不穷。通过和传统行业的深度融合，也就是我们所说的"互联网+"，各种传统行业加上了一双"互联网"的翅膀，诞生出了很多激动人心的技术创新和业务创新，进一步推动着社会进步。

IT 部门，作为信息技术的领导者和实践者，它的作用也在这一轮互联网浪潮中变得无比重要。我们的业务部门不仅需要 IT 部门更敏捷、更安全、更高效和更灵活，也需要 IT 部门成为引领创新的创造者、推动者和实施者。这种新的要求，也让我们每一位 IT 从业者重新思考我们的基础架构、IT 管理流程和 IT 安全模式。云计算作为移动互联网的基石，也成为 IT 部门的重要战略举措。通过虚拟化，打造软件定义的数据中心，也成为企业 IT 转型的重要一步。软件定义数据中心通过虚拟化、资源池化和自动化，把企业数据中心的各种资源，包括存储、计算和网络资源，打造成统一管理、水平扩展的资源池，能按需地给业务部门的应用提供相应的 IT 资源，极大地提高了反应的敏捷度和运行效率。

VMware 公司作为虚拟化和云基础架构的全球领导厂商，一直在软件定义数据中心和混合云的领域中投入大量资源进行创新。我们提出的软件定义数据中心的理念，也逐步被业内和全球上千万用户接受。今天 VMware 公司不仅成为成长速度第一的软件公司，也成为业内公认的最具颠覆性的科技公司之一。今天 VMware 的产品和技术，已经覆盖了计算、存储、网络虚拟化、混合云和终端用户计算各个方面。VMware 公司已经成为 CIO 们最信赖的技术合作伙伴之一。

作为软件定义数据中心非常重要的一环，软件定义网络一直是 VMware 创新的重点之一。VMware 通过 2012 年并购 Nicira，已经开拓出了领导全球数据中心网络架构的 NSX 软件定义网络解决方案。VMware NSX 是具有跨时代意义的颠覆性产品和技术，它在应用于客户现有网络环境中时，无须颠覆性地替换和改造客户网络硬件和设备，大大节省和保护了投资，目前已经被全球成百上千的行业大客户大规模部署和商用。SDN/NSX 通过微分段（Micro-Segmentation）也能让企业网络更加安全，同时其独有开放性和分布性的优势又可以帮助数据中心的基础架构提升自动化、智能化、可靠性和可用性，并且十分易于管理。

范恂毅先生和张晓和先生，作为软件定义网络领域多年的一线技术专家和从业者，把他们在 SDN/NSX 的经验和体会浓缩在本书中。这些经验和总结，具有极大的参考价值，不仅能帮助广大 IT 从业者很好地理解 SDN 和 NSX，也能帮助大家把 SDN/NSX 实施到具体的 IT 项目中。希望本书的出版，能有助于软件定义网络和软件定义数据中心的进一步技术创新，为 IT 技术变革贡献一份力量！

李映博士

VMware 公司亚太及日本地区技术副总裁兼亚洲研究院总经理

关于作者

范恂毅，毕业于南京邮电大学，曾在 NEC、Jardine OneSolution、Alcatel-Lucent 等国际知名 IT 公司担任顾问和架构师，有约 10 年行业工作经验。精通网络和服务器虚拟化技术，并在存储、安全、应用交付、语音、无线等领域有深入研究，尤其对 SDN、网络虚拟化、分布式存储、OpenStack 等前沿 IT 技术保持着极高的热情和孜孜不倦的追求。持有三项 Cisco CCIE 认证（安全、语音、数据中心）和三项 VMware VCP 认证（数据中心虚拟化、网络虚拟化、桌面虚拟化）。曾主导多家跨国企业的中国区数据中心的架构设计，目前同时担任着国内最大的 VMware 虚拟化技术论坛——VMsky 的 NSX 版块版主。

张晓和，曾就读于香港大学 IMBA，目前是 VMware 公司网络虚拟化产品线高级经理，拥有 18 年的 IT 工作经历，先后在 Bay Networks、Fore Systems 以及 Cisco Systems（2000年到 2014 年）担任资深系统工程师和销售经理等多个职位。是国内最早一批获得路由交换和安全双 CCIE 的网络从业人员，曾经参与过国内很多重点行业的超大型客户网络架构设计，乃至业务拓展及推广。作为 VMware 公司在中国区最早布局网络虚拟化（SDN）业务的资深产品经理，张晓和先生自 2014 年以来一直致力于推广和推进在新一代的数据中心和云机房中使用软件定义网络的 NSX 技术来替代物理网络设备和厂商功能绑定的传统方案。

致谢

在本书著作过程中，我得到了亲友和业内同行们的大力支持，在这里需要一一致谢。首先需要感谢的是我的家人，我用了大量本该陪伴你们的时间去写作本书，没有你们的支持和理解，本书很难如期面世。对于书中 NSX 与其他厂商的融合解决方案章节，前 Palo Alto 公司的陈剑先生、F5 公司的周辛酉先生、Arista Networks 公司的杨文嘉先生、Brocade 公司的李鹤飞先生都进行了细致的审校工作，保证书中所述没有偏差，在这里向他们一并表示感谢。此外，VMware 公司前大中华区总裁宋家瑜先生、F5 公司大中华区技术总监张振伦先生、Brocade 公司大中华区 CTO 张宇峰先生、盛科网络软件总监张卫峰先生、南京邮电大学的黄海平教授也给予了我关怀和帮助，在此一并感谢。最后需要特别感谢我的朋友宋健先生，他为我动用了各种资源，提供了整套真实的 NSX 部署环境，并牺牲了多个周末陪伴我一起搭建环境并实现 NSX 的各个功能。再次由衷感谢上述所有亲友和同行。

——范恂毅

在本书著作过程中，得到了公司领导和同仁的大力支持，在此表示感谢！首先感谢 VMware 公司亚太及日本地区技术副总裁兼亚洲研究院总经理李映博士为本书作序。特别感谢 VMware 公司 SDDC 大中国区业务总监林世伟先生和 VMware 公司大中华区高级市场总监陈致平先生促成了本书能够系统性地与大家见面。同时感谢中国区市场总监邵颖女士、VMware 公司大中华区高级产品经理傅纯一先生和市场部数字营销经理朱亮的关注和帮忙。还要特别鸣谢 VMware 公司中国研发中心网络与安全开发部总监韩东海先生在相关章节给了很好的建议；以及感谢 VMware 公司叶逾健、尤贵贤和叶毓睿先生等多位的大力支持。

——张晓和

前 言

当企业需要搭建一个"云"的时候，无论它是公有云还是私有云，其基础架构一定涉及网络、计算和存储这三大块。NIST 对云计算的定义中，明确提出了云中资源需要实现"按需自助服务"。对于计算和存储，我们通过最早由 VMware 主导的服务器虚拟化技术，已经很好地实现了这样的要求，而之前对于网络的"按需自助服务"，则一直实现得不理想，这是因为传统物理网络很难在虚拟化环境中进行资源的调配。因此，传统网络阻碍了数据中心的自动化实现，我们需要通过创新，用一种全新的架构去改变这种现状。

回顾网络近 30 年的发展，大致可以分为三个阶段。第一个阶段（1985～1998 年），是多种协议参差不齐、并行使用的窄带网时代，是 Novel SPX/IPX、10Mbit/s 以太网乃至 ATM/帧中继百家争鸣、百花齐放的时代，网络领导厂商也不只是 Cisco 一家。第二个阶段（1999～2012 年），网络终于演进到以 TCP/IP 一统天下的高速互联网时代，整个网络应用模型从 C/S 架构演进至 B/S 架构，网络与业务形态结合的需求开始显现并逐步成型，并开始进入俗称的 Web 2.0 互联网时代。网络发展的第三个阶段（2013 年至今），是以全分布式数据中心网络与移动互联网为主要特征的全新时代，VMware 公司通过兼容并蓄 Nicira 首创的 SDN 理念和技术推出了 NSX 网络虚拟化解决方案，并且里程碑式地在业界第一个提出了软件定义的数据中心（SDDC）的架构，包含了软件定义计算、软件定义网络和安全、软件定义存储，辅以 VMware 强大的云管平台（如 vRealize、vCloud 和 vSOM 等系统及组件），从而构成了数据中心云计算的全新一代基础架构，这一阶段最为凸显的本质特征是 Network as a Service 的云网融合。

根据第三方权威资料显示，随着云计算年代的到来，网络流量模型发生了很大的变化——16% 的流量集中在运营商网络，14% 集中在企业网络，而 70% 的流量位于业务和应用集聚的数据中心内部。数据中心流量和带宽的指数级增长，已经远远超出了人们对传统网络的想象，这将彻底改变网络的格局，世界再也不是云是云、网是网的世界。今后的网络应只与业务和应用有关，而与硬件和品牌无关；云网融合元年已经开启。我们深信 VMware 率先发布和积极倡导的软件定义的数据中心架构能够将企业带入真正的云计算时代，并将由此催生出原生态级的大数据和物联网业务平台、产业集群。同时，人工智能识别、量子通信和前沿数学模型带来的海量数据计算、全新的空间信息网络及虚拟现实等技术，将为网络演进和产业升级进入第四个阶段打下坚实基础。

这些科技和技术发展的源动力，就是创新。克莱顿•克里斯坦森（Clayton Christensen）先生在其著作《创新者的窘境》中认为创新分为两种：渐进性创新和颠覆性创新。渐进性创新指的是在原有道路上改进产品性能，精益求精。颠覆性创新则是用一种完全不同的方法来解决问题，彻底改变业务模式，这样的创新往往可以重新制定行业规则，并催生新的行业领导者。

那么，VMware NSX 网络虚拟化解决方案是一种渐进性创新还是颠覆性创新呢？它当然是一种颠覆性创新。10 年前，人们或许还在质疑 VMware 服务器虚拟化平台是否稳定，性能是否良好，但现今不考虑服务器虚拟化的企业还有多少呢？VMware 服务器虚拟化技术已经做到了一次颠覆性创新，它的出现间接催生了云计算。而 VMware NSX 网络虚拟化解决方案，很可能会像服务器虚拟化技术在当年颠覆了 x86 服务器市场一样，在未来颠覆网络市场。为什么这么说？这是因为 VMware NSX 网络虚拟化平台，可以无需关心底层物理网络架构，做到物理网络和逻辑网络的完全解耦，并分离网络的管理、控制和数据三个平面，还能在逻辑网络内部重现以往物理网络中实现的所有高级功能。这些功能都将极大地改变传统网络的理念和部署方式，是一种完全的颠覆性架构——我们可以在 UI 界面中点点鼠标就完成了逻辑网络的全部配置，并实现了整网的自动化、安全性和业务连续性。有了这样的能与底层物理网络完全解耦的逻辑网络，我们就可以在虚拟化环境中按需自动化地调用网络资源，实现与计算、存储按需自助服务类似的"网络按需自助服务"，并最终迈入云网融合的时代。

由于 NSX 解决方案发布时间不长，尽管它的理念极其先进，但大多 IT 从业人员还只是听说过这个名词，而对其架构、组件、相关配置了解甚少；而希望对其深入了解的 IT 从业人员发现市面上并没有一本介绍它的中文书籍，甚至网上也只有一些极其简单且翻译质量堪忧的中文资料。为此，我们花了相当长的时间，同时参考了大量英文资料，写作了这本专门阐述 NSX 解决方案的中文书籍，并搭建了一套环境，将 NSX 的各种功能的配置步骤以文字和图片的形式呈现在书中。本书从全新一代数据中心的视角，在中国地区第一次全面性、系统性地阐述了 VMware 新一代 SDN——NSX 网络虚拟机的技术原理和实践，希望本书可以将 VMware 在 SDN 和网络虚拟化方面最新的先进理念传达给读者。

最后，由于作者水平有限且时间仓促，书中难免会出现差错，且个人的一些观点可能与读者的观点存在偏差。如有任何问题，都恳请读者不吝赐教，作者不胜感激。

本书组织结构

本书作为市面上第一本全面介绍 VMware NSX 网络虚拟化技术的图书，其内容编排良好，组织有序，读者可以从头到尾逐章阅读，也可以只阅读自己感兴趣的内容。

本书共分为 12 章，其每章主旨如下。

第 1 章，SDN 与网络虚拟化的起源与现状，通过追溯 SDN 技术的起源，引出网络虚拟化技术的起源——当今的网络虚拟化技术是 SDN 技术发展到一定阶段的产物。

第 2 章，NSX 网络虚拟化概览，针对 VMware 服务器虚拟化技术的发展，引出 VMware NSX 网络虚拟化技术的整体介绍，并将其与行业内其他厂商的类似解决方案进行对比。

第 3 章，NSX-V 解决方案基本架构，针对 NSX 部署在 VMware vSphere 环境中的情形（即 NSX-V），介绍了其底层架构和管理、控制平面。

第 4 章，NSX-V 逻辑交换与 VXLAN Overlay，全面介绍 NSX-V 环境下的逻辑交换。

第 5 章，NSX-V 逻辑路由，全面介绍 NSX-V 环境下的逻辑路由。

第 6 章，NSX-V 安全，全面介绍 NSX-V 环境下的逻辑防火墙。

第 7 章，NSX-V 的 Edge 服务网关，介绍 NSX-Edge 之上实现的高级网络功能。

第 8 章，多 vCenter 环境中的 NSX-V，介绍跨 vCenter 环境中的 NSX。

第 9 章，多虚拟化环境下的 NSX-MH，针对多虚拟化环境中的 NSX 进行介绍，阐述了如何利用安装在 KVM 或 Xen 上的 OVS 实现 NSX 网络虚拟化。

第 10 章，NSX 与 OpenStack，针对目前火热的 OpenStack 技术，介绍了 VMware 如何与之集成并提出融合解决方案，尤其是如何利用 VMware NSX 来进行 OpenStack Neutron 的集成。

第 11 章，在 NSX 之上集成第三方服务，介绍 VMware NSX 如何与第三方安全、应用交付解决方案进行集成。

第 12 章，NSX 的底层物理网络设计，介绍如何打造最适合 VMware NSX 的底层物理网络平台。

本书读者对象

本书适合于已经对网络和服务器虚拟化技术有一定了解，且希望对 SDN 和网络虚拟化技术，尤其是 VMware NSX 进行深入了解的读者。本书同时也适用于正在筹备、设计、部署、实施网络虚拟化项目或需要对其进行维护的的 IT 人员，可作为他们进行网络虚拟化项目的评估与设计的指导。

目　录

第1章

SDN 与网络虚拟化的起源与现状

SDN 是一个内容丰富却又定义模糊的名词。说它内容丰富,是因为在当今云计算大行其道的情况下,SDN 已成为实现云计算的一种重要方法,其技术已席卷了企业私有云和公有云服务提供商数据中心的方方面面。说它定义模糊,是因为 SDN 还不像其他计算机或网络技术被一些组织或企业进行了标准化定义,当人们谈到SDN 时,可能还在讨论"SDN 究竟是什么"这个问题。

网络虚拟化则是云计算和 SDN 发展到一定阶段的产物。服务器虚拟化技术的飞速发展间接催生了云计算的兴起。而在云计算环境中大规模部署虚拟机,其底层物理网络平台的局限性也越来越明显,哪怕使用 SDN 来配置和部署底层物理网络——这就需要在云计算环境中引入网络虚拟化技术。有人说网络虚拟化也是一种 SDN 技术,因为它不同于传统的物理网络,是在传统物理网络之上通过协议和软件创建了一种虚拟网络,因此属于所谓的"软件定义网络"。我们不能对这种说法的正确与否妄下定论,因为每个 IT 从业人员看待 SDN 的角度都是不同的。但是,随着网络虚拟化技术的发展,现代的网络虚拟化技术也逐渐与 SDN 的核心思想变得一脉相承——控制平面与转发平面的分离。除了控制和转发平面的分离外,网络虚拟化还做到了物理网络和逻辑网络的解耦。

本章从介绍 SDN、网络虚拟化的前世今生开始,逐步揭开这两种技术的神秘面纱,从而在后续章节中介绍 VMware NSX 是如何实现网络虚拟化的。尽管本章不涉及具体的 VMware NSX 技术,但是建议读者不要跳过这一章,哪怕您再心急。这是因为在 SDN 和网络虚拟化技术的发展历程上,还是出现了很多有意思的事情,能增加您的阅读乐趣,而且本章也介绍了 SDN 和网络虚拟化技术的基本概念(尽管其定义并不被所有人认可),相信这对您深入理解 VMware NSX 网络虚拟化技术会有所帮助。

1.1 SDN 的起源和发展历程

在现今,SDN 的影响力已经席卷了各种大型和小型数据中心,无论数据中心提供的服务是公有云服务还是私有云服务，其影响力还正在逐渐向企业网中渗透。SDN 可以被认为是继个人电脑、互联网、云计算之后，又一个革命性的 IT 浪潮，或者也可以这样理解——利用 SDN 实现的云计算，是云计算的第二阶段。未来，在数据中心内的设计、部署、实施、运维，可能都离不开 SDN 技术，这将大大改变 IT 从业人员甚至全人类使用信息技术的方式。

或许您没有想到，现今大红大紫的 SDN 技术架构，其实早在本世纪的前几年——互联网刚刚普及、云计算还没提出的年代，就被人构想、设计和实现了。经过十多年的发展，这个技术虽然还没有完全被标准化定义，但其理念已经深入人心，它已从高校中的计算机科学家脑海中的构想，成为了实实在在的技术。各大 IT 厂商、云计算提供商也如雨后春笋般地推出了基于这个技术的产品，或利用该技术推出了自己的服务。

在本节中，我们首先来看“为什么需要 SDN”，然后分析网络业务的发展趋势，最后引入 SDN 和网络虚拟化的诞生和发展历程。

1.1.1　为什么需要 SDN

在人类的发展史上，推动人类进步的最重要的学科是什么？

这个答案一定五花八门。有的人说是物理学，随着物理学的发展，蒸汽机、电灯得以发明，进而又有了火车、飞机，因此物理学推动了人类的进步。有的人说是化学，由于化学的发展，人类知晓了更多的物质原理和化学变化，进而出现了更多微分子材料，这些材料成为了制造更多可以服务人类的工具的元素，例如计算机芯片等。有的人说是生物学和医学，生物学和医学的进步，让人类更加能够从本质上认识物种起源和进化论，也发明了更多可以使人类延寿的药物。有的人说是经济学，因为经济学的发展，使得财政部门和中央银行（在美国叫美联储）可以更加自如地使用扩张或紧缩的财政和货币政策，控制经济过热或过冷，进而使得国民生活更舒适。有人说是计算机学或信息技术，因为它使得人类进入了信息时代，互联网、移动通信已成为人类生活中密不可分的一部分，现在很难想象脱离了电话或网络，人类的生活会是什么样子。

可是，有人会说数学是推动人类进步最重要的学科吗？

如果有人会明确地回答“是”，那么他一定看清了数学的本质。但是，大部分人不会这样认为，因为数学本身不产生价值，所以很多人就没有看到数学的推动力。数学只有运用到物理学、化学、经济学、计算机学等学科中，才会产生价值。换言之，这些促进人类发展的学科都是以数学作为基础的，这些学科都需要用到大量的数学计算，使用那些让大学生们恨之入骨的定律（如牛顿-莱布尼茨公式、拉格朗日中值定理、傅立叶变换、拉普拉斯变换等）来为自己的学科服务。物理学、化学、经济学、计算机学之所以产生了巨大的价值，推动了人类进步，是因为数学在后端一直在为它们默默无闻地服务。

回到本书的主题。现在，任何一个行业的任何一家公司，无论规模大小，都需要使用

IT 应用来辅助办公。所有的应用归根到底，无非分成三个大类——ERP（Enterprise Resource Planning，企业资源计划）、CRM（Customer Relationship Management，客户关系管理）和供应链。这三种应用也是每个公司的 IT 经理甚至更高层的领导人所关心的。绝大部分企业都是以盈利为目的的，这些应用都为公司的运转、供应链流程、内部 OA 等而服务，进而使得公司可以盈利。但是 IT 经理和更高层的领导人也许不会去关心底层的网络、服务器、存储架构，他们的要求只有一个——应用快速流畅，可用性、安全性、冗余性高，新应用部署灵活且扩展性强。

在信息技术出现后，为了为应用打造更好的底层平台，网络厂商、服务器厂商、存储厂商、安全厂商、应用交付厂商，包括后来出现的虚拟化软件厂商，都在努力践行这一主旨：Cisco、Juniper、Arista Networks 等网络厂商，推出的交换机的背板带宽和包转发率不断提升；HP、DELL 等服务厂商，使用 Intel、AMD 等公司的更强的 CPU 产品，使用更大容量的内存，加上更高级的服务器特性，使得 x86 服务器性能直追小型机；存储厂商如 EMC、NetApp，则不断更新自己的盘柜容量，并于近年大力发展"闪存"技术；而安全厂商如 Palo Alto 和 Check Point，都在提"下一代安全"的概念，变被动防护为主动防护，以保护应用；F5 等应用交付厂商则致力于应用的可用性和更强的冗余性；VMware、Microsoft 等虚拟化软件提供商和近年非常流行的一些开源虚拟化技术，也在不断完善自己的资源池、迁移和容错等功能。而所有这一切都是为了适应日益增长的应用需求。

正如数学是为物理学、化学、经济学、计算机学等学科服务的一样，IT 基础架构（包括网络、服务器虚拟化、存储等）都是为 ERP、CRM 和供应链等最终应用服务的。人类需要物理学、化学、经济学、计算机学来推动人类发展，让自己过得更舒适，正如企业也需要 ERP、CRM 和供应链等应用来让公司的业务运转得更为良好。数学是物理学、化学、经济学、计算机学的底层基础，正如 IT 基础架构是应用的底层基础。

在 17 世纪，自然科学飞速发展的时候，科学界认为传统的数学有点跟不上时代潮流了——伟大的物理学家牛顿（Isaac Newton，见图 1.1）发现传统数学无法解释他正在研究的物理问题的时候，发明了微积分。这样，他就能使用新式的数学模型，解释他之前无法解决的物理问题了。

当企业（尤其是互联网、OTT 行业的企业）对应用的需求与日俱增，传统 IT 基础架构无法满足它们的要求时，这就需要一个全新的 IT 架构。而我们应该如何实现一个全新的 IT 架构？IT 行业对于这个问题的回答又是什么？

伽利略去世的那年，牛顿诞生了，而那一年刚好又是哥白尼的《天体运行论》发表 100 周年。此外，爱迪生发明电

图 1.1 艾萨克·牛顿
（1643～1727 年）

灯的那年，爱因斯坦诞生了。牛顿说过："我之所以可以看得更远，是因为我站在巨人的肩膀上。"科学界对于学术的研究是一个循序渐进、周而复始、前仆后继的过程，而 IT 界的那些巨头级别的公司，为了使企业的应用运转得更好，让用户更流畅地使用应用，也是一个接一个地赴汤蹈火，其中不乏像 SUN、Compaq、Nortel 这样已经消失的著名 IT 公司。最终，对于这个问题，给出最响亮回答的是一个叫做马丁·卡萨多（Martin Casado）的年轻人和他的导师尼克·麦考恩（Nick MacKeown）。他们在 IT 界各种巨人的研究基础上，首先提出了 SDN 的概念，发明了 OpenFlow 协议，后来他们创立了一家叫做 Nicira 的公司。

牛顿对科学的贡献不仅仅局限于微积分和力学三大定律，他还在光学领域有所造诣，比如确定了光的粒子性等。而卡萨多、麦考恩和他们的 Nicira 公司对 IT 界的贡献也不仅仅局限于 SDN 的提出和发明 OpenFlow，他们还最早提出了完整的网络虚拟化的概念框架，最早开发了在所有虚拟化平台之上都可以运行的且支持三层网络功能的虚拟交换机，即 OVS（Open vSwitch），并作为发起者领导了 OpenStack 的网络项目 Quantum（即后来的 Neutron）的开发。

2012 年，VMware 斥 12.6 亿美元巨资买下了在当时还没有盈利的初创公司 Nicira，并将其解决方案加以改进，这就是后来的 VMware 网络虚拟化解决方案——NSX。VMware 后来将 NSX 解决方案整合进了自己传统的服务器虚拟化解决方案，加上新推出的存储虚拟化解决方案 VSAN，提出了软件定义数据中心（SDDC）的构想。

1.1.2　网络业务发展趋势

IT 行业到底发生了什么样的变化，导致传统 IT 基础架构已无法适应，并且必须做出改变？

在信息时代，虽然存在部分企业寡头垄断的情形，但绝大多数中小型企业都面临着全球化的竞争，就算是寡头垄断的那些行业巨头们，也需要创造利润满足股东的利益，且需要满足其几万甚至几十万名员工日益增长的工资和福利要求，这就需要所有企业不断利用新的创造力、新的技术，来提升自己的竞争能力。这些技术的核心包括且不限于服务器虚拟化、存储虚拟化、应用加速、自动化工具等。在这个过程中，企业需要不断根据现今和未来可能出现的业务需求，来调整自己的 IT 基础架构。我们来看一个真实案例，此为新华网的新闻节选，为了保持新闻的真实性，我们没有对这段话进行任何修改和删减。

2015 年 11 月 12 日下午，吉尼斯世界纪录认证官 Charles Wharton 公布天猫在双十一期间创造的 9 项吉尼斯世界纪录荣誉。其中 24 小时单一网络平台手机销量超过 300 万台，当日公司的交易总额高达 912 亿人民币。

天猫双十一所创造的 9 项纪录，除了当天 91,217,036,022 元人民币的交易额打破了 "24 小时单一公司网上零售额最高" 吉尼斯世界纪录荣誉之外，还有其他的销售成绩包括牛奶 10,124,263 升、坚果 6,567 吨、苹果 641,899 公斤、蜂蜜 269,821 公斤、手机 3,133,289

台、电视机 643,964 台、手表 1,112,561 支、汽车 6,506 辆，八种产品成功刷新了销售业绩的吉尼斯世界纪录荣誉。

吉尼斯世界纪录认证官 Charles Wharton 表示："非常高兴能再度见证天猫在双十一期间创造的销售纪录，希望消费者在参与打破纪录的同时，也能够获得便捷高效的消费体验。"

这个所谓的"购物狂欢节"，是企业竞争、吸引客户、刺激消费的一种手段，也带来了一连串连锁反应。首先，阿里巴巴公司作为活动发起者，在这一天的网站访问量、业务需求量会激增。我们知道，阿里巴巴作为中国互联网行业三巨头（BAT）中的一员，其旗下业务不仅仅是基于淘宝和天猫作为网购平台的电子商务服务，还包括蚂蚁金融服务、菜鸟物流服务、大数据云计算服务、广告服务、跨境贸易服务、阿里云服务等互联网服务。但是，在每年的 11 月 11 日，只有电子商务服务才是最重要的，需要有最高的优先级，保证 900 多亿交易量的业务可以流畅、安全地进行。这一天，在阿里巴巴公司后台的数据中心中，其他的业务可能需要暂时贡献出自己一部分网络、服务器、存储资源，供电商平台调用，以保证电商平台最高的优先级。而这一天之前的相当长的一段时间内，阿里巴巴公司数据中心的网络管理员、服务器管理员、存储管理员需要加班加点地工作，在得到市场部门对这一年"购物狂欢节"可能达到的交易量的分析和预测后，对 IT 基础架构平台的策略进行更改，并为电子商务服务的应用进行资源池中的再分配，保证最高优先级。而在这一天之后，所有新设定的策略，都需要回退到通常状态，新增资源可能也需要被回收。除了阿里巴巴公司外，物流公司也需要根据这一天可能达成的订单数量，对自己的 IT 基础架构的配置和资源分配做一定修正，以保证物流业务正常进行。此外，那些入驻天猫和淘宝的企业和卖家，尤其是一些中小企业，它们的网络、计算和存储资源可能并不充足，当这一天订单激增的时候，需要通过"云爆发"的服务方式，自动租用公有云资源，而公有云平台也会对针对使用情况进行自动计费。

这只是现代企业运作模式的一个缩影，不光是在每年的 11 月 11 日部分企业的 IT 基础架构可能面临巨大变化，比如春运时期的火车票订票网站、考试结束后的教育部查分系统、开放选课后的大专院校学籍管理系统、国家刺激经济政策出台后的股市交易系统、寒暑假或黄金周假期之前的旅游公司的酒店和机票订单系统，都可能会面临着类似的压力。

以上只是举了一些案例。从根本上看，这些压力导致现在的 IT 基础架构在大环境上已经发生了一些变化，无论云服务提供商、电信运营商还是企业都会面临这些变化。

● **服务器虚拟化**：由于 x86 计算机的 CPU 制造商生产的 CPU 越来越强大，内存制造商的内存容量越做越大，服务器虚拟化技术应运而生。图 1.2 所示为 VMware 服务器虚拟化的基本逻辑架构。服务器虚拟化技术不仅能在一台物理服务器中实现多虚拟机和多应用，从而节省物理硬件成本和机房空间，还能通过虚拟机在线迁移技术实现动态资源分配和高可用性，大大提升应用的负载均衡和冗余性。但是由于虚拟机会在集群内部漂移，而传统的安全策略、QoS 策略又是基于 IP 地址或端口的，这也意味着需要更复杂的策略。如今世界上每几秒就会诞生一台新的虚拟机，而应用、服务器、网络、存储又是分离的，这造成各种不同的系统管理员各司其职，无法通力合作，运维和管理效率低下。

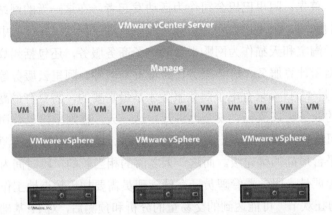

图 1.2　VMware 服务器虚拟化的基本逻辑架构图

- **层出不穷的新应用**：抽象地来看，现代的 IT 应用架构无非是三个层面——前端（如 Web 界面、移动客户端的界面）、应用（App）和数据库（Database，简称 DB）。用户可能先登录到前端界面才能使用应用，而真正使用应用时，又会调用后台数据库。其间，后台可能还会调用应用加速、应用交付服务和防火墙服务，保证应用交付的速度、负载均衡和安全性。由于每一层的服务都会比较多，调用策略各不相同，令 IT 管理员头疼的就是该如何去配置这些策略。因此，当遇到层出不穷的新应用，或是需求量激增或激退时，策略修改就成了一件重要却又极其繁琐的工作。

- **云计算**：几年前，当"云计算"刚刚提出的时候，很多人觉得这个概念还是"云里雾里"的。而现在，"云计算"概念已深入人心。虽然业内对云计算还没有一个明确的定义，但也有了一定的共识。根据 NIST（美国国家标准与技术研究院）的说法，只要一个数据中心拥有"快速弹性的架构"和一个"资源池"，可以提供"按需自助服务"且这些服务是"可测量的服务"，而资源池里的服务最终是可以被"宽带接入"访问的，那么它就是一个"云"。云的服务方式分三种——架构即服务（IAAS）、平台即服务（PAAS）、软件即服务（SAAS）。云的部署模式分为公有云、私有云、混合云、社区云四种。云计算的特性、服务模式和部署模式如图 1.3 所示。然而"按需自助服务"，即云计算的最终目标——"像用水、用电一样用 IT",实现得并不完美。服务器虚拟机技术已经使得我们可以对计算资源和存储资源实现基本的按需自助式服务,但是我们却很难对物理网络资源进行资源调度,导致数据中心运维和管理极其复杂和繁琐。此外,由于基于物理网络设备对数据中心网络进行扩展实现得并不理想,"快速弹性的架构"也没有达到适合云计算的要求。我们需要使用一种全新的网络架构去实现云计算提出的这些要求。

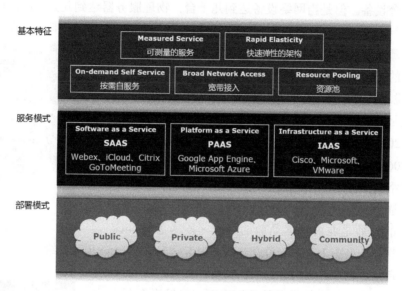

图 1.3 云计算的基本特征、服务模式和部署模式

- **数据中心的合并**:越来越多的企业为了减少机房投入(包括机房场地租用、耗电、制冷、运维成本),会将全部或部分应用,或者是灾备应用迁移至公有云,这就需要在私有云与公有云之间打通一个隧道。实力雄厚的公司,也可能使用类似"两地三中心"的数据中心解决方案,在异地数据中心之间跨越三层链路,打通网络连接,实现更高的冗余性。当然,这意味着网络策略更加复杂。

在这里,我们做一个小小的总结:网络、服务器虚拟化、存储技术的发展,要求管理员可以便捷地管理数量更多、部署更加复杂的设备,从而面对更大流量的应用并可以迅速地让应用上线和下线。但是在当前的大环境下,如何去实现它并减少误操作率和故障恢复时间呢?这样的变化趋势最初主要发生在数据中心,但后来在企业网、运营商都出现了这样的变化。因此,我们需要像牛顿改变数学去适应物理学的变化一样,去改变网络基础架构,从而去适应应用的变化。在这样的背景下,SDN 技术出现了。

1.1.3　SDN 发展历史

在 SDN 出现之前，控制平面和转发平面是耦合的（在同一个机箱之内，或者直接相连的多机箱系统内）。这种多平面间的紧耦合导致的互相依赖产生了系统的技术革新、稳定性以及规模问题，而规模问题最终可能导致性能问题——一个网元就是一个"黑盒子"（box），数据中心的机房是以 box-by-box 的方式部署的，当网络管理员需要修改配置或策略时，必须登录每一台设备。但是当网络设备达到几千台，物理服务器达到几万台时，网络管理员该怎么办呢？前文讨论的问题，很多都是因为控制平面和转发平面的耦合而造成的。

可能在那个年代，还没有这样大规模的数据中心，但是斯坦福大学的博士研究生马丁·卡萨多（Martin Casado，见图 1.4）敏锐地发现了这个在未来 IT 界可能出现的问题。他的研究课题是实现一个灵活的、能够像计算机一样可编程的网络系统。2004 年，他领导了一个关于网络安全与管理的科研项目，2006 年，这个项目的研究成果被发表——一个名为 Ethane 的网络模型，这个模型包括了现今 SDN 架构中的两个重要内容：基于流表的转发和中央控制器。

图 1.4　马丁·卡萨多

卡萨多的导师是业内大名鼎鼎的尼克·麦考恩（Nick McKeown）教授（见图 1.5）。麦考恩非常重视卡萨多的 Ethane 项目，给了卡萨多很多建设性的指导和启发。在研究过程中他们俩觉得，如果将 Ethane 的设计更进一步，将传统网络设备的控制平面和转发平面两个功能模块进行分离、解耦，通过集中式的控制器以及可编程的标准化接口，可以便捷地对各种网络设备进行配置和管理。这样一来，网络的设计、部署、管理和使用就有了更多的可能，控制平面与转发平面的解耦也更利于推动网络行业的革新和发展。卡萨多和麦考恩从而开始着手研究一款叫做 NOX 的控制器，希望将这个控制器作为单独的控制平面。他们进而发现，如果每台交换机能对这个控制器提供一个标准的统一接口，那么控制起来就会非常方便。于是师徒两人着手开发这个控制器对交换机接口的控制协议——具有划时代意义的 OpenFlow

图 1.5　尼克·麦考恩

协议就诞生了。非常幸运，Ethane 最终没有成为一篇设计精巧却深奥难懂的大学论文。

麦考恩和卡萨多为了进一步提出 SDN 的概念，邀请了加州大学伯克利分校的斯科特·申克（Scott Shenker）教授加入了自己的团队，他们 3 人于 2007 年成立了 Nicira 公司。2008 年 3 月，麦考恩在 ACM SIGCOMM（ACM 组织在通信网络领域的旗舰型会议，也是目前国际通信网络领域的顶尖会议）上发表了著名论文 *OpenFlow: Enable Innvations in Campus Network*。OpenFlow 这个名词第一次浮出水面，引起业内广泛关注。麦考恩明确提出了 OpenFlow 的现实意义——在不改变物理拓扑的情况下，分离控制平面和转发平面，实现网络的集中管理和控制并不影响正常的业务流量。之后几年，Nicira 不断完善其基于 SDN 的网络虚拟化解决方案——其主要利润来自其基于 OpenFlow 和 Open vSwitch（OVS）创建的网络虚拟平台（NVP），为 AT&T、eBay、NTT 以及 Rackspace 等 IT 巨头的超大规模数据中心提供 SDN 和网络虚拟化平台，实现它们的数据中心自动化。Nicira 还作为发起者领导了 OpenStack 的网络项目 Quantum（即后来的 Neutron）的开发。2012 年 7 月，VMware 公司宣布以 12.6 亿美元收购 Nicira 公司。

VMware 在收购了 Nicira 后，目标方针非常清晰——将 Nicira 的网络虚拟平台解决方案融入自己的服务器虚拟化解决方案，所有的网络高级功能全部通过服务器内部虚拟化软件完成，硬件网络设备就可以只需要处理转发。这个解决方案就是 NSX 网络虚拟化解决方案。

1.2 认识 SDN

介绍完为什么需要 SDN 和 SDN 的起源后，是时候介绍 SDN 到底是什么了。理解 SDN 架构，对于理解 VMware NSX 网络虚拟化解决方案的三个平面架构以及其逻辑网络、物理网络解耦的设计，是非常重要的——SDN 的核心思想是控制平面与转发平面的分离，这与 NSX 中管理平面、控制平面和数据平面的设计如出一辙。

SDN 其实直到现在也没有清晰的定义，但是其核心理念已逐渐被人们接受。本章将下来会讨论 SDN 的理念、架构，以及它如何面对当前的 IT 难题。

1.2.1 SDN 是什么

SDN 是 Software Defined Network 的缩写。正如业内很难回答"云计算"的定义是什么一样，业内也很难回答 SDN 的定义。但是 SDN 在经历了几年的发展后，业内也对其概念达成了一个基本的共识。前文已经介绍了 SDN 的历史，在这里我们介绍一下 SDN 的模糊定义。

SDN 其实并不是一种技术，也不是一种协议，它只是一个体系框架，一种设计理念。这种框架或理念要求网络系统中的控制平面和转发平面必须是分离的。在转发平面，它可能希望与协议无关，管理员的意志最重要。管理员可以通过软件来执行自己的意志，控制转发行为，并驱动整个网络。

除此之外，SDN 的理念还希望控制器与转发平面的接口标准化，我们把这样的接口称为南向接口。因为如果软件想要真正控制转发行为，就应该尽量不依赖特定的硬件。除了硬件设备，该控制器也可以对网络中的应用程序进行集中控制，一般来说这是通过硬件提供一些可编程的特性来实现的。控制应用程序的接口称之为北向接口。

当前业内比较认可的 SDN 的特征属性如下：

- 控制平面与转发平面分离；
- 开放的可编程接口；
- 集中化的网络控制；
- 网络业务的自动化应用程序控制。

其中前两点是 SDN 的核心。如果一个网络系统具备了这两点特征，那么就可以宽泛地认为这是一个 SDN 架构。

OpenFlow 作为目前主流的南向接口协议，这个名词当然被炒得火热，有人认为 SDN 就是 OpenFlow。这是不正确的。因为 SDN 是一种框架，一种理念，而 OpenFlow 只是实现这个框架的一种协议。

如今，VMware 公司、Cisco 公司和 Microsoft 公司都在大力宣传自己的网络虚拟化（Network Virtualization）技术。有人认为网络虚拟化也是 SDN，这种观点是不完全正确的。早期的网络虚拟化雏形（如早期的 Cisco Nexus 1000v 和 VMware 内嵌在 vSphere 里的虚拟交换机），指的是在服务器虚拟化平台中加一层虚拟交换机，用于与虚拟机连接，细分虚拟机的接口策略，而不是在服务器网卡上用一个 Trunk 把所有 VLAN 封装并连接上行链路。而现在，网络虚拟化特指实现方式是基于一种叫做 Overlay 技术（现在还没有很好的中文翻译，我们姑且先把它叫做"叠加网络"技术）的网络虚拟化。有了这种技术，用户可以突破一个网络系统中的 VLAN 数量、MAC 地址容量等的限制，轻松跨越三层网络打通二层隧道，对于超大规模数据中心、多租户数据中心、双活/灾备数据中心来说，这种技术相当合适。Overlay 可以由物理网络搭建，也可以通过服务器的 Hypervisor 来搭建。通过物理网络搭建的 Overlay 并没有真正实现控制平面和转发平面的分离，不符合 SDN 特征。通过服务器的 Hypervisor 搭建的 Overlay，即基于主机的 Overlay，现在一般会有集中的管理平面和控制平面，以及分离的转发平面。因此，网络虚拟化是 SDN 发展到一定阶段的必然趋势，可能是 SDN 的一个分支，但不是 SDN 本身。因此，有人把基于主机的 Overlay 称为新一代 SDN，因为它和第一代 SDN 有很大区别。本书的重点——VMware NSX 网络虚拟化解决方案正是基于 SDN 思想的网络虚拟化的绝佳解决方案，是新一代 SDN，后文会详细阐述。

一些运营商和软件厂商现今正在推广自己的网络功能虚拟化（Network Function Virtualization，NFV）技术。NFV 也不是 SDN，它的目标是利用当前的一些虚拟化技术，在标准的硬件设备上运行各种执行网络功能的软件来虚拟出多种网络设备。由于这些虚拟的网络设备（如虚拟交换机、虚拟路由器、虚拟防火墙、虚拟负载均衡设备）可能会有统一的控制平面，因此 NFV 和 SDN 是一种互补的关系。VMware NSX 具备 NFV 的属性——NSX 使用 x86 服务器的软件来实现各种网络功能，但由于 NSX 中的 Overlay 属性过于明显，因此

VMware 更愿意将 NSX 解决方案称为一种网络虚拟化解决方案，而不是 NFV 解决方案。

另外，近来一些热门词汇如 OpenStack、CloudStack、OVS 等，与 SDN 都没有任何直接的关系。其中 OpenStack 和 CloudStack 是云管理平台，而 OVS 之前已经提到过了，是 SDN 鼻祖 Nicira 公司开发的一款虚拟交换机，现在已经开源。这些新技术和 SDN 也是一种互补的关系，可以共同实现融合解决方案。

1.2.2　SDN 架构

图 1.6 所示为 SDN 架构中的各个层面，它直观地阐述了 SDN 架构，我们具体解释一下图中的各个层面。

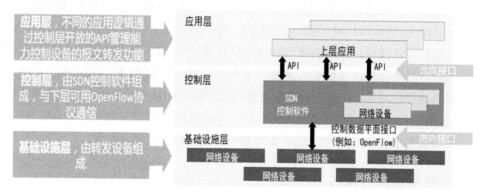

图 1.6　SDN 架构中的各个层面

- **基础设施层**：该层主要是网络设备，可以将这一层理解为"转发平面"。这些工作在"转发平面"的网络设备可以是路由器、物理交换机，也可以是虚拟交换机。所有的转发表项都贮存在网络设备中，用户数据报文在这里被处理和转发。网络设备通过南向接口接受控制层发来的指令，产生转发表项，并可以通过南向接口主动将一些实时事件上报给控制层。

- **南向接口**：南向接口是负责控制器与网络设备通信的接口，也就是控制层和基础设施层之间的接口。在 SDN 的世界里，人们希望南向接口标准化（这只是一个理想，还未成为现实，但 OpenFlow 协议是目前主流的南向接口协议，未来能否成为标准协议也有待观察）。只有这样，SDN 技术才能摆脱硬件的束缚，否则 SDN 技术永远只能是特定的软件用于特定的硬件上。

- **控制层**：该层就是前文所说的"控制平面"，该平面内的 SDN 控制器可能有一个，也可能有多个；可能是一个厂家的控制器，也可能是多个厂家的控制器协同工作。一个控制器可以控制多台设备，甚至可以控制其他厂家的控制器；而一个设备也可能被多个控制器同时控制。一个控制器可以是一台专门的物理设备（如 NEC 的 SDN 控制器），也可以运行在专门的一台（或多台［成集群工作］）物理服务器上（如 Cisco 的 APIC），也可以通过虚拟机的方式部署在虚拟化环境中（如 VMware NSX Controller）。

- **北向接口**：北向接口指的是控制层和应用之间的接口。在 SDN 的理念中，人们希望控制器可以控制最终的应用程序，只有这样才能针对应用的使用，合理调度网络、服务器、存储等资源，以适应应用的变化。目前北向接口尚未标准化，也没有类似 OpenFlow 这样的主流接口协议。一些组织和公司希望将其标化，但是非常困难——它和南向接口的标准化相比，显得异常复杂，因为转发平面毕竟万变不离其宗，容易抽象出通用接口，而应用的变数则太多了。

- **应用层**：该层主要是企业的最终应用程序，通过北向接口与控制层通信。该层也可能包括一些服务，如负载均衡、安全、网络监控等，这些服务都是通过应用程序表现的。它可以与控制器运行在同一台服务器上，也可以运行在其他服务器上，并与控制器通信。该层的应用和服务往往通过 SDN 控制器实现自动化。前文所说的一些时段应用以及服务需求量的激增和激退，在 SDN 的环境里应当自动完成。对于这种自动化，英文资料中经常使用一个叫 Orchestration 的名词，该词的原意是"管弦乐"、"乐曲编排"、"和谐演奏"，在这里可以引申为将各种技术糅合在一起，实现数据中心的自动化，最终达到为应用提供最好的服务效果。

1.2.3 SDN 如何应对当前 IT 环境

介绍完 SDN 的几个工作层面，接下来讨论 SDN 究竟如何应对前文提到的 IT 行业架构遇到的问题。SDN 解决这些问题的核心思想是改变传统网络中控制数据流的方式。在传统网络中，报文从源转发到目的的过程中，转发行为是逐条控制并独立进行配置的，这种控制也不是统一的。

而 SDN 是将每台设备里的控制平面剥离出来，放到一个控制器中，由这个控制器通过统一的指令来集中管理转发路径上的所有设备。这个控制器知晓整网的拓扑，知晓转发过程中所有的必需信息，而且上层应用程序也可以通过控制器提供的 API 以可编程的方式进行控制，这样可以消除大量手工配置（无需管理员登录到每一台设备上进行配置），从而大大增加了网络灵活性和可视性，提高了部署和维护效率。

我们来解析一个 SDN 的应用案例：一个对外提供服务的托管数据中心，需要增加一个租户，并为这个租户增加一台新的虚拟机。在 SDN 环境中，只要管理员将其属性定义好，管理平台就可以自动按照其所需资源进行配置——申请多少内存，申请多大容量的存储空间，虚拟网络和物理网络的路由策略、安全策略、负载均衡策略，都是自动完成的。而这一切的配置都可以通过 SDN 控制器自动发布到各个设备中。这样一来，一个业务上线的时间，可能由 10 小时缩短为 10 分钟——如果没有 SDN，网络管理员、服务器管理员和存储管理员必须通力合作，在不同的网络设备、服务器虚拟化软件、存储设备上进行逐步配置和资源分配，而且中间还可能会产生错误配置。这也解决了我们之前提到的网络资源无法实现按需自助式服务的问题。

此外，SDN 还可以更细颗粒度地进行流量优化。Nicira 创始人、SDN 的提出者卡萨多先生曾经用一个生动的比喻形容数据中心内部的流量：小股数据流构成的突发流量称为"老鼠流"，持久且负载较高的稳定流量则称为"大象流"。对于数据中心中大多数流量的性能问题，我们都可以将其视为大象踩着老鼠前进的状况，而从用户的角度看，就是持久稳定的流量挤占了小股突发流量的资源。而在 SDN 的帮助下，系统可以对流量进行智能识别。换句话说，基于 SDN 的网络系统会辨认出其是否属于大象流，并对这些流量加以优化、标记、识别，确保它不会踩着老鼠前进，这样就达到了大象流和老鼠流的共存。这是因为在 SDN 架构中，控制器可以知晓全网的拓扑和健康状况。

SDN 的引入还能防止厂商锁定。只要设备支持 SDN，支持可编程，那么系统管理员就可以通过南向接口和北向接口，通过控制器对设备进行控制，改变转发行为。这也是 Google、Facebook 在其内部数据中心大力推进 SDN 的原因之一。厂商锁定问题不仅带来成本问题（尤其是大型数据中心网络），还会受其创新能力、私有协议的限制，带来扩展性和维护方面的问题。而有了 SDN 后，网络管理员需要学习的知识大大减少——异构设备、私有协议等都大大减少了，只要 SDN 控制器的界面足够友好和美观即可。就算 SDN 控制器的界面操作性一般，如果网络管理员的编程能力强，部署和运维也就不是问题。当然，真正解决了厂商锁定的问题之后，可能会导致白牌交换机大行其道，这显然是网络硬件厂商不愿意看到的。

理论上，越是复杂的网络越适用 SDN 架构。在当前的大型复杂数据中心中，如果现有网络问题到了非解决不可的时候，也就是 SDN 发挥其用武之地的时候。

1.2.4 SDN 相关的组织以及厂商对 SDN 的态度

由于各个设备和软件厂商、各个大专院校和研究机构对一项技术有不同的理解，这就需要成立一个组织去推动这项技术的发展，如推动网络协议标准制定的 IEEE 和 IETF。按常理来说，一项技术只应由一个标准组织去推动，这样才可以集中力量将其标准化，但是事与愿违——不同的厂家和科研机构有不同的见解和利益关系，这就产生了分歧，导致出现了多个组织去推动某一项技术的发展，SDN 也不例外。

此外，各大 IT 厂商由于在产品线、功能和特性上的差异，因此它们看待 SDN 的角度也不尽相同，应对 SDN 浪潮的手段也不同。

目前，SDN 领域最具影响力的组织就是 ONF（Open Networking Foundation）了。它由 Google、Facebook、Microsoft 等公司共同发起（这些发起者都不是网络设备制造商），成立于 2011 年，是最早着手定义并希望推动 SDN 标准化的非盈利组织，其科研和活动经费来自于会员公司的赞助和年费。该组织成立至今已有近 5 年时间，其主要工作成果就是制定了 OpenFlow、OF-Config 版本的标准。该组织也是全球范围内各个厂商间 SDN 互通互联测试的组织人和协调人，并定期组织学术研讨会。

在 SDN 被提出后的很长一段时间，ONF 都是唯一的标准化组织，但是 2013 年 4 月，18 家 IT 厂商联合推动了 ODL（Open DayLight）的成立。这 18 家厂商是 Brocade、Cisco、Citrix、Ericsson、IBM、Juniper、Red Hat、Microsoft、NEC、VMware、Arista Networks、Fujitsu、HP、Intel、PlumGrid、Nuage Networks、Dell 与 Big Switch（后退出）。这 18 家公司绝大部分是 IT 行业内的巨头，多为网络设备制造商，它们不满 ONF 制定的游戏规则，另起炉灶。

表 1.1 比较了 ONF 和 ODL 这两个组织的异同。

表 1.1　　　　　　　　　　　　　　　ONF 和 ODL 的比较

	ONF(Open Networking Foundation)	ODL(Open DayLight)
发起者	Google、Facebook、Microsoft	Big Switch、Brocade、Cisco、Citrix、Ericsson、IBM、Juniper、RedHat、Microsoft、NEC、VMware、Arista Networks、Fujitsu、HP、Intel、PlumGrid、Nuage Networks
成立时间	2011 年	2013 年
宗旨	制定 SDN 标准，推动 SDN 产业化	打造统一开放的 SDN 平台，推动 SDN 产业化
工作重点	制定唯一的南向接口标准 OpenFlow，制定硬件转发行为标准	不制定任何标准，而是打造一个 SDN 系统平台，利用现有一些技术标准作为南向接口
与 OpenFlow 的关系	OpenFlow 是其唯一的南向接口标准	OpenFlow 是其南向接口标准中的一个
北向接口	目前没有做任何北向接口标准化的工作，而且不倾向于标准化北向接口	定义了一套北向接口 API
转发平面的工作	通过 OpenFlow 定义转发平面标准行为	不涉及任何转发平面工作，对转发平面不做任何假定和设定

不难看出，ONF 站在网络用户的角度，希望彻底摆脱厂商锁定，希望所有的接口都能被标准化，而硬件也应当是标准化的硬件，可以由标准的 OpenFlow 协议去管理。但由设备厂商主导的 ODL 不同，它们希望部分接口被标准化，保证设备厂商的利益，防止白牌交换机侵蚀其市场。

此外，运营商和一些软件公司基于 SDN 的一些想法，提出 NFV（前文有提到）。斯坦福大学、加州大学伯克利分校联合了一些 IT 公司，建立了开放网络研究中心（Open Networking Reserch Center，ONRC）。IEEE、IETF 这两个网络界的龙头组织也有一些想法，由于不是本书重点，在这里不多赘述。

尽管网络设备制造商联合发起了 ODL 组织，但是它们并没有抛弃 ONF。换句话说，由于 OpenFlow 巨大的影响力，网络设备厂商还没有牛到能完全另起炉灶的程度。Google、Facebook 旗帜鲜明地站在 ONF 这边，没有加入 ODL。Amazon 是个特例，它既没加入 ONF，也没加入 ODL，而是封闭式地发展自己的 AWS（Amazon Web Service）。而那些耳熟能详的网络设备制造商或软件公司，如 Brocade、Cisco、Citrix、Juniper、IBM、NEC、VMware、Arista Networks、Dell、Alcatel-Lucent、H3C、华为，都既是 ONF 会员，也是 ODL 的黄金/白银会员。这些厂商都开放了自己物理或虚拟网络设备的接口，可以将自己的设备交给 SDN 控制器管理。然而，这些 IT 厂商也都会在自己的交换机中加入有自己特色的东西，否则自己的设备岂不是任由其他厂商摆布，任由别人的控制器来定义了吗？因此，这些 IT 巨头们有些靠自己研发，有些靠并购，希望在 SDN 浪潮下不至于被竞争对手落下。它们大多使用混合（Hybrid）模式，而非纯 OpenFlow 的方法来实现 SDN。对于自己设备的可编程接口，除了支持 OpenFlow 外，还加入了 JSON API、XMPP、Phyton API 等。在芯片方面，它们有些使用商用芯片，有些混合使用商用芯片和自研芯片。而这些内部研发和并购中，又以 VMware 收购 Nicira 和 Cisco 收购 Insieme 最为重磅——VMware 收购 Nicira 后推出的 NSX 解决方案、Cisco 收购 Insieme 后推出的 ACI 解决方案，都是将 SDN 和近年兴起的网络虚拟化技术完美融合在了一起。而 Microsoft 作为史上最成功的 IT 公司之一，自然不甘落后，Hyper-V 在 Windows Server 2012 版本中也增加了基于其自主研发的 NVGRE 协议的网络虚拟化功能。但 Microsoft 并没有特别强调 SDN，且刻意淡化 OpenFlow（虽然它们是 ONF 的发起者和核心会员，且加入了 ODL）。此外，Juniper 收购 SDN 初创公司 Contrail 后也推出了同名的 Contrail 解决方案。这些不同厂商之间的解决方案的比较，会在下一章详细分析。

1.3　网络虚拟化的兴起

前文已经提到，网络虚拟化是云计算和 SDN 发展到一定阶段的产物，因此可以认为网络虚拟化是新一代的 SDN。而云计算又是随着服务器虚拟化技术飞速发展而诞生的。因此，我们从介绍服务器虚拟化技术开始，引入网络虚拟化技术。

早期的网络虚拟化与现在的网络虚拟化在架构上有很多的不同，这会在本节中进行介绍，以使得读者在后续章节更好地理解 VMware NSX 网络虚拟化技术。

1.3.1   服务器虚拟化的日趋成熟

近年来，服务器虚拟化技术被炒得火热，也日趋成熟。它是伴随着 x86 计算机性能飞速发展的产物——CPU 的处理能力越来越强，内存容量越来越大，如果一台 x86 服务器只安装一个操作系统、一个应用，就会产生大量闲置资源。于是有人就在考虑一个问题：为什么一台服务器里不能运行多套操作系统，同时使用多个应用呢？这样 CPU 和内存的闲置资源是不是就能得到有效利用了吗？终于在 1999 年，成立不到一年的 VMware 公司推出了业界第一套 x86 计算机的虚拟化软件，多操作系统可以安装在一台基于 x86 的 PC 或服务器里。之后，该软件还内建了对网络的支持，同一台物理服务器里的不同虚拟机可以在物理服务器内部进行通信，而不需要经过外部网络（当然在当时这个功能需要虚拟机同属一个 IP 子网）。2003 年，存储巨头 EMC 公司斥资 6.35 亿美金，收购了成立仅 5 年的虚拟化软件初创公司 VMware，这桩收购在后来被很多人认为是 IT 史上的最佳收购，没有之一——之后的十多年，VMware 的市值翻了几乎 100 倍，成为了领航服务器虚拟化行业的公司。

为什么服务器虚拟化技术如此吃香？随着 IT 行业的发展，人们需要随时接入互联网，使用互联网上的各种应用，应用需求就会因此一直增长。如果新的应用通过安装在物理服务器上来实现，以现在的应用需求量来看，IT 管理员可能根本无法忍受服务器的采购流程和上架安装时间，因此企业在需要增加应用时，希望通过虚拟化的方式进行便捷地扩展。另外，如果需要实现物理服务器的冗余，需要通过 1:1 的方式，即每个应用都安装在两台服务器里，服务器购买量与不做冗余的情况相比，增加了一倍，由此增加的成本可想而知。而使用了虚拟化，可以使用 N+1 的方式实现冗余，即多台物理服务器共享 1 台备用服务器，在出现故障时进行迅速在线迁移。这种迁移过程也是可动态资源分配的，实现了服务器的负载均衡。除此之外，通过虚拟化，不仅实现了之前提到的服务器闲置资源的高效利用，还节省了机房面积、制冷成本、用电成本，符合每个国家都在推行的绿色环保和可持续发展战略。

除了 VMware 外，Microsoft 公司和 Citrix 公司在 2008 年也开始推出自己的虚拟化平台。其中 Microsoft 公司的 Hyper-V 解决方案，是 Windows Server 的一个新功能——底层安装了 Windows Server 后，可以在此之上开启虚拟机，跨物理服务器的虚拟机也可以被统一管理，有一致的安全和在线迁移策略（Microsoft 的公有云 Azure 也是基于 Hyper-V 搭建的）；Citrix 公司的服务器虚拟化方案叫做 XenServer，它通过收购剑桥大学开发的 Xen 开源系统并进行了再开发，主要用于其桌面虚拟化和应用虚拟化产品的底层系统。亚马逊的公有云服务 AWS 也是基于这个开源的 Xen 系统搭建的。此外使用较多的还有 Red Hat 公司主导的 KVM 开源虚拟机系统。

服务器虚拟化的飞速发展，让人们开始有了遐想空间——我们能否把网络也做成虚拟的，让一套物理网络承载多套逻辑网络，并可以通过编程的方式快速部署网络，解决数据中心仍然存在的问题（如自动化部署和运维问题、规模问题、流量不优问题、成本问题），且能将解决方案完美融合到现在的多租户数据中心环境中？

1.3.2　网络虚拟化的起源和发展

现今的网络虚拟化技术（特指基于主机 Overlay 的网络虚拟化技术）之所以会兴起，是因为现今的数据中心架构中存在三个问题。随着服务器虚拟化的飞速发展，网络虚拟化也被提出，用来解决数据中心存在的这些问题。

- **虚拟机迁移范围受到网络架构限制——网络的复杂性**

  服务器虚拟化的发展催生了一种叫做"虚拟机迁移"的技术，这在数据中心实现动态资源分配和高可用性时尤为重要。如果虚拟机从一个物理机上迁移到另一个物理机上，要求虚拟机不间断业务，则需要其 IP 地址、MAC 地址等参数保持不变，这就要求数据中心网络是一个二层网络，且要求网络本身具备多路径的冗余和可靠性——各大网络厂家在提的"大二层"技术，其实主要都是为虚拟机迁移和存储的备份复制服务的。传统的生成树（Spaning Tree Protocol，STP）技术部署繁琐，且协议复杂，网络规模不宜过大，它限制了网络在虚拟化环境中的扩展性——一旦规模大了，生成树就很难控制，就会产生环路等网络问题，甚至导致整网瘫痪。基于各厂家私有的 IRF/VPC 等技术，虽然可以消除生成树，简化拓扑，具备高可靠性，但是灵活性上有所欠缺，只适合构建小规模网络。而为了适应大规模网络扩展而推出的 TRILL/SPB/FabricPath 等技术，虽然解决了上述技术的不足，但网络中的设备均要软硬件升级来支持此类新技术，这带来部署成本的上升，且该技术也没有解决下面会提到的两个问题，即 MAC 和 VLAN 的限制问题。

- **虚拟机规模受网络规格限制——网络备 MAC 地址表数量级不够**

  在大二层网络环境下，数据流都需要通过明确的网络寻址以保证准确到达目的地，因此网络设备的二层地址表项大小（即 MAC 地址表），成为决定了云计算环境下的虚拟机的规模上限。而且这个二层地址表项并非百分之百有效，这使得可用的虚拟机数量进一步降低。特别是对于低成本的接入交换机设备而言，因其表项一般规格较小，更加限制了整个数据中心中的虚拟机数量——如果接入交换机的地址表项设计为与核心设备在同一档次，则又会提升网络构建的成本。减小接入设备压力的做法可以是分离网关，如采用多个网关来分担虚拟机的终结和承载，但这样也会带来成本的上升——核心或网关设备是不是要多购买一些？

- **网络隔离/分离能力限制——网络设备的 VLAN 数量不够**

  当前的主流的网络隔离技术为 VLAN，它在大规模虚拟化环境中部署会有两大限制：一是 VLAN 数量在标准定义中只有 12 个比特，即可用的数量为 4000 个左右（精确数量为 4096，但由于有一些保留 VLAN 不能使用，姑且称之为 4000 左右），这样的数量级对于公有云或大型云计算的应用而言是远远不够的——其 VLAN 数量会轻而易举地突破 4000；二是 VLAN 技术当前为静态配置型技术，这样一来在整个数据中心网络中，几乎所有 VLAN 都会被允许通过（核心设备更是如此），任何一个 VLAN 下的目的未知的广播数据包都可能会在整网泛洪，非常消耗网络交换能力和带宽。

对于小规模的云计算虚拟化环境，现有的网络技术如虚拟机感知（VEPA/802.1Qbg）、数据中心二层网络扩展（TRILL/SPB/FabricPath）、数据中心间二层技术（EVI/OTV）等，可以很好地满足业务需求，上述限制可能不会成为瓶颈。然而，这些技术完全依赖于物理网络设备本身的技术改良，目前来看并不能完全解决大规模云计算环境下的问题，在一定程度上还需要更大范围的二层技术革新来消除这些限制，以满足云计算环境的网络需求。在这样的趋势下，网络虚拟化架构开始浮出水面，它基于的是一种叫做 Overlay 的技术。

Overlay 指的是一种在网络上叠加网络的虚拟化技术，其名字是根据底层物理网络层 Underlay 而取的，其大体框架是对基础网络架构不进行大规模修改的情况下，实现应用在网络上的承载，并能与其他网络业务分离。这种模式其实是对传统技术的优化而被提出的——行业内早期就有了支持 Overlay 的技术，如 RFC 3378（EtherIP: Tunneling Ethernet Frames in IP Datagrams）就是早期的在 IP 网络之上运行的二层 Overlay 技术。后来，H3C 与 Cisco 都在物理网络的基础上发展了各自的私有二层 Overlay 技术——EVI（Ethernet Virtual Interconnection）与 OTV（Overlay Transport Virtualization）。EVI 与 OTV 都主要用于解决数据中心之间的二层互联与业务扩展问题，对于承载网络的基本要求是 IP 可达，而且在部署上相当简单且扩展方便。但是，它们仍旧没有解决前文所说的大型数据中心的三个问题。

图 1.7 很好地阐述了 Overlay 的工作机制——Overlay 以服务的形式，运行在底层物理网络之上，设备到设备间的访问无需关心物理路径。这也有利于数据中心的二层链路的建立。它非常像 VPN 的工作机制，即通过封装使得特定流量在隧道中进行通信。这种工作机制是通过物理网络设备完成的隧道封装来实现的。

随着云计算和虚拟化技术的发展，基于主机虚拟化的 Overlay 技术开始出现，我们可以在服务器 Hypervisor 内的虚拟交换机上支持基于 IP 的二层 Overlay 技术，从更靠近应用的地方来提供网络虚拟化服务，其目的是使虚拟机的部署与应用承载脱离物理网络的限制，使云计算架构下的网络形态不断完善，虚拟机的二层通信可以直接在 Overlay 之上承载。因此，Overlay 可以构建在数据中心内，也可以跨越数据中心进行构建，异地数据中心的二层问题迎刃而解。

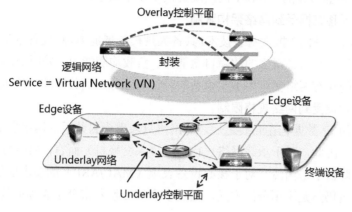

图 1.7 Overlay 的工作机制

现在，Overlay 也支持从主机到物理网络的模式，即从虚拟交换机到物理交换机的 Overlay。三种 Overlay 的部署模型如图 1.8 所示。

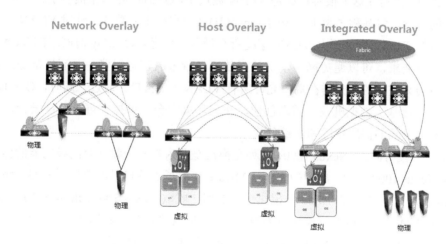

图 1.8 基于物理网络、主机和混合模式的 Overlay

2008 年，Cisco 公司和 VMware 公司联合开发了一款虚拟交换机——Nexus 1000v 系列，它在 VMware 虚拟交换机的基础上，增加了很多网络功能，如安全功能、更强的 QoS 和可视化，可以与物理网络（Nexus 交换机）实现一致的策略和统一的命令行配置，使得网络管理员可以有效地管理基于虚拟机的网络，并统一管理物理网络。后来，两家公司联合研发了 VXLAN 协议，并将运用在 vSphere 分布式交换机（VDS）和 Nexus 1000v 之上，这使得用户可以在不同虚拟机之间建立隧道，在一套物理网络中构建多拓扑的虚拟网络。这就是最早的基于主机虚拟化的 Overlay。

这种基于主机虚拟化的 Overlay 的出现解决了以下问题。

- **虚拟机迁移范围受到网络架构限制**

    Overlay 是一种 IP 报文封装技术，具备大规模扩展能力，对设备本身没有特殊要求。而且网络本身具备很强的故障自愈能力、负载均衡能力。采用 Overlay 技术后，企业部署的现有网络便可用于支撑新的云计算业务，而且改造难度也较低。

- **虚拟机规模受到网络规格限制**

    虚拟机的 IP 数据包在封装之后，对网络只表现为封装后的网络参数，即隧道端点的地址。因此，对于承载网络（特别是接入交换机）而言，MAC 地址规格的需求就极大降低了，当然，对于核心设备表项（MAC/ARP）的要求依然较高。当前的解决方案仍然是采用分散方式，通过多个核心设备来分担表项的处理压力。

- **网络隔离/分离能力限制**

    针对 VLAN 数量约 4000 的限制，Overlay 技术中引入了类似 12 比特的 VLAN ID 的用户标识，并用 24 比特进行标识，可以支持 2 的 24 次方，即千万级以上的 VLAN 数量。其实在这里很难称这是 VLAN 数量了，Overlay 在这里沿袭了云计算"租户"的概念，将其称之为千万级的 Tenant ID（租户标识）数量。针对 VLAN 技术下网络的 Trunk All（所有 VLAN 穿越所有设备）问题，Overlay 对网络的 VLAN 配置没有要求，可以避免网络本身的无效流量带来的带宽浪费——流量都是经过隧道封装来完成的，无需在端口允许所有 VLAN（或租户）通过。同时，Overlay 的二层连通基于虚拟机业务需求创建，在云环境中全局可控，可以通过云管理平台观察到全局的健康状况和流量负载。

在很长一段时间内，Nexus 1000v 系列交换机是业内唯一一款拥有高级功能的虚拟交换机，因此 Nexus 1000v 几乎垄断了市场，VMware 获得了支持自己虚拟机所需的高级网络功能，Cisco 则通过向部署 VMware 虚拟化平台的用户收取 Nexus 1000v license 费用来获得利润。这种状况随着 Nicira 的横空出世而改变——Nicira 提出的完整网络虚拟化平台（NVP）逐渐开始为 AT&T、eBay、NTT 以及 Rackspace 等 IT 巨头的数据中心提供虚拟交换平台，它基于 SDN 理念，将它的 NVP 网络虚拟化平台做的更好（因为 Nicira 本身就是 SDN 的提出者与 OpenFlow 的发明者），实现了 Overlay 层面的控制平面、转发平面的分离，带来了真正的新一代 SDN 和网络虚拟化解决方案。NVP 平台使用 OpenFlow 作为控制协议，有自己的控制器，还有自己的虚拟交换机 OVS（Open vSwitch）系统，是 SDN 和网络虚拟化的完美结合。它在诸多功能上都胜于 Nexus 1000v，增加了更多网络虚拟化功能，借助 OpenFlow 的集中控制和管理，目标直指数据中心的复杂部署问题——它通过向云计算管理平台提供的可编程接口，将数据中心的自动化变为可能，同时将虚拟机部署和运维难度大大简化，效率大幅提高。并且，Nicira 通过研发 STT 这个私有的 Overlay 技术，也可以实现类似 VXLAN 的 Overlay 功能，这个技术还能通过一个伪装的 TCP 包头，使得服务器网卡对大数据包进行分片，从而有效减轻服务器的 CPU 负担。这是第一个真正基于 SDN 的网络虚拟化平台，也是完整的网络虚拟化解决方案架构。之前的纯 Overlay 技术，无论基于硬件还是基于 Nexus 1000v，都不能认为是真正的、完整的网络虚拟化解决方案——控制平面和转发平面没有分离。

当 SDN 结合了网络虚拟化后，SDN 已经发展到了第二阶段，这就是新一代 SDN。它与之前的 SDN 有什么不同呢？因为传统 SDN 仍然是基于五元组（IP 地址，源端口，目的 IP 地址，目的端口和传输层协议）的 TCP/IP 协议，这样就意味着一个问题——改变了 IP 或端口，就改变了一切。因此，传统 SDN 并没有完全消除网络的复杂性，它只是把复杂性集中了起来。在当前数据中心内部，虚拟机会因为高可用性或动态资源分配而迁移，在迁移过后，IP 地址和端口都可能发生变化，这就意味着传统 SDN 控制器要做的策略非常复杂，这些策略包括前文提到的为 Web 前端、最终应用、数据库之间通信配置的各种策略。要实现真正的自动化，必须使用网络虚拟化，在数据中心内部消除五元组的 TCP/IP 协议，打通大二层网络，通过 MAC 地址进行源目地址的寻址工作。因此，SDN 和网络虚拟化这二者的结合，即新一代 SDN 才是未来自动化数据中心的趋势。

Nicira 提出的这个架构引起了业内的强烈震荡，也引来了很多融资，后来各大 IT 巨头都希望斥资收购这家初创公司，尤其是 Cisco 和 VMware——Cisco 希望把 Nicira 的 NVP 平台融入自己的 Nexus 1000v 系统，做到真正的基于 SDN 的网络虚拟化；而 VMware 认为自己是服务器虚拟化行业的领头羊，一旦收购 Nicira，就可以抢占并不成熟的网络虚拟化市场，这样一来，它们的服务器虚拟化平台之上就不用再部署 Nexus 1000v，而且可以和其他的网络供应商实现更好的融合方案。VMware 认为自己的服务器虚拟化解决方案已非常成熟，一旦将服务器虚拟化和网络虚拟化解决方案进行整合，就可以抢占下一代自动化数据中心（SDDC）的市场。

最终，VMware 笑到了最后。2012 年 7 月，它们收购了 Nicira。2013 年，VMware 在整合了自己的服务器虚拟化产品、云管理平台和前文提到的 Nicira NVP 平台后，推出了完整的网络虚拟化解决方案，即 NSX 解决方案，这意味着 VMware 和 Cisco 的合作基本告一段落。Cisco 无奈在 Nexus 1000v 中逐渐加入了对 Microsoft Hyper-V 和 KVM 的支持，并于 2013 年年底发布了 ACI 解决方案。而 Microsoft 和其他一些厂商也不甘示弱。一场围绕着网络虚拟化的战争打响了。

1.4 总结

- SDN 是为了改变当前 IT 架构部署和运维的复杂性而提出的。

- SDN 诞生于斯坦福大学实验室，课题组的核心人员后来成立了 Nicira 公司，该公司于 2012 年被 VMware 收购。
- SDN 的核心思想是控制平面与转发（数据）平面的分离。SDN 目前主流的南向接口控制协议是 OpenFlow。
- 网络虚拟化是为了改变当前 IT 架构的复杂性和横向扩展能力而提出的，当前主要基于 Overlay 技术实现。
- 现今的网络虚拟化技术是 SDN 发展到一定阶段的产物，基于 SDN 架构的网络虚拟化解决方案，即新一代 SDN 可以在云计算在数据中心发挥更大效能。
- VMware 收购 Nicira 之后推出了融合 SDN 和网络虚拟化的解决方案，即 NSX。

第2章

NSX 网络虚拟化概览

网络虚拟化技术诞生后，有不少厂商都推出了解决方案。这些厂商实现"网络虚拟化"的方式各异，有些是自己研发，有些是通过收购，有些是利用开源项目进行再开发。而VMware NSX 网络虚拟化平台的基本架构到底是怎样的，它与别的厂家有哪些不同？这些问题会在本章进行探讨。

2.1 VMware NSX 网络虚拟化解决方案简介

尽管 VMware NSX 网络虚拟化平台是通过收购 Nicira 而获得的，但是在收购一年多时间之后，NSX 才正式发布。在这一年多时间里，VMware 的研发人员与前 Nicira 的极客们一起通力合作，将 VMware 服务器虚拟化平台与 Nicira 网络虚拟化平台进行了融合，我们现在会发现 NSX 架构和技术细节（尤其是用于 vSphere 平台的 NSX-V），其实与早期的 Nicira NVP 平台还是有很大区别，它增加了很多 VMware 的基因在里面。

本节在介绍 VMware NSX 的一些功能和特性之前，还简单介绍了服务器虚拟化技术以及 VMware 公司诞生和发展的历史，这些都是值得去了解的故事。

IT 行业已经直接从服务器虚拟化中获得了显著好处。服务器虚拟化解决方案降低了物理硬件的复杂性，提高了运营效率，带来了更好的安全性和冗余性，并且能够动态地重新调整底层资源的用途，以便以最佳方式快速满足日益动态化的业务应用需求。除此之外，服务器虚拟化还能节省机房空间，节省用电和制冷成本。

VMware NSX 网络虚拟化技术与 VMware 一直致力推动的服务器虚拟化技术，究竟有什么联系，有哪些类似的地方？读者可以在这一节找到答案。本节会介绍 NSX 基本架构和基本组件。

2.1.1 VMware 服务器虚拟化的前世今生

介绍 VMware 网络虚拟化之前，不得不先提 VMware 服务器虚拟化的发展历史和一些功能特性，因为 NSX 的很多设计思路和理念，都像极了已经深入人心的服务器虚拟化解决方案。有很多读者可能近几年才接触到服务器虚拟化，其实早在 1959 年，计算机科学家克里斯托弗·斯特雷奇（Christopher Strachey）就发表了一篇名为 *Time Sharing in Large Fast Computers*（大型高速计算机中的时间共享）的学术报告。在该报告中，他第一次提出了虚拟化的概念，即使用"时间共享"技术，使多操作系统可以运行在一台计算机之上。但是在当时，他的思想太超前了，计算机也完全没有普及，实现其想法也就困难重重。在相当长的时间内，虚拟化只能作为一个概念存在于新兴的计算机学世界里。

随着科技的发展，大型机出现了，但是它的价格非常昂贵，如何有效利用之成了一个难题。伟大的 IT 公司 IBM 基于斯特雷奇的理论，开发了最早的虚拟机技术，允许在一台 IBM 大型机上运行多个操作系统，让用户尽可能地充分利用和共享昂贵的大型机资源。

20 世纪七、八十年代，虚拟化技术进入低谷期——因为随着大规模集成电路的出现，计算机硬件变得越来越便宜，需要增加操作系统时，人们往往选择再购买一台计算机。当初为了共享昂贵的大型机资源而设计的虚拟化技术就无人问津了。

虚拟化技术在 20 世纪 90 年代末期迎来复兴。随着 x86 计算机的普及、CPU 的处理能力越来越强、内存容量越来越大，新的基于 x86 平台的虚拟化技术诞生了，其主要目的是充分利用 x86 计算机的闲置资源。1998 年成立的 VMware 公司于 1999 年最早正式发布了基于 x86 计算机的虚拟化软件，虽然 VMware 虚拟化技术在刚刚推出时并没有引起轰动，但是为之后的 IT 变革埋下了伏笔——基于 x86 计算机的虚拟化技术的飞速发展，使得计算资源可以实现池化，进而催生了之后的云计算。

1997 年，斯坦福大学的蒙德尔·罗森布洛姆（Mendel Rosenblum）、艾德瓦德·巴格宁（Edouard Bugnion）和斯科特·迪瓦恩（Scott Devine）三人，在 ACM SOSP（Symposium on Operating Systems Principles，计算机操作系统研究领域的旗舰会议）上发表了著名论文 *Disco: Running Commodity Operating Systems on Scalable Multiprocessors*。Disco 其实就是他们在斯坦福大学里的一项科研课题，即在 x86 计算机之上同时运行多个多操作系统，这也是现代虚拟化技术的开山之作。一年之后，罗森布洛姆在加州大学伯克利分校求学时相识的妻子戴安娜·格林（Diane Greene）也加入了他们的团队（夫妇俩的照片见图 2.1），加上一名华裔青年爱德华·王（Edward Wang），他们五人在美国加州的 Palo Alto 市创立了这家之后在 IT 界扬名立万的 VMware 公司。VMware 公司的名字是 Virtual Machine Software 的缩写，公司名字彰显了它从成立之初就一直在坚持的事情——致力于推动虚拟机

图 2.1　戴安娜·格林与蒙德尔·罗森布洛姆

软件的发展。如今，罗森布洛姆夫妇分别是斯坦福大学教授和 Google 董事会成员。值得一

提的是，巴格宁后来还成为了 Cisco UCS 之父。

1999 年 5 月，具有划时代意义的 VMware Workstation 产品被这群具有创新精神的年轻人研发出来了。这是业内第一款基于 x86 平台的虚拟化软件，它允许在一台 x86 计算机上同时运行多个操作系统，安装环境是 Windows 98/NT 4.0。2001 年，专门用于 x86 服务器的虚拟化软件 VMware ESX Server 正式发布，它无需 Windows 操作系统，而是直接运行在计算机底层。ESX（现在叫做 ESXi）这个一直沿用到今天的 VMware 服务器虚拟化软件内核程序（Hypervisor），是当时 VMware 实验室里的研发代号 Elastic Sky X 的缩写。2003 年，vCenter 发布，它允许多台物理计算机上的所有虚拟机被同一个集中式的管理平面来管理，且可以利用同时发布的 vMotion 技术在不同物理机之间实现迁移。2004 年，这家成立不到 6 年的年轻公司，被存储巨头 EMC 公司斥资 6.35 亿美金收购。今天，VMware 的市值较 EMC 收购时翻了近 100 倍，有人不禁感慨：如果晚几年再卖掉，能卖多少钱？如果不卖，现在的 VMware 又可能是什么样子？

在 VMware 被 EMC 收购后，EMC 并没有将其并入自己的一个业务部门，或融入自己的产品和解决方案中，而是任由其独立发展，其目的可能是为了 2007 年的 VMware 拆分上市——一旦并入 EMC 的一个部门中，就无法上市了。就结果而言，VMware 因为独立发展，势头非常良好。随着 CPU 和内存的能力不断提升、应用越来越多，市场对虚拟化的需求量也越来越大——企业自然不希望闲置的 CPU 和内存不能被有效利用，而且通过购买更少的服务器，安装虚拟化软件，还能有效节省物理服务器的采购成本，节省机房空间、用电和制冷成本。VMware 将自己的虚拟化软件以每个物理 CPU 需要一个 license 的形式卖给客户，从中取了利润，加上上市和融资，VMware 有了更多资金，可以不断完善自己解决方案中的功能。

2008 年，Microsoft 公司和 Citrix 公司也开始推出自己的虚拟化软件，其中 Citrix 公司通过收购得到了开源的 Xen 虚拟化系统的核心技术，而另外一款基于开源代码的 KVM 虚拟化系统也开始兴起。服务器虚拟化技术蓬勃发展，理念已深入人心，越来越多的企业近几年运用各种虚拟化解决方案来实现 P2V，即将物理服务器迁移至虚拟化环境。

有竞争对手的市场总比垄断要好，竞争促使 VMware 公司研发新的解决方案。如今，VMware 不断更新服务器虚拟化的功能，在 vSphere 5.5 版本中，VMware 加入了存储的 DRS 和存储的 I/O 控制等功能；在 vSphere 6.0 版本发布之后，跨越 vCenter 的 vMotion、长距离 vMotion 的功能实现，FT 也突破了一个 vCPU 的限制。此外，最近几年，用来管理云环境的工具的功能也不断完善，加上 VSAN 和 NSX 解决方案的提出，都与 VMware 传统虚拟化解决方案一起成为了 VMware SDDC 的拼图。VMware 公司还有能力通过桌面虚拟化（VDI）技术帮助企业打造虚拟桌面。

VMware vSphere 解决方案的底层使用了 ESXi（以前叫做 ESX）的虚拟机管理程序，它不依赖于任何一个操作系统，可以被安装到本地物理硬盘、外置 SAN 环境、闪存、USB 驱动器等地方，但必须能够直接访问物理服务器的底层，作为物理服务器的 Hypervisor，知晓物理服务器所有信息。安装了 ESXi 程序的物理服务器叫做 ESXi 主机。图 2.2 阐述了 VMware vSphere 的底层体系结构。VMware 服务器虚拟化解决方案的核心思想有以下几点。

- 在一台物理服务器底层安装虚拟化软件，使得一台物理服务器上可以运行多个操作系统，安装多个应用。这些操作系统运行在多虚拟机上，而且其上安装的应用与物理主机上实现的功能完全相同。
- 就用户端而言，每台虚拟机看起来与物理服务器没有任何区别。
- 能够快速并有效地更换虚拟机的虚拟硬件组件，如增加 vCPU、增加内存、增加虚拟网卡等。
- 跨物理服务器运行的多个虚拟机可以通过统一的管理平台进行部署、维护。复制、增加、删除虚拟机非常便捷。
- 虚拟机能够在不同物理机中进行快速、安全的迁移，借此技术还能实现高可用性（High Availability，HA）和动态资源分配（Distributed Resource Scheduler，DRS）。

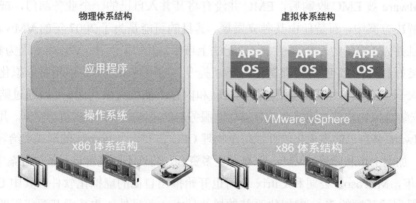

图 2.2　VMware vSphere 的底层体系结构

VMware 使用了 vCenter 系统来统一部署和管理安装在跨多个物理服务器上的虚拟机。vCenter 系统在一个统一的平台管理多台物理服务器上的虚拟机后，能够实现的其他主要功能如下。

- 通过在线迁移（vMotion）技术，将正在运行的虚拟机从一台物理服务器迁移到其他物理服务器，而无需中断。这是 VMware 最重要的技术之一，DRS、HA 等高级功能都基于这个技术。
- 动态资源分配技术，使得多台物理服务器中运行的虚拟机可以实现负载均衡。DRS 利用了 vMotion 技术来实现这个功能——一旦检测到负载升高到一定程度，就能通过 vMotion 技术进行在线迁移。
- 分布式电源管理（Distributed Power Management，DPM）可以结合 DRS 功能，将多个负载较低的虚拟机集中到少数物理服务器上，把无用的物理服务器关机，节省电力；而在虚拟机负载开始增多时，对没有使用的物理服务器加电开机，再通过 DRS 实现负载均衡。

- 存储在线迁移（Storage vMotion）技术，允许正在运行的虚拟机的硬盘资源从一个存储设备迁移到另一个设备上。
- 存储的动态资源分配技术（Storage DRS）功能，允许虚拟机从存储的角度进行负载均衡。
- 数据保护（Data Protection）功能，可以备份虚拟机。
- 高可用性，当一台物理服务器出现故障时，将虚拟机迁移到其他物理服务器上。迁移过程又是基于 vMotion 技术并遵循 DRS 的。
- 容错（Fault Tolerance，FT）功能，允许在不同物理服务器上运行两台完全一模一样的虚拟机，提供最高等级的冗余性，即使一台物理服务器（或虚拟机）发生故障，业务也不会中断运行。值得注意的是，在 vSphere 5.5 版本之前，FT 功能仅能支持 1 个 vCPU，这个限制在 vSphere 6.0 版本进行了极大的改进，可以支持 4 个 vCPU。企业可以对最核心的应用部署 FT，对一般应用部署 HA。
- 复制（Replication），可以复制虚拟机的所有镜像到到另一个站点（如灾备中心），进行灾难恢复，保障数据安全。

目前最新的 VMware vSphere 软件已走到了第六代，它有多个版本，分为基础版（Essentials）、基础加强版（Essentials Plus）、标准版（Standard）、企业版（Enterprise）、企业加强版（Enterprise Plus）五种。不同的版本能实现的功能也不同，其价格是随着其版本不同而不同。表 2.1 所示为每个版本能实现的功能概览。

表 2.1　　　　　　　　　　　　vSphere 不同版本的功能比较

Vsphere 版本	ESXi Hypervisor	vMotion	HA	数据保护	vSphere复制	存储的vMotion	FT	DRS	DPM	存储的DRS	分布式交换机
Essentials	√										
Essentials Plus	√	√	√	√	√						
Standard	√	√	√	√	√	√					
Enterprise	√	√	√	√	√	√	√	√	√		
Enterprise Plus	√	√	√	√	√	√	√	√	√	√	√

值得注意的是，VMware vSphere 试用版本支持所有功能，但是使用期有 60 天的限制。

此外，可以看到，只有企业加强版（Enterprise Plus）的 license 才能够支持分布式交换机（VDS），而 NSX-V 网络虚拟化平台必须建立在分布式交换机之上。因此，搭建 NSX-V 网络虚拟化平台时，必须确保企业中 vSphere 的 license 是企业加强版。但是这个限制在 NSX 6.2 版本发布之后已经消除——NSX 6.2 licence 自带 VDS 功能，这意味着现在低版本的 vSphere 同样可以支持 NSX-V 网络虚拟化环境。

2.1.2   服务器虚拟化的优势移植到了网络虚拟化

以前的大二层技术一般是在物理网络底层使用 IS-IS 路由技术，再在此基础之上实现数据中心网络的二层扩展，如公有的 TRILL、SPB 技术和 Cisco 私有的 OTV、FabricPath 技术。前沿一些的网络虚拟化技术使用了 VXLAN、NVGRE 等协议，突破 VLAN 和 MAC 的限制，将数据中心的大二层网络扩展得更大（这些在第 1 章都做了阐述）。而使用 VMware NSX，则更进一步——可以对网络提供与对计算和存储实现的类似的虚拟化功能。就像服务器虚拟化可以通过编程方式创建、删除和还原基于软件的虚拟机以及拍摄其快照一样，在 NSX 网络虚拟化平台中，也可以对基于软件的虚拟网络实现这些同样的功能。这是一种具有彻底革命性的架构，不仅数据中心能够大大提高系统的敏捷性、可维护性、可扩展性，而且还能大大简化底层物理网络的运营模式。NSX 能够部署在任何 IP 网络上，包括所有的传统网络模型以及任何供应商提供的新一代体系结构，无需对底层网络进行重构，只需要注意将底层物理网络的 MTU 值设置为 1600 即可，这是因为 VXLAN 封装之后的 IP 报文会增加一个头部。不难看出，VMware NSX 的核心思想其实就是将 VMware 多年致力发展的服务器虚拟化技术移植到了网络架构中，如图 2.3 所示。

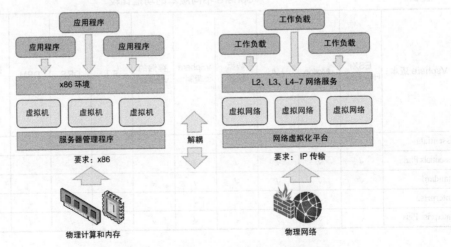

图 2.3   服务器虚拟化逻辑架构与网络虚拟化逻辑架构

实现服务器虚拟化后，软件抽象层（服务器虚拟化管理程序 Hypervisor）可在软件中重现人们所熟悉的 x86 物理服务器属性，例如 CPU、内存、磁盘、网卡，从而可通过编程方式以任意组合来组装这些属性，只需短短数秒，即可生成一台独一无二的虚拟机。而实现网络虚拟化后，与 Hypervisor 类似的"网络虚拟化管理程序"可在软件中重现二到七层的整套网络服务，例如交换、路由、访问控制、防火墙、QoS、负载均衡。因此，与服务器虚拟化的理念相同，可以通过编程的方式以任意组合来部署这些服务，只需短短数秒，即可生成独一无二的虚拟网络（逻辑网络）。

除此之外，基于 NSX 的网络虚拟化方案还能提供更多的功能和优势。例如，就像虚拟机独立于底层 x86 平台并允许将物理服务器视为计算容量池一样，虚拟网络也独立于底层网络硬件平台并允许将物理网络视为可以按需（如按使用量和用途）进行自动服务的传输容量池。对于第 1 章中提到的业务或应用的激增和激退的情形，数据中心就实现了网络资源的快速分配。与传统体系结构不同，NSX 可以通过编程方式调配、更改、存储、删除和还原虚拟网络，而无需重新配置底层物理硬件或改变拓扑。这种革命性的组网方式与企业已经非常熟悉的服务器虚拟化解决方案有着异曲同工之妙。

由于使用了 NSX 解决方案后的逻辑网络架构产生了质的变化，以 NSX 网络平台搭建的数据中心最终达到的效果就是：无论系统规模多大，无论物理服务器、虚拟机有多少台，无论底层网络多么复杂，无论多站点数据中心跨越多少地域，在 NSX 网络虚拟化解决方案的帮助下，对于 IT 管理人员和用户来说，这些运行在多站点数据中心复杂网络之上的成千上万台的虚拟机，就好像是连接在同一台物理交换机上一样。有了 VMware NSX，就有可以部署新一代软件定义的数据中心所需的逻辑网络。

之前讨论过 NSX 无需关心底层物理网络，那么它是否一定要部署在 VMware 的虚拟化环境中？答案也是否定的。NSX 可以部署在 VMware vSphere、KVM、Xen 等诸多虚拟化环境中，这也是 Nicira NVP 平台本来就具备的功能。

2.1.3　NSX 解决方案概览

NSX 网络虚拟化分为 vSphere 环境下的 NSX（NSX-V）和多虚拟化环境下的 NSX（NSX-MH）。它们是不同的软件，最新版本（2016 年 3 月 3 日更新）分别是 6.2.2 和 4.2.5。这点在部署之前就需要了解，以避免错误部署。之后会分别详细讨论这两种不同环境下部署的 NSX 网络虚拟化平台。

无论使用 NSX-V 还是 NSX-MH，其基本逻辑架构都是相同的，不同点仅体现在安装软件和部署方式、配置界面，以及数据平面中的一些组件上（NSX-V 中的虚拟交换机为 vSphere 分布式交换机，而 NSX-MH 中的虚拟交换机为 OVS）。图 2.4 是 NSX 网络虚拟化架构的基本示意图，它分为数据平面、控制平面（这两个平台的分离，与第 1 章提到的 SDN

架构完全吻合)、管理平面。其中数据平面中，又分分布式服务（包括逻辑交换机、逻辑路由器、逻辑防火墙）和 NSX 网关服务。控制平面的主要组件是 NSX Controller（还会包含 DLR Control VM），而管理平面的主要组件是 NSX Manager（还会包含 vCenter）。

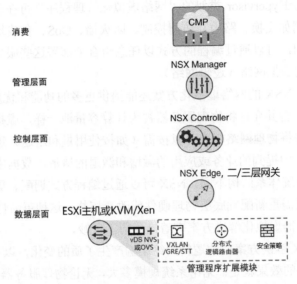

图 2.4　NSX 逻辑架构

下面简单说明一下各个组件（后续章节会进行更具体的分析）。

NSX 数据平面主要由 NSX 虚拟交换机组成。虚拟机交换机基于 vSphere 中的分布式交换机（VDS），或基于非 VMware 虚拟化环境中的 OVS（Open vSwitch）。通过将内核模块（VIB）安装在 Hypervisor 之上，实现 VXLAN、分布式路由、分布式防火墙等服务。

这里的 NSX 虚拟交换机可以对物理网络进行抽象化处理并直接在 Hypervisor 层之上提供交换、路由、防火墙功能。这样能获得哪些好处呢？首先，NSX 虚拟交换机有了一个统一的配置界面。此外，NSX 虚拟交换机利用 VXLAN 或 STT 协议实现 Overlay 功能，在现有物理网络之上创建一个与之解耦的独立虚拟网络，容易部署和维护。而这个虚拟网络和以前我们所熟悉的网络架构并不一样——传统的网络，不同 VLAN 之间地址是不能重复、冲突的，而运行在 Overlay 之上的虚拟网络，允许不同租户使用相同的网关或 IP 地址，同时保持隔离。NSX 虚拟交换机连接的虚拟机是独立于虚拟网络的，并且就像连接到物理网络一样运行，新创建的虚拟交换机可以有效进行配置备份和还原，而它在连接虚拟机时还能实现 QoS 和链路聚合等诸多功能。NSX 虚拟交换机还有利于实现大规模扩展，而端口镜像、NetFlow、网络运行状况检查等多种功能可以在虚拟网络内进行全面的流量管理、监控和故障排除。

数据平面还包含边界网关设备，它可以作为虚拟网络和物理网络进行通信的网关。这种设备通常是 NSX Edge（NSX-V 中）或二/三层网关（NSX-MH 中），它以虚拟服务的形式注册到

NSX Manager，在虚拟网络与外界通信时，VXLAN 到 VLAN 的转换无论发生在二层网络（桥接时）还是三层网络（路由），都可以由边界网关来进行处理。Edge、二/三层网关除了处理南北向流量外，也提供了类似 NFV 的一些功能，如实现 NAT、VPN、负载均衡等。

NSX 控制平面中的主要组件是 NSX Controller。它仍然是以虚拟机的形式安装，并以虚拟服务的形式与 NSX Manager 集成。NSX Controller 在虚拟网络内部，可以看作是数据平面的控制单元。它与数据平面之间不会有任何数据流量的传递，只会将信令发布给数据平面，再由数据平面进行工作。因此 NSX Controller 发生任何故障都不会对数据平面的流量造成影响（其实这种故障也不常见，因为 NSX Controller 一般都是冗余部署的）。而对外（物理网络），NSX Controller 可以使用 OVSDB 和 OpenFlow 协议，作为物理网络的 SDN 控制器，但是 VMware 尚未针对这个功能提供官方的图形化配置界面，因此要实现这个功能，需要开发人员在 API 之上通过编程来实现。目前 Arista Networks 和 Brocade 两家物理硬件网络厂商的研发人员通过再开发，实现了其网络设备可以交由 NSX Controller 控制。

除了 NSX Controller，控制平面中的其他组件还包括 DLR Controller VM，用来处理三层路由协议的控制。

NSX 管理平面中的主要组件是 NSX Manager，可以通过 NSX Manager 提供的 Web 界面配置和管理整个 NSX 网络虚拟化环境的所有组件。NSX Manager 提供的 REST API 可以为 VMware 高级云管理平台或第三方云管理平台（CMS/CMP）提供接口。OpenStack 同样可以在这里与 NSX Manager 集成，使得 NSX 与 OpenStack 实现融合。

有了这些组件，我们不难看出，NSX 可以提供如下网络服务（见图 2.5）。

图 2.5 NSX 网络虚拟化平台能够提供的服务

- **交换**：在物理网络中的任何位置实现大二层交换网络的扩展，而无需关心底层物理网络架构。
- **路由**：IP 子网之间的路由，可以完全在逻辑网络中完成。由于三层网关由 NSX Controller 控制并下发至所有 Hypervisor，因此流量无需经过物理路由器或三层交换机。NSX 网络虚拟化环境中的路由是在 Hypervisor 层通过分布式的方式执行的，每台 ESXi 主机的 CPU 消耗很小，可为虚拟网络架构内的路由表提供最佳路径。
- **防火墙**：安全防护可以在 Hypervisor 层以及虚拟网卡层面执行。它使用可扩展的方

　　式实施防火墙规则,而不会像传统部署中在物理防火墙设备上形成流量的瓶颈。NSX
防火墙分布式基于 Hypervisor 内核,只产生极少的 CPU 开销,并且能够线速执行。

● **逻辑负载均衡**:支持四到七层的负载均衡服务。

● **VPN 服务**:可实现二、三层 VPN 服务和 SSL VPN。

● **物理网络连接**:NSX Edge(或网关)提供虚拟网络到物理网络的二层桥接或三层
路由功能。

　　有了 NSX 网络虚拟化解决方案,VMware 进一步完善了软件定义数据中心(Software
Defined Data Center,SDDC)解决方案,即在数据中心中同时满足软件定义网络、软件定义计
算、软件定义存储,并实现应用交付的自动化、新旧应用的快速创建和删除,如图 2.6 所示。
SDDC 解决方案的核心是让客户以更小的代价来获得更灵活的、快速的业务部署、运维和管理。

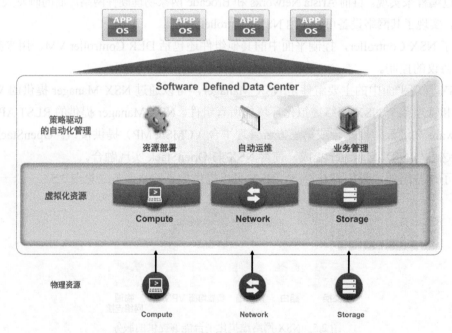

图 2.6　VMware 的完整 SDDC 解决方案架构

　　SDDC 是相对于传统的硬件定义数据中心(HDDC)提出的。由于没有任何一家 IT 厂商
可以提供底层网络、存储、x86 服务器平台与虚拟化软件的全套产品,对不同厂商的产品,也
没有一个统一的管理界面,因此传统的 HDDC 解决方案的效率比较差——IT 管理人员需要一
一登录到不同设备中进行特殊的、差异化的配置。这样的模式不仅部署和运维的效率较低,而
且根本无法实现自动化。而 SDDC 的核心理念就是通过一套单一的数据中心管理软件,可以在
任何 x86 平台、存储平台、网络平台之上,实现高效地部署和运维,最终实现数据中心自动化。

尽管 VMware 并不生产物理硬件，但对于数据中心的底层功能而言，其在 SDDC 拥有全套解决方案——软件定义网络（NSX）、软件定义计算（vSphere）、软件定义存储（VSAN）。该解决方案无需绑定任何物理硬件厂商设备，即可实现数据中心自动化。VMware 还有针对 SDDC 统一部署和管理的云管理平台。

2.1.4 NSX 网络虚拟化应用场景

NSX 网络虚拟化平台，适用于所有不同类型的行业中的各种客户。

- 对于政府和国企用户，由于其网络设备购买方式往往是集中采购，导致每年不同项目的网络设备的品牌可能都不相同，而 IT 管理人员也希望这些不同品牌的网络设备搭建的复杂的大规模网络能够易于维护。NSX 网络虚拟化平台独立于物理网络之上，提供了一套逻辑网络，它不关心底层架构，只要底层网络互通，IT 管理人员就可以针对不同应用便捷地创建和删除逻辑网络，使得 IT 底层架构更加灵活。

- 对于医疗和教育行业，它们的数据中心往往会分布在不同院区或校区，NSX 网络虚拟化平台可以跨越不同数据中心实现一套单一的逻辑网络。

- 对于金融和证券行业，它们同样有异地数据中心的需求。此外，它们对安全的要求会更高。NSX 基于微分段的分布式防火墙可以帮助这些对安全有着更高要求的用户实现数据中心内部不同应用和业务资源池的精细化安全控制。该行业客户都需要满足各自上级的合规性监管要求，需要可追溯和审计，甚至实时把控其流量和交易的具体信息。该行业的一些应用，如在线交易系统，对流量的延迟、抖动都非常敏感。NSX 网络虚拟化平台通过 Hypervisor 之上的分布式路由、防火墙、负载均衡服务，可以大幅优化流量路径，有效解决了延迟、抖动等问题。

- 对于电信运营商，除了异地数据中心的需求和需要实现高灵活性、高可扩展性外，往往还需要实现多租户。NSX 基于主机的 Overlay 技术，可以创建多个独立的逻辑网络，有效解决了多租户问题。

- 对于 OTT 和互联网行业，业务需要极快的上线、下线速度。NSX 网络虚拟化平台可以像在 vSphere 中创建和删除虚拟机一样，针对新旧业务快速创建和删除逻辑网络，实现完全自动化的计算资源池。此外，该行业对异地数据中心、安全性和可扩展性也有很高的要求，而这些都是 NSX 网络虚拟化平台所擅长的。

- 对于制造业或设计公司，为了安全起见，其研发、测试、生产环境往往需要在物理上进行隔离，而研发并成功通过测试的产品，需要快速投放到生产网络中。在以往，这些研发和测试往往需要在独立的网络中进行，导致将产品迁移到生产环境的过程繁琐而漫长。NSX 网络虚拟化平台可以创建完全隔离的逻辑网络供研发和测试使用，并在研发和测试成功后，通过去除微分段的安全策略和重新关联子网，无缝切换到生产环境。此外，设计公司往往会使用桌面虚拟化解决方案，而在以往，虚拟桌面之间（尤其是同一网段内的虚拟桌面）可能并没有有效的安全防护措施。NSX 基于微分段技术的分布式防火墙可以完美地解决这个问题。

● 对于一般企业，还可能产生公司并购、合并的问题，而合并后的公司网络由于合并之前存在架构差异，就算路由可以互通，也可能产生流量不优化的问题。NSX 网络虚拟化平台独立于物理网络，可以帮助这种类型的公司解决物理网络的路由难题。此外，一般的企业都会面临灵活性、安全性等问题，NSX 网络虚拟化平台都可以帮助这些企业解决这些难题。

一句话总结 NSX 网络虚拟化平台的应用场景：当企业的网络需要实现高灵活性、高安全性、自动化和业务连续性的时候，NSX 网络虚拟化平台就是极佳的解决方案。这些技术的实现方法，在本书都会有详细阐述。

2.2   当前主流的 Overlay 隧道技术

目前，市面上除了 VMware 外，Cisco 和 Microsoft 等公司都能提供网络虚拟化解决方案。在介绍其网络虚拟化解决方案并进行对比之前，需要先讨论一下现在的网络虚拟化使用的 Overlay 技术分为哪几种。经各大厂商努力，已经有三种 Overlay 技术成形，即 VXLAN、NVGRE、STT。

2.2.1   VXLAN 技术

首先讨论 VXLAN。VXLAN 是 Virtal Extensible LAN（虚拟可扩展局域网）的缩写。它是为了解决前文提到的数据中心的三个问题，由 Cisco、VMware、Broadcom 这几家行业内的巨头，外加快速窜红的新兴网络设备公司 Arista Networks 联合向 IETF 提出的。它能将通过 OTV、TRILL、FabricPath 等技术实现的二层网络扩展得更大。

VXLAN 的核心技术理念是对现有标签技术进行彻底的改变，以优化 VLAN 的缺陷。其实 Cisco 之前提出的 OTV 协议已经使用了类似的技术——通过隧道机制，在使用了 IS-IS 协议的三层网络之上，叠加一个二层的虚拟网络，从而绕过 VLAN 标签的限制。而 VXLAN 则更进一步，它是将以太网报文封装在 UDP 传输层上的一种隧道转发模式。

VXLAN 定义了一个名为 VTEP（VXLAN Tunnel End Point，VXLAN 隧道终结点）的实体。VTEP 对数据包的封装可以在虚拟交换机上完成，也可以在物理交换机上完成。它会将数据在出服务器（主要是虚拟机，其实也可以是物理服务器）时封装到 UDP 中再发送到网络，在传输过程中这台服务器的 MAC 地址、IP 地址、VLAN 信息等，都不会再作为转发依据。如果 VTEP 功能直接集成到虚拟机的 Hypervisor 内，那么所有虚拟机流量在进入物理交换机之前，就可以在虚拟交换机所在的 Hypervisor 之上打上 VXLAN 标签和 UDP 包头，相当于在任意两点间建立了隧道。因此，VXLAN 技术更适合虚拟化环境，且更应该把 VTEP 功能集成到服务器的虚拟交换系统内——如果 VTEP 在物理交换机上实现，那么物理交换机与虚拟交换机通信时，需要执行一次 VXLAN-VLAN 的转换，这样效率并不高。

由于虚拟机本身的 VLAN 信息对外已不可见，VXLAN 添加了一个新的标签 VNI（VXLAN Network Identifier，VXLAN 标识符）。VNI 取代 VLAN 用来标识 VXLAN 的网段，只有拥有相同的 VNI，即在同一个 VXLAN 里的虚拟机才能实现二层通信，它类似于 VLAN ID 的作用。VNI 是一个 24 比特的二进制标识符，把 VLAN 的 4096（2 的 12 次方）做了一个级数级别的扩展，达到了 16777216（2 的 24 次方）个网段，就目前超大规模数据中心而言，暂时是绰绰有余了。

新的 UDP 包头意味着 VNI 有新的帧结构。VTEP 收到数据包时，会在这个数据包上增加 4 个部分，以形成新的帧头。如图 2.7 所示，这个新的帧头从内而外分别是 VXLAN 头部、UDP 头部、外部三层 IP 头部、外部二层 MAC 头部。

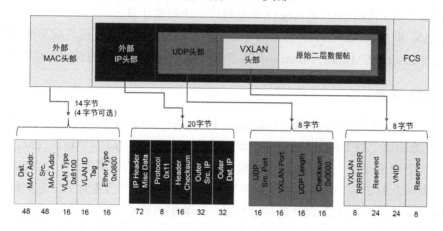

图 2.7 VXLAN 帧结构

VXLAN 头部的作用是携带 VTEP 分配的 VNI 标识符。UDP 头部是一个标准的 UDP 头部，包含了源目端口号，其中源端口号是 VXLAN 通过将原始以太网数据头部（MAC、IP、四层端口号等）进行哈希后得出的值，这样就能提供更好的负载均衡、更好的等价多路径。外部三层 IP 头部已不再是虚拟机的通信地址，而是隧道两端 VTEP 的通信地址——如果虚拟机的 Hypervisor 直接承担 VTEP 的工作，那么这个地址就是两台服务器的物理网卡 IP 地址。外部二层 MAC 头部与虚拟机原本自带的 MAC 地址已经没有任何关系了。

有了新的帧头，VTEP 就可以依照 VNI 来决定流量走向，在整网的物理交换环境内完成数据转发。转发过程中，新的包头只有到达了目的地才会被对端的 VTEP 终结掉，这就意味着，VXLAN 数据包在转发过程中保持了内部数据的完整性。这种数据转发机制叫做隧道机制——即链路两端有一对用于隧道封装的设备，类似 IPSec VPN，其好处是可以减少对现网拓扑的改动，且方便网络在改动时实现快速收敛。

2.2.2　NVGRE 技术

介绍完了 VXLAN，再来讨论 NVGRE。NVGRE 是 Network Virtualization using Generic Routing Encapsulation 的缩写，是将以太网报文封装在 GRE 内的一种隧道转发模式，最初由 Microsoft 提出，并联合了 Intel、HP、DELL 等公司，向 IETF 提出。其实与 VXLAN 相比，它除了将 MAC 封装在 GRE 内（与 VXLAN 将 MAC 封装在 UDP 内不同）外，其他功能几乎完全相同。比如，NVGRE 定义了一个类似 VNI 的 TNI（Tenant Network Identifier），长度同样是 24 比特，同样可以扩展到 16777216（2 的 24 次方）个网段（NVGRE 里面叫做租户）。

硬说两者有什么区别的话，就是 VXLAN 新的 UDP 头部中包含了对原始二层帧头的哈希结果，容易实现基于等价多路径的负载均衡，而 GRE 的头部实现负载均衡要困难些——很多网络设备不支持用 GRE 的 Key 来做负载均衡的哈希计算。

VXLAN 和 NVGRE 技术有惊人的相似之处，或许两者都无法最终成为行业标准，只能在围绕着 Cisco、VMware、Microsoft 的战略联盟（Ecosystem）内部进行标准化。

2.2.3　STT 技术

再来讨论另一种隧道技术 STT（Stateless Transport Tunneling，无状态传输隧道），它是 Nicira 的私有协议。STT 利用 MAC over IP 的机制，与 VXLAN、NVGRE 类似，把二层的帧封装在一个 IP 报文之上。STT 协议很聪明地在 STT 头部前面增加了一个 TCP 头部，把自己伪装成一个 TCP 包。但和 TCP 协议不同的是，这只是一个伪装的 TCP 包，利用了 TCP 的数据封装形式，但改造了 TCP 的传输机制——数据传输不遵循 TCP 状态机，而是全新定义的无状态机制，将 TCP 各字段的意义重新定义，无需三次握手建立 TCP 连接，也没有用到 TCP 那些拥塞控制、丢包重传机制，因此 STT 被 Nicira 称为无状态 TCP。STT 技术除了用于隧道封装，还可以用于欺骗网卡——数据中心内部的 TCP 报文往往非常大，在发出去之前经常需要分片，但分片以前往往需要 CPU 处理，从而影响 CPU 性能，因此现在绝大多数服务器网卡支持报文分片，不由 CPU 来处理，也就减轻了 CPU 的负担。然而通过网卡进行分片只能针对 TCP 报文，通过 VXLAN 或者 NVGRE 协议封装的原始 TCP 报文到达网卡后，网卡认为它们不是 TCP 报文，就无法分片了，这就还是需要 CPU 来进行分片工作，也就增加了 CPU 负担，降低了服务器性能（最新推出的一些网卡声称可以对 VXLAN 进行分片，但其技术上不成熟）。而 STT 的头部是 TCP 格式，这样网卡就会认为它是 TCP，从而对大包进行分片。但实际上它不是 TCP，也无需三次握手，因此提高了 CPU 的效率。STT 技术在 Nicira 被 VMware 收购前只能用于 Nicira NVP 平台之上，被收购后主要用在部署了多 Hypervisor 的 NSX 网络虚拟化环境，即 NSX-MH 架构中。

2.2.4 三种 Overlay 技术的对比和应用场景

介绍完三种 Overlay 隧道技术，我们将其做一个对比，如表 2.2 所示。

表 2.2　　　　　　　　　　　不同 Overlay 隧道的比较

	VXLAN	NVGRE	STT
提出者	Cisco、VMware	Microsoft	Nicira
适用场景	物理或虚拟交换机	物理或虚拟交换机	虚拟交换机
原理	MAC in UDP	MAC in GRE	TCP over IP
优势	可以更好地进行负载均衡	可以利用现有技术，大多设备都支持 GRE	可以依靠网卡对包分片，降低 CPU 负担
劣势	需要新购或升级硬件或软件设备来支持	有些设备不支持用 GRE Key 做负载均衡	Nicira 私有协议，且不能用于硬件交换机

VMware 的 NSX-V 网络虚拟化解决方案在 Overlay 层使用 VXLAN 技术，为虚拟网络提供服务——利用 VMware 的 NSX 环境中支持 VXLAN 的分布式逻辑交换机对数据包进行封装和解封装，从而实现网络虚拟化，而其中间的物理网络变得就不重要了。VXLAN 甚至可以在多数据中心之间进行扩展，因为无论数据中心之间的运营商链路、路由协议多么复杂，只要打通了隧道，就可以看作一个简单的二层链路。VMware NSX 利用这个技术，在三层网络之实现了大二层扩展和多租户环境。

其他物理硬件厂商近几年新推出的交换机，大多都支持 VXLAN，可以由连接服务器的 ToR 交换机对 VXLAN 流量进行封装和解封装。当然这种解决方案不是基于主机的 Overlay，也没有实现控制平面和转发平面的分离。

而 STT 作为先前的 Nicira 私有协议，在其被 VMware 收购后，主要运用在 NSX-MH 网络虚拟化架构中，是 NSX-MH 中的默认隧道协议。这是因为 STT 有其绝佳的优势——可以减轻服务器 CPU 的负担。当然 NSX-MH 同样也支持 GRE 和 VXLAN。

而 NVGRE 目前已广泛用于以 Microsoft Hyper-V 搭建的虚拟化环境中，但主要应用在 Azure 公有云，而没有在企业级的虚拟化环境中广泛部署。它与 VMware 的 Overlay 方案非常类似——在 Hyper-V 的 Hypervisor 之上给数据包打上 Tag（标签），封装进 GRE 隧道，到达目的 Hypervisor 时解封装。

未来 Overlay 技术究竟走向何方，这就要看几大 IT 巨头如何斗法了。这些巨头们身边都有战略合作伙伴，都打造了一个属于自己的生态圈。

2.2.5 下一代 Overlay 技术——Geneve

最后来介绍另一种未来会出现的 Overlay 技术。诚然，Overlay 解决了一些问题，但其封装头格式固定，不利于修改和扩展——毕竟一些特殊应用的数据包需要在封装过程中添加一些额外的信息。比如在端口镜像的报文附加逻辑交换机目的端口信息，用于目的端口不能在隧道终点被可视化的情况；比如在报文附加逻辑交换机源端口信息或应用及服务的上下文，以指导隧道终端的转发决策或服务策略实施；比如标识 Traceflow 报文，用于抓包或整网健康状况的可视化。因此，VMware、Microsoft、RedHat、Intel 几家公司正在联合研发 Geneve（Generic Network Virtualization Encapsulation）协议来解决这些问题。它的报文格式其实也使用了 UDP 进行封装，也有 24 比特的网段级别，但是它在报文中增加了一个可选字段（Option），允许虚拟化应用实现扩展。Geneve 设想的报文如图 2.8 所示。

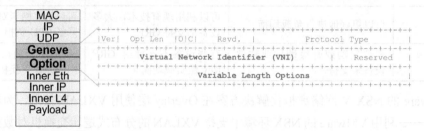

图 2.8　Geneve 设想的报文结构

在将来，Geneve 协议会非常适用于服务链的场景。例如，NSX 可以创建一个服务的逻辑连接（如图 2.9 所示，它可以为 VPN 服务、防火墙服务、第三方服务之间的关系创建成一个逻辑关系），而这些逻辑链的节点之间需要传递元数据。有了 Geneve 协议，头部可以进行变更和扩展后，就可以指示报文的下一个链节点，并将报文分类（Classification）的结果传递到一个服务。

图 2.9　服务链的逻辑关系

Geneve 协议不仅支持将 IPv4 封装在 UDP 里，还支持 IPv6。该研发项目已提交 IETF。或许在不久的将来，我们就可以看到这种技术被标准化，并广泛用于数据中心内部。

2.3　各厂商的网络虚拟化解决方案

介绍完几种 Overlay 技术之后，我们就需要对比一下几大厂商基于 Overlay 技术的网络虚拟化解决方案了。各家厂商的解决方案各有千秋，各有利弊。在这里介绍它们的网络虚拟化解决方案，目的是让读者对整个行业的趋势有一个了解，也让读者了解 VMware NSX 网络虚拟化解决方案在行业中所处的地位。

2.3.1　Cisco ACI 解决方案

Cisco ACI 是 Cisco 公司提出的 SDN 和网络虚拟化解决方案，它的主要组件有应用策略基础设施控制器（APIC）和 ACI 交换矩阵，其逻辑架构如图 2.10 所示。

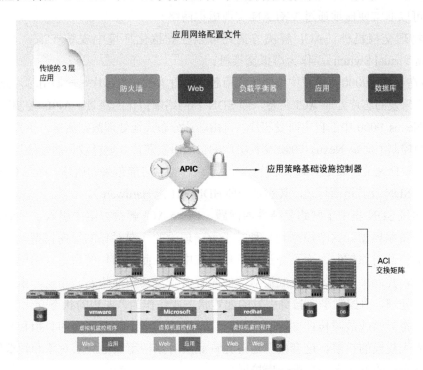

图 2.10　Cisco ACI 解决方案逻辑架构

1．Cisco 应用策略基础设施控制器（APIC）

APIC 是 Cisco ACI 解决方案的主要组件。它是 Cisco ACI 解决方案中实现交换矩阵、策略实施、健康状态监控、自动化和进行中央管理的统一平面。目前，APIC 一般是以软件形式安装在 Cisco UCS 服务器中，一般建议购买 3 台以上从而实现集群和冗余。

Cisco APIC 负责的任务包括交换矩阵激活、交换机固件维护、网络策略配置和实例化。Cisco APIC 完全与数据转发无关，对数据平面只有分发指令功能。这意味着即使与 APIC 的通信中断，交换矩阵也仍然可以转发流量。

Cisco APIC 通过提供 CLI 和 GUI 来管理交换矩阵。APIC 还提供开放的 API，使得 APIC 可以管理其他厂商的设备。

2．Cisco ACI 交换矩阵

Cisco 在推出 ACI 解决方案的同时，还推出了 Cisco Nexus 9000 系列交换机。Nexus 9500

为机箱式的核心交换机（骨干节点交换机），Nexus 9300 为 2U 或 3U 高度的非机箱式汇聚/接入交换机（枝叶节点交换机）。Cisco Nexus 9000 系列交换机可以部署在 ACI 环境下，也可以独立部署。如果是独立部署，以后也可以升级到 ACI 环境，但需要其软件和板卡支持 ACI 才行。这些 Nexus 9000 系列交换机实现了 ACI 环境下的底层物理网络，在这套物理网络之上，可以非常便捷地通过 VXLAN 实现虚拟网络。

除了物理交换机外，ACI 解决方案还可以在虚拟化环境中安装 Cisco AVS（Cisco Application Virtual Switch），作为虚拟交换机。

Cisco 在 Nexus 9000 交换机中混用了商用芯片和自主研发的芯片——商用芯片处理普通流量，而自主研发的芯片处理 ACI 流量，即 SDN 和网络虚拟化的流量。APIC 控制器直接将指令发布给 Nexus 9000 中的自主研发芯片，再由芯片分布式地处理数据流量。换言之，ACI 环境中真正的控制平面是 Nexus 9000 交换机中的自主研发芯片。这样设计的好处是，数据控制和转发都与软件无关，而是听命于芯片，消除了软件控制可能带来的瓶颈。因此 Cisco 的 ACI 解决方案与 SDN 反其道而行之，其实是一种 HDN（H 为 Hardware）。

对于传统 SDN 集中了网络复杂性的问题，Cisco ACI 解决方案中引入了一个完全与 IP 地址无关的策略模型。这个模型是一种基于承诺理论的面向对象的导向模型。承诺理论基于可扩展的智能对象控制，而不是那种管理系统中自上而下的传统命令式的模型。在这个管理系统中，控制平面必须知晓底层对象的配置命令及其当前状态。相反，承诺理论依赖于底层对象处理，由控制平面自身引发的配置状态变化作为"理想的状态变化"，然后对象作出响应，将异常或故障传递回控制平面。这种方法减少了控制平面的负担和复杂性，并可以实现更大规模的扩展。这套模型通过允许底层对象使用其他底层对象和较低级别对象的请求状态变化的方法来进行进一步扩展。

2.3.2　在 Microsoft Hyper-V 中实现网络虚拟化

Microsoft 也提供了基于 Hyper-V 虚拟化平台的网络虚拟化产品，由于它不像 NSX、ACI 那样有完整的解决方案，因此目前还没有被正式命名，一般被称为 HNV（Hyper-V Network Virtualization），它以 Windows Server 2012 中的网络附加组件形式加载在 Hyper-V 的虚拟化平台之上。

Microsoft HNV 的研发代码是通过 Scratch 编写的，且只支持 Hyper-V 一款 Hypervisor，没有进行公开化。也就是说，这种网络虚拟化平台只能部署在纯 Hyper-V 环境。部署 HNV 所需的最低 Hyper-V 版本为 3.0，它在 Windows Server 2012（包括 R2）操作系统中以角色的方式提供给 Hyper-V，作为服务模块加载。在 HNV 中，使用的是 NVGRE 协议实现 Overlay（之前已阐述）。为了将流量从物理环境迁移到虚拟环境，或者将虚拟网段迁移到其他虚拟网段，需要部署 Windows Server 2012 R2 Inbox Gateway 或者第三方网关设备。Microsoft 使用 Hyper-V

可扩展交换 API 对 HNV 进行了扩展，我们可以使用 PowerShell cmdlets 对 API 进行再编程，最终实现网络虚拟化的自动化部署，进而实现整个数据中心的自动化。

HNV 可以通过以下两种方式进行部署：System Center Virtual Mmachine Manager（SCVMM）和 HNV PowerShell cmdlets。SCVMM 其实也是在后台使用 HNV PowerShell cmdlets，在 Hyper-V 平台上配置 HNV 组件，有一个统一的图形化界面。

在管理上，SCVMM 提供了跨越部署 Hyper-V 的物理服务器之间的 HNV 配置管理。同时，SCVMM 是一款服务器虚拟化与网络虚拟化一体化的管理工具。

但是，由于 Microsoft 的网络虚拟化平台并没有基于 SDN 的理论基础实现，且只能支持 Hyper-V 平台，很多高级的网络功能也是缺失的，因此它不能算完整的网络虚拟化解决方案。当然，当 Hyper-V 结合其 System Center 产品的时候，还是能达到较高的用户使用体验——System Center 可以为数据中心从基础架构到上层应用的绝大部分角色提供统一、便捷的管理。

2.3.3 Juniper Contrail 解决方案

2012 年初，Cisco、Google、Juniper 和 Aruba 公司的几名前高管创立了 Contrail 公司，专注于 SDN 解决方案。12 月，这家公司以 1.76 亿美元被 Juniper 公司收购，其产品和解决方案融入 Juniper，Contrail 也成为 Juniper 的 SDN 和网络虚拟化解决方案的代名词。

Juniper 认为，当今数据中心逐渐采用基于 OpenFlow 的 SDN 控制器来对物理交换机进行编程，以实现自动化。然而，这种方法具有与基于 VLAN 的多租户虚拟化方法相似的缺陷，即存在可扩展性、成本和可管理性的缺陷。OpenFlow 是基于流表转发的，数据中心内存在数以千计的虚拟机，更有数百种数据流，因此在现今的低成本物理交换硬件中进行流编程是一项艰巨的任务和挑战，或是仅能通过支持流管理的昂贵交换设备加以缓解。此外，这种方法会降低管理基础结构的能力，因为租户/应用程序的状态编程在底层硬件之中，一个租户/应用程序的问题会影响到其他租户/应用程序。

Juniper 认为它们的 Contrail 解决方案通过 Overlay 提供高级网络特性，从而解决了这些自动化、成本、扩展性和可管理性的问题。所有网络特性（包括交换、路由、安全和负载均衡）都可从物理硬件基础结构转移到 Hypervisor 中实现，并有统一的管理系统。它在支持系统扩展的同时，还降低了物理交换基础结构的成本，因为交换硬件不贮存虚拟机或租户/应用程序的状态，仅负责在服务器之间转发流量。此外，Contrail 系统还解决了敏捷性问题，因为它提供了全部必要的自动化功能，支持配置虚拟化网络、联网服务。

Contrail 是一种横向扩展的网络堆栈，支持创建虚拟网络，同时无缝集成现有物理路由器和交换机。它能支持跨公共云、私有云和混合云编排网络，同时提供有助自动化、可视化和诊断的高级分析功能。图 2.11 是 Contrail 解决方案的架构。可以看到，Contrail 可以控制物理网络，还可以通过 XMPP 协议管理虚拟化环境中的逻辑网络，它支持的网络功能包括交换、路由、负载均衡、安全、VPN、网关服务和高可用性，此外，它还提供面向虚拟网络和物理网络的可视化和诊断功能，以及用于配置、操作和分析的 REST API，并能够无缝集成到云编排系统（例如 CloudStack 或 OpenStack）或服务提供商运营和业务支持系统（OSS/BSS）。

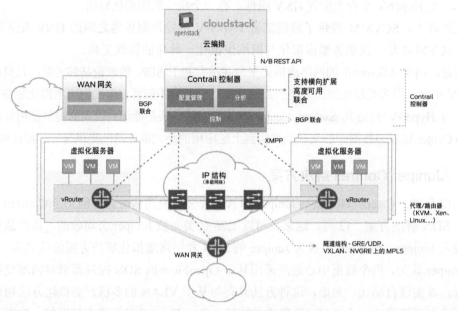

图 2.11 Juniper Contrail 解决方案架构

Juniper 的 Contrail 解决方案在 Overlay 层面其实并不是通过 VXLAN 或 NVGRE 协议来搭建的，它的架构比较复杂。首先，它通过再编程，在 KVM 或 Xen 虚拟机上生成一个 vRouter（Vitural Router，虚拟路由器），值得注意的是，vRouter 不是虚拟交换机，而是虚拟路由器。Contrail 控制器是通过 XMPP 协议控制 vRouter，使得加载 vRouter 的 KVM 或 Xen 主机之间实现了基于 MPLS 技术的互连。而 Contrail 控制器在物理网络层面使用 BGP 协议来互连和扩展物理网络。

2.3.4 各厂商网络虚拟化解决方案的比较

各个厂商的网络虚拟化解决方案其实各有千秋，本节将对其进行比较。

NSX 有如下优势：它无需关心底层物理网络架构，实现了真正的物理网络和逻辑网络的解耦，并将防火墙、负载均衡等功能集成到网络虚拟化平台中，无需特别加入第三方插件。NSX 可以使用分布式的架构部署多台 NSX Controller 作为集群，消除基于软件的 SDN 控制器带来的瓶颈，且 VMware 的分布式交换机、分布式路由器有与自身服务器虚拟化的天然集成优势，能做到一致的策略，简化复杂性，保证虚拟机在迁移时，各种网络策略无需绑定其 IP 地址或端口。其私有的 STT 协议可以使用网卡进行大包分片工作，也能在 NSX-MH 环境中大大减轻了服务器 CPU 的负担。此外，由于 NSX 的前身是 OpenFlow 和 OVS 的发明者 Nicira 公司的 NVP 平台，因此 NSX 对 OpenFlow 和 OVS 的支持非常好。NSX 适用于几乎所有行业和客户的数据中心场景——现有数据中心的改造、数据中心新建、数据中心大规模扩容、在多数据中心打通连接、多租户数据中心、对东西向流量安全有需求的数据中心环境、大量部署虚拟桌面的数据中心环境，还能支持混合云，打通公有云和私有云间的隧道。

Cisco 认为其 ACI 架构是完全以应用为中心的，并指责 NSX 解决方案是"以 VMware 为中心"的。其实，NSX 解决方案支持所有主流开源虚拟化平台和开源数据中心管理平台，并无"以 VMware 为中心"一说。而 NSX 解决方案与 F5 等应用交付解决方案提供商的软件定义应用服务（Software Defined Application Service，SDAS）解决方案相结合，同样可以构筑一套以应用为中心的架构。其实 Cisco ACI 本身也需要 F5 这样的应用交付厂商的支持，才能实现真正的以应用为中心的架构。就目前而言，ACI"以应用为中心"的理念，其实看起来更像是"更好地实现了应用的 QoS"而已，而无法独立地对应用进行自动化的部署和运维。

ACI 的优势在于可以更好地支持有物理服务器的数据中心环境，因为连接物理服务器的 Nexus 9000 系列交换机可以直接作为 VXLAN 的 VTEP 终结点，并且其解决方案提出的承诺模型能够有效地解决应用的 QoS 配置难题。另外，物理网络和虚拟网络得到了 APIC 控制器的统一管理和一致的可视化视图。然而，ACI 解决方案最大的问题在于其物理网络硬件的局限性——ACI 架构必须使用 Cisco Nexus 9000 系列交换机搭建底层物理网络，且在 Nexus 9000 上需要配置专门的支持 ACI 的板卡，其他任何网络厂商的设备，甚至 Cisco 自己的其他型号交换机，都无法支持 ACI。因为这个原因，ACI 架构无法适用于数据中心改造和扩容项目，只能用于数据中心新建或重建。

Microsoft HNV 网络虚拟化解决方案的优势在于价格，因为使用 HNV 解决方案不会产生任何额外的费用，它只是 Hyper-V 的一个附加功能。实现 NSX 网络虚拟化环境，需要在每台安装 ESXi 的物理服务器上按照 CPU 数量购买 license，或根据部署 KVM 或 Xen 的物理服务器的 CPU 数量进行收费；而实现 ACI，则需要将底层交换机全部换成 Nexus 9000 系列及支持 ACI 的二层、三层板卡，且至少需要购买 3 台物理 APIC 控制器。另外，对于 Microsoft 的应用，如 SharePoint、Exchange，其网络虚拟化解决方案能达到最佳融合。Microsoft 解决方案的劣势在于不能安装在非 Hyper-V 环境，NVGRE 协议负载均衡较差，不能将物理网络和虚拟网络进行融合，并且它的管理平台也不是单一、集中的，而其底层的 Windows Server 操作系统，也需要经常停机维护并进行打补丁和升级的工作——这是

Windows Server 所有应用的通病。

根据前面的介绍可知，Juniper 的 Contrail 解决方案其实存在不少问题。首先，它只能运用在 KVM 和 Xen 环境，对于非开源的 ESXi 和 Hyper-V 无能为力。此外，它实现 Overlay 的方式极其复杂，是通过安装 vRouter 并在 vRouter 之上实现基于 MPLS 的互联，租户之间的隔离则是使用传统的 VRF 技术。最后，Contrail 通过 XMPP 协议管理 vRouter，对于物理网络，用的又是 BGP 协议，整个架构非常复杂，而且打造的也不是一个真正意义上的大二层网络（可以看成是一个大三层网络）。Juniper 公司是一家以运营商网络和安全著称的公司，因此在数据中心架构的设想上，结合了大量运营商的路由技术。虽然其在功能上有优势，但是由于实现复杂，流量不优，不易实现大二层网络，因此现在在市场推广上阻力重重。

2.4　与 VMware NSX 相关的认证

资格认证是 IT 行业的生命线，这些认证可以标识一名工程师或销售人员对某具体领域的知识和能力掌握的特定级别。有一些认证是通用的，不会具体到特定产品，如 PMP、CISSP 等。而几乎每家 IT 厂商都会为自己的产品和解决方案设计特定的资格认证，如 Cisco、Microsoft、Oracle 等。VMware 自然也不会例外。本节会介绍 VMware 的认证体系以及与 NSX 相关的认证考试。

2.4.1　VMware 认证体系简介

VMware 于 2003 年开始针对自己的服务器虚拟化产品推出了相关认证，即 VMware 认证工程师（VCP，VMware Certified Professional）。

苏珊·古登考夫（Susan Gudenkauf）是 VMware 在美国明尼苏达州的一名员工，她在 2003 年获得了 VCP 认证，也是全球第一位 VCP。当时这个认证考试以笔试形式出现，其中一部分为多项选择题，一部分为主观题，试题都是基于 ESX 1.5 版本的。现在全球差不多有近十万名工程师拥有 VCP 认证。VCP 认证考试这些年来随着产品版本的不断变化而更新。

想要成为一个 VCP，首先必须参加认证的培训课程，并且通过笔试。参加培训课程是强制性的——即使是经验丰富的工程师也必须参加一个基础课程才有资格参加考试。之后在测试中得分达线的话，就成为 VCP 了。

之后，VMware 针对初级工程师又推出了 VCA（VMware Certified Associate）级别的认证。该认证考试并不需要参加培训。而对于高级工程师，VMware 推出了高于 VCP 的 VCAP（VMware Certified Advanced Professional）认证，必须在获得 VCP 之后才有资格参加该考试。而最高级别的认证 VCDX（VMware Certified Design Expert）是 IT 行业内难度最大的认证之一，拥有业内最高的含金量。至本书截稿为止，全球 VCDX 的总人数也仅为 200 余人，其中一半以上是 VMware 员工，而国内还没有人员获得任何方向的 VCDX 认证（国际上，有极少数的几名外籍华人获得了数据中心虚拟化方向的 VCDX 认证）。

之后，VMware 的产品不再局限于服务器虚拟化，还涵盖了桌面虚拟化软件和数据中心运维和管理工具。2013 年，随着 NSX 网络虚拟化平台的推出，VMware 的产品线更加丰富。因此，VCP、VCAP、VCDX 的认证方向越来越多——包含了 4 个方向。表 2.3 为 2015 年 12 月之前的 VMware 认证考试框架。

表 2.3　　　　　　　　　2015 年 12 月之前的 VMware 认证考试框架

角色	认证级别	数据中心虚拟化	云管理与自动化	桌面虚拟化	网络虚拟化
解决方案设计架构师	VCDX	VCDX-DCV	VCDX-Cloud	VCDX-DT	VCDX-NV
项目实施工程师	VCAP	VCAP5-DCA VCAP5-DCD			VCIX-NV
系统管理员	VCP	VCP5-DCV	VCP-Cloud	VCP5-DT	VCP-NV
系统助理	VCA	VCA-DCV			VCA-NV

而 2015 年 12 月之后，VMware 的考试框架发生了很大变化，首先，数据中心下虚拟化方向的两门 VCAP 考试（部署、设计）进行了合并，新的考试与网络虚拟化的认证 VCIX 在名称上统一了起来，其次，由于 vSphere 版本全面进入 6.x 时代，因此所有认证考试环境都是基于 vSphere 6.x 版本的服务器虚拟化平台而搭建——各方向的认证名称中都加了 "6" 字。而云管理、桌面虚拟化方向的 VCA、VCIX 考试也相继被推出。新的认证架构如表 2.4 所示。

表 2.4　　　　　　　　　2015 年 12 月之后的 VMware 认证考试框架

角色	认证级别	数据中心虚拟化	云管理与自动化	网络虚拟化	桌面虚拟化
解决方案设计架构师	VCDX	VCDX6-DCV	VCDX6-CMA	VCDX6-NV	VCDX6-DTM
项目实施工程师	VCIX	VCIX6-DCV	VCIX6-CMA	VCIX6-NV	VCIX6-DTM
系统管理员	VCP	VCP6-DCV	VCP6-CMA	VCP6-NV	VCP6-DTM
系统助理	VCA	VCA6-DCV	VCA6-CMA VCA6-HC	VCA6-NV	VCA6-DTM

2.4.2　与 NSX 相关的 VMware 认证与考试

VMware 于 2014 年推出了与 NSX 网络虚拟化相关的认证考试，分别为 VCP-NV、VCIX-NV、VCDX-NV，难度逐渐递增，证书含金量逐级增加。2015 年，又增加了 VCA-NV 考试项目。2015 年 11 月 30 日之后，认证考试分别更新为 VCA6-NV、VCP6-NV、VCIX6-NV、VCDX6-NV，考试环境基于 NSX 6.2 和 vSphere 6.0 版本，而旧的考试项目是基于 NSX 6.0 和 vSphere 5.5 的。

VCA6-NV 的全称为 VMware Certified Associate 6 - Network Virtualization，它是 VMware 推出的网络虚拟化助理工程师认证，即入门级。在 VUE 考试中心注册并付款后，即可参加考试。考试形式为开卷的网络在线考试，只要有互联网连通即可进行考试，考试内容全部为选择题，本书完全涵盖该门考试的所有考点。

VCP6-NV 的全称为 VMware Certified Professional 6 - Network Virtualization，它是 VMware 推出的网络虚拟化专业工程师认证，拥有较高的含金量。想要获得该门考试资格，必须持有其他任何一门方向的 VMware VCP 证书。如果没有其他方向的 VCP 证书，就必须参加 VMware NSX 的原厂培训课程，之后才能获得该门考试资格。获得考试资格后，需要在 VUE 考试中心注册并付款，然后前往指定的 VUE 考点参加考试。考试形式为闭卷，内容全部为选择题，本书完全涵盖该门考试的所有考点。

VCIX6-NV 的全称为 VMware Certified Implementation Expert 6 - Network Virtualization，它是 VMware 推出的网络虚拟化部署专家认证，拥有极高的含金量。想要获得该门考试资格，需持有至少一门任何方向的 VMware VCP 证书（当然包括 VCP-NV）。获得考试资格后，需要在 VUE 考试中心注册并付款，然后必须前往指定的 VUE 考点，才能参加考试。考试形式为闭卷，内容全部为操作题，4 小时内完成约 10 个实验，在实现考试要求的大部分实验现象后，才算通过该门考试。本书完全涵盖该门考试的所有考点，但是需要考生在考试前进行大量实验，对部署、配置和排错能力进行训练，以熟悉 NSX 各组件的动手操作过程。国内目前获得该门认证的人数寥寥无几。

VCDX6-NV 的全称为 VMware Certified Design Expert 6 - Network Virtualization，它是 VMware 推出的网络虚拟化设计架构师认证，与其他方向 VCDX 证书一样，是虚拟化行业内最高等级的认证证书，拥有业内最高的含金量，也是 IT 行业内最难通过的考试之一。想要获得该门考试资格，必须持有 VCIX-NV 证书。在考试付款成功后，VMware 总部会安排考生进行英文面试，现场回答面试官提出的各种问题，并按照面试官要求设计出一整套完整的网络虚拟化架构。至本书截稿为止，全球通过 VCDX-NV 方向认证的人数仅为 40 余人。

2.5 总结

- NSX 的核心设计思想与服务器虚拟化的设计思路如出一辙，都是在底层硬件中抽象出所需的服务
- NSX 分为管理、控制、数据三个平面，每个平面各有自己的组件。
- 目前，NSX-V 中使用的 Overlay 技术是 VXLAN，NSX-MH 则使用 STT 作为默认的隧道技术。VMware 正针对其现存问题与其他厂商共同研发新的 Geneve 协议。
- NSX、Cisco ACI、Microsoft 的网络虚拟化解决方案各有千秋。
- NSX 有 4 门相关的认证考试——VCA6-NV、VCP6-NV、VCIX6-NV、VCDX6-NV，考试难度与证书含金量逐级递增。

第3章

NSX-V 解决方案基本架构

从本章开始，正式详细介绍 VMware NSX 的具体技术。前一章有提到，NSX 网络虚拟化平台有两种不同的软件，即两种不同的部署方式：NSX-V 用于在纯 VMware vSphere 环境下实现网络虚拟化；NSX-MH 用于在 KVM、Xen 或多虚拟化环境中实现网络虚拟化。本章开始讨论 NSX-V 的架构，主要是介绍其核心组件，并进行 NSX Manager 和 NSX Controller 集群的安装和部署实验。

本章专注于 NSX-V 架构与核心组件，尤其是管理平面和控制平面的介绍。NSX 提供的具体服务，即数据平面的介绍则属于后续章节的内容。

3.1 NSX-V 的核心组件

NSX-V 的架构其实非常简单，因为它的逻辑层次非常清晰——管理平面、控制平面、数据平面，每个平面中的组件也不多。但是，在深入研究其数据平面之后，还是会发现它的转发原理、转发行为还是非常复杂的。

本节将由浅入深，从 NSX-V 的逻辑架构和整体拓扑入手，介绍其基本的核心组件，之后才能更加深入地研究基于这个架构和这些组件之上的数据平面的转发原理和行为。

3.1.1 NSX-V 逻辑框架

在上一章整体介绍了 NSX 后，读者已经对 NSX 基本架构有了一定认识。前面讲到，无论是 NSX-V 还是 NSX-MH，它们的基本逻辑架构都是相同的，不同点仅体现在数据平面中的一些组件上。NSX 搭建在底层物理网络之上，实现逻辑网络，逻辑网络中则分数据平面、控制平面、管理平面，因此现在介绍的 NSX-V 当然也不例外。

NSX-V 的数据平面分为分布式服务（包括逻辑交换机、逻辑路由器、逻辑防火墙）和 NSX Edge 网关服务。分布式服务主要用于终端（虚拟机）之间的东西向通信服务，而 NSX

Edge 网关服务主要用于逻辑网络和物理网络之间的南北向的通信服务和一些分布式服务无法实现的功能，如 NAT、VPN 等（还有负载均衡服务，但负载均衡服务在 NSX 6.2 版本之后也可以分布式部署了）。NSX-V 的底层虚拟化环境为 ESXi Hypervisor，也就是纯 vSphere 环境，不允许其他任何虚拟化平台介入，对于其他 Hypervisor 的支持，则由 NSX-MH 平台提供；NSX-V 的分布式服务都是运行在 vSphere 分布式交换机之上的，而在 NSX-MH 中则运行在 OVS 之上；NSX Edge 网关同样也主要是利用 ESXi 主机中的虚拟机进行搭建，而在 NSX-MH 中，这个组件被功能稍有缺失（如无法实现动态路由）的 NSX 二层/三层网关替代了。

图 3.1 为 NSX-V 基本架构的逻辑示意图。

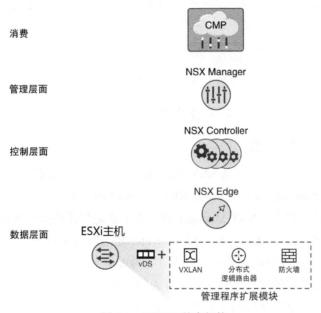

图 3.1　NSX-V 基本架构

根据 NSX-V 的逻辑架构可以很容易看出，通过这些组件完成网络抽象化并提供分布式服务，逻辑网络与物理网络实现了完全的解耦。虚拟机之间的通信可以通过 VXLAN 的封装完全在逻辑网络内部完成，与物理网络的底层架构已经没有任何关系（只需要 MTU 值大于 1600），只有虚拟机通过 NSX Edge 与外界进行通信时，才会考虑与物理网络的路由和交换策略。NSX-V 的基本逻辑拓扑如图 3.2 所示。

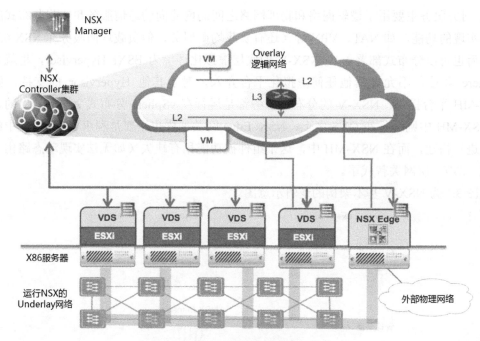

图 3.2　NSX-V 基本逻辑拓扑

3.1.2　NSX-V 的管理平面

NSX-V 管理平面的主要组件是 NSX Manager,它同时也是一种用于运维和管理的云管理平台(Cloud Management Platform,CMP)。在 NSX-V 环境下,NSX Manager 以虚拟机的形式安装在 ESXi 主机中。NSX Manager 的功能主要是配置和管理 NSX 中其他组件,基本不参与控制平面的工作。比如,在 NSX Manager 之上配置了逻辑交换机,并将虚拟机连接至逻辑交换机之后,就可以在逻辑交换机之上再配置分布式逻辑路由器、分布式防火墙等服务,但是这些组件的转发行为和对转发行为的控制都与 NSX Manager 无关。此外,NSX Edge 网关服务也是在 NSX Manager 的界面上配置的。NSX Manager 提供了一个用于管理的配置界面(UI),作为 NSX 的 API 连接点。绝大部分 NSX 的相关配置都可以在这个图形化配置界面上进行,而不需要开发人员使用编程语言来完成。

NSX Manager 只在一种情况下会参与控制平面的工作——它同时是 NSX 分布式逻辑防火墙的管理平面和控制平面,在这里,vCenter 也会参与管理平面的工作。有关这部分的内容,会在第 6 章详细阐述。

在 NSX-V 环境中,NSX Manager 需要与 vCenter 逻辑互联(IP 地址互通)并集成。对于 NSX 6.0 和 NSX 6.1 版本,NSX Manager 与 vCenter 之间需要 1:1 的匹配关系,换句话说,如果在 vSphere 虚拟化平台中部署了两台 vCenter,那么,就需要部署两台 NSX Manager,

这就意味着配置了两张逻辑网络。

在 NSX 6.2 版本之后,虽然每台 NSX Manager 与 vCenter 之间仍然需要匹配,但是可以为一台 vCenter 设置一台主用 NSX Manager 和多台辅用 NSX Manager,这里的某一台辅用 NSX Manager 可能是其他 vCenter 的主用 NSX Manager。这样一来,与多台 vCenter 匹配的 NSX Manager 管理的逻辑网络就可以不再是各个独立的逻辑网络了,这意味着即使在虚拟化环境中部署了多台 vCenter,也能在它们所管理的所有 ESXi 主机之间形成一套统一的逻辑网络,也就更容易搭建一张跨越不同数据中心之间的逻辑网络,这是因为在不同的数据中心一般会使用不同的 vCenter 来分别实现虚拟机的计算和存储资源池。而在 NSX 6.2 版本未发布之前,不同的数据中心之间实现逻辑网络之间的二层连接存在一定困难——只能在两张逻辑网络之间配置 VPN,或者使用专门的硬件设备和复杂的网络配置实现不同逻辑网络之间的二层互联。第 8 章将叙述如何在不同 vCenter 之间部署同一套 NSX 网络虚拟化平台。

NSX Manager 通过注册到 vCenter,在 vSphere Web Client 上提供了一个插件,单击这个插件的图标(图标的名称为 Network & Security),就可以对 NSX-V 网络虚拟化平台进行部署和配置了。

NSX Manager 的几个主要职责如下。

- 配置 NSX Controller 集群。
- 在 ESXi 主机的 Hypervisor 之上安装 vSphere Installation Bundles(VIBs),以开启 VXLAN、分布式路由器、分布式防火墙功能,并与 NSX Controller 集群进行信令信息的交互。
- 配置 NSX Edge 服务网关,以关联负载均衡、VPN、NAT 等网络服务。
- 为各种网络服务创建模板、快照等功能,实现快速和自动化部署逻辑网络。
- 为 NSX Controller 创建自签名证书,以允许 ESXi 主机加入 NSX 域,增强 NSX 控制平面的安全性。
- 提供网络流量的采集和监控功能。

对于小型数据中心中 NSX Manager 的部署,VMware 官方建议使用 4 个 vCPU、16GB 的内存空间(NSX 6.2 版本下建议 12GB 内存)。而对于大型数据中心,VMware 建议为 NSX Manager 分配小规模部署双倍的资源。尽管 NSX Manager 不参与数据转发,但它是配置和管理 NSX 的唯一组件,且会参与一部分控制平面的工作,因此建议在生产环境中将 NSX Manager 在 vSphere 平台中配置为 HA 甚至 FT 的模式。

3.1.3 NSX-V 的控制平面

NSX Controller 是 NSX 网络虚拟化平台控制平面的主要组件。它的职责是控制运行在 Hypervisor 之上的交换、路由和各种 Edge 服务。它同样是以虚拟机的形式部署在 ESXi 主机之上。此外，DLR Control VM（专门用于控制逻辑路由的虚拟机）也会作为 NSX 控制平面的一个组件，第 5 章将对其进行详细阐述。

为了便于扩展和提高高可用性，NSX Controller 一般建议配置为集群模式。VMware 建议配置至少 3 台 NSX Controller 作为集群，这 3 台运行 NSX Controller 的虚拟机又分别部署在 3 台物理服务器之上，这 3 台虚拟机还可以引入 HA 和 DRS 功能，以实现高等级的冗余。VMware 建议每一台 NSX Controller 使用至少 4 个 vCPU 和 4GB 的内存，预留 2046MHz 的 CPU，并部署在同一台 vCenter 之下。在部署中，集群中第一个节点设置的密码会自动同步到集群中的其他节点。

NSX Controller 作为控制平面，对转发平面流量实现集中式策略控制，其主要功能如下。

- 向 ESXi 主机发布 VXLAN、逻辑路由等信息。
- 形成 NSX Controller 集群，在集群内部进行工作负载的分配。
- 在物理网络中去除组播路由。用户无需提供组播 IP 地址，也无需提供支持 PIM 路由或 IGMP Snooping 的物理网络设备。
- 在 VXLAN 网络环境中抑制 ARP 广播流量，减少二层网络的 ARP 广播泛洪。

在 NSX Controller 中存储了如下 4 个表项：

- ARP 表；
- MAC 地址表；
- VTEP 表；
- 路由表。

有了 NSX Controller 发来的指令，在 ESXi 主机的 Hypervisor 之上就可以对以下流量信息进行处理：

- 虚拟机广播流量；
- 虚拟机单播流量；
- 虚拟机组播流量；
- 以太网请求信息；
- 查询 NSX Controller 集群的信息，以对这些请求进行正确的回应。

例如，当一台虚拟机为了获知另一台虚拟机的 MAC 地址，发送了一个 ARP 请求。这个 ARP 请求会在进入转发平面之前，被 ESXi 主机的 Hypervisor 拦截，并将其信息发送到 NSX Controller。NSX Controller 根据这个请求，生成正确的转发规则，并将信息返回给 ESXi 主机，ESXi 主机就可以进行本地转发了。因此，广播流量在 NSX 网络虚拟化环境中会减少。对于三层信息，NSX Controller 是从 DLR Control VM 中获取到虚拟机的路由表的；而对于 ARP、MAC、VTEP 这些二层的表项，则是 ESXi 主机的 Hypervisor 学习到了网络中的相关信息后，提供给 NSX Controller 的。

对于控制平面的安全，所有的 NSX 控制信令都是在管理平面之上通过 SSL 进行加密保护的——NSX Manager 会创建一个自签名的证书，安装到每台 ESXi 主机和 NSX Controller 集群，它们在相互通信时会验证证书。具体的工作流程如图 3.3 所示。

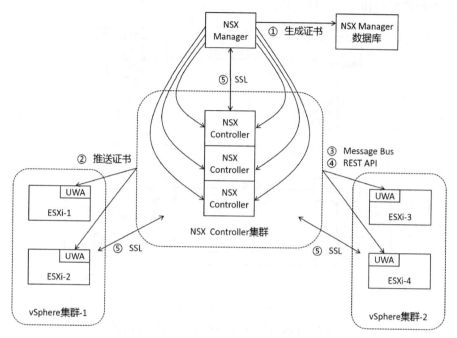

图 3.3　实现 NSX Manager 与 NSX Controller 之间的安全通信

1. NSX Manager 生成了证书，并贮存在数据库中。
2. NSX Manager 将这些证书推送给 NSX Controller。
3. NSX Manager 使用 Message Bus 与 ESXi 主机通信。
4. NSX Manager 通过 REST API（REST 的可编程接口），部署 ESXi 主机的内核模块。
5. NSX Controller 与 ESXi 的证书进行相互验证。

在步骤 5 中，ESXi 主机的证书与 NSX Controller 的验证是通过 UWA（User World Agent）来进行的。UWA 有以下功能。

● 运行一个叫做 netcpa 的进程，与内核空间中负责 NSX 二层和三层功能的组件（VIB）进行通信，并将相关日志信息储存在 /var/log/netcpa.log。

● 使用 SSL 与控制平面的 NSX Controller 通信。

● 将 NSX Controller 与 ESXi 主机的 Hypervisor 内核模块在二层、三层、VXLAN 这几种网络环境下进行集成（分布式防火墙功能除外，它通过 vsfwd 服务进程直接与 NSX Manager 通信）。

● 通过 Message Bus，从 NSX Manager 检索相关信息。

以上有一些新鲜名词需要在这里解释一下。在 NSX-V 架构中，数据平面是基于 VDS 搭建的。如图 3.4 所示，VDS 需要在每一台 ESXi 的 Hypervisor 上启用，而每一台 ESXi 主机都有一个用户空间和一个内核空间。

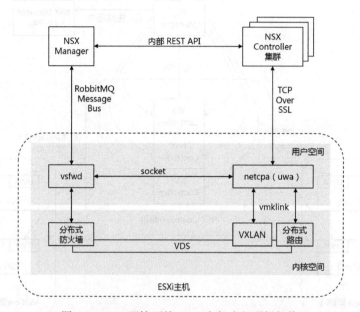

图 3.4　NSX 环境下的 ESXi 主机内部逻辑架构

通过将 VMware Installation Bundles（VIBs）安装到 ESXi 主机 Hypervisor 的内核空间，以实现 NSX-V 的各种功能——分布式交换和路由、分布式防火墙以及 VXLAN 的封装与解封装。

而用户空间则用于与控制平面、管理平面提供通信路径。

● RabbitMQ 消息队列用于 vsfwd（RabbitMQ 客户端）和 RabbitMQ 服务器建立通信连接，其中 RabbitMQ 服务器是以进程形式寄宿在 NSX Manager 上。通过这个通信连接，NSX Manager 将信息直接发送到 ESXi 主机，而 vsfwd 又与内核空间的分布式防火墙逻辑相连，NSX Manager 上配置的策略规则就可以用于实现内核模块之上的分布式防火墙，这样一来，NSX Manager 直接成为 NSX 分布式逻辑防火墙的控制平面。这也解答了为什么 NSX Manager 会作为 NSX 分布式防火墙的控制平面的问题。而 vsfwd 则通过套接字的通信机制与 netcpa 进行交互。

● User World Agent 进程（netcpa）是在 ESXi Hypervisor 与 Controller 集群建立的 SSL 通信通道之上再进行 TCP 连接。利用控制平面与 ESXi Hypervisor 的通道，NSX Controller 可以将 MAC 地址表、ARP 表和 VTEP 表填充到自己的表项中，以保持逻辑网络中已建立的连接可以快速通信。

不难看出，NSX-V 虽然遵循了 SDN 的架构（控制平面和数据平面实现了完全的分离），但控制平面与数据平面的通信所使用的控制协议并不是 OpenFlow，而是 VMware 自己的那一套东西。VMware NSX-V 并不是一个开源的网络虚拟化平台，它实现控制平面与数据平面分离的方式，充分利用了 vSphere 的 Hypervisor 底层特性，与基于开源协议的 SDN 和网络虚拟化解决方案相比，它实现了更多、更高级的功能，并摒弃了 OpenFlow 的短处。

接下来讨论 NSX Controller 集群内部是如何工作的。在 NSX Controller 中，运行了很多角色（role），也就是 NSX 网络中的角色，如逻辑交换机、逻辑路由器等。每一个角色，都需要在 NSX Controller 中进行工作负载的分配。在 NSX Controller 中，每个角色都有一个 Master，即主用 NSX Controller，它会为这些角色分配任务。如图 3.5 所示，一个 VXLAN 的角色，其工作负载由 3 台 NSX Controller 共同完成，其中一台 NSX Controller 就是 Master。当然，一台 Master 之下也可以有多个角色。

NSX Controller 采用基于 Paxos 的算法——莱斯利·兰伯特（Leslie Lamport）于 1990 年提出的一种基于消息传递的算法——进行 Master 的选举。如图 3.6 所示，当 NSX Controller 集群中的一个节点出现故障时，也会进行新的 Master 选举，角色丢失的工作任务会由新的 Master 进行重新分派——其实对于用户来说，在数据转发平面的工作是完全不受影响的，因为 NSX Controller 集群之间的所有信息在所有节点都是同步的，只是发生故障的 Master 不再工作，新的 Master 接管其所有的工作而已。打个比方来说，这种机制相当于部门有 3 名经理，3 人彼此能力相同且信息同步，在一名经理离职的情况下，另一名知道所有下属信息的经理对这名离职经理的下属进行工作任务的重新分配，这对于公司业务运转来说，没有任何影响。

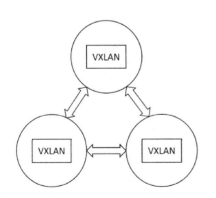

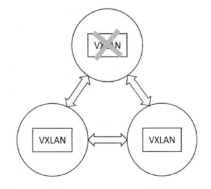

图 3.5　不同 NSX Controller 加载的角色　　图 3.6　一台 NSX Controller 故障时的情形

之前提到过，一个角色的工作负载由 3 台（或更多）NSX Controller 共同完成。为了最大化 NSX 网络的性能，NSX Controller 集群需要具备以下特征：

- 动态地将任务分配到所有可用的节点；
- 在集群内添加成员时，工作负载可以重新分配；

● 在任何一个节点失效时，其他节点有能力迅速进行接管；

● 执行工作负载的按需分配，以便工作流可以更好地传递到最终应用。

为了达到上述效果，NSX Controller 还引入了切片技术。该技术将 NSX Controller 工作负载切分成大量不同的片，这是为了 NSX Controller 集群可以更加有效地计算负载均衡——切片的颗粒度越细，负载均衡的实现效果就越好。最终，每个 NSX Controller 实例都拥有几乎等量的工作负载。这样一来，同一逻辑交换机（或逻辑路由器）会由不同的 NSX Controller 节点管理。而在 NSX Controller 集群中，在一台 ESXi 主机与集群中的一个成员建立控制平面的连接时，这个节点又被一个独一无二的 IP 地址所定义，而其他节点的所有 IP 地址列表信息也会传递到这台 ESXi 主机。因此，ESXi 主机就可以与 NSX Controller 中的所有节点建立通信通道。切片技术的工作流程如下。

1. 针对一个角色，定义切片的数量。

2. 定义需要分配的对象。

3. 将对象分配到切片中，进行切片处理。

4. 将切片分配到不同的 NSX Controller 节点，达到负载均衡。

举个例子，两个不同的 NSX Controller 的 Master 分别选择自己的一个角色——逻辑交换机（VXLAN）和逻辑路由器（DLR）角色之后，对于工作负载的切片处理完毕。之后，逻辑交换机的 Master 将这些切片分配到集群内不同的 NSX Controller 节点，处理工作任务。同时，逻辑路由器的 Master 也进行了同样的操作。最终，每个 NSX Controller 节点都是负载均衡的。实现的切片分配结果如图 3.7 所示，这是在 3 台 NSX Controller 之中实现的切片效果。

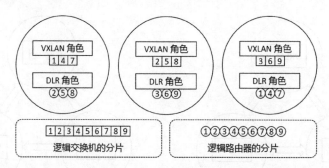

图 3.7   在 3 台 NSX Controller 针对两个角色进行切片后的效果

集群中的一个 NSX Controller 节点失效后，对于一个给定的角色，NSX Controller 集群可以把失效的节点所拥有的切片重新分配到集群中的其他成员。为了确保这个机制的弹性和可用性，某一个 NSX Controller 节点会被选为某个角色的 Master，而每个角色都有自己的 Master，这个 Master 不一定是同一个 NSX Controller 节点，它是根据负载分担自动选择的。每个角色的 Master 负责将其切片分配到集群内的所有 NSX Controller 节点，并且可以使得其中一个节点失效后，其工作负载能够重新分配到其他节点的切片中。当 Msater 节点失效时，NSX Controller 集群也会重新选择 Master，然后再对工作负载重新分配。在 NSX Controller 集群内自动选举 Master 的方法，为每个角色在集群中的所有活跃的和非活跃的节点进行投票表决，这也是一个 NSX Controller 集群必须使用奇数的节点数量进行部署的主要原因，这样能保证投票不会出现平分的情况。

当添加新成员时或节点失效时，切片会重新根据负载均衡原则进行任务自动再分配。如图 3.8 所示，第三个节点失效了，其逻辑交换的切片 3、逻辑路由的切片 4 和 7 被分配到了第一个节点，而逻辑交换的切片 6 和 9、逻辑路由的切片 1 被分配到了第二个节点。

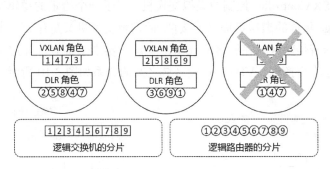

图 3.8 当集群内一个 NSX Controller 节点失效后，各角色工作负载的再分配

表 3.1 所示为一个集群内部署不同的 NSX Controller 节点数量能容忍的 NSX Controller 节点失效的数量。刚才已经阐述了为何建议在集群内部署奇数个的节点数量，只有这样才能完成选举，实现最好的冗余性。因此在一个 NSX Controller 集群内，建议的 NSX Controller 节点数量是 3 或 5，具体数量要取决于部署的规模。可以看到，如果在 NSX Controller 集群内部署两个 NSX Controller 节点，且要实现 NSX Controller 集群的双活，是没有任何冗余性的，一旦其中一个节点失效，整个 NSX Controller 集群的内部通信就会终止。在传统架构中，很多 IT 管理人员认为只要部署两台相同的设备，就能保证冗余性，这个理论在 NSX 网络虚拟化平台的 NSX Controller 的部署上是行不通的。

表 3.1　　　　　　　　　　　NSX Controller 集群中节点数量分析

NSX Controller 集群中的节点数量	2	3	4	5
投票获胜所需票数	2	2	3	3
能容忍的失效节点数量	0	1	1	2

3.1.4　传输区域

NSX-V 中的传输区域即为可以在整个物理网络中与其他组件通信的 ESXi 主机的集合。

根据之前关于 VXLAN 的叙述，NSX 环境下的每一台 ESXi 主机关联了一个或多个逻辑交换机接口并定义 VTEP，再利用 VTEP 进行网络中的通信，对 VXLAN 进行封装和解封装。

传输区域可以扩展到一个或多个 ESXi 的集群，并广泛定义一组逻辑交换机。为了更好地理解这一点，在此需要阐述逻辑交换机、VDS（分布式交换机）与传输区域之间的关系。

VDS 是在 vCenter 集群内跨越一组 ESXi 主机之上的虚拟交换机。而在 NSX-V 的部署中，可以认为是多个 VDS 部署在了同一个 NSX 域中。如图 3.9 所示，计算 VDS 跨越了多个计算集群中的 ESXi 主机，而 Edge VDS 单独使用在 Edge 集群中。

而逻辑交换机则为可以在多个 VDS 之间处理交换流量，并可以在 NSX 环境中实现 Overlay 且接受 NSX Controller 控制的虚拟交换机。对于一个给定的逻辑交换机，可以为跨越计算集群和 Edge 集群的虚拟机提供连接性。而逻辑交换机又是作为一个具体的传输区域而创建的，这意味着传输区域在所有的 ESXi 集群中实现了扩展，并定义了逻辑交换机的扩展性。最终的逻辑交换机、VDS、传输区域之间的关系如图 3.10 所示。

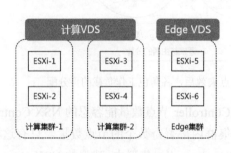

图 3.9   VDS 的阐述

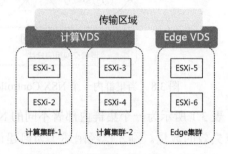

图 3.10   传输区域的阐述

3.2　NSX-V 安装环境

读者现在已经了解了 NSX-V 的架构和核心组件，那么 NSX-V 是如何安装和部署的呢？本节首先介绍 NSX-V 的底层安装环境，这是安装和部署 NSX-V 的先决条件。

3.2.1　NSX-V 底层安装环境

要安装和管理 NSX-V，首先需要一个 vSphere Web Client，还需要 64 位的 Internet Explorer 8 或更高的版本，当然版本相匹配的 Mozilla Firefox 或 Google Chrome 也可以。

要安装 NSX，则需要满足以下三个条件：系统中存在 vCenter Server 5.5 或更新版本；每台服务器都安装了 vSphere 5.1 或更新的版本；已安装 VMware Tools。值得注意的是，要安装跨多个 vCenter 的 NSX，则需要 vSphere 6.0、vCenter Server 6.0 或更新的版本。

在管理或日常维护中，NSX 需要使用到表 3.2 中所示的网络端口。如果底层网络环境中有访问控制列表，需要在相应的列表中允许这些端口的流量通过。

表 3.2   NSX 需要用到的网络端口号

端口	用途
443/TCP	下载用于部署 ESXi 主机的 OVA 文件
	使用 REST API
	使用 NSX Manager 用户管理界面
80/TCP	初始化连接 vSphere 的 SDK
	NSX Manager 与 NSX 各个相关模块之间传送消息
1234/TCP	ESXi 主机与 NSX Controller 集群的通信
22/TCP	Console 连接至 CLI 界面（默认是关闭的）

3.2.2 NSX Manager 安装准备

NSX Manager 作为 NSX 的核心管理工具，工作在管理平面之上，处理 NSX 所有的管理任务和部分控制平面任务。NSX Manager 通过虚拟机形式安装在 ESXi 主机中，这就意味着它可以通过 DRS 来实现动态资源分配，也可以实现虚拟机 vMotion、HA、FT 能诸多功能。需要注意的是，NSX Manager 中已经包含了 VMware Tools，因此不要尝试重新安装或升级 NSX Manager 里的 VMware Tools，否则在使用 NSX Manager 时会出现问题。

在确认了所有安装环境就绪之后，就可以进行安装工作了。安装过程分如下 5 个步骤。

1．获得 NSX Manager 的 OVA 文件。

2．部署 NSX Manager 的 OVA 文件。

3．登录到 NSX Manager。

4．建立 NSX 和 Manager 与 vCenter 之间的连接。

5．备份 NSX Manager。

通过 OVA 文件安装完 NSX Manager 之后，才能部署 NSX Controller、为 ESXi 主机推送内核模块、部署 NSX Edge 网关。安装 NSX Manager 后，NSX Manager 会提供一个 REST API，用于外部第三方网络设备或软件与 NSX 平台的集成，如防火墙、防病毒软件等。

安装完成后的 NSX Manager 能实现如下功能：

- 提供管理 NSX 解决方案全部功能的 UI；
- 生成分布式防火墙、分布式路由等模块；
- 通过 REST API 配置 NSX Controller；
- 通过 Message Bus 配置主机；
- 生成证书，更安全地与控制平面通信。

3.3　NSX Manager 的安装与部署实验

介绍完 NSX-V 的底层安装环境，本节开始介绍 NSX-V 管理平面的组件——NSX Manager 的安装和部署。只有当 NSX Manager 安装完成后，才能安装和部署 NSX-V 其他组件。

3.3.1　获得 NSX Manager 的 OVA 文件

NSX Manager 的虚拟机被打包成了一个 OVA（Open Virtualization Appliance）文件。这个 OVA 文件允许用户使用 vSphere Web Client 将 NSX Manager 以虚拟机的形式进行安装。

要获得这个文件，需要到 VMware 官网进行下载，或由用户对口的 VMware 原厂或 VMware 代理商的销售人员提供。有了这个文件后，将其存放在相应存储位置，就可以开始进行安装工作了。

3.3.2　安装 NSX Manager 的虚拟机

安装 NSX Manager 的虚拟机有如下步骤。

1. 通过 vSphere Web Client 登录到 vCenter，按照常规部署 OVA 模板的方式进行安装（与通过 OVA 安装一个虚拟机一样即可）。右键单击需要部署的 ESXi 主机，操作方式选择从 OVF 模板进行部署，如图 3.11 所示。

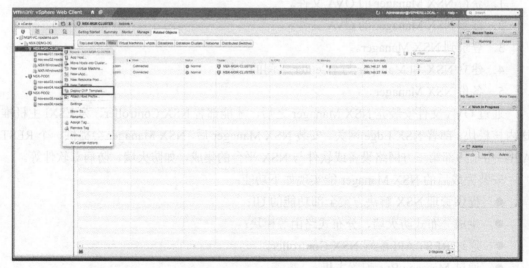

图 3.11　选择部署 OVF 模板

2. 可以从网络中下载，或者从本地文件夹选择 NSX Manager 的 OVA 文件（这里为通过本地文件夹），并单击 Next，如图 3.12 所示。

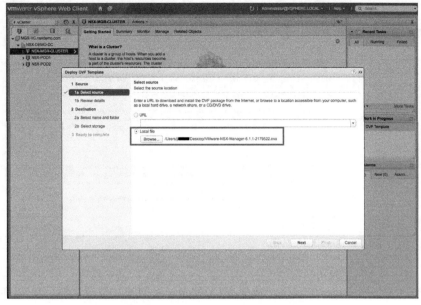

图 3.12 选择 OVA 文件并开始部署

3．检查 OVA 模板的详细信息，并单击 Next（需要勾选 Accept extra configuration options[允许额外的配置选项]复选框），如图 3.13 所示。

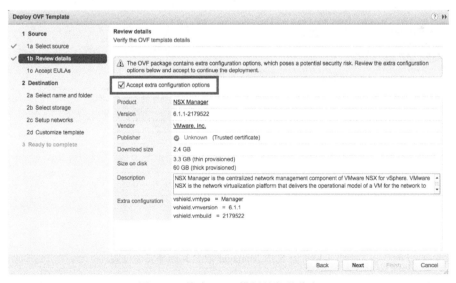

图 3.13 检查 OVA 模板的相关信息

4．在图 3.14 中需要接受 VMware 的 license 协议，然后再单击 Next。

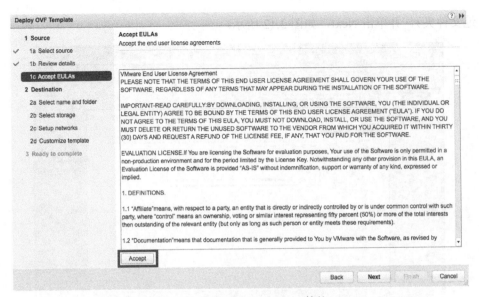

图 3.14 接受 VMware license 协议

5. 输入 NSX Manager 的名字，选择 NSX Manager 的安装位置，然后单击 Next，如图 3.15 所示。

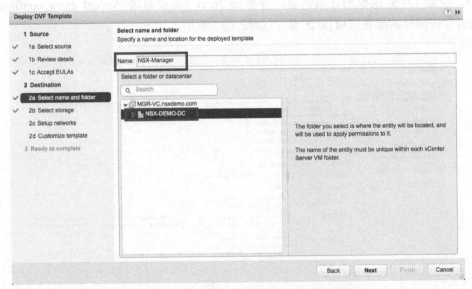

图 3.15 为 NSX Manager 取名并选择安装位置

6. 选择磁盘部署方式（为了节省空间，可以使用 Thin Provision），选择磁盘位置，单击 Next，如图 3.16 所示。

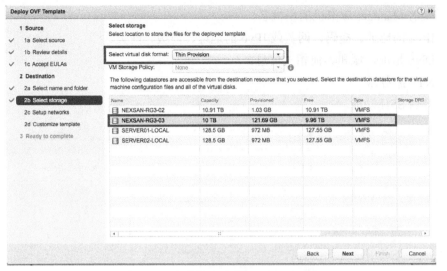

图 3.16　选择磁盘部署方式和位置

7. 在 Setup networks（安装网络）页面，确认是需要只安装 IPv4 网络，还是只安装 IPv6 网络，还是使用混合模式。在混合模式下，NSX Manager 的主机名会被别的实体使用，因此在 DNS 服务器里，NSX Manager 的主机名必须匹配正确的 IP 地址。这里选择了 NSX Manager 的网络位置，然后单击 Next，如图 3.17 所示。

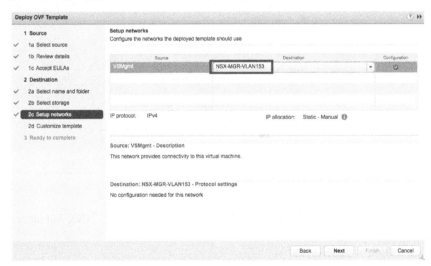

图 3.17　选择 NSX Manager 的网络位置

8. 进入定制化模板页面，可进行以下设置，如图 3.18 所示。

● CLI 的密码。

● CLI 特权模式密码。

- NSX Manager 虚拟机的主机名。
- IPv4 的地址、掩码、网关或 IPv6 的地址、前缀、网关。
- DNS 地址、域和其他相关信息。
- NTP 服务器。
- 开启 SSH 功能。

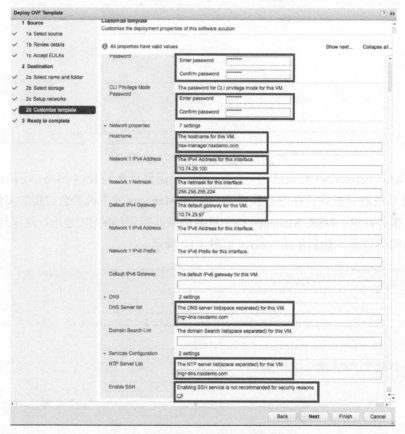

图 3.18　输入 NSX 的定制化模板信息

9. 这时候可以完成 NSX Manager 的初始化安装配置，并开启 NSX Manager 虚拟机了，如图 3.19 所示。

图 3.19 确认 NSX Manager 的安装信息，并将其开机

3.3.3 登录到 NSX Manager 的虚拟机

安装完 NSX Manager 并确认已开启虚拟机后，就可以登录进去。具体的登录步骤如下。

1. 打开浏览器，输入 NSX Manager 的 IP 地址（或域名）。请注意，由于 NSX Manager 的用户接口地址使用了 SSL 加密，因此需要使用 HTTPS 的方式登录，用户名是 admin，密码使用安装时设置的密码，如图 3.20 所示。

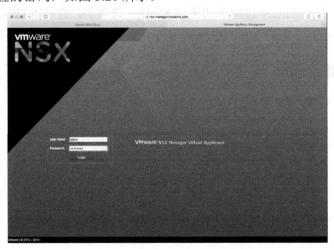

图 3.20 NSX Manager 的登录界面

2. 在登录之后，可以使用 View Summary 对之前的安装情况进行检查，如图 3.21 所示。

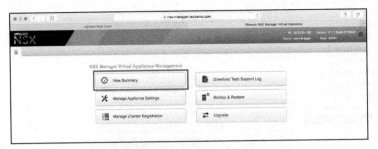

图 3.21 登录之后的 NSX Manager 界面

3. 确认 NSX Manager 的服务是否正在运行，如图 3.22 所示。

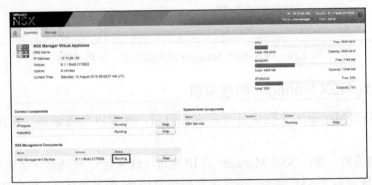

图 3.22 确认 NSX Manager 的服务是否正在运行

4. 将左上方的 Summary 选项卡切换至 Manage 选项卡，查看 NTP 是否同步，也可以在这里设置 Syslog 服务器，如图 3.23 所示。

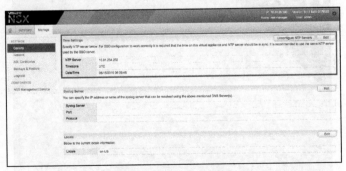

图 3.23 检查 NTP 同步信息

5. 查看网络设置状况、DNS 设置，如果有问题，可以重新编辑，如图 3.24 所示。

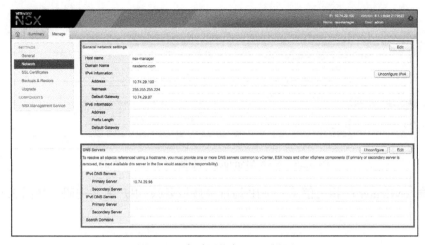

图 3.24　查看网络与 DNS 设置

6. 在 NSX Manager 中生成 SSL 证书（单击 Generate CSR，会自动生成证书），如图 3.25 所示。

图 3.25　生成 SSL 证书

3.3.4　将 NSX Manager 注册到 vCenter

由于 NSX Manager 必须与 vCenter 关联，因此在安装完 NSX Manager 之后，必须将其注册到 vCenter，其步骤如下。

1. 继续之前的步骤，单击左侧的 NSX Management Service 选项，会发现在这里可以配置 Lookup Service（SSO）和 vCenter Server，如图 3.26 所示。

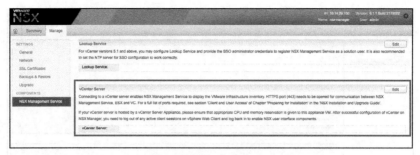

图 3.26　NSX Manager 中配置 vCenter 的界面

2．输入 vCenter 的相关信息——IP 地址（或域名）、用户名和密码，如图 3.27 所示。

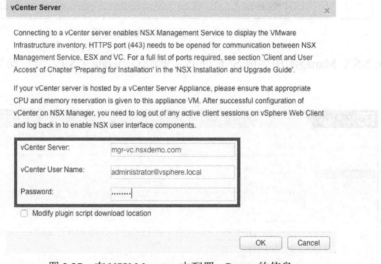

图 3.27　在 NSX Manager 中配置 vCenter 的信息

3．确认证书，并单击 Yes，如图 3.28 所示。

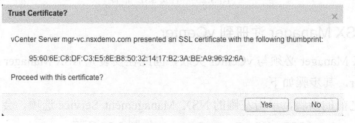

图 3.28　确认证书

4．NSX Manager 已经可以与 vCenter 关联了，回到图 3.26 所示的页面，确认 NSX Manager 与 vCenter 是 Connected（已连接）状态，如图 3.29 所示。

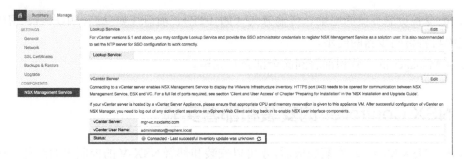

图 3.29　确认 NSX Manager 与 vCenter 的关联信息

5.为了在 vCenter 上确认 NSX Manager 已和 vCenter 关联，重启一次 vSphere Web Client。之后可以在主界面中看到 Networking & Security 图标已存在，如图 3.30 所示。

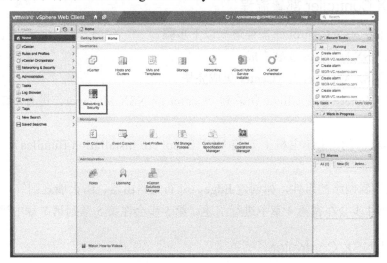

图 3.30　vSphere Web Client 中出现 Networking & Security 图标

3.3.5　备份 NSX Manager

配置和部署中，还可以选择备份 NSX Manager，步骤如下。

1. 在 NSX 的 Manage 选项卡中，单击 Backup & Restore 选项，如图 3.31 所示。

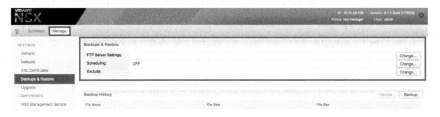

图 3.31　NSX Manager 中的备份设置界面

2．选择备份服务器的地址、传输方式（如 FTP）、端口（如 22）、用户名、密码等，即可完成与备份同步器的同步。

NSX Manager 的安装和部署到此全部介绍完毕。

3.4 NSX Controller 的安装和部署实验

只有当 NSX Manager 安装完成后，才可以安装和部署 NSX-V 的控制平面组件——NSX Controller 集群。NSX Controller 是负责 NSX 最终提供的各种服务的控制平台，它非常重要。因此，一般将其部署为集群模式，保证其冗余和负载均衡。

3.4.1 NSX Controller 部署流程

安装和部署 NSX Controller 需要遵循以下步骤。

1．确认 NSX Manager 安装完成。

2．确认 NSX Manager 与 vCenter 集成完毕。

3．使用 vSphere Web Client 登录到 vCenter 或 NSX Manager，进行 NSX Controller 的部署。

4．在集群内的 ESXi 主机上安装 VIB（vSphere Installation Bundles），也就是内核模块。

5．定义逻辑网络的组件，如创建 Edge、分布式路由器、防火墙规则等。

其中，第 4 步会在在第 4 章中进行阐述。第 5 步会在第 5 章到第 7 章中进行阐述。

3.4.2 安装 NSX Controller

由于上述 5 个步骤中的第 1 步和第 2 步已经介绍过了，因此这里直接开始安装 NSX Controller。VMware 建议在一个 NSX Controller 集群内部署为奇数个节点，因此在实验中部署三个节点。具体安装步骤如下。

1．使用 vSphere Web Client 登录到 vCenter 之后，单击 Network & Security 选项，会发现左侧工具栏有一个 Installation 选项，用于安装和部署 NSX Controller。在 NSX Controller nodes 处单击"+"，创建 NSX Controller 节点，如图 3.32 所示。

2．当打开 Add Controller 对话框后，需要填写节点的诸多信息。其中带有星号标识的地方为必填项。IP 地址池（IP Pool）和连接的网络（Connected To）需要分别单击 Change 和 Select 按钮进行初始设置，之后再增加其他 NSX Controller 节点时，就可以轻松地进行关联了，如图 3.33 所示。

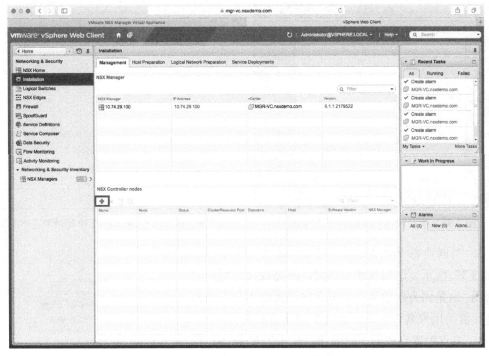

图 3.32 创建 NSX Controller 节点

单击 Change，弹出图 3.34 所示的对话框，用来配置连接到的网络（一般是管理网络）。

图 3.33 输入 NSX Controller 的基本信息

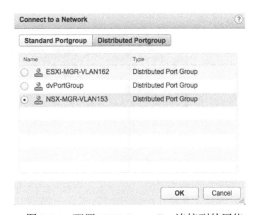

图 3.34 配置 NSX Controller 连接到的网络

单击 Slect，在弹出的对话中单击 "+"，增加一个 IP 地址池。配置 IP 地址池的对话框如图 3.35 所示。

配置完 IP 地址池后，就可以选择这个配置好的地址池，与 NSX Controller 进行关联，如图 3.36 所示。

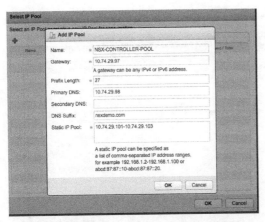

图 3.35　配置 NSX Controller 的 IP 地址池　　　　图 3.36　将 NSX Controller 与 IP 地址池进行关联

3．当创建完一个节点后，可以添加另两个节点，如图 3.37 所示。添加其他节点时，不需要设置用户名和密码，这是因为创建第一个节点时设置的用户名和密码是集群的用户名和密码，会同步到其他节点。

4．节点配置完成后，如果状态显示为 Normal，那么节点部署就成功了，如图 3.38 所示。

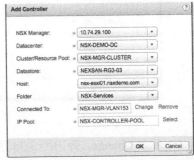

图 3.37　增加 NSX Controller 节点

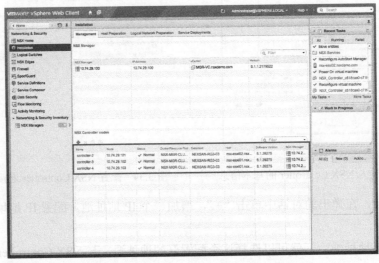

图 3.38　确认 NSX Controller 节点已正常工作

3.5　总结

- NSX Manager 作为管理平面的组件，是以虚拟机形式安装到虚拟化环境中的，需要一个 OVA 文件进行安装和部署。
- NSX Controller 同样是以虚拟机形式部署的，建议使用奇数个节点的集群模式进行部署，并安装到不同 ESXi 主机中。
- NSX Controller 集群内的通信以及与 ESXi 主机的通信，使用的是 SSL 加密，以保障安全。
- 在 NSX Controller 集群内，需要针对角色进行 Master 的选举，以确定主用 NSX Controller。
- NSX Controller 集群内使用切片技术，实现其工作任务的负载均衡。

第 **4** 章

NSX-V 逻辑交换与 VXLAN Overlay

介绍完 NSX-V 解决方案的基本架构和核心组件后，开始正式介绍 NSX-V 的数据平面。NSX-V 数据平面主要分交换、路由、安全和 Edge 服务网关，这些内容会分 4 章分别进行阐述。

首先介绍 NSX 逻辑交换部分。汉语中，"网络"一词最早用于电学。在计算机网络尚未出现时，《现代汉语辞典》中就有对"网络"的解释："在电的系统中，由若干元件组成的用来使电信号按一定要求传输的电路或其中的一部分，叫做网络。"而现在通常说的网络，即计算机网络，是使不同计算机之间能够相互通信的互连系统。"交换"技术，即为同一网段中的设备实现通信的手段。其实在传统的 VMware 解决方案中，已经存在了交换的概念，我们通过 vSphere 标准交换机和分布式交换机实现了虚拟网络。然而，标准交换机和分布式交换机的功能都是有限的，而且控制平面和数据平面没有分离，因此不能将其视为真正的网络虚拟化解决方案。

NSX-V 中的交换技术使用了分布式的架构并引入了 VXLAN 功能，且可以交给 NSX Controller 管理。为了区分 vSphere 分布式交换机，我们将 NSX-V 环境下的这种分布式交接机称为分布式逻辑交换机或逻辑交换机。本章开始讲解 NSX-V 逻辑交换的核心技术。

4.1 vSphere 逻辑交换机详解

根据前文所述，NSX-V 的逻辑交换架构必须基于 vSphere 分布式交换机（VDS）搭建，因此本节会从 vSphere 虚拟交换机（尤其是 VDS）入手。

NSX 逻辑交换基于 VDS 之上，使用 Overlay 技术，实现了 NSX 网络虚拟化环境中的二层流量转发功能。那么，它的工作原理究竟是什么样的呢？本节还将介绍 NSX 环境中的三种 VXLAN 复制模式，以便深入探讨 NSX 交换技术。

4.1.1 vSphere 标准交换机和分布式交换机

前文提到过的 vSphere 虚拟交换机是运行在 VMware 虚拟化 Hypervisor 之上的，负责连接虚拟机与物理网络的交换设备。它分为标准交换机和分布式换机两种。其中，标准交换机运行在单一的 ESXi 主机内，而分布式交换机则是横跨在整个 vCenter 中运行。vSphere 虚拟交换机的运行方式与物理以太网交换机十分相似，它检测与其虚拟端口逻辑连接的虚拟机，并在虚拟机之间转发流量。当两个或多个虚拟机连接到同一标准交换机时，它们之间的网络流量就可以在本地进行转发。如果将服务器连接上行链路的适配器（即物理以太网适配器，俗称网卡）连接到物理交换机，则每个虚拟机均可通过虚拟交换机访问该适配器所连接的外部网络。

vSphere 虚拟交换机除了可以使得同一台物理服务器内的虚拟机相互通信、引导虚拟机的网络流量连接到外部网络，还可以用于合并多个网络适配器的带宽并使得它们之间的流量负载均衡。此外，vSphere 虚拟交换机还可用于处理物理网卡（NIC）的故障切换。

vSphere 标准交换机内部逻辑连接示意图如图 4.1 所示。

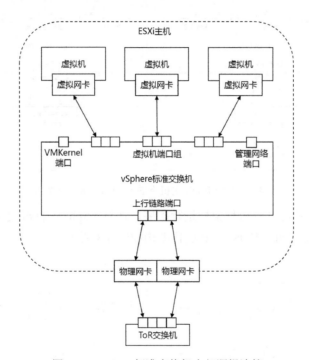

图 4.1 vSphere 标准交换机内部逻辑连接

VMware vSphere 分布式交换机的功能与 ESXi 上的标准交换机并没有本质的区别，只是把连接虚拟机的范围从单个 ESXi 主机扩展到了整个 vCenter。因此，一个 vSphere 分布式交换机可以连接的物理服务器、虚拟机与一个 vCenter 能管理的数量级是相同的——最大支持 1000 台物理服务器和 10000 台虚拟机，但实际生产环境中一般不会部署得这么大，而是部署为多个 vCenter 集群。vSphere 分布式交换机支持的服务器网卡包括 1GE、10GE 和 40GE 网卡。在 vSphere 分布式交换机之上，可以配置虚拟机端口组和 VMKernel 端口。

与标准交换机相比，vSphere 分布式交换机有如下优势：

- 简化了数据中心的管理；
- 在虚拟机迁移时，可以定制更多的网络策略；
- 支持私有 VLAN（Private VLAN，PVLAN）；
- 支持用户化的定制或第三方部署（如 Cisco Nexus 1000v）。

两台 ESXi 主机环境下的 vSphere 标准交换机的基本架构如图 4.2 所示。

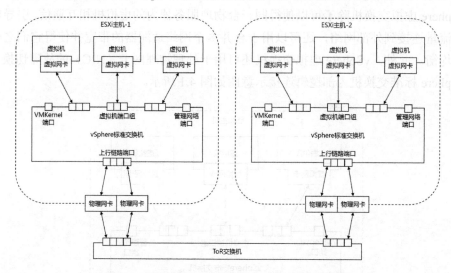

图 4.2　两台 ESXi 主机下的 vSphere 标准交换机

有了 vCenter，就可以将这种架构进行扩展，使得 vSphere 标准交换机跨越不同 ESXi 主机，成为分布式交换机（VDS），其逻辑架构如图 4.3 所示。

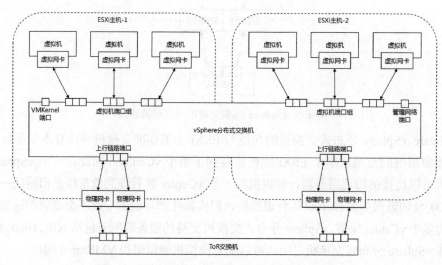

图 4.3　两台 ESXi 主机下的 vSphere 分布式交换机

  分布式交换机分为管理平面和数据平面两个层面。管理平面为 vCenter 上的 VDS 配置部分，其职责是为 vSphere 分布式交换机进行各种配置，而数据平面则在 ESXi 主机的 Hypervisor 之上负责数据交换。在传统的 VMware 虚拟化平台中，每个 ESXi 主机都有各个 MAC 地址所属的端口组的相关信息，同时 ESXi 主机本身会作为控制平面。换句话说，vSphere 分布式交换机和传统物理交换机一样，控制平面与转发平面并没有分离。vCenter 只负责管理平面，就算 vCenter 出现故障，原先配置好的分布式交换机策略还会照常工作，因为 vCenter 并不负责数据平面，只有 vMotion 这样的需要借助 vCenter 才能工作的功能才会无法正常运行。

  VMware NSX 平台中的虚拟交换机（逻辑交换机）基于 vSphere 分布式交换机，在 ESXi 主机中安装了 VMware NSX 的内核模块后，就可以开始进行配置了。配置完成后，NSX 分布式逻辑交换机就可以正常工作。当配置了 VXLAN 端口组后，ESXi 主机将只负责数据平面的工作，控制平面的工作会转交给 NSX Controller，管理平面的相关工作则由 NSX Manager 来负责。这样，就实现了控制平面和数据平面的分离。

4.1.2 NSX 逻辑交换机

  第 1 章已经讨论过了一个典型的三层 Web 应用架构（见图 4.4）。在 NSX 网络虚拟化环境中，可以通过逻辑交换机创建不同的二层子网，映射到 Web 应用架构的不同层面，并与其所属的虚拟机进行连接。这里的 NSX 逻辑交换机，就是在 ESXi 主机中安装了 VMware NSX 的内核模块后，能被 NSX Controller 控制的 vSphere 分布式交换机。

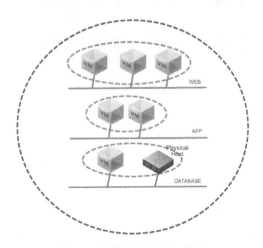

图 4.4 典型的三层 Web 应用

  值得注意的是，在这个模型中，由于很多数据库服务在部署时可能会使用物理服务器，而不安装在虚拟化环境中，因此逻辑交换机可能需要同时开启"虚拟到虚拟"和"虚拟到物理"的连接。这种连接可能是二层桥接，也可能是三层路由。

在 NSX 网络虚拟化平台中，逻辑交换机将孤立的二层网络进行了彻底的整合，对用户而言，极大提升了灵活性和敏捷性。无论虚拟还是物理的终端，都能便捷地连接到自己在数据中心中的逻辑子网，并建立一个与物理拓扑无关的独立的逻辑连接。这一切的优势，都源于物理网络（Underlay）和逻辑网络（Overlay）的解耦而实现了 NSX 网络虚拟化。

图 4.5 所示为物理网络和逻辑网络分离后的架构示意图。逻辑网络通过使用 VXLAN Overlay，允许二层网络在不同的服务器机柜中横向扩展（甚至可以跨越不同的数据中心），这种扩展与底层的物理架构是完全独立的。

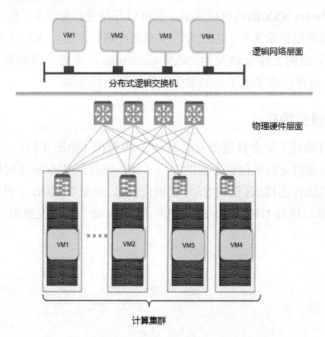

图 4.5   在物理网络之上运行 NSX 逻辑交换机

前文讲到，VXLAN 基于 VLAN，可以对 802.1Q 协议的 VLAN 数量限制进行指数级的扩展（达到 16777216 个网段）。这里对 VXLAN 进行一个简单的回顾，并说明 NSX 环境中是如何处理 VTEP 的。

VXLAN 是将以太网报文封装在 UDP 传输层上的一种隧道转发模式。它定义了一个名为 VTEP（VXLAN 隧道终结点）的实体，用于 VXLAN 隧道两端的流量封装和解封装。在 VMware NSX 平台中，使用 Hypervisor 上的 VMKernel 接口来处理 VTEP。它添加了一个新的标签 VNI（VXLAN 标识符），用来取代 VLAN 来标识 VXLAN 的网段。在 VMware NSX 平台中，VNI 的号码是 5000 开始的。此外，在 VMware NSX 平台中，使用 VETP 代理工作机制，负责将

VXLAN 流量从本地子网传输到另一个子网。而传输区域（Transport Zone）则是 VNI 的可配置的边界。相同传输区域中的 vSphere 集群使用了相同的 VNI，一个传输区域可以包含不同 vSphere 集群中的 ESXi 主机，当然，一个 vSphere 集群也可以是不同传输区域的一部分。

在 VXLAN Overlay 中，属于不同 ESXi 主机的虚拟机之间建立二层连接的过程如下。

1．虚拟机 1 发起一个去往同一逻辑子网的虚拟机 2 的以太网报文请求。

2．虚拟机 1 所在的 ESXi 主机定义了一个 VTEP，在流量被发送到传输网络之前，对流量进行封装。

3．传输网络只需要知道源和目的 ESXi 主机的 IP 地址，就可以在两个地址之间建立 VXLAN 隧道。

4．目的 ESXi 主机收到了 VXLAN 报文，对其进行解封装，并确认它所在的二层子网（利用 VNI 标识）。

5．最终，这个报文被传递到虚拟机 2。

以上是当不同 ESXi 主机的两个虚拟机需要直接通信时，VXLAN 流量被源目 ESXi 主机的 Hypervisor 封装、解封装并最终相互通信的基本情况；这种情形还是比较简单和易于理解的。但是在以下三种情况下，从一个虚拟机发起的 VXLAN 流量需要发送到同一个 NSX 逻辑交换机下挂的所有虚拟机：

- 广播（Broadcast）；
- 不知道目的的单播（Unknown Unicast）；
- 组播（Multicast）。

这些多目的的流量通常称为 BUM（Broadcast, Unknown Unicast, Multicast）流量。在以上三种情形中，源虚拟机发起的流量都会被复制到同一逻辑网络中的远端的多个主机。NSX 通过三种不同的复制方法，以支持其基于逻辑交换机的 VXLAN 流量的多目的通信：

- 组播（Multicast）；
- 单播（Unicast）；
- 混合（Hybrid）。

默认情况下，逻辑交换机会从传输区域继承复制模式，但是也可以在一个给定的逻辑交换机上进行重新配置，而不再继承传输区域上的复制模式。

在具体讨论着三种复制模式之前，先介绍一下 VTEP Segment 的概念。VTEP Segment 就是 VXLAN 中 VTEP 所在的 IP 子网。如图 4.6 所示，该环境中有 4 个 ESXi 主机，分属于两个 VTEP Segment，其中 ESXi-1 和 ESXi-2 的 VTEP 接口属于相同的 VTEP Subnet A（10.1.1.0/24），而 ESXi-3 和 ESXi-4 的 VTEP 接口属于相同的 VTEP Subnet B（10.1.2.0/24）。VTEP Segment 的定义对于之后讨论 VXLAN 流量复制模式非常重要。

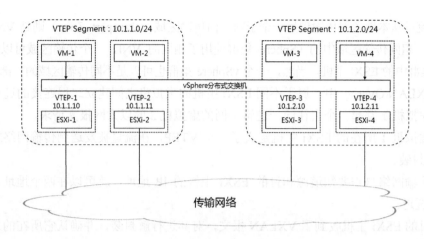

图 4.6　VTEP Segment 的说明

4.1.3　NSX 中 VXLAN 的组播复制模式

当 NSX 逻辑交换机选择组播复制模式时，NSX 更多地依赖于数据中心物理网络的组播能力，将 VXLAN 的封装流量发送到所有的 VTEP。组播模式是处理 BUM 流量的一种方式，由物理网络定义，与 NSX Controller 集群没有直接关系，因此在组播复制模式下控制平面并不参与流量的控制。其结果就是这种复制模式没有完全实现物理网络与逻辑网络的解耦，因为在逻辑网络中的通信非常依赖于物理网络中的组播配置。

在这种模式下，使用二层的组播能力将流量复制到本地子网的所有 VTEP。这时，必须在物理交换机上开启 IGMP Snooping 功能，并推荐在每一个 VLAN 上进行 IGMP 查询。为了保证组播流量能从源 VTEP 传递到属于不同子网的 VTEP，还需要配置 PIM，并开启三层组播路由功能。此外，一个组播 IP 地址必须与每一个在逻辑交换机上定义的 VXLAN 二层网段关联。

如图 4.7 所示，VXLAN 子网 5001 与组播组 239.1.1.1 进行了关联。因此，一旦第一个虚拟机连接到了这个逻辑交换机，这个虚拟机所在的 ESXi 主机的 Hypervisor 就会生成一个 IGMP Join Message（IGMP 的加组信息）去通知物理网络，让物理网络知道它可以接收组播流量并发送到特定的 IGMP 组。

一旦 IGMP Join Message 生成，物理网络中就会生成组播环境，以将组播报文传递到组播组 239.1.1.1。ESXi-4 没有发送 IGMP Join Message，是因为在它之上没有连接到 VXLAN 5001 的虚拟机。

在图 4.8 所示的组播模式下，传递一个 BUM 流量的过程如下。

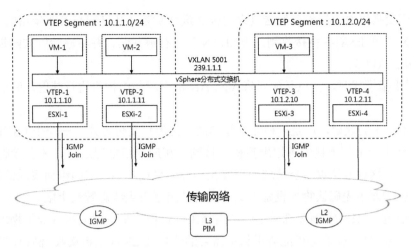

图 4.7　生成 IGMP 的加组信息

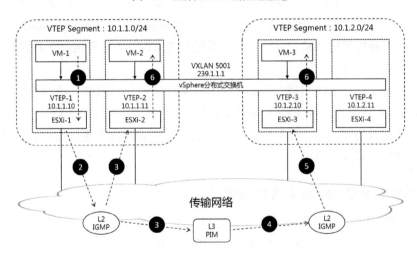

图 4.8　组播模式下 BUM 的传递过程

1. 虚拟机 1 生成一个原始的 BUM 报文。

2. ESXi-1 将这个原始报文进行 VXLAN 封装。外部 IP 头部中的目的 IP 地址被发送到 239.1.1.1，同时，组播包被发送到物理网络。换句话说，ESXi-1 成为了组播源。

3. 二层交换机接收到了组播报文，对其开始复制：假设 IGMP Smooping 是配置在这台交换机上，它就只会将报文复制到 ESXi-2 的相关端口和三层物理设备上。如果在这台二层交换机上没有开启 IGMP，或根本就不支持 IGMP，那么这台交换机会将这个报文作为一个二层广播包进行处理，将其复制到同一个 VLAN 下的所有接口。

4. 三层网络设备将三层组播流量进行复制，并将包发送到另一个 VTEP Segment 所在的传输区域。

5. 二层交换机对三层设备发送过来的报文进行复制,其过程与第 3 步相同。

6. ESXi-2 和 ESXi-3 将接收到的 VXLAN 包进行解封装,并将原始以太网报文传递给虚拟机 2 和虚拟机 3。

在配置组播模式时,重点是如何将 VXLAN 的网段与组播组进行映射。映射方法有以下几种。

● 进行 1:1 的映射,这是一种非常精细的组播流量交付方式——一个 ESXi 主机只有在至少一个其下挂的本地虚拟机连接到了相应的组播组之后,才会接收该组播流量。但这种方法也会显著增加需要在物理网络设备中建立的组播表项的状态数量,这就需要事先确认物理设备中最多支持的组播表项状态数量上限。

● 让所有 VXLAN 网段都属于一个组播组。这样一来,就大幅减少了物理网络中的组播表项数量,但是可能会引起不需要的流量被 ESXi 主机接收。例如,参考图 4.7,一旦 ESXi-4 下挂的虚拟机连接到逻辑交换机,它就可能会接收到属于 VXLAN 5001 的流量,尽管 ESXi-4 中没有任何一台虚拟机属于 VXLAN 5001。

因此,在需要将 VXLAN 的网段与组播组进行映射时,大部分情况下建议进行 M:N 的映射作为一个折中方案。

需要注意的是,由于纯组播复制模式非常依赖于底层物理网络,没有做到物理网络与虚拟网络的解耦,因此在实际生产环境中会很少用到——它不符合 NSX 网络虚拟化的设计初衷。这里之所以仍然讨论组播复制模式,是为了提出并让读者更好地理解另外两种复制模式,即单播模式和混合模式。

4.1.4　NSX 中 VXLAN 的单播复制模式

其实在 NSX 中,默认的 VXLAN 流量复制方式就是单播模式。单播模式的实现方式与组播模式相反,它实现了逻辑网络和物理网络的完全解耦。在单播模式下,ESXi 主机被分割成不同的组,这些组是基于 VTEP 端口所在的 IP 子网的,也就是 VTEP Segment。每一个 VTEP Segment 中的 ESXi 主机都会充当单播隧道终结点(Unicast Tunnel End Point,UTEP)的角色。源 UTEP 的职责是将封装后的流量通过单播复制给本地的 VTEP 或远端的 UTEP。目的 UTEP 的职责是从源 VTEP 接收封装流量,再将封装流量通过单播复制到本地的每一个 VTEP。在单播模式下,无需在底层物理网络配置任何组播。

为了优化单播模式下的复制行为,仅当至少有一个活跃的虚拟机连接到逻辑交换机本地子网,并且该虚拟机所属的逻辑子网与目的地址相同时,UTEP 才会向 ESXi 主机复制流量。同样,只有当至少有一个活跃的虚拟机连接到远端的逻辑网段时,源 ESXi 主机才会向远端的 UTEP 发送流量请求。

在图 4.9 中,BUM 流量在单播模式下的复制过程如下。

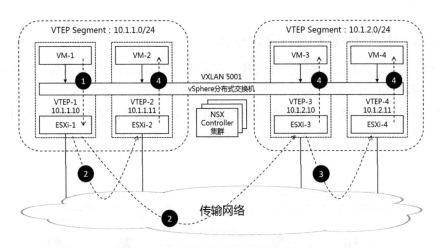

图 4.9 单播模式下 BUM 的传递过程

1．在图 4.9 中，有 4 个虚拟机连接到逻辑交换机，且都属于 VXLAN 5001 网段。虚拟机 1 生成一个 BUM 报文，希望发送到其他所有虚拟机。

2．ESXi-1 通过控制平面中的 NSX Controller 节点查询了本地 VTEP 表，确定了需要将数据包复制到本地子网的 VTEP（ESXi-2）和远端网段的 UTEP（ESXi-3 和 ESXi-4）。单播副本在发送到远端的 UTEP 时，在 VXLAN 头部增加了一个特殊的比特位（"本地复制"比特位）作为特征，用来告知目的 UTEP 这个报文来自远端的 VTEP 网段，并可能需要在接收它之后在本地进行复制。在存在多个目的 UTEP 的情况下，报文会只选择一个作为接收方。

3．远端 UTEP（ESXi-3）接收到了这个报文，同样通过控制平面中的 NSX Controller 节点查询了本地 VTEP 表，并将其复制到连接到本地 VTEP Segment 且至少有一个活跃并属于 VXLAN 5001 的虚拟机所在的 ESXi 主机（ESXi-4）。这里需要注意的是，如果是虚拟机 1 生成另一个原始的 BUM 报文，那么，就有可能选择一个不同的远端 UTEP 进行初次接收（如 ESXi-4），接收后，同样会复制给其他 ESXi 主机。

4．ESXi 主机对封装的 VXLAN 流量进行解封装，并将原始报文发送给所在的虚拟机。

在单播模式下无需配置底层物理网络，在仅仅增加了报文 MTU（最大 1600）的情况下，大幅减少了对底层物理网络的依赖性，非常适用于小型部署——网段较少，且每个网段中的 VTEP 较少。但是由于需要在二层子网中多次将 VXLAN 封装报文复制到每一个 VTEP，在复制相同流量的过程中，可能会产生较高的 CPU 利用率。

这也是之前提到 NSX 网络虚拟化环境对底层网络的唯一要求是 MTU 值需要设置为 1600 字节的原因。

4.1.5   NSX 中 VXLAN 的混合复制模式

混合模式提供了更加简易的操作方式，它无需在物理网络中配置组播，却能同时利用二层物理交换机中的组播能力。

在混合模式中，定义了一个类似 UTEP 的组播隧道终结点（Multicast Tunnel End Point，MTEP）的角色，用于将接收到的流量复制到本地的其他 VTEP。在图 4.10 中，混合模式下的工作流程如下。

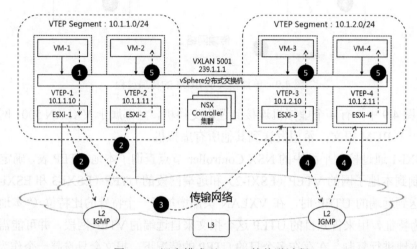

图 4.10   混合模式下 BUM 的传递过程

1. 虚拟机 1 生成了一个 BUM 原始报文，需要复制到 VXLAN 5001 下属的所有虚拟机。在这里，组播组 239.1.1.1 需要与 VXLAN 网段进行关联，作为用于本地流量复制的组播封装。

2. ESXi-1 将报文封装为一个组播包，并发送到组播组 239.1.1.1。这时，就会自动在二层物理网络中激活组播，以确保 VXLAN 数据包可以传递到本地 VTEP Segment 中的所有 VTEP。在混合模式下，当虚拟机需要接收多目的流量时，ESXi 主机也会发起 IGMP 加组信息（与组播模式类似）。

3. 同时，ESXi-1 通过 NSX Controller 查询了本地 VTEP 表之后，确认了需要将报文复制到远端网段的 MTEP（本例中是 ESXi-3）。这时候，与单播模式类似，单播副本在 VXLAN 头部增加了一个特殊的比特位作为特征，用来告知 MTEP 这个数据包来自远端的 VTEP 网段，并需要在 MTEP 所在的本地网段进行复制。

4. MTEP 创建了一个组播包，将其发送到本地网段的所有 ESXi 主机的 VTEP。

5. ESXi 主机对封装的 VXLAN 流量进行解封装，并将原始报文发送给所在的虚拟机。

推荐在生产环境尤其是大规模部署中使用混合复制模式。

4.1.6 NSX Controller 的表项

讨论了多目的的流量（BUM）的复制方式之后，再来讨论一下 NSX 环境中的二层通信，这里就非常依赖于 NSX Controller 集群了。因此，本节先讲解控制平面如何在 NSX Controller 中生成 VTEP 表、MAC 地址表、ARP 表。

先来看看本地 VTEP 表是如何建立的。如图 4.11 所示，当第一台虚拟机连接到 VXLAN 网段时，ESXi 主机就会向 NSX Controller 节点生成一个携带了 VNI/VTEP 映射关系的控制平面信息。NSX Controller 集群收到信息后，会生成携带了这些信息的本地的 VTEP 表项，并告知与其位于同一 VXLAN 网段内的虚拟机所在的 ESXi 主机（在这里，信息没有发送给 ESXi-3，因为它没有属于 VXLAN 5001 的虚拟机）。之后，这些 ESXi 主机就知晓了其下属虚拟机在本地 VXLAN 网段中的所有 VTEP 信息，然后就可以进行多目的流量复制了。

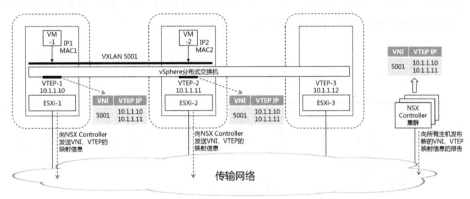

图 4.11 在本地生成 VTEP 表项

需要 ESXi 主机通告给 NSX Controller 的第二种信息，是虚拟机连接到具体 VNI 的 MAC 地址表。如图 4.12 所示，NSX Controller 集群在接收了 ESXi 主机发送来的信息后，建立本地的 MAC 地址表。但是，本地的 MAC 地址表并不会像 VTEP 表项那样被 NSX Controller 发送到所有的 ESXi 主机，这就是为什么 ESXi 主机只关心本地连接虚拟机的 MAC 地址，而不会关心其他 ESXi 主机下属的虚拟机的 MAC 地址。

需要 ESXi 主机通告给 NSX Controller 的最后一种信息是虚拟机的 IP 地址，它用来建立本地的 ARP 表，并实现 ARP 抑制功能。它也和下一节将要讨论的单播通信信息息相关。ESXi 主机通过下面两种方式从本地下挂的虚拟机学习 IP 地址。

● 当虚拟机通过 DHCP 获取 IP 地址时，ESXi 主机可以通过监听从 DHCP 服务器向虚拟机发出的 DHCP 回应来收集 IP 地址。

● 对于使用固定地址的虚拟机，ESXi 主机通过向虚拟机发出原始 ARP 请求来收集其 IP 地址。

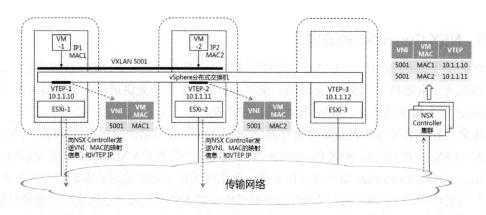

图 4.12 生成 MAC 地址表项

如图 4.13 所示，一旦在 ESXi 主机上学习到了 IP 地址，它就会将 MAC/IP/VNI 的信息发送到 NSX Controller，NSX Controller 随后就会建立本地 ARP 表。

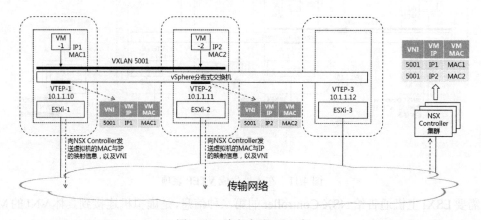

图 4.13 建立本地 ARP 表

4.1.7 虚拟网络到虚拟网络的二层流量转发

有了 NSX Controller 中的表项信息，NSX Controller 就可以实现 ARP 抑制的功能，该功能允许在虚拟机连接的二层域（VXLAN 网段）中移除可能会泛洪的 ARP 流量。由于在二层网络中，广播流量主要是 ARP 造成的，因此通过 ARP 抑制功能移除泛洪流量能显著提高整个网络架构的稳定性、可扩展性。

在逻辑交换机的 VXLAN 网段内，不同虚拟机之间将建立一个单播通信的过程，如图 4.14 和图 4.15 所示。

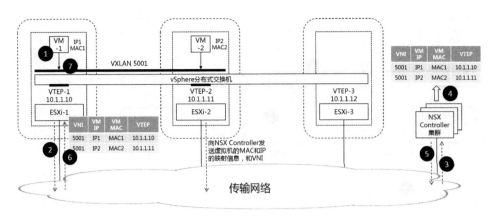

图 4.14　发送 ARP 请求的过程

1．虚拟机 1 发出了一个 ARP 请求（二层广播包），希望与虚拟机 2 的 MAC 和 IP 地址进行映射。

2．ESXi-1 截获了这个请求，并生成了一个控制平面请求，要求 NSX Controller 提供MAC 地址和 IP 地址的映射信息。

3．NSX Controller 收到了控制平面请求。

4．NSX Controller 检查了与所需映射信息相关的本地 ARP 表。

5．携带了控制平面报告的映射信息被发送到了 ESXi-1。

6．ESXi-1 收到了控制平面发来的信息，并根据映射信息更新了自己本地的表项，这样一来，虚拟机 2 的 VTEP 地址就是已知的了（本例中是 10.1.1.11）。

7．ESXi-1 生成了一个支持虚拟机 2 的 ARP 回应，并由虚拟机 2 直接传递虚拟机 1。

需要注意的是，一旦 NSX Controller 中没有映射信息，它就会将这个情况通知给ESXi-1，使得可以在 VXLAN 5001 网段中进行 ARP 的泛洪，以便 ARP 请求可以抵达虚拟机 2。泛洪的方式和过程已经在讲解多目的流量复制方式时提到，这里不再赘述。

一旦上述工作完成，虚拟机 1 中就有了 ARP 缓存，它就会将数据流量发送到虚拟机 2，转发过程如图 4.15 所示。

1．虚拟机 1 生成了一个直接去往虚拟机 2 的数据包。

2．ESXi-1 从 NSX Controller 的 ARP 报告中知晓了虚拟机 2 的位置，就可以将虚拟机 1发出的原始报文封装成一个 VXLAN 包，送往 ESXi-2（10.1.1.11）的 VTEP。

3．ESXi-2 收到这个包并将其解封装。通过外部 IP 头部的信息，它学习到了虚拟机 1的位置（通过虚拟机 1 的 MAC 地址和 IP 地址与 ESXi-1 的 VTEP 关联信息）。

4．报文最终被传递给虚拟机 2。

这时候，ESXi-1 和 ESXi-2 就都有了本地的表项，流量可以进行双向传递。

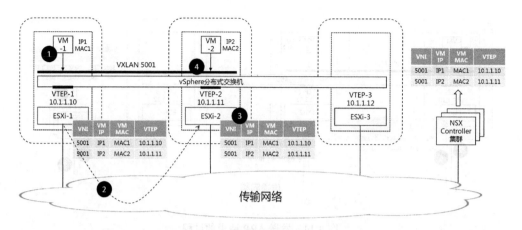

图 4.15　有了 ARP 信息后流量转发的过程

4.1.8　NSX 逻辑交换机的 QoS

QoS（Quality of Service，服务质量）是指一个网络能够利用一些技术，为指定的网络通信提供更好的服务能力，用来解决网络延迟和阻塞等问题。尤其是针对关键应用和多媒体应用时，这个技术就非常重要。当网络发生拥塞时，QoS 能确保重要的业务流量不会延迟或丢弃，同时保证网络的高效运行。

通常，QoS 提供以下三种服务模型：

- Best-Effort Service（尽力而为服务模型）；
- Integrated Service（综合服务模型，简称为 Int-Serv）；
- Differentiated Service（区分服务模型，简称为 Diff-Serv）。

Best-Effort 服务模型是一个单一的服务模型，也是最简单的服务模型。对于 Best-Effort 服务模型，网络尽最大的可能性来发送报文。但对延迟、可靠性等性能不提供任何保证。Best-Effort 服务模型是网络的默认服务模型，通过 FIFO（first in first out，先入先出）队列来实现。它适用于绝大多数网络应用，如 FTP、E-Mail 等。

Int-Serv 服务模型是一个综合服务模型，它可以满足多种 QoS 需求。该模型使用资源预留协议（RSVP），RSVP 运行在从源端到目的端的每个设备上，可以监视每个流，以防止其消耗资源过多。这种体系能够明确区分并保证每一个业务流的服务质量，为网络提供最细粒度化的服务质量区分。但是，Inter-Serv 模型对设备的要求很高，当网络中数据流的数量很大时，设备的存储和处理能力会遇到很大的压力。另外，Inter-Serv 模型可扩展性较差。

Diff-Serv 服务模型是一个多服务模型，它可以满足不同的 QoS 需求。与 Int-Serv 不同，它不需要通知网络为每个业务预留资源。Diff-Serv 的区分服务实现简单，扩展性较好。

要实现 QoS，需要在网络中使用如下两种方式来处理流量。

- Class of Service（CoS）：CoS 是一种二层标签。如图 4.16 所示，在二层帧结构中，802.1Q 头部包含了 CoS 信息。前 16 个比特一般是 0x8100，这意味着这个头部包含了 VLAN 标签。接下来的 3 比特就是 CoS，指定了从 0 到 7 之间的优先级，通常称之为 CS0 到 CS7，通过这些不同的优先级值可以对网络流量进行区分和优化。

- Differentiated Services Code Point（DSCP）：DSCP 是一种三层的标签。如图 4.17 所示，它有 6 个比特，前 3 个比特匹配 CoS。在二层和三层的边界，交换机可以携带 CoS 和其他元素（如源目地址）去匹配三层的 DSCP。

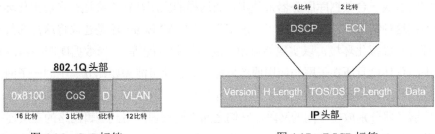

图 4.16　CoS 标签　　　　　　图 4.17　DSCP 标签

在 NSX 网络虚拟化环境中，可以使用多种方式对源自虚拟机的流量打标签（比如虚拟机 Hypervisor、NSX 逻辑交换机、物理交换机）。推荐使用虚拟机 Hypervisor 或 NSX 逻辑交换机进行打标签操作。虚拟机其流量被 Hypervisor 打上了标签后，在物理网络中传递。在网络拥塞时，由于设置了 QoS 虚拟机，虚拟机流量可能达到其目的地，也有可能在中途被丢弃——对于高优先级流量，即使网络拥塞，也会正常到达目的地；但对于低优先级流量，在网络拥塞时就会因为 QoS 的设置而被丢弃。

4.2　NSX 二层桥接

前面介绍了虚拟网络到虚拟网络的流量转发。但是在很多情况下，虚拟网络与物理网络之间也需要通信。这里的物理网络与之前的"外部物理网络"不同，其网络并不是"外部"的，而是与数据中心内部应用息息相关。通过 NSX Edge 路由，可以使用三层路由协议连接到外部物理网络。但是，有些流量需要在物理网络和逻辑网络之间进行二层通信，这时就无法使用 NSX Edge 路由。

因此，本节会详细介绍 NSX 的二层桥接功能。这个功能打通了物理网络和物理网络的二层连接。

4.2.1　虚拟网络到物理网络的二层连接

虚拟网络物理网络的二层网络通信，可能会在多个场景中用到。一些典型的场景如下所述。

- 部署一个典型的多层应用模型—这一般是 Web（前端）层、应用（App）层、数据库层。在当前的 IT 部署中，企业习惯于将 Web 层和应用层部署在虚拟化环境中，但是可能会将数据库部署在非虚拟化环境中。原因是服务器虚拟化技术是"一虚多"的设计理念，但是由于有些企业的数据库极其庞大（极端的例子是一个地市的政务网、社保网往往需要将一个城市几百万人甚至几千万人的信息加入同一数据库，而大专院校、医疗行业也会用到庞大的数据库），因此在数据库部署时往往采用"多虚一"的技术，如 Oracle RAC 解决方案。这时就需要使用多台物理服务器进行集群处理，将它们看成一台数据库服务器来使用，而这样的应用往往不会运行在虚拟化环境中，因为在这种情形下，它们无需"一虚多"（当然 VMware 还是建议将这样的数据库服务部署在虚拟化环境，以实现高可用、动态资源分配等）。当数据库服务器没有运行在虚拟化环境且所在子网与应用服务器相同时，就可能需要建立一个同一子网中的应用层到数据库层的"虚拟到物理"的二层通信。当然，很多企业会将 Web、App、数据库服务器分别放在不同的网段，它们之间需要物理网络到逻辑网络的三层连接。
- 物理服务器向虚拟机的迁移——即 Physical to Virtual（P2V）。由于服务器虚拟化技术蓬勃发展，大多数企业都希望将之前在物理服务器中部署的应用迁移到虚拟化环境。在迁移过程中，就需要在同一子网中不同的物理和虚拟节点之间实现"物理到虚拟"的二层通信。
- 将外部的物理设备作为默认网关——在这种情形下，一个物理的网络设备可能会被部署为默认网关，用于逻辑网络中流量的默认"下一跳"地址。因此，就需要建立一个二层的网关，这同样是"虚拟到物理"的二层通信。
- 部署其他物理设备——如在数据中心部署独立于 NSX 虚拟网络的物理防火墙、物理负载均衡设备时，同样需要"虚拟到物理"的二层通信。这也是实现 NSX 生态圈的重要手段。

为了满足上述场景中的需求，需要实现一个被称为"桥接"的功能，作为"虚拟世界"（逻辑交换机）和"物理世界"（非虚拟的工作流、与传统 VLAN 连接的网络设备）之间的桥梁。在 NSX 解决方案中，通过部署基于软件的 NSX 二层桥接来实现这个功能，该功能允许虚拟机与物理网络进行二层连接。

当然，如果物理 ToR 交换机支持 VXLAN 功能，就可以实现 Hypervisor 层面到物理 ToR 交换机之间的完全隧道封装，并分别在 Hypervisor 和 ToR 交换机之上实现 VTEP 的封装和解封装。在这种情况下，就不需要使用二层桥接功能了。当物理交换机设备与 ESXi 主机之间建立 VXLAN 隧道时，其流量通信的原理和过程与 4.17 节所述基本相同，只是物理交换机连接的服务器的相关信息，无法同步到 NSX Controller（除非通过再开发，将 NSX Controller 作为物理网络设备的 SDN 控制器）。

　　二层桥接功能运行在一个安装了 NSX Edge 的 ESXi 主机之上，因此，二层桥接功能完全是由 VMKernel 来处理的。在这个 ESXi 主机的 Hypervisor 之上，逻辑交换机端口连接到分布式逻辑路由器（下一章会讲解）的分布式端口组，加载所有去往物理空间的相关流量。在这里，不能在该分布式路由器的接口上开启三层路由功能，同样，逻辑交换机连接的虚拟机也不能使用分布式路由器作为其默认网关。由于逻辑交换机不能连接到多个分布式路由器，因此，其下属的这些虚拟机必须有一个默认网关——这个默认网关可以处于外部物理设备中，也可以是通过端口组连接到逻辑交换机的 NSX Edge 之上设置的网关。

　　如果所有的主机都允许直接与物理网络交互广播流量，那么这个网络就有可能崩溃。因此，会将一个主机选为桥接实例，这个实例是由 NSX Controller 选择的，并运行在 DLR Control VM 之上（下一章会讲解）。

　　图 4.18 所示为一个二层桥接的案例——一个连接到逻辑网络中 VXLAN 5001 的虚拟机需要与部署在相同子网但是却处于 VLAN 100 中的物理设备进行通信。在当前的 NSX 解决方案中，VXLAN 到 VLAN 的桥接的配置属于分布式路由器配置的一部分，具体的 ESXi 主机通过分布式路由器配置的一个桥接实例，实现二层桥接功能。

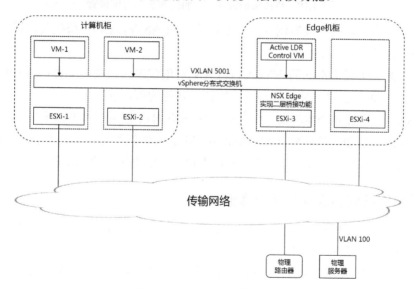

图 4.18　NSX 二层桥接功能

　　如图 4.19 所示，一旦桥接实例失效，二层桥接的角色会被备用的桥接实例接管（备用的虚拟机会不断根据控制平面推送来的 MAC 地址表的副本检测主设备是否失效）。

　　在部署 NSX 二层桥接功能时，需要注意如下几个关键的地方。

● VXLAN 到 VLAN 的映射关系一般是 1:1，这意味着对于一个给定的 VXLAN，只能与一个特定的 VLAN 进行桥接，反之亦然；否则，就会产生环路。

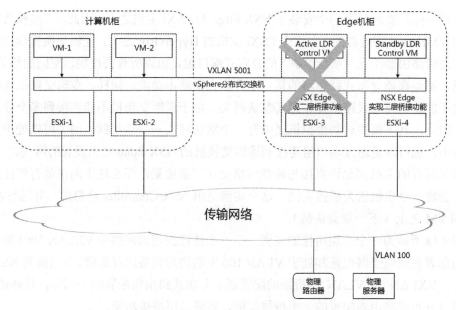

图 4.19　桥接实例失效后，新的桥接实力的接管

- 对于一个给定的桥接实例（一对专门的 VXLAN-VLAN），桥接实例通常运行在一个专门的 ESXi 主机上。
- 通过配置可以为不同的 VXLAN-VLAN 对创建多桥接实例，并可以分布在不同的 ESXi 主机上。这种情形提高了二层桥接功能的可扩展性。
- NSX 的二层桥接数据转发工作完全是由 ESXi 内核空间执行的，而不是在用户空间内。
- 在实现二层桥接的时候，DLR Control VM 的工作任务是对于一个给定的桥接实例，确认运行该桥接实例的 ESXi 主机是否存活，而不执行桥接功能。

4.2.2　虚拟网络到物理网络的单播通信

下面讲解在虚拟网络与物理网络进行通信时，ARP 的交互方面有什么变化。首先讲解虚拟网络到物理网络的单播通信的过程。如图 4.20 所示，这是一个从 VXLAN（虚拟网络）发起 ARP 请求并从 VLAN（物理网络）回应的情形。我们阐述了一个从虚拟机发出的 ARP 请求如何抵达物理服务器。

1. 虚拟机 1 生成了一个 ARP 请求，希望得到物理服务器的 MAC 地址和 IP 地址的映射。

2. ESXi-1 截获了该请求，并向 NSX Controller 生成了控制平面请求。这时，NSX Controller 上并没有这样的映射信息（假设物理服务器刚刚连接到网络，之前尚未产生过流量）。在这种情形下，ESXi-1 需要在 VXLAN 5001 中，通过之前讨论过的"多目的的流量复制模式"中的一种，进行 ARP 泛洪。

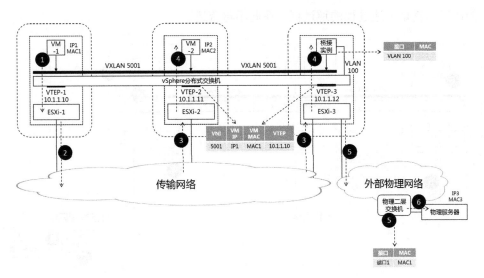

图 4.20 从虚拟机发出 ARP 请求抵达物理服务器的过程

3．ARP 请求被发送到 ESXi-2 和 ESXi-3，而 ESXi-2 中的虚拟机 2 和 ESXi-3 中的桥接实例都连接到了 VXLAN 5001。ESXi-2 和 ESXi-3 主机会学习虚拟机 1 的相关信息。

4．ESXi-3 中的桥接实例将这个二层广播包转发给了二层物理网络。

5．广播包在物理网络的 VLAN 100 中进行了泛洪，所有的二层交换机通过传统方式学习了虚拟机 1 的 MAC 地址。

6．ARP 请求最终抵达了物理服务器。

图 4.21 所示为物理服务器将 ARP 回应返回虚拟机的过程，具体如下。

1．物理服务器生成了这个单播 ARP 回应，准备发送给虚拟机 1。

2．携带了学到物理服务器的 MAC 地址（MAC3）的二层交换机执行数据转发任务，使得 ARP 回应在物理交换机中进行交换。

3．运行于 ESXi-3 上的 NSX 二层桥实例接收到了 ARP 回应，同样学习到了物理服务器的 MAC 地址（MAC3）。

4．ESXi-3 将流量进行封装，并发送到 ESXi-1 的 VTEP。

5．ESXi-1 收到了报文，将其解封装，将物理服务器的 MAC 地址（MAC3）与运行了 VXLAN 5001 的二层桥接实例的 VTEP（配置在 ESXi-3 中）关联信息加到了本地的表项中。

6．ESXi-1 生成了物理服务器的 ARP 回应（MAC3 的源 MAC 地址），并传递给虚拟机 1。

之后，虚拟机和物理服务器就可以正常通信了。从 VLAN 发起 ARP 请求并从 VXLAN

回应的情形，就是上述过程的逆过程，在此不再赘述。

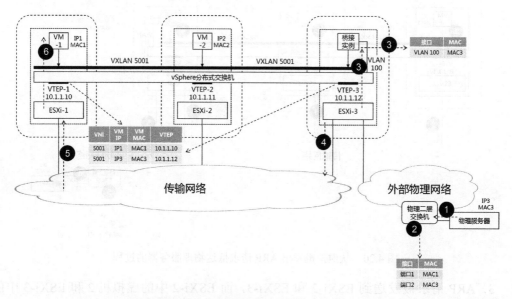

图 4.21 物理服务器将 ARP 回应返回虚拟机的过程

4.3 NSX 逻辑交换机的实验配置

NSX 逻辑交换的实验以之前的实验为基础。NSX Controller 已经安装完毕，接下来进行逻辑交换机的配置。实验从准备工作入手，配置传输区域和 NSX 逻辑交换机。最后，将之前部署在 VDS 中的虚拟机迁移到逻辑交换机（即 NSX）环境。

4.3.1 为 ESXi 主机安装 VIB

首先需要为 ESXi 安装 VIB，这样才能让 vSphere 分布式交换机成为 NSX 逻辑交换机。配置步骤如下。

1. 单击 Host Preperation 选项卡，在这里可以安装 ESXi 内核模块（VIB），如图 4.22 所示。

2. 在 NSX Controller 的集群状态成为 Ready 之后，就可以通过 Configure 进行网络配置了，比如配置 VXLAN，如图 4.23 所示。

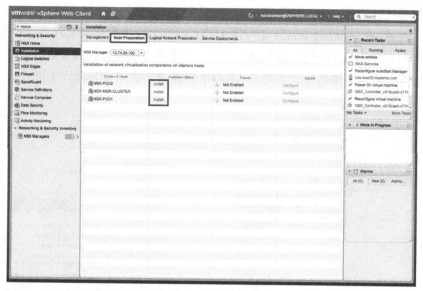

图 4.22　安装内核模块

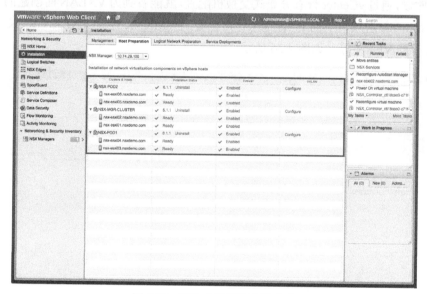

图 4.23　确认内核模块安装完成

4.3.2　配置 VXLAN 相关参数

在 NSX 环境中开启 VXLAN 功能的步骤如下。

1. 紧接着之前的步骤，在右侧的 VXLAN 一栏单击 Configure，弹出如图 4.24 所示的窗口。在该窗口可以选择各种 VXLAN 参数，以激活 VXLAN VMKernel 接口。由于 VXLAN

流量是被封装过的流量，因此需要将 MTU 设置在 1550 以上（建议设置为 1600）。

其中，VMKNic Teaming Policy 是使用 VTEP 端口组连接物理网卡时使用的策略，在这里建议设置为 Fail Over，如图 4.25 所示。当然，如果在虚拟交换机的 VMKNic 中使用了相应配置，也可以将这个策略设置为静态、LACP 链路聚合模式或负载均衡模式。

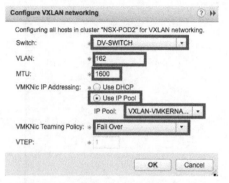

图 4.24　配置 VXLAN 网络信息

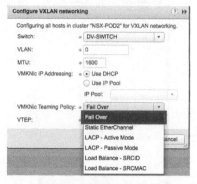

图 4.25　配置 Teaming 模式

2. 这时候，通过 vCenter 查看分布式交换机配置，就能看到为 VXLAN 而创建的 VMKNic 了。单击 Manage 选项卡下的 Ports 选项，可以看到 VMKNic 连接 VXLAN VMKernel 的端口 ID、对应的 VLAN 等，如图 4.26 所示。

图 4.26　查看 VXLAN VMKernel 端口状态

3. 回到 Host Preparation 选项卡，看到 VXLAN 状态已正常，如图 4.27 所示。

图 4.27　确认 VXLAN 状态

4.3.3　配置 Segment ID 池

在建立逻辑网络的网段时，Segment ID 池是 VNI 的一个特殊范围，而 Segment ID 与 VLAN 中的 VLAN ID 的作用类似。我们需要配置 Segment ID 池，用于隔离网络流量。配置步骤如下。

1. 在图 4.27 所示的界面中，单击 Logical Network Preparation 选项卡并选择 Segment ID 选项，然后选择 Edit，如图 4.28 所示。

图 4.28　准备配置 Segment ID

2. 输入 Segment ID 池的范围，完成配置，如图 4.29 所示。请注意，如果 NSX 环境中存在 5.1 版本的 vSphere，那么在这里必须启用组播地址；如果 NSX 环境中的 vSphere 为 5.5 或 6.0 以上版本，就无需启用。

图 4.29　输入 Segment ID 池的范围

4.3.4   配置传输区域

配置传输区域的步骤如下。

1. 单击 Transport Zone 选项并单击"+",增加传输区域,如图 4.30 所示。

图 4.30   准备配置传输区域

2. 给传输区域定义一个名字,选择流量复制模式(实验环境使用 Unicast[单播]模式,生产环境可根据实际需求,选择 Unicast[单播]或 Hybrid[混合]模式),并选择其所在集群,如图 4.31 所示。

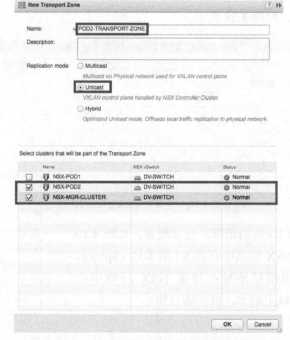

图 4.31   配置传输区域 BUM 的复制模式

3．可以看到，传输区域已建立。在新建的传输区域中还没有关联逻辑交换机。这时候就可以配置逻辑交换机、逻辑路由器、Edge 网关了，如图 4.32 所示。

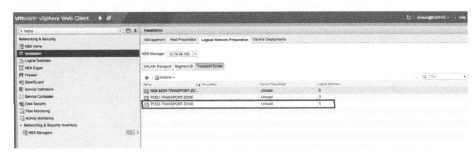

图 4.32 确认传输区域配置完成

4.3.5 配置和部署 NSX 逻辑交换机

配置逻辑交换机是 NSX 网络虚拟化的基础，它在 VXLAN 传输区域之上定义了虚拟机直连的网络。在传输区域配置完成之后，便可以开始配置逻辑交换机了。配置步骤如下。

1．继续之前的步骤，在左侧单击 Logical Switch 选项，之后可以单击"＋"来增加一个逻辑交换机，如图 4.33 所示。

图 4.33 准备配置逻辑交换机

2．在增加逻辑交换机的过程中，给这个逻辑交换机命名、选择相应的传输区域、选择流量复制模式。最好同时选中 Enable IP Discovery（启用 IP 发现）和 Enable MAC Learning（启用 MAC 地址学习）复选框，如图 4.34 所示。

3．在增加传输区域时，选择之前创建的传输区域，如图 4.35 所示。

4．新的逻辑交换机已成功创建，如图 4.36 所示。

5．要创建更多的逻辑交换机，可以重复上述步骤。

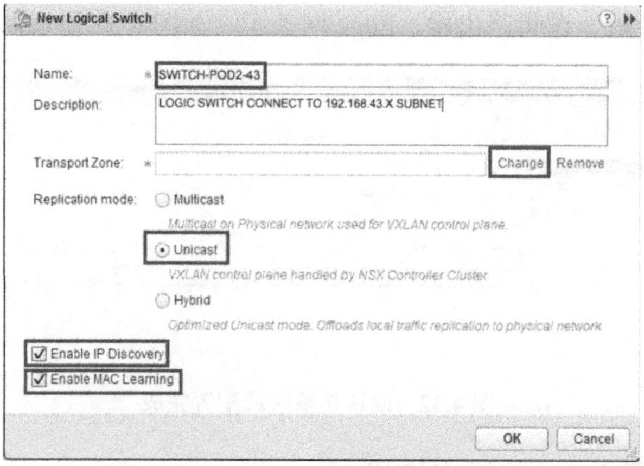

图 4.34　配置逻辑交换机

图 4.35　选择传输区域

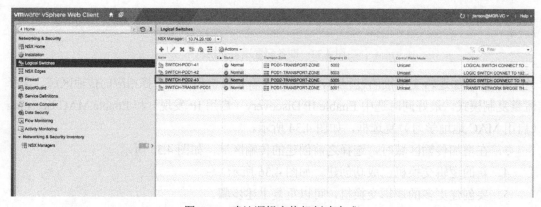

图 4.36　确认逻辑交换机创建完成

4.3.6 将虚拟机迁移至逻辑交换机环境

现在，就可以将之前部署在 vSphere 环境中的虚拟机连接至逻辑交换机了。其步骤如下所述。

1. 选择刚刚创建的逻辑交换机，在上方的 Action 选项中找到增加虚拟机选项。在弹出的对话框中，找到需要连接到这台逻辑交换机的虚拟机，如图 4.37 所示。

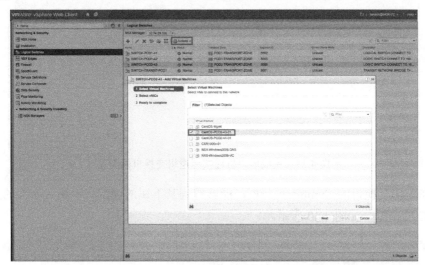

图 4.37   为逻辑交换机增加下连虚拟机

2. 为这台虚拟机选择连接的 vNIC，如图 4.38 所示。

图 4.38   为这台虚拟机选择 vNIC

3．单击 Finish 按钮，完成配置，如图 4.39 所示。

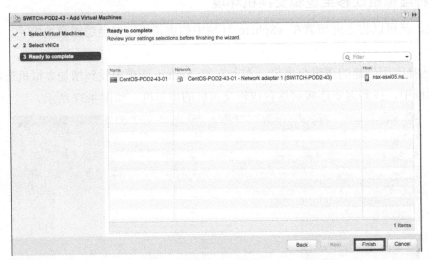

图 4.39　完成虚拟机连接至逻辑交换机的配置

4．在逻辑交换机的 Summary 一栏，能够看到其下属的虚拟机、最大支持的主机、连接的 vNIC 的概览，如图 4.40 所示。

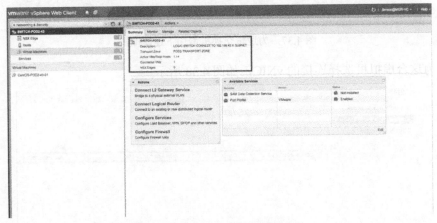

图 4.40　查看逻辑交换机配置信息

4.4　总结

- NSX 逻辑交换机以 vSphere 分布式交换机为基础。
- VLAN 将交换机分割为多个"虚拟局域网"，相互间逻辑隔离。VXLAN 则实现了

VLAN 的扩展，并使得流量封装后在隧道中通信。

● NSX 逻辑交换机在多目的流量转发中，有三种流量复制模型：组播模式、单播模式、混合模式。

● ESXi 主机将获得的各种信息交给 NSX Controller，再进行统一集中控制并由本地进行数据转发。

● 推荐使用虚拟机 Hypervisor 或 NSX 逻辑交换机进行 QoS 的标签操作。

● 逻辑网络与物理网络的二层连接，可以通过 NSX Edge 的桥接功能来实现 VXLAN-VLAN 的转换。

第 **5** 章

NSX-V 逻辑路由

路由，也就是通常所说的三层通信。流量在不同网段中进行通信时，都需要路由来处理。

处理路由的设备称为路由器。当然，现在的防火墙和交换机也具备了一些路由功能。路由器自 20 世纪 80 年代中期发明以来，发展有起有伏。20 世纪 90 年代中期，传统路由器成为制约 Internet 发展的瓶颈，ATM 交换机取而代之，成为 IP 骨干网的核心，路由器沦为配角。进入 20 世纪 90 年代末期，Internet 规模进一步扩大，流量每半年翻一番，ATM 网又成为瓶颈，路由器东山再起，人们开始用千兆级别的路由器构建核心的骨干网。但是，随着近几年云计算与虚拟化技术的迅猛发展，如果需要物理路由器（或物理三层交换机）来处理数据中心内部的三层东西向流量，可能会带来诸多问题。于是基于网络虚拟化的路由技术被提出，并得到了发展。而 NSX 网络虚拟化解决方案中的分布式逻辑路由正是应用在下一代数据中心中的路由技术。

在 Nicira 的 NVP 平台诞生之前，所有安装在虚拟机之上的虚拟交换机只有简单的二层功能，从这点来看，Nicira 的 NVP 平台是一个革命性的架构——这对逻辑网络中的三层流量相互通信时，迅速找到下一跳、实现最优路径、ECMP（Equal Cost Multipath，等价的多路径）非常重要。

本章会详细介绍 NSX 集中路由和分布式路由，并介绍将物理路由器和 NSX Edge 做为下一跳的部署模型。

5.1 NSX 逻辑路由详解

在讨论 NSX 逻辑路由之前，先来回顾三层网络的作用是什么。网络层（Network Layer）作为 OSI 模型的第三层，需要为网络提供以下功能：

- 选择路由的路径；
- 知晓邻居网络节点的地址；

- 基于三层 QoS 选择流量的优先级；
- 将本地消息发送至传输层。

这些功能本应都由路由器来提供，而现在我们有了 NSX 平台，NSX 的逻辑路由功能取代了物理路由器，将处于不同逻辑二层子网中的终端连接起来。负责逻辑路由功能的NSX组件称为 NSX 逻辑路由器，它分为分布式逻辑路由器和 Edge 路由器。

本节将对 NSX 逻辑路由器功能进行详细阐述，读者也可以与之前章节讲解的 NSX 分布式逻辑交换机进行对比，看看它们在处理流量转发的过程中，有什么区别。

5.1.1　NSX 逻辑路由概览

NSX 逻辑路由器可以很容易将本该属于不同独立网络中的设备、终端连接起来，而通过将越来越多的独立网络连接到一起，网络规模将变得更大（参考运营商网络）。由于 NSX 网络虚拟化平台可以在这种超大规模的网络上实现一套独立的逻辑网络，因此 NSX 平台非常适合应用在超大规模数据中心或运营商网络中。

在 NSX Manager 中可以使用简化的 UI 来配置逻辑路由器，这非常便于配置和维护，在这里可以使用动态路由协议对 NSX 逻辑路由进行发现和宣告的操作，当然也可以使用静态路由。控制平面仍然运行在 NSX Controller 集群中，而数据平面交给 ESXi 主机的 Hypervisor 来处理。换言之，在虚拟化平台内部就可以进行各种路由操作，包括路由算法、邻居发现、路径选择、收敛等，而无需离开虚拟化环境，在物理网络平台中进行处理。有了 NSX 逻辑路由功能，就可以方便地在逻辑的三层网络中，为路由选择最佳路径。此外，NSX 逻辑路由还能更好地实现多租户环境，比如在虚拟网络中，不同的 VNI 中就算有相同的 IP 地址，也可以部署两个不同的分布式路由器实例，一个连接租户 A，一个连接租户 B，保证网络不会发生任何冲突。

NSX Manager 首先配置了一个路由服务。在配置过程中，NSX Manager 部署了一个控制逻辑路由的虚拟机（DLR Control VM）。它是 NSX Controller 的一个组件，支持 OSPF 与 BGP 协议，负责 NSX-V 控制平面中的路由工作，专门用来处理分布式路由。此外，在之前章节中为 NSX Manager 为 ESXi 主机配置了一个内核模块，这个模块不仅实现了逻辑交换功能，还实现了逻辑路由功能。在逻辑路由功能中，它的作用相当于机箱式交换机中有三层路由功能的线卡，可以从 NSX Controller 集群中得到路由信息、接口信息，并负责转发平面的所有功能。这意味处理路由所需要的三层网关是通过控制平面分布式呈现在每台 ESXi 主机之上的，流量无需通过复杂的路径寻找网关，因为网关就分布式部署在虚拟机本地所属的 Hypervisor 之上。

由于 DLR Control VM 只支持 OSPF 与 BGP 协议，这意味着 NSX 分布式逻辑路由器在动态路由层面也只支持 OSPF 与 BGP 协议。而 NSX Edge 路由器则支持 OSPF、BGP 与 ISIS

三种动态路由协议。

图 5.1 所示为逻辑路由器连接不同的逻辑交换机，并与物理网络交互的典型部署模式。逻辑路由器可以连接相互分离的二层网络中的终端（无论终端属于逻辑网络还是物理网络），也可以将逻辑网络中的终端设备连接到外部物理网络（如 WAN、Internet、等）中。第一种情形往往发生在数据中心内部，为东西向流量。而第二种情形则为南北向流量。

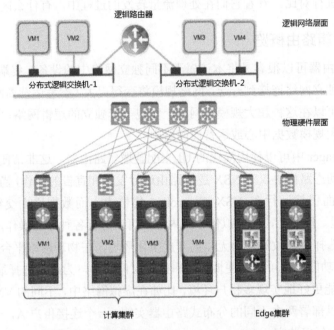

图 5.1　在物理网络之上运行 NSX 逻辑路由器

现在再回到之前讨论的经典 Web 应用三层模型。在连接不同层级的时候（如 Web 层与 App 层），就有可能用到逻辑路由，因为 Web 层所在的网络很可能与 App 层分属两套逻辑子网。另外，在应用需要与电商交互或需要为代理商、合作伙伴提供接口时，往往又会连接到外部三层网络。在图 5.2 中可以很清晰地看到在这种经典的应用模型中，需要 NSX 逻辑路由做些什么。

比如，Web 层属于 VXLAN 5001，App 层属于 VXLAN 5002，就算它们属于同一台 ESXi 主机，也需要在三层网络中进行通信，而有了 NSX 逻辑路由功能，就可以在虚拟化环境内部进行路由处理，在 NSX 的前身 Nicira NVP 问世之前，实现这样的功能需要走出虚拟化环境，借助外部物理三层设备来完成。

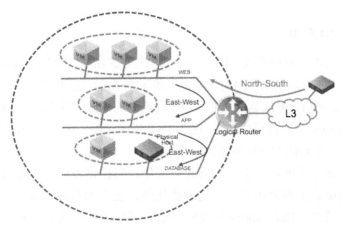

图 5.2　三层 Web 应用模型中的三层流量交互

5.1.2　NSX 逻辑接口

　　NSX 逻辑路由器有自己的逻辑接口，称之为 LIF（logical interface），功能与物理路由器上的接口类似。在 LIF 上配置了 IP 地址，并连接到逻辑交换机端口或分布式的端口组后，最终连接每个子网的 NSX 逻辑路由器也就有了自己的 ARP 表。在 LIF 上，还会引入 virtual MAC（vMAC）的概念，它是 LIF 的 MAC 地址，在物理环境中不可见，只能在虚拟化环境中被识别。虚拟机使用 vMAC 作为默认网关的 MAC 地址。对于物理交换机的上连端口，其 MAC 地址叫做 pMAC，这种 MAC 在物理环境中是可见的。

　　逻辑接口有下面两种配置模式。

- VXLAN LIF：用于逻辑路由器连接逻辑交换机。
- VLAN LIF：用于逻辑路由器连接分布式的端口组，端口组内可能包含一个或多个 VLAN。

　　LIF 连接到 VLAN 时，物理网络可能无法确认不同的主机中，哪一台携带了 VLAN LIF 的 MAC 地址。为了解决这个问题，每台主机都会拥有 VLAN LIF 的 pMAC 地址，但是只有一台主机会对 VLAN LIF 的 ARP 请求做出回应。这个做出回应的主机称为 DI（Designated Instance），它是由 NSX Controller 根据算法自动选择的。DI 同样会发送 ARP 请求到其他所有主机。对于 VLAN LIF，所有的入向流量都是由 DI 进行接收的；而对于出向流量，则不需要 DI 进行处理。当 DI 发生故障时，NSX Controller 会将另一个主机选为 DI，并通知其他所有主机。

　　LIF 连接到 VXLAN 时，LIF 就有了 vMAC，DI 就不会存在，因为对于物理网络，vMAC 是不可见的。

5.1.3　NSX 集中路由

NSX 逻辑路由中有两种模式，即集中路由和分布式路由，可以实现两种不同的功能。

首先来看集中路由。集中路由实现的是入栈/出栈功能，它允许逻辑网络和外部的三层物理网络进行路由通信，也就是用来处理南北向路由的方式。图 5.3 是一个 NSX Edge 路由器为 NSX 网络虚拟化平台提供传统集中路由功能的示意图。除此之外，NSX Edge 还能提供 DHCP、NAT、防火墙、VPN 和负载均衡服务。

集中路由功能除了可以用于处理南北向流量，同样也可以处理东西向流量。但是，东西向流量在集中路由部署中不一定是最优化的，这是因为在流量从终端向 NSX Edge 转发时，会产生发夹（Hairpinning）效应，哪怕两台虚拟机同属于一台 ESXi 主机。所谓"发夹"，就是流量绕过网关设备抵达目的——这可能并不是最优路径，因为所有流量都需要穿过 NSX Edge 提供的路由器，在逻辑上来看，就像"发夹弯"一样。如图 5.4 所示，通过集中路由处理东西向流量的工作流程如下。

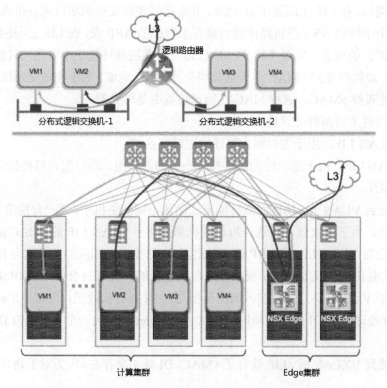

图 5.3　集中路由的流量在逻辑网络和物理网络的示意

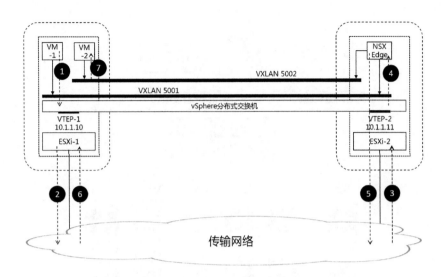

图 5.4   通过集中路由处理东西向流量

1．ESXi-1 主机的虚拟机 1 希望与同一台主机内的另外一台虚拟机通信，但是两个虚拟机处于不同网段。

2．处于 VXLAN 5001 的虚拟机向分布式交换机发出原始报文，由于另外一台虚拟机处于 VXLAN 5002，因此 ESXi 主机将报文转发到了默认网关。

3．安装了 NSX Edge 网关的 ESXi 主机收到了这个报文。

4．数据包被传递到了 NSX Edge 网关，进行路由处理。

5．NSX Edge 网关做出了路由的选择，并将数据包其发送回 ESXi-1 主机。

6．ESXi-1 主机收到了数据包，准备将其发送到相应的虚拟机 2（处于 VXLAN 5002 中的那台需要通信的虚拟机）。

7．数据包最终成功发送到了虚拟机 2。如果这台虚拟机需要回应数据包，则执行上述过程的逆过程。

5.1.4 NSX 分布式路由

为了优化路由，就需要通过部署分布式路由，用来处理虚拟机到虚拟机之间的三层流量。分布式逻辑路由器通常简称为 DLR（Distributed Logic Router），有时逻辑路由器也特指分布式逻辑路由器，而不是 Edge 路由器。如图 5.5 所示，NSX 分布式路由提供基于 Hypervisor 层面的路由功能。Hypervisor 收到了来自 NSX Controller 的指令后，就可以建立一条直连的路径，即使终端属于不同的逻辑交换机（或 IP 子网）。这样可以有效防范"发夹效应"。

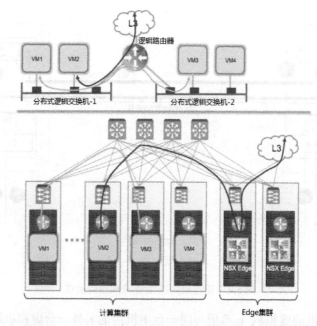

图 5.5   分布式路由的流量在逻辑网络和物理网络的示意

在 NSX 网络虚拟化平台中，分布式路由的控制平面是由 NSX Controller 和 DLR Control VM 一起提供的，其中 DLR Control VM 以虚拟机的形式安装在 vSphere 环境中，并成为 NSX Controller 的一个组件，作为真正的分布式路由的控制单元。

对于 DLR Control VM，建议为其配置两台虚拟机，一台为 Active（主用），另外一台为 Standby（备用），实现主备模式，达到高可用性。当主用虚拟机失效，备用虚拟机会在 15 秒时间后接管其工作。在这 15 秒的接管过程中，不会影响数据平面，这也是控制平面和数据平面分离的好处之一。如果不配置成主备模式，DLR Control VM 失效后，Hypervisor 在 15 秒之后可能会丢失之前建立好的路由邻居关系。

DLR Control VM 与管理平面、控制平面的信息交互过程为 NSX Manager 向这个虚拟机和 NSX Controller 发送 LIF 信息，这个虚拟机再向 NSX Controller 发送更新的路由信息。而这些信息都会被发布到安装了内核模块的 ESXi 主机，最终由 ESXi 主机的 Hypervisor 层面处理数据平面的路由转发工作。

值得注意的是，在 NSX Manager 中，并没有专门用于分布式路由的配置界面。需要借助 NSX Edge 配置界面，通过创立一个 NSX Edge 路由，并选择"分布式路由"选项来配置分布式路由器。这看似不可理解，但读者无需担心，它并不意味着分布式路由是 NSX Edge 的功能，它仍然是在 Hypervisor 层之上实现分布式路由，只是借用了 NSX Edge 的配置界面而已。

接下来看一下OSPF或BGP协议在NSX分布式路由中是如何工作的。为了支持OSPF，DLR Control VM需要连接到分布式路由器的LIF，而OSPF配置需要如下的IP地址信息。

- 分布式路由器上连LIF的IP地址，这是用于数据平面通信的。
- 一个专门用于DLR Control VM会话控制的IP地址。DLR Control VM使用这个IP地址向OSPF、BGP的路由邻居进行信息交互、更新路由表。

下面讲解NSX分布式路由各个组件之间是如何交互的（见图5.6）。

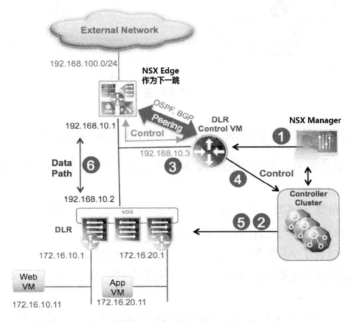

图5.6 分布式路由的工作流程

1. 在NSX Manager中配置了动态路由协议（如OSPF或BGP）。
2. NSX Controller将新的路由配置推送到ESXi主机，其中包含了LIF的信息。
3. 假设下一跳设备（如NSX Edge）也启用了路由协议，那么，OSPF和BGP邻居关系在NSX Edge、DLR Control VM中就会建立，它们就会进行路由信息交互。
4. 数据平面将学习到的路由信息通告给NSX Controller集群。
5. NSX Controller将更新的路由信息发送至所有ESXi主机。
6. 安装了内核模块的ESXi主机开始数据平面的路由转发工作。

以上步骤是NSX网络虚拟化平台中处理分布式路由的综述。下面讨论细分的场景。如图5.7所示，对于在相同ESXi主机内连接不同网段的两台虚拟机，相互之间需要通过分布式路由进行通信，其工作流程如下所述。

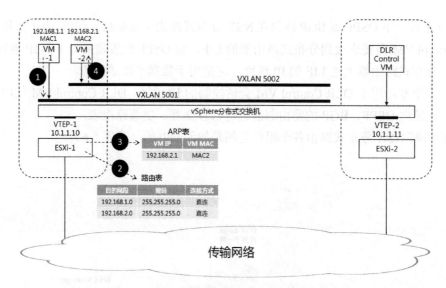

图 5.7 分布式路由处理相同 ESXi 主机内属于不同网段的虚拟机的三层通信

1. 同一 ESXi 主机内，属于 VXLAN 5001 的虚拟机 1 想要与属于 VXLAN 5002 的虚拟机 2 通信。

2. 虚拟机 1 向默认网关（位于 Hypervisor 之上）发送一个携带了三层 IP 地址的报文。默认网关根据目的地址确认了目的地址所属的网段。

3. 默认网关检查了 ARP 表，并确认了目的 MAC 地址。

4. 由于虚拟机 2 与虚拟机 1 处于同一个 ESXi 主机，默认网关直接将报文传递给虚拟机 2。

如图 5.8 所示，对于在不同 ESXi 主机内连接不同网段的两台虚拟机，相互之间需要通过分布式路由进行通信，其工作流程则如下所述。

1. 属于 VXLAN 5001 的虚拟机 1 想要与处于 VXLAN 5002 的虚拟机 2 通信，发出了数据包。数据包被发送到虚拟机 1 本地网关接口所在的分布式路由器。

2. 在本地的分布式路由器进行路由查询，确认目的网段直接连接到 LIF2。另外，LIF2 中 ARP 表的查询也会确认其 MAC 地址与虚拟机 2 的 IP 地址关联。注意，如果 ARP 信息不可用，那么分布式路由器就会在 VXLAN 5002 中生成一个 ARP 请求，以确认需要的映射信息。

3. 本地的 MAC 地址表会进行二层的查询，以确认数据包是否抵达虚拟机 2。确认完成后，本地就会进行 VXLAN 的封装，并发送到 ESXi-2（20.1.1.10）的 VTEP。

4. ESXi-2 对数据包进行解封装，并在关联了 VXLAN 5002 网段的 MAC 地址表中进行二层查询。

5. 数据包最终抵达虚拟机 2。

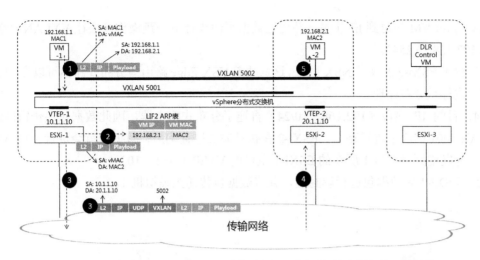

图 5.8　分布式路由处理不同 ESXi 主机内属于不同网段的虚拟机的三层通信

对于连接分布式路由器的虚拟机想要与外部网络通信的情况，工作流程又有不同。如图 5.9 和图 5.10 所示，下面讲解在这种情况下的通信过程。

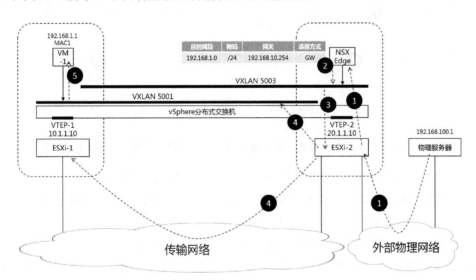

图 5.9　分布式路由处理部物理网络与虚拟机的三层通信（物理服务器->虚拟机方向）

1. 处于外部网络的一台设备（192.168.100.1）想要与 VXLAN 5001 网段中的虚拟机 1（192.168.1.1）进行通信。

2. 数据包从物理网络发送到了 NSX Edge 所在的 ESXi 主机（ESXi-2）。这台主机收到数据包后进行路由查询，找到一条指向 192.168.1.0/24 网段的路由。这时候，就可以通过

DLR Control VM 学习到 IP 前缀，并通过数据平面执行下一跳操作（去往 VXLAN 5003 的网关 192.168.10.254）。

3．由于 ESXi-2 安装了 NSX Edge，这意味着 NSX Edge 路由与分布式路由可以在 ESXi-2 的本地进行重分布处理。

4．目的 IP 网段（192.168.1.10/24）直连了分布式路由器，因此数据包在传输网络与 VXLAN 5001 网段中进行路由。ESXi-2 在执行完二层查询后，数据包就会进行 VXLAN 的封装，并发送到虚拟机 1 所在的 ESXi-1 主机的 VTEP（10.1.1.10）。

5．ESXi-1 对数据包进行解封装，并将数据包传递到虚拟机 1。

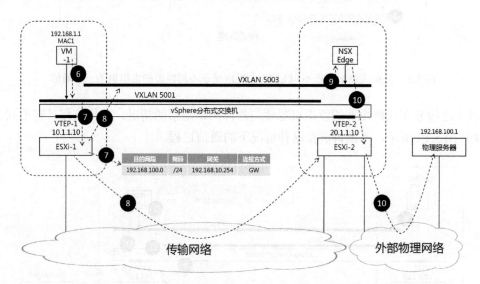

图 5.10 分布式路由处理部物理网络与虚拟机的三层通信（虚拟机->物理服务器方向）

6．虚拟机 1 希望对外部网络做出回应。因此，数据包被发送到连接本地分布式路由器的虚拟机 1 的默认网关接口地址（192.168.1.254），这个网关位于 ESXi-1 的 Hypervisor 之上。

7．分布式路由器执行本地路由查询，确认去往目的的下一跳地址是 NSX Edge（192.168.10.1）。这些信息被 DLR Control VM 收集，并推送到 ESXi 主机。

8．ESXi 主机通过执行本地二层查询，确认数据包在传输网络之上如何抵达 NSX Edge。随后数据包就会进行 VXLAN 的封装，并发送到虚拟机 2 所在的 ESXi-2 主机的 VTEP（20.1.1.10）。

9．ESXi-2 对数据包进行解封装，并将数据包传递到 NSX Edge。

10．NSX Edge 执行路由查询，并将数据包发送至物理三层网络。最终，数据包通过物理三层网络中执行的本地路由，最终抵达目的地（192.168.100.1）。

在阐述了 NSX 分布式逻辑路由的流量模型之后，现在分析这样的部署与使用传统的物理网络部署相比有什么优势。

在传统的物理网络中，对于同一个主机内的一个 Web 服务器与 App 服务器的通信，由于它们处在不同网段，需要三层交换机来处理它们之间的流量，因此，流量在出主机后需要经过 ToR 二层交换机去往核心交换机，再回到二层交换机并重新进入主机，这需要 4 跳连接。当然，如果 ToR 交换机开启了三层功能，通信则只需要 2 跳。而在 NSX 环境中，由于直接在主机的 Hypervisor 层面实现了三层功能，因此，Web 服务器与 App 服务器是直连的，它们之间的通信连接是 0 跳，如图 5.11 所示。值得注意的是，无论是 NSX-V 还是 NSX-MH 环境，就流量的跳数精简问题上，达成的效果都是一致的。

对于不同主机之间的三层连接，NSX 环境也可以将在传统物理网络中需要的 4 跳连接精简为 2 跳（如图 5.12 所示）。这是因为所有的虚拟机网关都位于 ESXi 主机的 Hypervisor 之上，并且是分布式部署的，因此三层流量只需要找到不同虚拟机之间的最短路径即可。就算是连接 ESXi 主机的 ToR 交换机是二层交换机，也能使得在不同 hypervisor 之上部署的网关进行 NSX 网络虚拟化内部的分布式路由处理，而无需经过核心交换机。

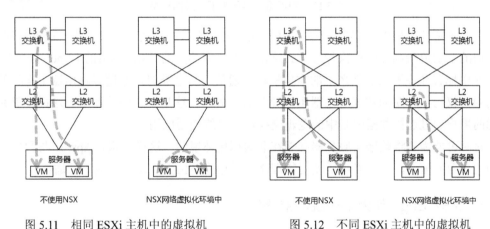

图 5.11　相同 ESXi 主机中的虚拟机　　　图 5.12　不同 ESXi 主机中的虚拟机
　　　　　三层通信的连接跳数　　　　　　　　　　三层通信的连接跳数

5.1.5　物理路由器作为下一跳的部署模型

不同的客户有不同的需求，针对不同的需求，则有不同的部署模型。就下一跳路由的选择来看，部署模型又有两种：物理路由器作为下一跳；NSX Edge 服务网关作为下一跳。

首先讨论物理路由器作为下一跳的模型。一个企业有多个 Web 应用，每个应用都是典型的三层模型——Web 层、App 层、数据库层。每个应用之间、Web 层与 App 层之间、App 层与数据库层之间都需要相互通信，且 Web 层一般需要连接到外部网络。这个模型的逻辑拓扑如图 5.13 所示。

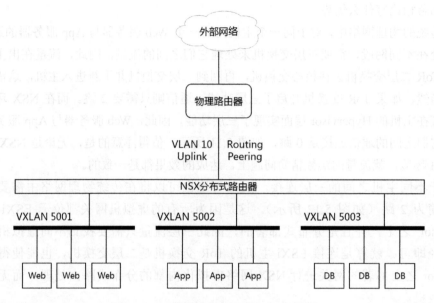

图 5.13　物理路由器作为下一跳的模型

在这个拓扑架构中，部署了分离的逻辑交换机为不同层级的虚拟机提供二层连接能力，东西向的三层流量则发生在执行分布式路由数据平面功能的 ESXi 主机的 Hypervisor 之上。逻辑路由配置允许不同层级之上的虚拟机相互通信。与之类似，在逻辑路由器上运行的动态路由协议与下一跳的物理路由器可以建立邻居关系，这是南北向的流量。这样，就允许外部的用户通过连接数据中心中的逻辑交换机，最终使用应用。

有时可能需要将数据库服务器部署在非虚拟化环境中，这样一来，App 层与数据库层之间的东西向流量同样可能需要使用物理路由器作为路由下一跳，实现三层通信。

5.1.6　NSX Edge 作为下一跳的部署模型

与物理路由器作为下一跳不同，另一种部署模式就是将 NSX Edge 服务网关作为下一跳。NSX Edge 服务网关会部署在物理路由器和分布式路由器中间，如图 5.14 所示。

在这种部署模式下，DLR Control VM 与 NSX Edge 在传输链路之上形成一对邻居关系。同样，在这条传输链路上，NSX Edge 与物理网络连接，同样形成一对邻居。与物理路由器作为下一跳相比，这种部署模型的好处如下。

● 分布式交换机与 NSX Edge 之间的 VXLAN 流量消除了对物理网络的依赖性。在 ESXi 主机中运行的虚拟机想要通过分布式路由器与外部网络通信时，就可以与 NSX Edge 建立 VXLAN 隧道，执行 VIEP 的封装与解封装，在解封装后再与外部网络通信。

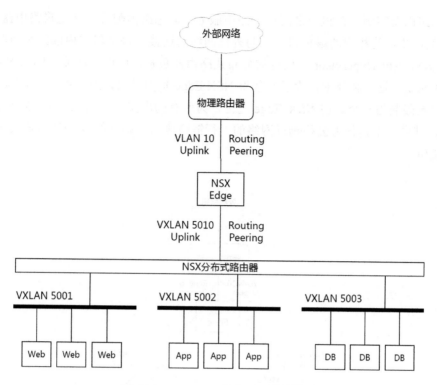

图 5.14　NSX Edge 作为下一跳的模型

- 在初始配置和部署阶段，就可以在逻辑网络和物理网络之间建立路由关系。在逻辑空间增加的分布式路由器，不需要在物理网络进行任何配置更改，从而全面实现逻辑和物理网络之间的解耦。

- 在 NSX 与 VMware vCAC 集成时，不支持将物理路由器作为下一跳的部署模型，但是使用将 NSX Edge 作为下一跳的部署模型时就不会出现这样的问题。

　　由于有这些好处，因此在实际部署中一般选择这样的模式，而不直接将物理路由器作为下一跳。但是这样的部署带来一个问题，就是南北向流量必须穿越 NSX Edge，这样带宽可能成为性能瓶颈。后文在专门介绍 NSX Edge 时，会介绍如何将 NSX Edge 部署为双活模式，或实现多路径的 ECMP，以解决这个问题。

　　在一些运营商和托管数据中心环境中会有很多租户，而每一个租户都可能有不同的安全隔离、带宽、负载需求，可能需要部署物理或虚拟的负载均衡、防火墙或 VPN 设备。在这样的部署模型下，NSX Edge 服务网关还可以支持独立于动态路由的其他功能。

　　如图 5.15 所示，多个租户通过 NSX Edge 连接到了外部物理网络。每个租户都有自己的逻辑路由器实例，在租户之间提供路由服务。动态路由配置会在逻辑路由器和 NSX Edge 之间产生，为租户的虚拟机提供与外部网络的连接。每个租户内部的东西向路由流量由各 ESXi 主机 Hypervisor 上运行的分布式路由器负责，而南北向流量则由 NSX Edge 服务网关负责。这个拓扑中，为了不使得 NSX Edge 负担过大，因此将一个 NSX Edge 的连接租户数限制为 9 个。在 NSX Edge 之上，为所有的虚拟机一共配备了 10 个虚拟接口（vNIC），其中一个是作为去往物理网络的上行链路接口。剩下的 9 个接口连接不同的逻辑路由实例。

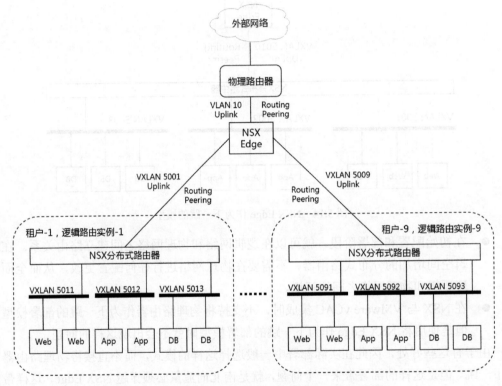

图 5.15　多租户通过一个 NSX Edge 连接到外部物理网络

在租户数量较多的情况下（如运营商或托管数据中心），可以进行如下部署（如图 5.16 所示）。配置多个 NSX Edge，分别连接多个租户，这些 NSX Edge 又汇聚到了一个 NSX Edge，这个 NSX Edge 配置为 NSX Edge X-Larger（在第 7 章会阐述），它连接到外部网络。由于这种规模的网络很可能出现 IP 地址重复的情况（比如租户 A 和租户 B 都表示需要 192.168.1.0 段的 IP 地址），因此需要在 NSX Edge 中配置 NAT，以便使用重复 IP 地址的用户在通过 NSX Edge X-Larger 访问外部网络时没有地址冲突。

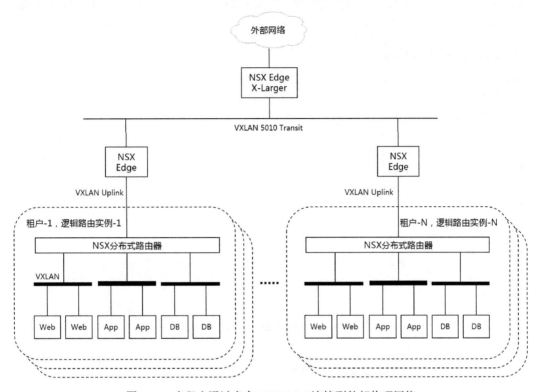

图 5.16　多租户通过多个 NSX Edge 连接到外部物理网络

5.2　NSX 逻辑路由的实验配置

　　NSX 逻辑路由的实验以之前完成的实验为基础。我们先配置分布式路由器和 Edge 路由器，之后在这两种路由器和外部物理网络之间实现全网 OSPF 动态路由。

5.2.1　配置和部署 NSX 分布式逻辑路由器

　　创建、配置、部署 NSX 分布式逻辑路由器并连接到每一台逻辑交换机的步骤如下。

　　1. 紧接着 4.3 节中逻辑交换机的配置部分。在屏幕左侧找到 NSX Edges 选项，在右侧单击 "+" 进行创建，如图 5.17 所示。

　　2. 弹出创建对话框后，由于需要创建分布式逻辑路由器，因此选择 Logical（Distributed）Router 并设置其名称，然后单击 Next，如图 5.18 所示。

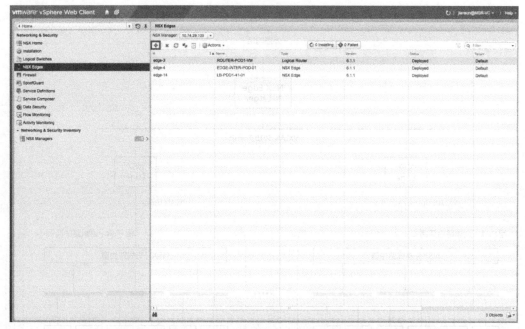

图 5.17　从 NSX Edge 创建逻辑路由器

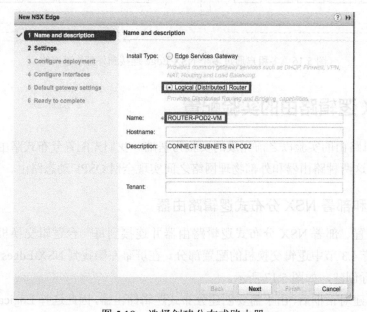

图 5.18　选择创建分布式路由器

3. 设置逻辑路由器的用户名、密码，启用 SSH 和 HA 功能，如图 5.19 所示。

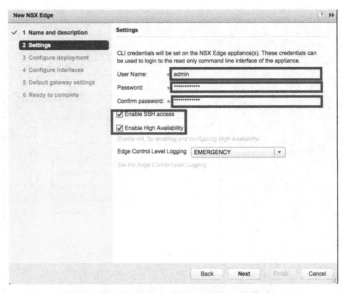

图 5.19 设置分布式路由器的相关信息

4. 为逻辑路由器选择其所属的数据中心，并为其增加 NSX Edge Appliance，如图 5.20 所示。

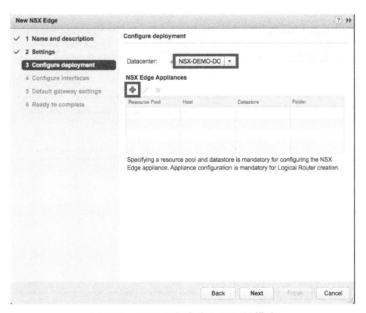

图 5.20 配置分布式路由器部署模式

为增加的 NSX Edge Appliance 选择部署位置，如 Cluster/Resource Pool、Datastore、Host、Folder，如图 5.21 所示。

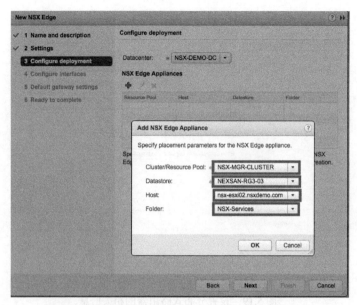

图 5.21　为增加的 NSX Edge Appliance 选择部署位置

配置完成后如图 5.22 所示。

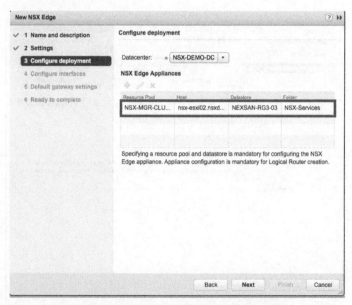

图 5.22　确认分布式路由器的部署模式配置

5. 进入接口配置环节。首先选择其管理接口的连接方式。这里选择了连接至分布式的
端口组，而不是逻辑交换机，如图 5.23 所示。

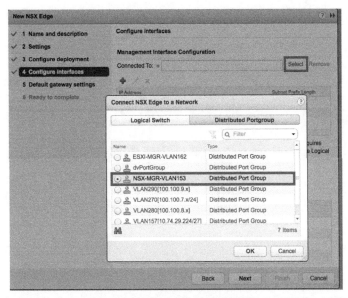

图 5.23　配置分布式路由器管理接口

　　配置完管理接口，就可以为分布式路由器配置逻辑接口。这里配置了网关地址和掩码，如图 5.24 所示。

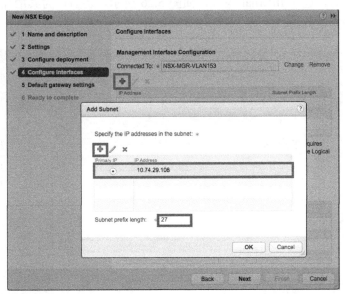

图 5.24　配置分布式路由器逻辑接口

　　配置完逻辑接口并确认完毕后，继续配置 Edge 接口（用于连接内部的逻辑交换机），如图 5.25 所示。

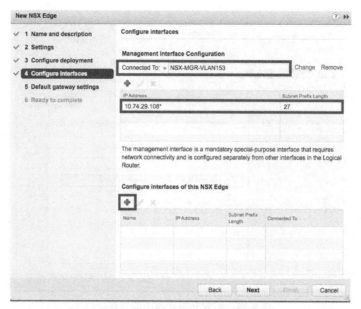

图 5.25　准备配置分布式路由器的 Edge 接口

　　由于 Edge 接口属于 NSX 环境内部，用于连接逻辑路由器与逻辑交换机，不进行上连，因此在为其取名后，选择 Internal 模式，如图 5.26 所示。之后，为其增加子网，子网来自之前创建的逻辑交换机。

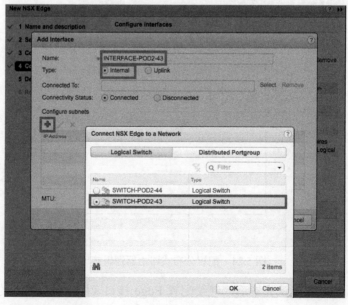

图 5.26　配置分布式路由器的 Edge 接口

通过同样的步骤将两台逻辑交换机都放入 Edge 接口中，完成配置后单击 Next，如图 5.27 所示。

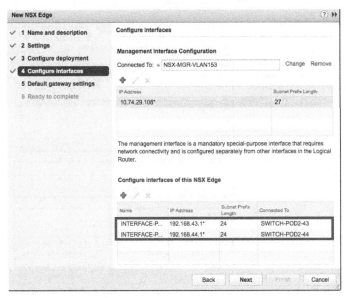

图 5.27　为另一台逻辑交换机配置分布式路由器的 Edge 接口

6. 这里应当继续配置默认网关，但因为尚未连接上连设备，因此暂时不进行配置，直接单击 Next，如图 5.28 所示。

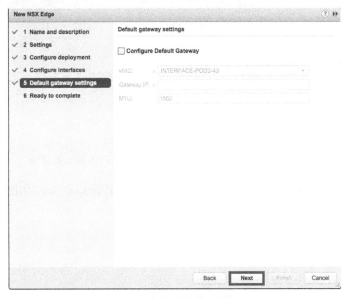

图 5.28　默认网关的配置界面

7. 检查信息无误后，单击 Finish 完成配置，如图 5.29 所示。至此，分布式逻辑路由器配置完成。

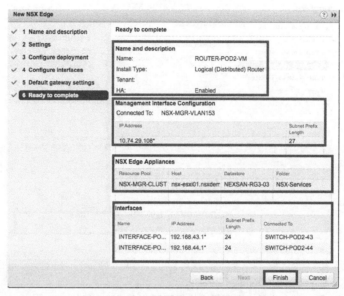

图 5.29　确认分布式路由器配置信息

8. 可以在 NSX Edge 的列表中看到新建的分布式逻辑理由器，如图 5.30 所示。

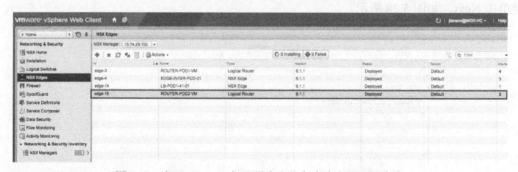

图 5.30　在 NSX Edge 主界面确认分布式路由器配置完成

9. 可以通过命令行登录到两台逻辑交换机，查看其接口状态，如图 5.31 和图 5.32 所示。

图 5.31　在第一台逻辑交换机上查看接口状态

图 5.32　在第二台逻辑交换机上查看接口状态

10. 从一台逻辑交换机向跨网段的另一台逻辑交换机进行 ping 测试，发现网络已通，经验证，逻辑路由器已正常工作，如图 5.33 所示。

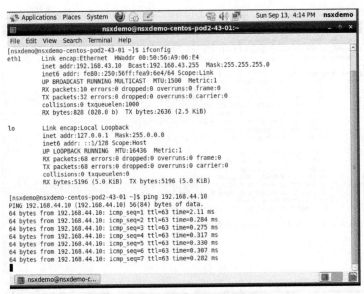

图 5.33 验证分布式路由器的配置

5.2.2 配置和部署 NSX Edge 路由器

1. 重复之前的步骤，单击"+"，增加一个 NSX Edge，如图 5.34 所示。

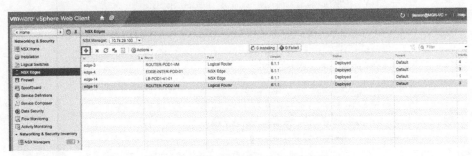

图 5.34 准备增加 NSX Edge 路由器

2. 在这里不再选择分布式路由器的选项，而是选择 Edge Services Gateway（Edge 服务网关），如图 5.35 所示。为其命名后，单击 Next。接下来的设置与之前创建分布式逻辑路由器时基本类似，可以为 Edge 设置密码，开启 SSL、HA 等功能（截图从略，可参考设置分布式逻辑路由器的截图）。

3. 增加一个 NSX Edge Appliance，步骤与部署逻辑路由器时相同，如图 5.36 所示。

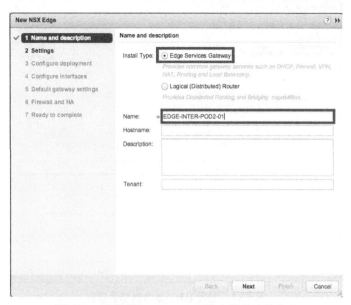

图 5.35 选择增加 NSX Edge 路由器并为其命名

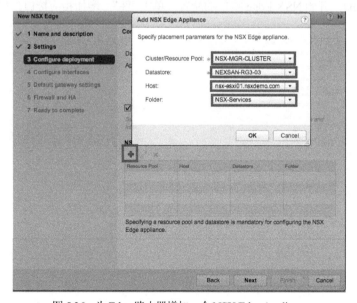

图 5.36 为 Edge 路由器增加一个 NSX Edge Appliance

4. 观察到 NSX Edge Appliance 已增加。开始选择 Edge 所属的数据中心（Datacenter），并选择部署的 Size（实验环境下选择 Compact[紧凑型]即可），并勾选 Deploy NSX Edge（部署 NSX Edge）复选框，如图 5.37 所示。

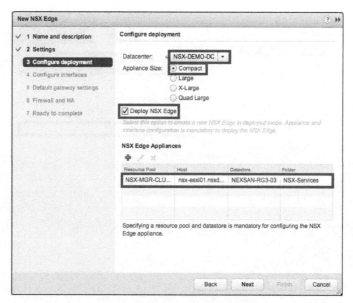

图 5.37　配置 Edge 路由器部署模式

5. 单击 Next，开始 NSX Edge 接口的配置。单击"+"，增加相应接口，如图 5.38 所示。

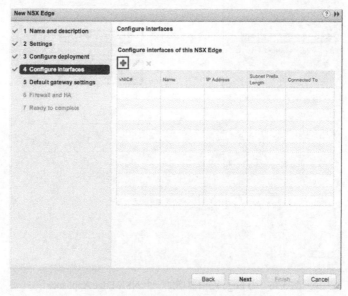

图 5.38　准备 NSX Edge 接口的配置

首先给接口命名。由于该接口并不用于内部连接（不是连接逻辑交换机的接口），而是上连接口，因此接口类型选择 Uplink，并选择连接到的分布式端口组，如图 5.39 所示。

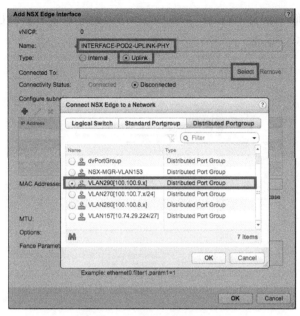

图 5.39 选择接口连接的端口

单击 "+"，为 NSX Edge 增加子网。在弹出的对话框内单击 "+"，输入 IP 地址，并设置子网掩码，如图 5.40 所示。

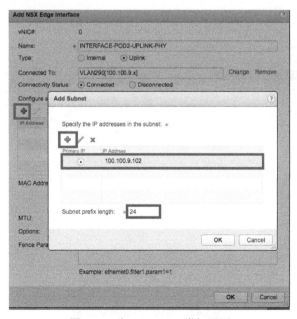

图 5.40 为 NSX Edge 增加子网

在图 5.41 中，确认连接的 VLAN、增加的子网已配置完成，单击 OK，回到主对话框，再单击 Next，如图 5.42 所示。

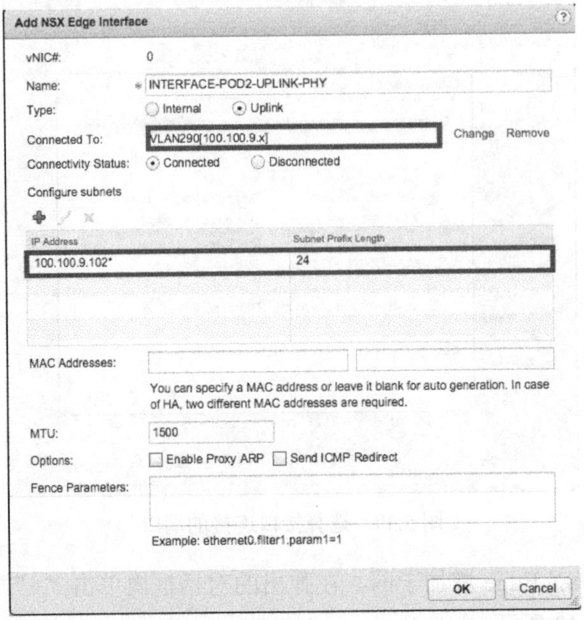

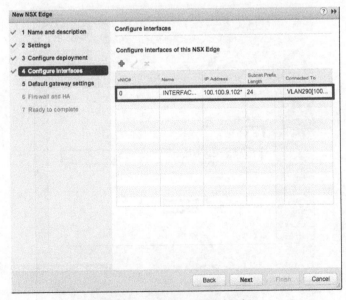

图 5.41　确认接口连接的 VLAN、增加的子网已配置

图 5.42　确认接口已成功添加

6. 如与配置逻辑路由器一样，暂且跳过默认网关的配置，进入防火墙和 HA 的配置，如图 5.43 所示。

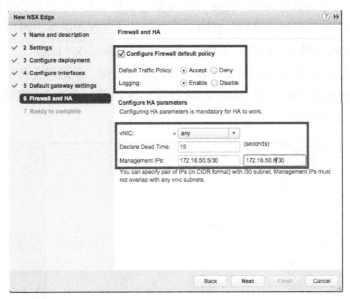

图 5.43　防火墙和 HA 配置

7. 检查配置信息，并完成配置，如图 5.44 所示。

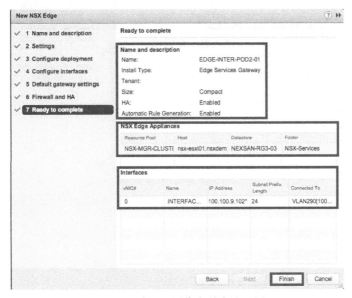

图 5.44　确认配置信息并完成配置

5.2.3　连接分布式路由器和 NSX Edge 路由器

至此，分布式路由器与 NSX Edge 路由器都已配置完成，但是它们之间是不通的。如果需要连通，就需要进行路由设置。而路由设置又是建立在逻辑路由器与 NSX Edge 之间直连 IP 地址互通的前提下。因此，需要连接逻辑路由器和 NSX Edge。

1．要想连接逻辑路由器和 NSX Edge，首先为其创建一台逻辑交换机，作为连接逻辑路由器和 NSX Edge 之间的桥梁。如图 5.45 和图 5.46 所示，其创建步骤与之前介绍的创建逻辑交换机的方法相同。

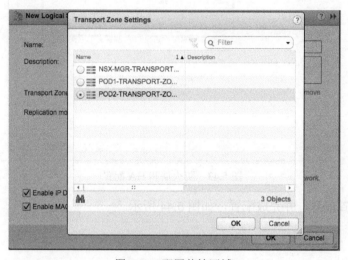

图 5.45　配置传输区域

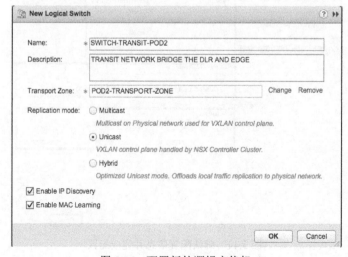

图 5.46　配置新的逻辑交换机

2．创建完新的逻辑交换机后，需要先将其与逻辑路由器关联，再与 NSX Edge 关联。在配置其子网时，必须使用数字小于等于 29 的掩码，这是因为掩码 30 只有两个可用地址，一般用于设备互连，但是之后利用这个子网配置 OSPF 动态路由协议时，需要一个协议地址和一个转发地址，掩码 30 的 IP 地址数量就不够用了。新建的逻辑交换机与逻辑路由器相关联的步骤如下所述。

首先在 NSX Edge 主界面找到刚才创立的分布式路由器，如图 5.47 所示。

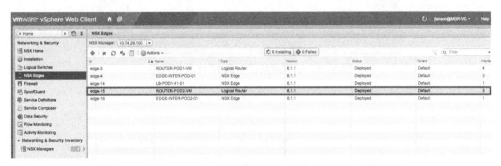

图 5.47　在 NSX Edge 主界面选择之前创立的分布式路由器

为这个分布式路由器增加接口，如图 5.48 所示。

图 5.48　准备为分布式路由器添加接口

图 5.49 和图 5.50 所示为这个新增接口的配置信息。

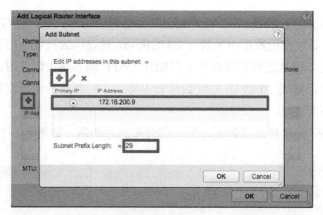

图 5.49　配置新增接口的 IP 地址和掩码

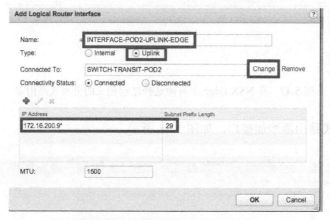

图 5.50　配置新增接口的其他信息

可以看到接口已成功添加，如图 5.51 所示。

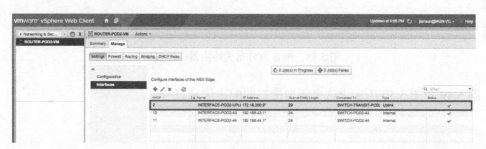

图 5.51　接口已成功添加

3．为逻辑路由器添加完接口（新建的逻辑交换机）之后，回到 Edge 主界面，对与逻辑路由器互连的 NSX Edge（非 Edge 路由器）进行类似的操作，如图 5.52 所示。

为 Edge 选择配置的接口，如图 5.53 所示。

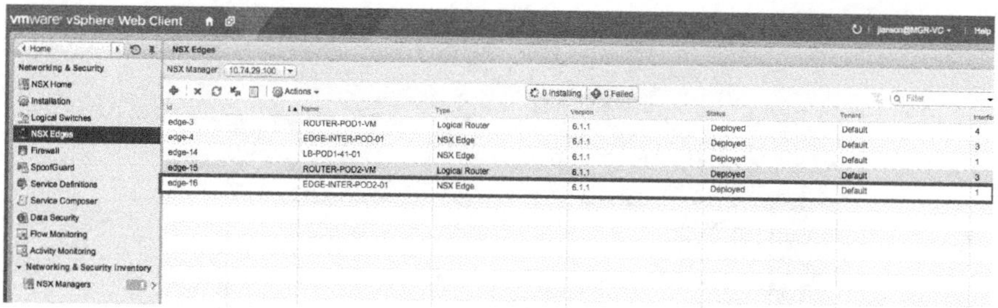

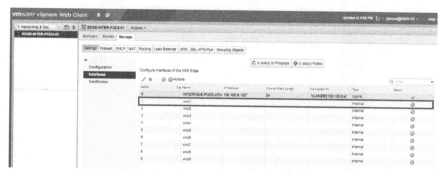

图 5.52　选择 Edge

图 5.53　为 Edge 选择配置的接口

对接口进行配置，其相关信息如图 5.54、图 5.55 和图 5.56 所示。同样，设置子网掩码时选择 29 位掩码。

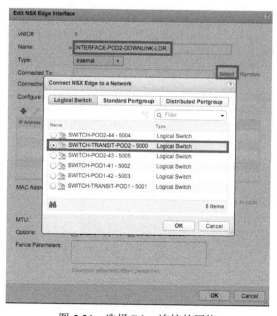

图 5.54　选择 Edge 连接的网络

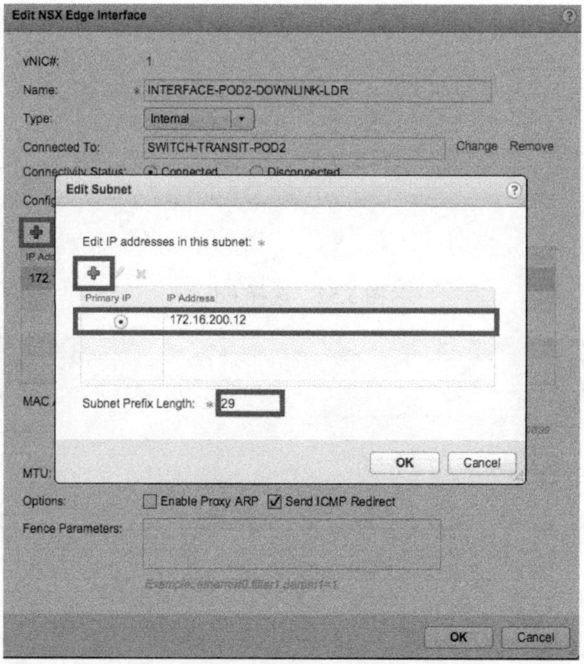

图 5.55 配置 IP 地址和掩码

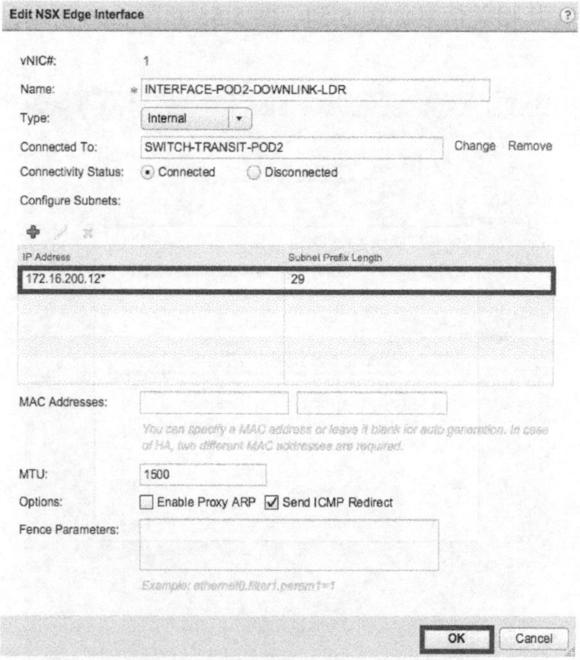

图 5.56 确认 Edge 接口配置信息

可以看到接口已成功添加，如图 5.57 所示。

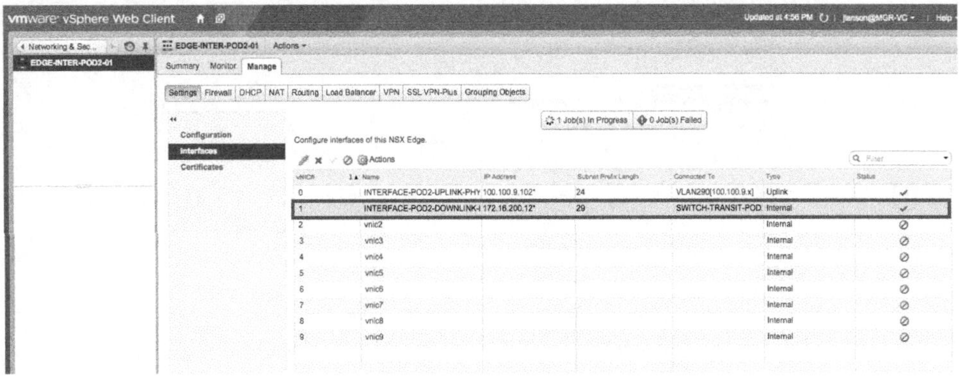

图 5.57 接口已成功添加

5.2.4 在分布式路由器上配置 OSPF 动态路由

分布式路由器和 NSX Edge 直连 IP 地址连通后，就可以进行静态、动态路由的设置了。由于 NSX 网络虚拟化环境一般都是用于较大规模的部署，虽然它支持静态路由，但是使用静态路由对于之后的运维来说，并不是一种快速、有效的配置方式。因此，主要以最常用的动态路由协议 OSPF 来介绍 NSX 中的路由配置。首先在分布式路由器上配置 OSPF 动态路由，步骤如下。

1. 回到 NSX Edge 主界面，选择之前创建好并已连接至 NSX Edge 的逻辑路由器，如图 5.58 所示。

图 5.58 回到 NSX Edge 主界面进行操作

2. 选择 Global Configuration 设置，如图 5.59 所示。

在图 5.60 和图 5.61 中，需要设置它的 Router ID。这里使用手动配置 Router ID 的方式，这是因为自动生成的 Router ID 可能对今后的路由选路以及系统管理员的运维、管理产生影响。

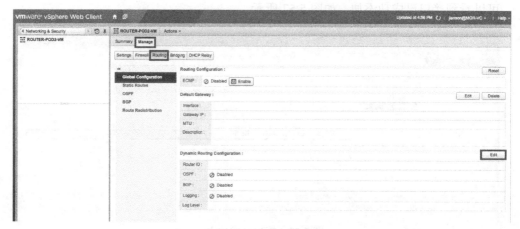

图 5.59　整体路由设置

图 5.60　选择使用手动配置 Router ID 的方式

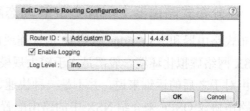

图 5.61　设置 Router ID

在配置完成后,需要单击 Publish Changes,更新的配置才会生效,如图 5.62 所示。当然,在这里还可以配置路由的默认网关。

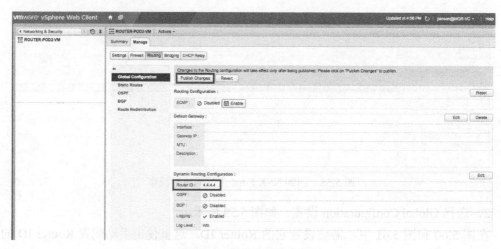

图 5.62　发布整体路由配置

3. 整体路由配置完成后，进入 OSPF 配置，如图 5.63 所示。首先单击 Edit，进行 OSPF 的配置。

图 5.63　准备配置 OSPF

启用 OSPF，并配置 Protocol Address 和 Forwarding Address，如图 5.64 所示。然后创建 OSPF 的区域，如图 5.65 所示。

图 5.64　配置 OSPF

图 5.65　创建 OSPF 的区域

将区域与接口相关联，如图 5.66 所示。

图 5.66　管理 OSPF 区域与接口

在 OSPF 配置完成并确认无误后，同样需要单击 Publish Changes，配置才会生效，如图 5.67 所示。

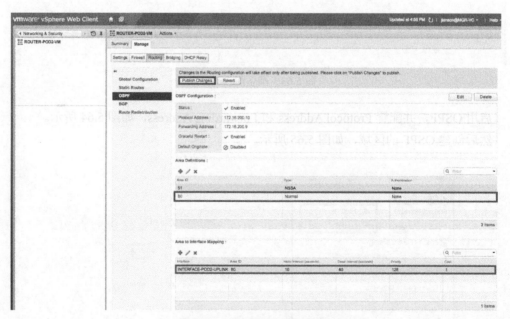

图 5.67　发布 OSPF 路由配置

4．由于逻辑路由器接口直连的网段（即逻辑交换机的子网）无法划入 OSPF 区域中，因此需要将直连接口重分布到 OSPF 中，如图 5.68 所示。如果配置了其他路由协议（包括静态、BGP、IS-IS），都可以在这里进行重分布。

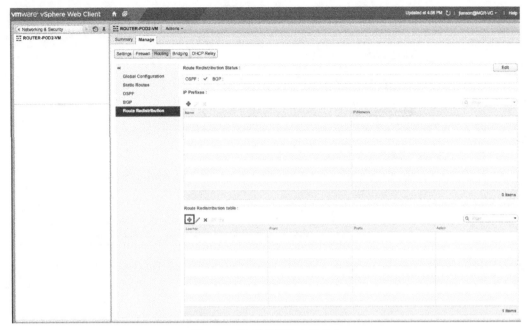

图 5.68　准备配置路由重分布

进行路由重分布策略的配置，如图 5.69 所示。

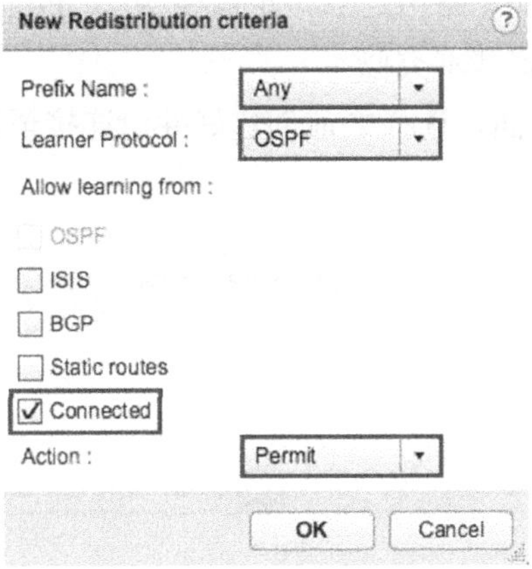

图 5.69　配置路由重分布策略

在图 5.70 中可以看按到，重分布策略已配置完成。

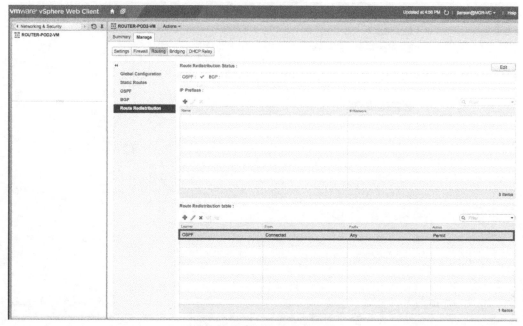

图 5.70　确认重分布策略

5.2.5　在 NSX Edge 上配置 OSPF 动态路由

配置完分布式路由器的动态路由之后，也需要 NSX Edge 路由器上配置动态路由，其步骤与配置逻辑路由器的步骤基本类似。

1. 回到 NSX Edge 主界面，选择之前创建好并已连接至逻辑路由器的 NSX Edge，如图 5.71 所示。

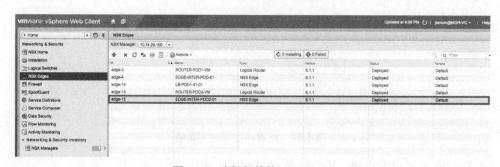

图 5.71　选择相关的 NSX Edge

2. 在图 5.72 中进行整体路由设置。

在这里同样主要设置它的 Router ID，如图 5.73 所示，同样使用手动方式配置，并增加 Router ID，如图 5.74 所示。配置完成后，同样需要单击 Publish Changes，更新的配置才会生效。

图 5.72　准备 NSX Edge 的整体路由设置

图 5.73　选择手动方式配置 Router ID

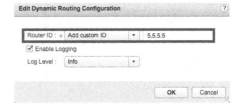

图 5.74　增加 Router ID

3．进入 OSPF 配置。界面与之前配置逻辑交换机类似。首先单击 Edit，然后勾选 Enable OSPF（启用 OSPF）复选框，如图 5.75 所示。

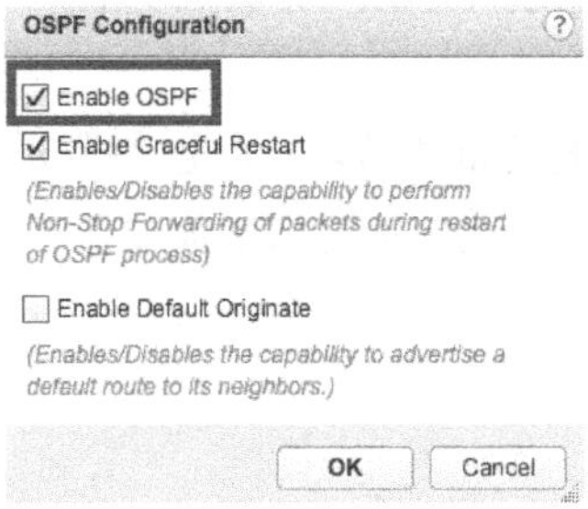

图 5.75　在 NSX Edge 启用 OSPF

如图 5.76 所示，需要创建 OSPF 的区域，并将其与接口关联。需要注意的是，这里需要创建两个区域，一个区域与逻辑路由器所在区域相同，另外一个需要匹配外部物理设备的区域（如图 5.78 和图 5.79 所示）。其中由于外部物理设备在 OSPF 中启用了 MD5 认证，我们在这里配置时同样需要匹配（如图 5.77 所示）。

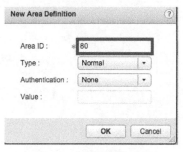

图 5.76 配置区域 ID

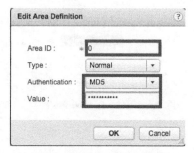

图 5.77 配置 MD5 认证

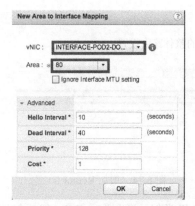

图 5.78 配置对内的区域映射信息

图 5.79 配置对外的区域映射信息

完成 OSPF 配置、区域的创建和关联并确认无误后，同样需要单击 Publish Changes，配置才会生效，如图 5.80 所示。

4. 最后的步骤依然是路由重发布环节。界面也与逻辑路由器的重发布界面类似。由于外部物理路由器有一些静态路由，因此我们除了需要重发布直连网段，还需要重发布静态路由，如图 5.81 所示。

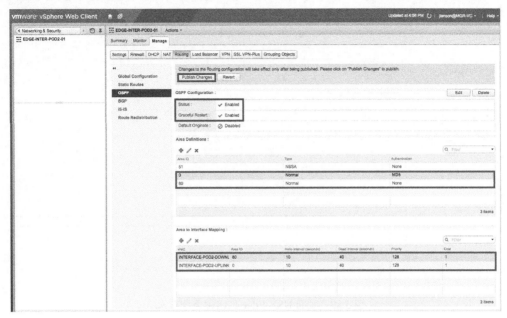

图 5.80　发布 NSX Edge 的 OSPF 路由配置

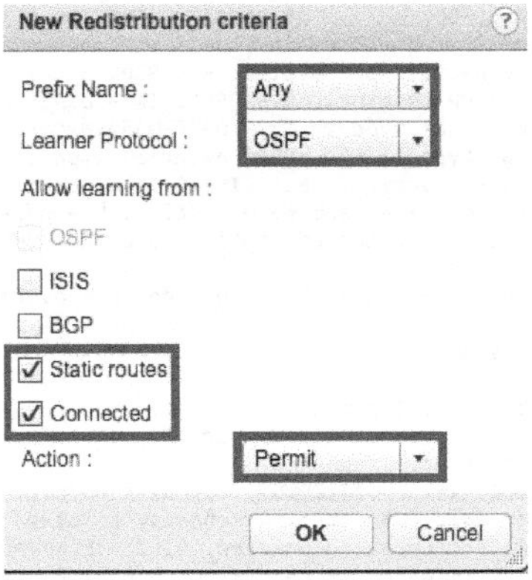

图 5.81　配置路由重分布策略

单击 Publish Changes，使配置生效，如图 5.82 所示。

5．最后，从外部物理路由器上查看到 NSX 路由已被学习（见图 5.83），路由配置成功。

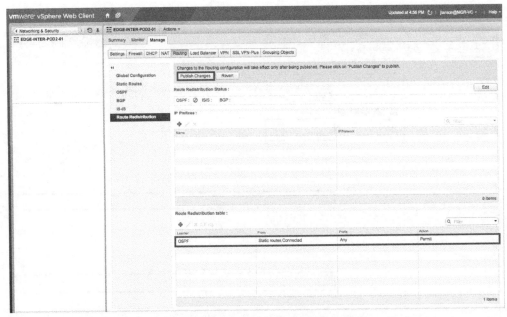

图 5.82　发布 NSX Edge 的路由重分布策略

```
CSR1000v-01#sh ip os neighbor

Neighbor ID     Pri   State      Dead Time   Address         Interface
5.5.5.5         128   FULL/DR    00:00:33    100.100.9.102   GigabitEthernet3
2.2.2.2         128   FULL/BDR   00:00:34    100.100.8.100   GigabitEthernet2
CSR1000v-01#sh ip route
Codes: L - local, C - connected, S - static, R - RIP, M - mobile, B - BGP
       D - EIGRP, EX - EIGRP external, O - OSPF, IA - OSPF inter area
       N1 - OSPF NSSA external type 1, N2 - OSPF NSSA external type 2
       E1 - OSPF external type 1, E2 - OSPF external type 2
       i - IS-IS, su - IS-IS summary, L1 - IS-IS level-1, L2 - IS-IS level-2
       ia - IS-IS inter area, * - candidate default, U - per-user static route
       o - ODR, P - periodic downloaded static route, H - NHRP, l - LISP
       a - application route
       + - replicated route, % - next hop override, p - overrides from PfR

Gateway of last resort is not set

      1.0.0.0/32 is subnetted, 1 subnets
C        1.1.1.1 is directly connected, Loopback0
      10.0.0.0/27 is subnetted, 1 subnets
S        10.74.29.96 [1/0] via 10.74.29.97, GigabitEthernet1
      100.0.0.0/8 is variably subnetted, 4 subnets, 2 masks
C        100.100.8.0/24 is directly connected, GigabitEthernet2
L        100.100.8.101/32 is directly connected, GigabitEthernet2
C        100.100.9.0/24 is directly connected, GigabitEthernet3
L        100.100.9.101/32 is directly connected, GigabitEthernet3
      172.16.0.0/16 is variably subnetted, 4 subnets, 2 masks
O IA     172.16.50.0/30 [110/2] via 100.100.8.100, 5d00h, GigabitEthernet2
O IA     172.16.50.4/30 [110/2] via 100.100.9.102, 00:01:37, GigabitEthernet3
O IA     172.16.200.0/29 [110/2] via 100.100.8.100, 5d00h, GigabitEthernet2
O IA     172.16.200.8/29 [110/2] via 100.100.9.102, 00:01:37, GigabitEthernet3
O E2  192.168.41.0/24 [110/1] via 100.100.8.100, 5d00h, GigabitEthernet2
O E2  192.168.42.0/24 [110/1] via 100.100.8.100, 5d00h, GigabitEthernet2
O E2  192.168.43.0/24 [110/1] via 100.100.9.102, 00:01:37, GigabitEthernet3
O E2  192.168.44.0/24 [110/1] via 100.100.9.102, 00:01:37, GigabitEthernet3
```

图 5.83　路由已成功被学习

5.3　总结

- NSX 逻辑路由有两种模式——集中路由和分布式路由（DLR），分别主要处理南北向流量和东西向流量。
- NSX 分布式路由器支持 OSPF 和 BGP 两种动态路由协议，而 NSX Edge 支持 OSPF、IS-IS 和 BGP 三种动态路由协议。
- NSX 分布式逻辑路由器的逻辑接口称为 LIF，其作用与物理路由器的接口类似。
- NSX 分布式路由器需要配置至少一台 DLR Control VM 与 NSX Controller 共同作为控制平面的组件。
- NSX 分布式路由器受控制平面的控制，因此所有虚拟机的网关都可以在本地的 Hypervisor 中找到，并进行下一跳的路由选择。这是因为网关是分布式部署在所有 ESXi 主机的 Hypervisor 上的。
- 在实际部署中，一般使用将 NSX Edge 作为下一跳的部署模型，而不将物理路由器作为下一跳。

第6章

NSX-V 安全

安全是一个永恒的话题，特别是在当今高速发展的社会中，安全更是无处不在，比如国家安全、地方安全、社会安全、网络安全、信息安全、交通安全、生产安全等。

而信息安全又是每个企业关心但又头疼的问题。一旦信息安全出现问题，企业内部资料和数据就会泄漏，给企业的业务、名声带来难以估量的损失。

如今，IT 管理员又是如何做的呢？有的管理员认为，在企业的 Internet 出口部署一台防火墙就可以高枕无忧，然而他们忽略了数据泄露更多是源于内部的操作不当，而不是外部的黑客攻击；此外，外部攻击手法已层出不穷，变幻莫测，已经不是部署一台出口防火墙就能一劳不逸了。

安全隐患永远无法消除，只能不断减小。安全从来不是一个设备，甚至不是一门技术，而是一种意识、一种理念，当企业高层和 IT 管理员有更好的安全意识和理念时，他们才会考虑得更为周到，会想到用什么样的安全解决方案能使企业在未来免受或少受可能出现的攻击。

NSX 安全解决方案正是通过其先进的安全意识和理念，可以成为企业高层和 IT 管理员减小安全隐患的首选方案。

6.1　防火墙技术简介

防火墙原本是汽车中一个部件的名称。在汽车中，利用防火墙把乘客和引擎隔开。这样一来，汽车引擎一旦着火，防火墙就能保护乘客安全，同时还能让司机继续控制引擎。

在计算机世界中引入安全概念时，人们借用了"防火墙"这个名词。在网络中，早期的所谓"防火墙"，是指一种将内部网和公众访问网（如 Internet 或公司所有员工都能接入的内部网络）分离的方法，它实际上是一种隔离技术。防火墙是在两个网络进行通信时运行的一种访问控制设备（或软件），它能通过包过滤、安全分级等技术，将"同意"的数据流量进入网络，同时将"不同意"的数据流量拒之门外，以最大限度地阻止未经授权的用户（如黑客）访问受保护的网络，或预防不经意的数据外泄。

　　本节中将介绍现代基于软件和硬件的防火墙及其基本技术和实现原理。理解这些内容对理解 NSX 防火墙非常重要，因为 NSX 防火墙和传统防火墙相比，只是部署方法不同，其实现原理仍然是相同的。

6.1.1　硬件防火墙和软件防火墙

　　防火墙分硬件防火墙和软件防火墙。如图 6.1 所示，硬件防火墙即以串接（inline）或旁路（bypass）方式连接到内部网络的一台硬件设备。如果是串接方式，那么所有需要访问防火墙对端服务的流量，都需要通过防火墙来处理，以判断访问是否是经过授权的。这种方式的典型应用为内部用户访问 Internet 而部署的网关防火墙设备（由于需要经过防火墙访问 Internet，后来安全厂商在防火墙上一般都会增加 NAT 功能），主要处理南北向流量。如果是旁路连接，那么防火墙不是流量的必经设备，而是"挂接"在核心交换机上。这样一来，就可以对需要防火墙处理的流量进行设置，使其抵达核心交换机后再进入防火墙，并在由防火墙处理后返回核心交换机，而不需要由防火墙处理的非敏感流量则直接由核心交换机处理。这种部署方式广泛运用在企业或数据中心内部网络中，以保护重要的服务器免受内部攻击或防止内部数据泄漏。旁路部署方式主要用来处理东西向流量。

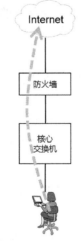

串接模式部署硬件防火墙　　　　旁路模式部署硬件防火墙

图 6.1　部署硬件防火墙的两种方式

　　软件防火墙，顾名思义，就是用软件的方式来实现防火墙功能。我们熟悉的 Windows 自带防火墙就是软件防火墙，它能保护安装 Windows 操作系统的 PC 机免受外部非授权的用户入侵。传统的软件防火墙有很多局限性，例如性能不高，不具备硬件防火墙那样的高级安全策略，也不能对网络中的大量设备进行统一的策略部署。但是随着技术的发展，越来越多的安全和虚拟机厂商开始设计并推出功能强大的、能够统一配置和管理的软件防火墙，它们使用分布式的部署方式安装在虚拟化环境中。典型的代表产品有 Palo Alto 公司的虚拟机系列虚拟防火墙、Juniper 公司的 vSRX 系列虚拟防火墙、Cisco 公司的 ASA1000v，以及 VMware 公司的 vShield 虚拟网盾。在处理数据中心中的东西向流量时，如果使用软件防火墙的部署方法，可以有效规避硬件防火墙旁接在核心交换机上带来的链路瓶颈问题。VMware NSX 网络虚拟化平台中的防火墙解决方案，源自 VMware 很早之前就推出的 vShield 解决方案，它不仅能够使用分布式防火墙处理东西向流量，还能通过在 NSX Edge 中部署防火墙服务，处理南北向流量，并保护没有部署在虚拟化环境中的物理服务器。此外，它还通过微分段技术实现了更加强大的功能，进一步提高了虚拟机的安全防护的颗粒度。刚才提到，传统的东西向流量需要先经过核心交换机再由防火墙处理，流量路径可能不是最优，带宽也会是潜在的瓶颈，但是在 VMware NSX 网络虚拟化平台中，无论交换、路由，还是防火墙的部署，都是分布式部署在虚拟机中。东西向流量的传输不需要走出虚拟化环境，可以直接在运行在虚拟化环境中的一台或多台服务器内部完成。

6.1.2　防火墙技术及其实现

　　防火墙主要是通过三个技术来实现安全防护——包过滤、状态监测和应用代理。

　　包过滤技术主要用于不同设备之间选择可信的流量，使其能够相互通信，而阻断不可信的流量，其优势如下所示：

- 防火墙对进入和走出网络的每个包进行控制；
- 会检查包的每个字段，例如源地址、目的地址、协议、端口等，防火墙将基于这些信息制定过滤规则；
- 防火墙可以识别和丢弃带欺骗性源 IP 地址或端口的包。

　　状态监测技术使得防火墙对经过的流量的每一个连接都进行跟踪，并且根据需要，可动态地在过滤规则中增加或更新条目，其优势如下所示：

- 检查 IP 包的每个字段，并遵从基于包中信息的过滤规则；
- 识别带有欺骗性的源 IP 数据包；
- 基于应用程序信息验证一个包的状态。例如，对于一个已经建立的 FTP 连接允许返回的 FTP 包通过，允许一个认证过的连接继续与被授予的服务通信；
- 记录通过的每个数据包的详细信息。防火墙用来确定包的状态的所有信息都可以被记录，包括应用程序对包的请求、连接的持续时间、内部和外部系统所发起的连接请求等。

应用级防火墙，一般是当一个应用对外提供服务时的代理服务器，其优势如下所示：

- 指定对连接的控制，允许或拒绝基于服务器 IP 地址的访问，或者是允许或拒绝基于用户所请求连接的 IP 地址的访问；
- 通过限制某些协议的访问请求，来减少网络中不必要的服务；
- 能够记录连接，包括地址和持续时间。防火墙会根据这些信息追踪未授权访问，并针对其自动制定安全策略。

现如今，很多安全和网络厂商都在推行名为"下一代防火墙"的解决方案。下一代防火墙即 Next Generation FireWall，简称 NGFW，是可以全面应对应用层威胁的高性能防火墙。通过深入洞察并分析网络流量中的用户、应用和内容的行为，并借助全新的高性能单路径异构并行处理引擎，NGFW 能够为用户提供有效的应用层一体化安全防护，帮助用户安全地开展业务并简化用户的网络安全架构。

这种防火墙往往会集成 IDS/IPS（入侵检测、入侵防御）功能，并通过携带攻击特征数据库，可以不断借助 Internet 与全球攻击特征库同步，保证防火墙可以及时阻断在其他地方新出现的同类型的攻击。同时，全球特征库还可以提供最新的病毒数据库，使得防火墙可以获得防病毒功能，这种功能以前在防火墙中往往是不具备的。这种防火墙与之前防火墙的其他区别还在于它的智能性，它可以根据上下文自动分析流量可能会出现的安全隐患，并自动生成防护策略。

6.2 NSX 防火墙详解

在讨论 NSX 防火墙和安全解决方案之前，首先需要阐述当前数据中心所面临的与安全相关的难题和存在的挑战。

众所周知，安全攻击会给企业带来诸多的负面影响。例如，业务中断、遭受法律诉讼及罚金、企业形象受损、知识产权被窃取等，所有这些负面影响最终会使企业遭受较大的财务损失。企业为什么会面临如此之多的关键数据的泄露与黑客攻击呢？这是因为当前数据中心的安全防护主要依赖于边界物理防火墙，而在内部几乎没有横向控制，从而使得针对服务器的威胁与漏洞仍然存在，一些非关键服务器的安全防护薄弱，进而会成为攻击的目标。绝大多数攻击都有一个共同特点：攻击包可以在数据中心内部任意通行，由于传统安全防防护没有内部横向控制，因此一旦植入木马，攻击就会在数据中心内部蔓延，关键服务器将成为二次攻击目标。

后文会详细介绍 NSX 防火墙技术，看看 NSX 安全解决方案如何解决企业面临的这些安全难题。

6.2.1　企业和数据中心需要面对的安全挑战

我们不断会从新闻中了解到与网络安全相关的问题，例如黑客攻击、数据泄露等。这里列举了 2015 年内几个影响深远的黑客攻击事件（资料来源于网络），各种类型的企业都遭受了不同程度的攻击，大量的公司内部文件（如企业战略规划、公司财务报表、组织人事架构等）和客户私人信息（涵盖用户的健康、财产、电子邮件、家庭住址，甚至是社保号码、信用卡信息等敏感数据）被一些组织和个人窃取和公布，其严重后果不言而喻，而且这仅仅是冰山一角。

- 今年 7 月，美国著名的连锁药店 CVS 将颇受欢迎的在线照片冲印服务下线，只因其检测到一次黑客攻击。据称这次黑客攻击导致用户的信用卡数据、电子邮件、邮箱地址、电话号码、密码等关键信息被泄露，目前还不清楚到底有多少用户受到影响。除了 CVS 以外，美国另外一些大型连锁药店、超市，如 Walgreens、Costco 和 Rite Aid，也曾被黑。

- 英国电信运营商 Carphone Warehouse 于 8 月被黑，大约 240 万用户（差不多英国人口的 4%）的个人信息被泄露，约有 9 万名用户的加密信用卡信息被泄露。这也是今年英国最大的一次黑客入侵事件，目前相关部门已经对此展开调查。

- 加州大学洛杉矶分校医疗系统（UCLA Health）于 2015 年初遭遇大规模的黑客攻击，大约 450 万份数据被泄露。这些数据中包含了客户的社保账号和医学数据（如病历、用药情况、测试数据等）。

- 婚外情交友网站 Ashley Madison 于 8 月前被黑，大约 3700 万用户的数据被泄露，很多人坐立不安。一家名为 The Impact Team 的黑客组织攻破了该网站的安全系统，获取到了用户数据和信用卡记录，甚至还拿到了网站员工的数据。Ashley Madison 的数据无疑非常敏感，不仅会让很多用户的婚姻亮起红灯，还可能引起一系列的敲诈行为。

- 美国知名大型医保企业 Anthem 于年初被黑，超过 8000 万名客户的详细信息被泄露，其中包括姓名、地址、就业信息、社保号码等敏感信息。更值得苛责的是，该公司的安保系统存在很大的漏洞，绝大部分用户信息竟然都没有加密，目前 FBI 正在对此次黑客事件展开调查。

- 今年 5 月，美国国税局的安保系统竟然被黑客攻破，超过 10 万名纳税人的网上资料被泄露。单单从受害人的数量来看，这次黑客攻击和上面提到的 Anthem 或是 UCLA Health 不能比，但影响却更大。因为这次黑客攻击事件发生在报税季，报税和缴税在美国算得上是非常重要的事情，黑客通过获取纳税人的信息制造假的退税申请，申请到了大约 5000 万美元的退税金额。

● 美国人事管理局（OPM）数据泄露事件无疑是今年影响最大的一次黑客攻击事件。今年 6 月，OPM 的服务器被攻破，约有 400 万名联邦雇员的个人信息被盗，其中不仅包括雇员的姓名和地址，还包括社保号码。因为这次数据泄露事件，美国人事管理局局长不得不引咎辞职。

可以看到，黑客攻击、数据泄露事件层出不穷，即便是看似安全的美国政府部门、黑客公司都无法幸免于难。而中国国内的情况也好不到哪边去，某著名商旅网站近期就遭受了一次大规模数据泄露事件。

6.2.2　NSX 如何应对当今安全难题

我们会发现，那些信息安全做得非常好的公司也可能会惨招黑手。其实，黑客和正常的访问者一样，一般只能从外部 Internet 访问到 Web 服务器，而被泄露的用户数据都是存储在数据库服务器中的，黑客想要从 Web 服务器中获取数据库中的敏感信息，还需要攻破 App 服务器等一连串节点。Web 服务器到 App 服务器，再到数据库服务器的访问，都是数据中心中的东西向流量，东西向流量的安全与部署在数据中心边界的防火墙设备无关，需要在数据中心内部进行安全策略部署。由此可见，仅部署边界安全的策略（见图 6.2 的左图）已经被证实不完善，这种方法无法满足企业对网络安全的需求。而在数据中心内部部署一台（或两台作为冗余）物理防火墙的旁路连接方式，因为性能和带宽瓶颈，可能无法处理大型数据中心成百上千台虚拟机的东西向流量。如果真的部署多台物理防火墙（见图 6.2 的右图），那么投资会很高，而且运维管理十分复杂，操作上也无法实现完全的信任关系。因此，很多企业在数据中心内部的安全防护措施无法面面俱到，这就给了黑客可乘之机。

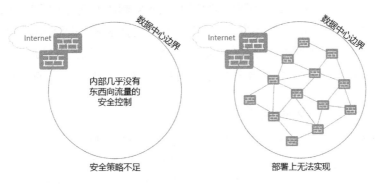

图 6.2　使用传统方式防火墙部署的困难

为了改变数据中心的安全状况，就需要有更好的解决方案来提供支持。当前用户的数据中心的安全现状及其希望达到的目标如表 6.1 所示。

表 6.1 现代数据中心的安全现状和应当实现的目标

现状	目标
安全策略繁琐，部署缓慢、复杂	程序化地快速部署安全策略
仅仅依赖于边界防火墙	安全部署在数据中心的每个角落
有限制的管控，敏捷度低	控制颗粒度的虚拟机接口，敏捷性高
手工操作、单机操作	自动化的、集中的管理和控制
物理设备带来性能和带宽瓶颈	分布式、可水平横向扩展的架构

由于当前很难通过部署多台物理防火墙的策略实现数据中心的分布式部署，因此表 6.1 中提及的目标极难实现。其实，随着 CPU 性能不断提升，多家厂商推出基于虚拟机的防火墙解决方案后，程序化地快速部署安全策略、安全部署在数据中心的每个角落等问题都已经得到了较好的解决。然而，细颗粒度的接口（如针对每台虚拟机的每一条流量做安全策略）、完全自动化的控制（安全策略可以随着虚拟机迁移而迁移）、可水平横向扩展的架构的实现仍然不够理想。而 NSX 防火墙的核心技术——微分段和分布式的架构、与每块 vNIC 关联的策略，则有效解决了这些问题，它可以大大加固数据中心的安全。

微分段是针对以往的防火墙策略颗粒度太粗而提出的。以往的虚拟防火墙技术一般通过安装在主机中的一台虚拟机来实现，这意味着每一台主机下属的所有虚拟机将共用一台虚拟防火墙。而使用了基于微分段的分布式防火墙之后，可以在每一台虚拟机之上部署一台防火墙，并与虚拟机的每块 vNIC 进行策略关联，使得每台虚拟机的流量在出栈和入栈时都可以得到安全防护，执行就近的允许、拒绝和阻断策略。这种防火墙策略是独立于网络拓扑的，无论企业的逻辑网络是基于 VLAN 还是 VXLAN，都能得到一致的体验——虚拟机流量在出虚拟机时就受到了安全策略的限制。也就是说，防火墙策略在 VXLAN 流量被 Hypervisor 的 VTEP 进行封装之前就得以执行，这意味着即使用户不希望通过 NSX 解决方案实现网络虚拟化，也能使用 NSX 解决方案实现细颗粒度的网络安全。此外，微分段技术将防火墙的颗粒度精细到每台虚拟机之上，其策略与虚拟机绑定，这就意味着防火墙策略无需关心 IP 地址，可以随虚拟机迁移而迁移，就算在同一网段内的两台虚拟机之间也能实现与 IP 地址无关的安全策略。

6.2.3 NSX 分布式防火墙概述

VMware NSX 不仅是网络虚拟化平台，还是安全平台。与部署网络模式类似，NSX 安全解决方案以软件的方式提供和部署 2 到 4 层的安全防护，5 到 7 层的安全则可以通过集成合作伙伴的安全解决方案来实现。在 NSX 网络虚拟化平台中，可以提供两种防火墙功能：一个是由 NSX Edge 提供的集中化的虚拟防火墙服务，它主要用来处理南北向流量；另一个就是基于微分段技术的分布式防火墙，主要用于处理东西向流量。一般将 NSX 分布式防火墙简称为 DFW（Distributed FireWall）。在 NSX 网络虚拟化平台中，同时使用 NSX Edge

防火墙和分布式防火墙的逻辑拓扑架构如图 6.3 所示。

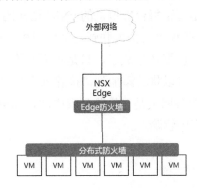

图 6.3　在 NSX 环境中同时使用 Edge 防火墙和 DFW

　　NSX 分布式防火墙通过水平扩展部署 Hypervisor 的方式来扩充东西向防火墙的处理容量，提供更加精细颗粒度的访问控制。它提供了更好的自动化部署方式，整个数据中心只需集中化统一管理一个分布式防火墙。通过 NSX 的分布式防火墙，用户可以实现数据中心的微分段，将安全部署在数据中心内部的各个角落。

　　让我们再次回到前文多次提到的三层应用模型，如图 6.4 所示。从逻辑上看，NSX 分布式防火墙的应用非常简单，它其实就是在这个三层应用模式之上增加了安全防护的功能。

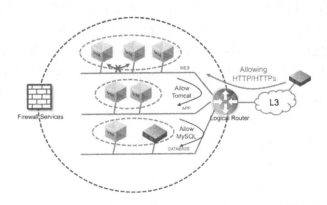

图 6.4　三层 Web 应用模型中的分布式防火墙和 Edge 防火墙策略

　　与前文讨论的分布式逻辑路由器的实现方式类似，NSX 分布式防火墙同样通过在 ESXi 主机的内核空间中安装内核模块来实现这个功能（见图 6.5）。它在处理东西向流量时，提供线速的网络流量转发和安全防护。前面在介绍 NSX 管理平面和控制平面时已经讲到，Hypervisor 用户空间中的 vsfwd（RabbitMQ 客户端）和以进程形式寄宿在 NSX Manager 之上的 RabbitMQ 服务器建立通信连接，NSX Manager 通过这个连接将信息直接发送到 ESXi 主机，而 vsfwd 又与内核空间的分布式防火墙逻辑相连，这样一来，NSX Manager 上配置的策略规则直接被发布到了内核模块之上的分布式防火墙上。

　　每个分布式防火墙实例是基于每台虚拟机的 vNIC 创建的。比如,如果一个虚拟机有 3 个 vNIC,就会有 3 台分布式防火墙实例关联到这个虚拟机。在 NSX 网络虚拟化环境下,分布式防火墙在虚拟机创建时就默认生成了,只是里面并没有设置防火墙规则。如果虚拟机不需要分布式防火墙服务,可以将其添加到"排除列表"。默认状况下,NSX Manager、NSX Controller、NSX Edge 服务网关是在排除列表中的,如果它们也需要使用分布式防火墙服务,可以将其手动从列表中解除。

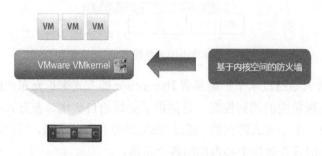

图 6.5　分布式防火墙的逻辑架构

可以使用下面两种方法书写分布式防火墙策略规则。

- **二层规则**:二层规则对应 OSI 模型的第二层,只有 MAC 地址可以用于规则中的源目信息,并且只有二层协议可以用于服务对象,如 ARP。
- **三/四层规则**:三/四层规则对应 OSI 模型的第三、四层,策略规则可以使用 IP 地址或 UDP/TCP 的端口来书写。值得注意的是,二层规则往往在在三/四层规则之前被优先执行,比如将一个二层规则修改为 block,则所有与之相关的三/四层流量都会被 block,即便其规则并没有 block 的执行动作。

　　由于 NSX 分布式防火墙运行在虚拟机的 vNIC 层面,这意味着无论虚拟机采用何种方式连接到逻辑网络,都可以被分布式防火墙策略所保护。这些虚拟机的连接方式有连接 VDS(基于 VLAN 的 port-group)或连接分布式逻辑交换机(基于 VXLAN 的 port-group)。

　　与 NSX 分布式防火墙的工作息息相关的组件有三个,这里需要重点说明。因为在 NSX 网络虚拟化平台,在分布式逻辑交换机、分布式逻辑路由器处,将 NSX Manager 作为管理平面组件,NSX Controller 作为控制平面组件,而在 NSX 分布式防火墙中,管理平面和控制平面的组件则大不相同,这一点在之前已经提到过,分布式防火墙通过 vsfwd 服务进程直接与 NSX Manager 通信。NSX 分布式防火墙的管理平面和控制平面、数据平面的组件如下所述。

- **vCenter Server**:在 NSX 分布式防火墙的部署中,将 vCenter 作为其管理平面。通过 vSphere Web Client 创建分布式防火墙策略规则,之后,每一个 vCenter 中的集群、VDS port-group、逻辑交换机、虚拟机、vNIC、资源池等就都可以使用这些基于源和目的的策略规则。

- **NSX Manager**：在 NSX 分布式防火墙的部署中，将 NSX Manager 作为其管理平面和控制平面。NSX Manager 接收到 vCenter Server 的策略规则后，就会将它们存储到本地的数据库，并将这些分布式防火墙策略规则同步推送到 ESXi 主机。一旦策略规则发生变动，系统会实时同步发布和推送。

- **ESXi 主机**：在 NSX 分布式防火墙的部署中，将 ESXi 主机作为其数据平面。ESXi 主机从 NSX Manager 那里接收到了推送来的分布式防火墙策略，随即将规则进行翻译，运用到内核空间以便实时执行策略。这样，所有的虚拟机流量都会在 ESXi 主机处进行检查和执行。例如，处于不同 ESXi 主机的虚拟机 1 和虚拟机 2 需要通信时，策略在虚拟机 1 的流量需要离开 ESX-1 时被防火墙规则进行处理，并在流量需要进入 ESXi-2 时进行同样的处理，然后，安全的流量才会抵达虚拟机 2。

刚才提到过，在 NSX 环境中部署 ESXi 主机后，分布式防火墙功能就自动开启了，而开启这个功能则是在 Hypervisor 中安装内核 VIB 来实现的，这个安全的 VIB 称为 VSIP（VMware internetworking Service Insertion Platform）。VSIP 作为分布式防火墙的引擎，在线速转发的基础上负责所有的数据平面的流量保护工作。

之前提到的直接与 NSX Manager 通信的 vsfwd 服务进程，则会执行如下任务：

- 与 NSX Manager 交互，检索策略规则；
- 收集分布式防火墙统计信息，并发送至 NSX Manager；
- 将日志信息发送至 NSX Manager。

此外，VSIP 还提供了更多的分布式防火墙功能。它通过加载诸如欺骗防范的策略或将流量重定向，将第三方安全服务（Palo Alto、Trend、Symantec 等）集成到 NSX 网络虚拟化平台。

而 vCenter Server 和 ESXi 主机之间的通信路径（在 ESXi 主机上使用 vpxa 进程），则仅用于 vSphere 的相关操作，如虚拟机创建、存储修改等。这种通信不会影响任何分布式防火墙的操作。

图 6.6 说明了以上提到的组件在工作时候如何进行交互。

介绍完 NSX 分布式防火墙的各平面，再来看一下其表项。ESXi 主机上的 NSX 分布式防火墙实例包含两个分离的表项。

- 规则表项（Rule Table）：用来存储策略规则。
- 连接追踪表项（Connection Tracker Table）：高速缓存表项，用于执行策略规则。

在阐述这两种表项之前，需要理解分布式防火墙规则是如何执行的：

- 分布式防火墙规则按照从上而下的顺序执行；
- 每一个数据包在表项中，都会在线检查更高级别的规则之后，才会移动到较低的规则；

● 一旦流量的参数匹配到表项中的第一条规则，就会强制执行该规则。

因此，在书写分布式防火墙规则时，需要将颗粒度最精细的策略写在规则表中的顶端，以便在其他规则生效前进行优先匹配和执行。

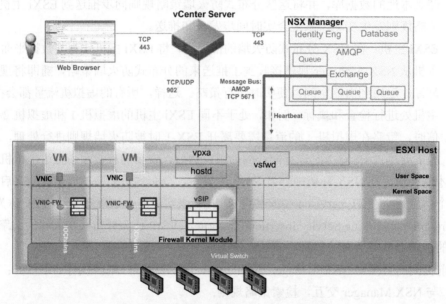

图 6.6　分布式防火墙各个组件之间的交互

分布式防火墙的默认策略位于规则表的底部，它不执行任何规则（全部放行）。之前说明过，这个默认策略在 ESXi 主机部署完毕时就会生成，对所有流量执行"允许"的操作。这是因为，在部署虚拟机时，VMware 不希望打破通过 DRS 进行动态部署时的策略。在部署完毕后，就可以修改默认规则，或在其之上增加各种高级规则。

6.2.4　NSX 分布式防火墙的功能和优势

NSX 网络虚拟化平台中的分布式防火墙具有如下功能。

1．隔离（Isolation）

这是防火墙部署在企业或数据中心时需要实现的基本功能。它将不相关的网络完全隔离，进而保持各自的独立性，如图 6.7 所示，在这种情况下，开发、测试与生产网络都是完全不能够相互通信的。隔离是在虚拟化环境下实现多租户的必要条件。任何一个隔离的、独立的虚拟网络，都可以在数据中心内部的任何位置处理工作流，因为在网络虚拟化环境中，已实现了和底层物理网络无关的虚拟网络，只要虚拟网络是连通的，就无需关心虚拟机在数据中心内所处的物理位置。任何独立的虚拟网络都可以包含分布在数据中心任意位置的工作负载，同一个虚拟网络中的工作负载可以位于相同或不同的虚拟化管理程序上。此外，多个独立虚拟网络中的工作负载可以位于同一个虚拟化管理程序中。

其实，在通过 VXLAN 等 Overlay 技术搭建的虚拟网络中，不同网段之间本来就是默认隔离的。但是当不同网段需要相互通信时，就需要调用分布式防火墙的安全策略来隔离一些敏感流量了。在隔离时，无需引入任何物理网络中的子网、VLAN 信息、ACL 和防火墙规则，所有安全策略全部在虚拟化环境内部完成。

通过 NSX 防火墙，逻辑网络同样可以与底层物理网络进行隔离。由于流量在 Hypervisor 之间封装过，物理网络可以运行一套与虚拟网络完全不同的网络地址空间，并与虚拟网络连接。例如，在基于 IPv4 的物理网络之上，逻辑网络可以支持 IPv6 的应用负载。这种物理网络与虚拟网络的隔离策略，可以保护底层 Underlay 网络网络免受虚拟网络中任何被攻击或感染病毒的虚拟机的影响。并且，传统的安全策略，如 ACL、VLAN 策略、防火墙规则等，也可以在物理网络侧启用，与 NSX 防火墙做双向策略，实现双向安全隔离。

2. 分段（Segmentation）

分段是与隔离相关但是运用在多层虚拟网络中的一种安全策略。它在相关安全组之间进行安全区域的划分，并根据安全策略进行通信，是一种不完全的隔离。如图 6.8 所示，Web、App、DB 服务器之间不能够完全相互通信，但还是会通过分段的方式放行一些允许的流量。

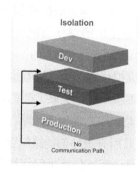
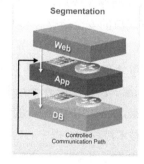

图 6.7 开发、测试、生产网络完全隔离 　图 6.8 对 Web、App、DB 服务器进行分段

在传统的解决方案中，这个功能是通过防火墙（也可以是路由器）在网络层级或子网之间设置 allow 或 deny 的策略来实现的。比如说，Web 层中的哪些应用能访问到 App 层的哪些后台软件，进而可以调用数据库层的哪些数据。但是，当应用特别多，数据库特别庞大的时候，通过传统方式建立安全策略往往非常耗时、难于维护，且容易发生人为配置错误——因为在安全架构的搭建中，需要配置大量复杂的命令，实现基于网络地址、应用的端口和协议的安全防护。

在 NSX 网络虚拟化环境中，分段技术与隔离技术一样，都是 NSX 安全的核心功能。前文提到的 NSX 分布式防火墙基于"微分段"技术，其实质就是在这种所谓的"分段"功能上实现颗粒度更细的安全防护的一种方式。

　　由于 NSX 网络虚拟化环境可以支持多层网络环境, 即具有多个网段的环境 (见图 6.9 的左图), 或单一网段的环境 (见图 6.9 的右图), 其中的工作负载全部使用分布式防火墙规则连接到单个二层子网。在这两种情况下, 通过微分段技术实现了相同的目标——在逻辑网络中为工作负载到工作负载的东西向流量提供保护。

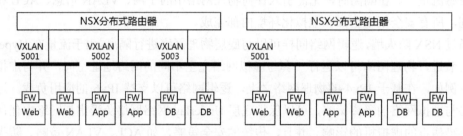

图 6.9　NSX 分布式防火墙保护不同的部署环境

　　传统的物理防火墙和访问控制列表提供一个被安全团队和合规性审计人员验证的安全策略。但是在基于云计算的数据中心环境中, 随着攻击类型越来越多, 攻击频率越来越高, 手动配置和更改大量安全策略的操作非常繁琐; 并且在虚拟化环境中, 虚拟机会根据 DRS 或 HA 策略, 通过 vMotion 技术进行漂移。在漂移过程中, 一旦安全策略基于传统五元组 IP 协议, 那么在漂移完成后, 安全策略往往就需要更改, 因为基于虚拟机物理位置、IP 地址和物理网络端口的安全策略在传统部署中并不会随着虚拟机的漂移而漂移。

　　在 NSX 虚拟网络中, 网络服务 (二层、三层、防火墙服务等) 都是程序化地被创建, 且可以根据工作量分布式地部署在基于 Hypervisor 的网络虚拟化环境中。这就意味着网络服务 (包括二层、三层、防火墙服务等) 通过虚拟网络接口与虚拟机完全关联。我们可以将虚拟的工作流抽象出来, 用中央的、统一的管理界面配置安全策略, 以方便修改策略; 且无论虚拟机通过 vMotion 技术漂移到数据中心内部的哪个物理位置, 其所有策略都能跟随它漂移过去, 在这个时候无需更改任何策略——NSX 网络虚拟化建立的是一张不依赖于网络拓扑且与物理网络完全解耦的虚拟网络。于是, 一套与物理拓扑无关的安全策略就可以轻松搭建起来。

　　基于微分段技术的 NSX 分布式防火墙是实现数据中心内部安全的最佳实现方式, 可以解决当前基于边界的网络安全解决方案中存在的问题, 是一种基于安全零信任架构的高效安全解决方案。它可以在应用/租户之间实现真正的隔离, 进而实现高效可靠的安全防护与访问控制。它的主要价值如下:

- 实现数据中心内部安全;
- 加快安全策略的部署;
- 高性能、分布式优化数据中心流量;

● 敏捷地响应业务变化需求；

3．提供高级服务。

NSX 网络虚拟化平台在虚拟网络之中提供了从二层到四层的防火墙功能，且实现了微分段。但是在一些环境中，应用需要更高级别的网络安全策略来保护。在这种情况下，用户可以利用 NSX 平台，在其上集成第三方安全厂商的五到七层安全服务（如图 6.10 所示），提供更全面更充分的基于应用的安全解决方案。NSX 将第三方网络安全服务集成在虚拟网络中，通过逻辑的通道发布至 vNIC 接口，使得在 vNIC 后端的应用可以使用这些服务。这种形式的服务集成称之为"嵌入（Insertion）、链接（Chaining）与导向（Steering）"。

参考图 6.11，在 Guest 虚拟机和逻辑网络（逻辑交换机或分布式端口组）之间，会有一项服务部署在 vNIC 层面，这就是服务的嵌入。Slot-ID 体现了服务于相关虚拟机的连接——Slot 2 与分布式防火墙关联，而 Slot 4 与 Palo Alto 公司的 VM 系列虚拟防火墙关联了起来，其他 Slot 可以集成更多的第三方服务。这就是服务的链接。流量在退出虚拟机时，需要遵从 Slot-ID 的 ID 号增序（如对于 Guest 虚拟机，数据包重定向到 Slot 2，然后才是 Slot 4）；抵达虚拟机的顺序则相反，为 Slot-ID 逆序（先 Slot 4，再 Slot 2）。这就是服务的导向。

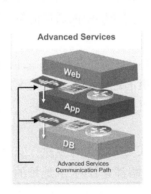

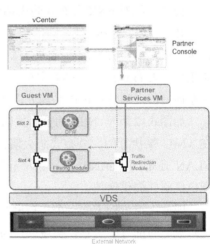

图 6.10　对 Web、App、DB 服务器的安全策略上加载第三方服务　　图 6.11　嵌入、链接与导向

举例来说，我们利用 NSX 网络虚拟化平台将 Palo Alto 公司的 VM 系列下一代虚拟防火墙服务集成进来，应用在数据中心内部的每一个 Hypervisor，使得数据中心所有虚拟机都获得了 Palo Alto 公司提供的高级安全功能。这样一来，为应用工作负载定义的 5 到 7 层的网络安全策略就可以由 Hypervisor 来处理，内嵌到虚拟网络的每一条隧道里。Palo Alto 公司提供的安全服务可以通过这样的方式，在 ESXi 主机本地的 vNIC 层面加强工作流中对应用、用户和上下文的访控。

　　而不同企业即便都使用了 NSX 网络虚拟化平台，由于在安全方面需求迥异，就需要完全不同且独特的第三方安全产品集成到自己的网络环境。VMware NSX 网络虚拟化平台利用了 VMware 整个生态圈，为不同类型的企业提供不同的安全解决方案。NSX 的一些主要安全合作伙伴除了 Palo Alto 外，还包括 Intel（已收购 McAfee）、CheckPoint、Symantec、TrendMicro 等。企业的安全团队可以针对不同应用，选择 VMware 生态圈内不同安全厂商的解决方案。而利用"嵌入、链接与导向"的服务模式，NSX 网络虚拟化平台还能实现基于其他服务的逻辑服务，将本不相关的网络安全服务集成起来（如防 DDoS 攻击和防病毒），实现链式化、差异化、异构化的高级安全。

　　此外，NSX 的另一个合作伙伴 Rapid7 可定期对虚拟机自动执行漏洞扫描，并能在虚拟机不满足特定标准时，实现自动隔离策略。将这个功能与 Palo Alto 的 NGFW 结合使用后，就可以在 Rapid7 执行漏洞扫描并在发现漏洞时自动隔离易受攻击的工作负载，而隔离网段将受到 Palo Alto NGFW 策略的保护，该策略只允许修复工具进入该隔离网段，禁止一切流量外出。

6.2.5　NSX 分布式防火墙微分段技术的实现

　　前文已经对 NSX 分布式防火墙做了初步介绍，它通过在 ESXi 主机的 VMKernel 处启用 VIB 内核模块来实现。它的部署方式与 NSX 分布式逻辑路由器类似，而又独立存在。部署完成之后，就可以通过 NSX Manager（NSX Controller 不参与 NSX 分布式防火墙的控制工作）发布到各个 ESXi 主机，以保护虚拟机在二到四层中的通信流量，这种流量主要是东西向的，当然也可以是南北向的。

　　如图 6.12 所示，NSX 的分布式防火墙的规则是在流量被 VTEP 封装之前或解封装之后，在 vNIC 端执行的。分布式防火墙策略独立于虚拟机的连接方式（无论虚拟机连接到的是 VLAN 还是 VXLAN）和位置，无需关心逻辑交换机或逻辑路由器策略，直接针对虚拟机指定策略并提供保护。

　　即便虚拟机处于同一个二层网络中，NSX 分布式防火墙也可以执行安全策略，这在传统防火墙的部署中是难以实现的，因为防火墙中的策略都是针对 IP 地址的，而二层之间的通信流量与 IP 地址并没有关系，只和 MAC 地址有关，因此这些二层安全策略一般只能部署在二层交换机的端口，如 PVLAN 等。这个问题也是一个网络实现了"大二层"后的遗留问题。而使用 NSX 分布式防火墙，可以针对虚拟机的名字或一组虚拟机的组名实现安全策略，无需关心其 IP 地址，且一但针对虚拟机创建了安全规则，它将一直跟随并匹配这台需要保护的虚拟机，无论虚拟机在数据中心内部通过 vMotion 漂移到什么位置，都不用重新设置安全策略。

　　要配置 NSX 分布式防火墙，需要登录到关联了 vCenter 的 NSX Manager。配置策略之后，NSX Manager 会将安全规则推送到 ESXi 主机的内核模块（使用 TCP 的 5671 端口），之后虚拟机内核模块中的 vNIC 侧就可以启用安全规则，保护虚拟机。也可以通过 REST API 直接对 NSX Manager 进行配置。

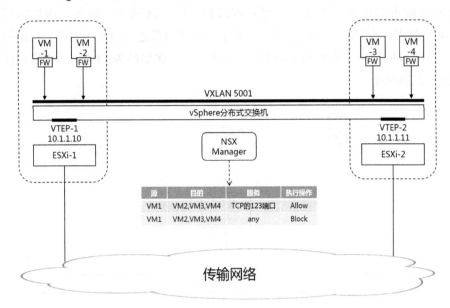

图 6.12   NSX Manager 控制分布式防火墙策略

NSX 分布式防火墙在虚拟机内核模块中的 vNIC 提供了基于 Hypervisor 的防火墙功能，而在部署之后，数据流量都需要经由分布式防火墙处理，才能相互通信。由于防火墙的部署是分布式且与逻辑交换、路由独立的，因此数据路径是易于优化选路和易于扩展的。一旦部署了分布式防火墙策略，防火墙进程就会对源自虚拟机和出流量和抵达虚拟机的入流量进行检查，没有流量可以无视防火墙策略进行通信，从而实现了安全防护。

在 NSX Manager 配置分布式防火墙策略的时候，有两个选项可以选择——Ethernet 和 General，这对应着我们之前介绍的两种策略书写方法——Ethernet 选项，是用于创建二层安全规则，可以用来过滤源目 MAC 地址和二层协议，如 CDP（Cisco Discovery Protocol，Cisco 设备发现协议）、ARP、RAPP、LLDP 等；General 选项，主要用于创建三层和四层安全规则，它定义了传统的基于 IP 或端口（如 SSH、HTTP 等）的安全规则，保护不同网段的虚拟机或东西向流量。

部署了 NSX 分布式防火墙的数据中心可以带来如下价值：

● 支持现有网络与应用；
● 灵活方便的安全对象管理；
● 安全管控与应用一致性部署。

我们可以用一个例子，来讨论一下如何利用 NSX 基于微分段的分布式防火墙在数据中心部署 3 层应用的安全策略，如何实现这些价值。通过在数据中心内部按需部署 NSX 分布式防火墙实现内部安全，用户可以按部门、区域划分隔离，或按应用边界、应用层级来划分。NSX 微分段技术支持安全组内部成员之间的逻辑隔离、以虚机为单位的隔离。如图 6.13 所示，在数据中心中，有很多部门（比如财务[FIN]和人力资源[HR]）共享了相同的逻辑网络。

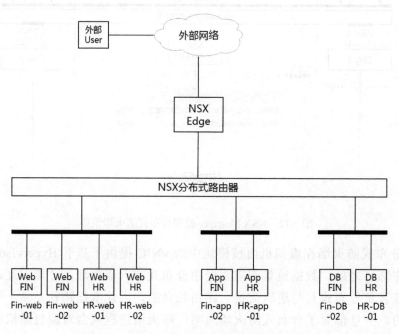

图 6.13   需要进行安全防护的数据中心逻辑架构

网络的总体设计是：有 3 台逻辑交换机（分别连接 Web 层、App 层和数据库层），它们直接通过一台分布式逻辑路由器相连。在逻辑路由器上定义了所有网段的 IP 地址的网关，连接所有逻辑交换机。逻辑路由器通过 NSX Edge 与外部物理网络通信。连接到外部物理网络的终端用户可以访问 Web 层的逻辑交换机的网段（通过逻辑路由器和 NSX Edge 之间的动态路由协议和 NAT 设置，将 Web 网段发布到了外部）。这里，财务和人力资源部门各有两台虚拟机作为 Web 服务器、1 台虚拟机作为 App 服务器、1 台虚拟机作为数据库服务器。

在 NSX 网络虚拟化平台提供的分布式防火墙中，我们使用了微分段技术，这种设计的特殊性在于，应用的相同层级的虚拟机被连接到同一个逻辑交换机，而并不按照它们所属的部门进行连接。这样一来，当财务和人力资源的工作负载连接到不同的逻辑网络时，就可以获得相同的安全级别——毕竟 NSX 分布式防火墙的优势在于，网络的拓扑中不再是部署安全策略的障碍，NSX 分布式防火墙适用于任何拓扑，相同级别的工作流的安全防控在网络拓扑的任何地方都能轻松进行，因为 NSX 分布式防火墙的部署是独立于网络拓扑且与之无关的。而在传统部署中，防火墙作为旁路模式连接到核心交换机，不仅所有工作流都需要从核心交换机、防火墙绕一圈，流量路径是不优化的，且只能一个一个网段地进行配置，配置极其复杂和繁琐。因此在传统部署中，为了简化配置，只能将同一部门的所有服务器全部放入同一子网，而这种部署的安全性本来就是极低且易被攻击的——黑客只要攻破了部门内任何一台服务器或终端 PC，就可以侵入同一 VLAN 下该部门的其他所有设备。

根据这一设计理念，可以利用 NSX 中的 Service Composer 功能，将角色类似的一组虚拟机划入相同的一个组织（Organization）。在 Service Composer 中有一个重要的功能，叫做安全组（Security Group，SG）。安全组允许动态或静态地将对象加入到一个"容器"中，而这个容器会作为分布式防火墙策略规则的源和目的的目标。现在通过图 6.14 看一看安全组是如何创建，以及虚拟机是如何加入相关安全组的。

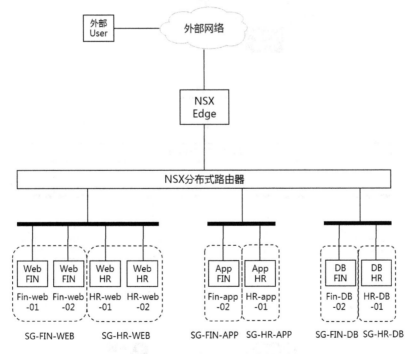

图 6.14　创建不同的安全组

来自财务 Organization 的 Web 服务器需要划入名为 SG-FIN-WEB 的安全组。为了搭建这个安全组，可以利用基于虚拟机名字或安全标签的信息，将实例自动分配到相关的安全组中——虚拟机名字中含有 Fin-web 字样时，会自动分配至 SG-FIN-WEB 安全组，而虚拟机名字中含有 HR-web 字样时，也会自动分配至 SG-HR-WEB 安全组。如果用户想要手工分配安全组，也可以将 Fin-web-01 和 Fin-web-02 手动加入 SG-FIN-WEB。

在这个设计中，总共要创建 6 个安全组：3 个供财务部门使用，3 个供人力资源部门使用。将虚拟机分配至正确的容器是部署微分段的基础。一旦完成这些工作，就可以非常便捷地部署流量策略了。

各个层级之间的网络流量侧安全策略，需要根据一些规则来执行。如图 6.15 所示，从 Internet 到 Web 服务器，允许 HTTP 和 HTTPS 的流量，其余流量全部丢弃（南北向流量）；从 Web 层到 App 层，放行 TCP 的 1234 端口的流量和 SSH 的流量，其余流量全部丢弃（东西向流量）；从 APP 层到数据库层，允许 MySLQ 流量，其余流量全部丢弃（东西向流量）。

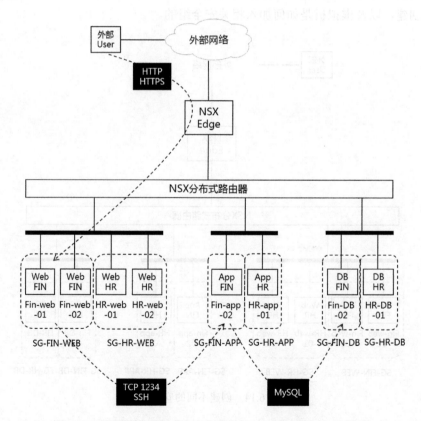

图 6.15 需要通过分布式防火墙实现的 TCP 和 MySQL 的策略

而在各个层级内部，各个相同的组织处于同一层的服务器可以相互 ping 对方。比如，Fin-web-01 可以 ping Fin-web-02，但是 Fin-web-01 不能 ping HR-web-01 和 HR-web-02。财务部门的任何服务器与人力资源部的任何服务器应该都是没有流量交互的，这两个组织之间的通信是完全被禁止的。这些策略如图 6.16 所示。

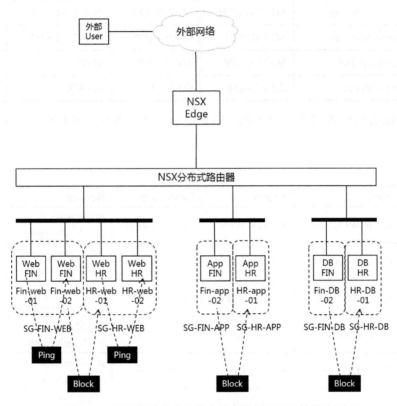

图 6.16　需要通过分布式防火墙实现的 ICMP 的策略

根据这些规则，就可以开始部署基于微分段技术的 NSX 分布式防火墙策略了。首先，需要将分布式防火墙的默认策略由 Allow 改为 Block，这是因为我们需要使用一个高级的安全策略模型，在增加了其他安全策略后，最后再使用默认模型，就可以拒绝不匹配该策略模型的所有网络流量（见表 6.2）。

表 6.2　　　　　　　　　　　　　　　制定默认防火墙策略

Name	Source	Destination	Service	Action
Default rule	Any	Any	Any	Block

之后，部署层级之间的安全策略。根据之前描述的规则，我们的策略定义如表 6.3 所示。

表 6.3   制定 TCP 和 MySQL 策略

Name	Source	Destination	Service	Action
FIN-INTERNET to WEB Tier	Any	SG-FIN-WEB	HTTP HTTPS	Allow
FIN-INTERNET to WEB Tier	Any	ST-HR-WEB	HTTP HTTPS	Allow
FIN-WEB Tier to APP Tier	SG-FIN-WEB	SG-FIN-APP	TCP-1234 SSH	Allow
HR-WEB Tier to APP Tier	SG-HR-WEB	ST-HR-APP	TCP-1234 SSH	Allow
FIN-APP Tier to DB Tier	SG-FIN-APP	SG-FIN-DB	MYSQL	Allow
HR-APP Tier to DB tier	SG-HR-APP	SG-HR-DB	MYSQL	Allow

最后，部署层级内部的安全策略。根据之前描述的规则，我们的策略定义如表 6.4 所示。

表 6.4   制定 ICMP 策略

Name	Source	Destination	Service	Action
FIN-WEB Tier to WEB Tier	SG-FIN-WEB	SG-FIN-WEB	ICMP echo ICMP echo reply	Allow
HR-WEB Tier to WEB Tier	SG-HR-WEB	ST-HR-WEB	ICMP echo ICMP echo reply	Allow
FIN-APP Tier to APP Tier	SG-FIN-APP	SG-FIN-APP	ICMP echo ICMP echo reply	Allow
HR-APP Tier to APP Tier	SG-HR-APP	ST-HR-APP	ICMP echo ICMP echo reply	Allow
FIN-DB Tier to DB Tier	SG-FIN-DB	SG-FIN-DB	ICMP echo ICMP echo reply	Allow
HR-DB Tier to DB tier	SG-HR-DB	SG-HR-DB	ICMP echo ICMP echo reply	Allow

至此，NSX 分布式防火墙策略定义完成，只需将策略配置并应用在 NSX 网络虚拟化平台，就能实现企业各个部门之间细颗粒度的安全防护。

与讨论分布式路由时一样，讨论完了分布式防火墙的实现，我们分析一下分布式防火墙的流量模型。对于传统防火墙部署，处于相同主机里的 Web 服务器与 App 服务器之间的三层通信，需要经过 6 跳才能连接，这是因为流量进出旁路模式连接核心交换机的物理防火墙的过程需要 2 跳连接，这样一来，就比传统经过三层交换机的 4 跳连接（之前已阐述）多出 2 跳。而与分布式路由相同，由于分布式防火墙也是工作在 ESXi 主机的 Hypervisor 之上的，因此在 NSX 环境下，相同主机里的 Web 服务器与 App 服务器之间的三层通信也是直连（0 跳）的，如图 6.17 所示。

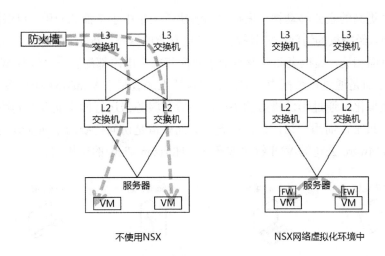

图 6.17　精简同一 ESXi 主机内的安全通信流量

对于不同主机之间的三层通信，与第 5 章的阐述类似，同样可以将需要防火墙处理的流量连接精简为 2 跳，如图 6.18 所示。

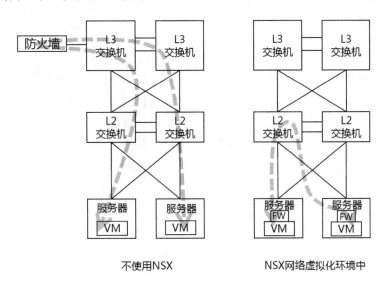

图 6.18　精简不同 ESXi 主机间的安全通信流量

6.2.6　使用 NSX 分布式防火墙保护虚拟桌面

除了在企业各个部门之间实现安全防护，NSX 分布式防火墙的另一个绝佳应用场景是虚拟桌面（Virtual Desktop Infrastructure，VDI）环境。

虚拟桌面近年不断被各大企业所接受，这些企业部署桌面虚拟化的目的是改进客户端安全性并提供更高的企业移动性。虚拟桌面解决方案集中了桌面和应用，以保护静态数据，防止应用受到未经授权的访问，并且提供一种更有效地修补、维护和升级映像的方法。

与传统桌面相比，虚拟桌面并没有给企业内部每个用户都配置一台运行 Windows 操作系统的 PC 机，而是通过在数据中心内部的服务器上加载基于 Windows 操作系统的虚拟机，将桌面进行虚拟化，通过影像投影的协议，将后台服务器运行的桌面发布到用户使用的瘦客户端或 PC 机上，而用户访问他们的虚拟桌面就像是访问传统的本地安装桌面一样。图 6.19 所示为 VMware 公司的 VDI 解决方案——Horizon View 的架构图。

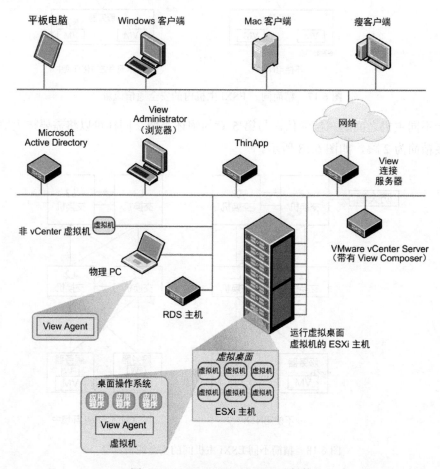

图 6.19　VMware Horizon View 架构

其实 Windows 中的"远程桌面"功能就是这种技术的前身，用户通过这个功能可以登录到其他用户的桌面进行远程操作，或登录到后台 Windows 服务器上进行配置和维护工作。但是 Windows 的这种功能有很大的局限性，它无法设置虚拟桌面的模板，这样就无法快速部署，并且每台 PC 机的屏幕分辨率与服务器显卡的屏幕分辨率、刷新率都有不同，这就造成远程桌面在显示时并不如本地桌面那样清晰，图像可能抖动，鼠标也可能不好用，字体和图形大小可能都不是最佳的。因此，远程桌面只能运用于短时间登录同事的 PC 机或维护后台服务器，不能长期使用。

为了解决远程桌面存在的问题，Citrix 公司和 VMware 公司各自开发了自己的 VDI 系统。对于桌面，可以通过模板、复制等功能进行快速部署、回退。对于图像显示问题，两家公司各自使用了自己的协议来解决这个问题。Citrix 自行研发了 HDX 协议，该协议的灵感来源于早期的医学影像技术——拍摄 X 光片后，需要有协议将片子传输到医生面前的终端设备，从而进行病理分析。Citrix 的 HDX 协议借鉴了这一点，完美地将后台服务器的桌面通过网络投放到瘦终端或个人 PC 机的屏幕上。而 VMware 使用的 PCoIP 协议，顾名思义，就是在 IP 之上运行 PC 的影像，它来自于 VMware 收购的一家加拿大科技公司 Teradici。这家公司早期定位于高端的图形设计，为动画行业及对图形质量有高要求的医疗保健行业提供解决方案。PCoIP 协议实现的原理与 HDX 类似，但是对网络的延迟和抖动、屏幕分辨率的支持好于 HDX。

然而，随着桌面虚拟化的部署，在数据中心防火墙的背后（那里驻留着数百或数千个桌面）也会产生新的安全隐患。这些桌面与其他用户和关键工作负载紧紧相邻，使得它们远比以前更易于受到恶意软件和其他攻击的影响。这些攻击还容易从桌面移动到服务器，使得数据中心内部暴露出一个巨大的受攻击面——这是因为虚拟桌面和企业应用服务器都是通过虚拟化的方式一起部署在数据中心中。这种东西向流量威胁场景对当今很多客户来说是一个普遍现象，尤其是那些有着严格安全性和合规性要求的客户。如图 6.20 所示，圆圈部分就是这个巨大的受攻击面。

图 6.20　虚拟桌面系统可能遭受的攻击面

此外，使用了虚拟桌面后就意味着有多台虚拟机处于同一网段中——这些处于同一网段的虚拟机都是给同一业务部门的员工使用的虚拟桌面。在以往，防火墙是无法实现二层安全防护的，它的安全策略需要借助二层交换机的一些安全特性来完成，然而在虚拟化环境中，服务器连接的交换机一般都配置为 Trunk 接口，而非 Access 接口，导致无法配置细颗粒度的安全策略。

再者，很多企业都在寻求一种可以永久跟随用户和工作负载的网络连接和安全策略，这是 BYOD 带来的变化，员工可以使用平板、手机、非公司统一购买的电脑连接虚拟桌面。企业同样需要细颗粒度的安全策略来实现 BYOD 安全。

NSX 分布式防火墙可以解决 VMware VDI 安全性不足的问题。除此之外，Citrix 公司 VDI 解决方案中的安全性问题也一并被解决。它有效保护数据中心内的东西向流量，同时确保 IT 管理员快速轻松地管理网络连接和安全策略，此策略可跨基础架构、设备和位置动态跟踪终端用户的虚拟桌面和应用。

我们把这种解决方案称之为 VMware NSX for VDI。如图 6.21 所示，借助此解决方案，企业可以从快速和简单的 VDI 网络连接和安全保护中受益。IT 管理员可以在数秒内创建能够动态跟随虚拟桌面的策略，无需耗费大量时间进行网络调配。通过将安全策略从数据中心延展到桌面和应用，这个解决方案还提供与 VMware 业界领先的安全合作伙伴体系集成的可延展平台，以便为客户提供纵深防御，从而保护整个桌面。

图 6.21　NSX 为虚拟桌面带来的好处

下面通过表 6.5 来了解 NSX 分布式防火墙是如何应对 VDI 安全性挑战的。

表 6.5	NSX 如何应对虚拟桌面的安全性挑战
VDI 面临的安全性挑战	**NSX 安全解决方案如何应对挑战**
虚拟桌面之间的流量缺乏安全保护	基于虚拟机的细颗粒度的高效防火墙，保证桌面到桌面、桌面到服务器之间的安全
每个虚拟桌面需要有自己的安全策略	基于用户组的防火墙安全策略，将安全策略与网络拓扑解耦。可以根据用户类型、部门的不同，或数据类型（如信用卡、工资等信息）定义灵活的防火墙策略
虚拟桌面的会话需要比服务器负载更为动态化，静态的安全策略无法满足需求	大大简化用户和虚拟桌面资源池的网络安全策略，可以进行自动化部署
缺乏增强型的安全防护措施，如防病毒、防恶意软件、入侵检测、基于应用和上下文的安全防护	与第三方防病毒、防恶意软件、入侵检测和 NGFW 厂商的解决方案进行集成，并可以按需自动部署

VMware NSX for VDI 增强了桌面虚拟化安全，并通过支持管理员集中定义策略来解决东西向流量威胁。然后，此策略会分布到每个 vSphere 主机内的 Hypervisor 之上，并在每个虚拟桌面创建时自动添加到桌面中。为了保护数据中心内的虚拟桌面和邻近工作负载，VMware NSX 中使用了微分段技术，从而为每个桌面提供自己的边界防御，颗粒度非常精细。VMware NSX 分布式防火墙功能可以监控进出每台虚拟机的流量，从而消除桌面与邻近工作负载之间未经授权的访问。如果虚拟桌面在主机之间或数据中心内移动，策略也将自动跟随它移动。

借助 VMware NSX for VDI，管理员只需简单单击几下鼠标即可跨越所有虚拟桌面进行创建、更改和管理安全策略的工作。安全策略也可以快速映射到用户组，以便加速虚拟桌面启动。由于 NSX 网络虚拟化平台能够部署虚拟化网络功能（如交换、路由、防火墙和负载均衡），管理员可以为 VDI 构建虚拟网络，无需复杂的 VLAN、ACL 等物理网络配置策略。

管理员可以设置动态的终端用户计算环境的策略，这些策略根据角色映射到用户的网络安全服务、逻辑分组、桌面操作系统等进行匹配，而与底层网络基础架构无关。集中管理的策略会在每个桌面虚拟机创建时自动加载到此桌面，因此企业甚至可以对跨数据中心跟随虚拟桌面移动的安全功能进行扩展。VMware NSX 提供的可延展的平台还可以与来自第三方的安全合作伙伴体系的更高级的功能集成，通过动态增加这些第三方安全服务，虚拟桌面安全功能还可以从数据中心延展到桌面和应用。这些安全合作伙伴包括 Trend Micro、Intel Security、Palo Alto 等，它们可提供多种解决方案，如防病毒、防恶意软件、入侵防护以及新一代安全服务来保护操作系统、浏览器、电子邮件等。

一言蔽之，通过 NSX 网络虚拟化，可以灵活创建网络资源池和逻辑隔离区，并支持动态扩展和管理。而 NSX 的微分段可以实现如下三方面的病毒防护与访问控制，从而解决传统 VDI 架构中的安全难题：

● 虚拟桌面间访问控制；

- 虚拟桌面到后台应用访问控制；
- 虚拟桌面防病毒、恶意软件等。

此外，NSX Edge 服务网关中的防火墙和负载均衡功能也可以用于支持 VDI 的基础架构。因此，NSX 网络虚拟化平台不仅是支持企业各种应用的绝佳平台，也是企业部署 VDI 的绝佳基础架构平台。

6.2.7   利用 NSX Edge 实现防火墙功能

在 NSX 网络虚拟化平台内，除了部署分布式防火墙外，还能使用 NSX Edge 来部署防火墙服务。之前已经有所提及，NSX 分布式防火墙主要处理东西向流量，而 NSX Edge 作为物理网络和虚拟网络的接口，在其之上部署的防火墙服务，自然是用来处理南北向流量的。与 NSX 分布式防火墙一样，通过 NSX Edge 部署的防火墙同样可以提供端到端的安全防护。在数据中心内部，可以单独部署 NSX 分布式防火墙，也可以单独部署 NSX Edge 防火墙，同样可以同时使用两个类型的防火墙，同时对东西向流量和南北向流量提供安全保护。建议在数据中心内部同时部署这两种类型的防火墙，当然鉴于不同行业、不同客户的情况不同，具体问题还是需要具体分析。

之前说过，无论虚拟机采用何种方式连接到逻辑网络，NSX 分布式防火墙都可以保护虚拟机。而 NSX Edge 防火墙主要保护的则是虚拟机和物理服务器或其他物理设备（如 NAS）之间的流量。

通过 NSX Edge 部署的防火墙支持 NSX Edge 的所有功能，如动态路由、对流量做线速的转发处理。这样一来，就算 Edge 防火墙串接在物理网络和虚拟网络之间，转发性能也不会受影响——它与提供路由服务的 NSX Edge 是同一台设备，并没有增加一个虚拟或物理设备使得流量绕行或形成带宽瓶颈。NSX Edge 防火墙同样支持 NSX Edge 的 HA 和 ECMP 的部署模式。

与 NSX 分布式防火墙一样，NSX Edge 防火墙可以在网络的二至四层提供安全防护，如果需要在网络的五至七层实现安全防护，同样需要引入第三方安全厂商的解决方案。

在利用 NSX Edge 部署防火墙时，需要关心不同 Size 下的 NSX Edge 的资源分配。如表 6.6 所示，由于防火墙牵涉连接数、规则条目的不同，因此部署 NSX Edge 防火墙时，需要根据企业防火墙可能的连接数、规则条目来进行部署。

表 6.6   不同 Size 下的 NSX Edge 的资源分配

Size	vCPU	内存	防火墙会话条目	防火墙规则条目	备注
Compact （标准部署）	1	64MB	64,000	2,000	适合实现基本的防火墙功能
Large （大规模部署）	2	1GB	1,000,000	2,000	适合中等规模数据中心的部署

续表

Size	vCPU	内存	防火墙会话条目	防火墙规则条目	备注
Quad Large（超大规模部署）	4	1GB	1,000,000	2,000	适合大规模数据中心部署或在中等规模数据中心实现高性能
X-Large（特大规模部署）	6	8GB	1,000,000	2,000	适合在大型数据中心实现高性能，同时实现负载均衡

6.3　NSX 防火墙实验配置

本节将分别配置分布式防火墙和 Edge 防火墙，并在真实环境中验证其策略规则是否被执行。在实验前，环境中所有路由可达的地址都是互通的，我们需要指定一些 deny 和 block 规则，使得某些特定流量被防火墙规则"干掉"。

6.3.1　配置 NSX 分布式防火墙

配置 NSX 分布式防火墙的步骤如下。

1. 为了配置 NSX 分布式防火墙，首先在处于不同 NSX 逻辑交换机（不同网段）的虚拟机上互相通过 ping 测试，验证在未部署防火墙时，流量是否可以交互。可以发现，192.168.41.10 和 192.168.42.10 可以互相 ping 通对方，如图 6.22 和图 6.23 所示。

```
[root@nsxdemo-centos-pod1-41-01 ~]# ifconfig
eth0      Link encap:Ethernet  HWaddr 00:50:56:A9:79:7B
          inet addr:192.168.41.10  Bcast:192.168.41.255  Mask:255.255.255.0
          inet6 addr: fe80::250:56ff:fea9:797b/64 Scope:Link
          UP BROADCAST RUNNING MULTICAST  MTU:1500  Metric:1
          RX packets:527201 errors:0 dropped:0 overruns:0 frame:0
          TX packets:525321 errors:0 dropped:0 overruns:0 carrier:0
          collisions:0 txqueuelen:1000
          RX bytes:50404902 (48.0 MiB)  TX bytes:51467369 (49.0 MiB)

lo        Link encap:Local Loopback
          inet addr:127.0.0.1  Mask:255.0.0.0
          inet6 addr: ::1/128 Scope:Host
          UP LOOPBACK RUNNING  MTU:16436  Metric:1
          RX packets:5510 errors:0 dropped:0 overruns:0 frame:0
          TX packets:5510 errors:0 dropped:0 overruns:0 carrier:0
          collisions:0 txqueuelen:0
          RX bytes:445240 (434.8 KiB)  TX bytes:445240 (434.8 KiB)

[root@nsxdemo-centos-pod1-41-01 ~]# ping 192.168.42.10
PING 192.168.42.10 (192.168.42.10) 56(84) bytes of data.
64 bytes from 192.168.42.10: icmp_seq=1 ttl=63 time=0.204 ms
64 bytes from 192.168.42.10: icmp_seq=2 ttl=63 time=0.125 ms
64 bytes from 192.168.42.10: icmp_seq=3 ttl=63 time=0.125 ms
64 bytes from 192.168.42.10: icmp_seq=4 ttl=63 time=0.244 ms
64 bytes from 192.168.42.10: icmp_seq=5 ttl=63 time=0.354 ms
^C
--- 192.168.42.10 ping statistics ---
5 packets transmitted, 5 received, 0% packet loss, time 4298ms
rtt min/avg/max/mdev = 0.125/0.210/0.354/0.086 ms
[root@nsxdemo-centos-pod1-41-01 ~]#
```

图 6.22　确认 192.168.41.10 可以 ping 通 192.168.42.10

```
[root@nsxdemo-centos-pod1-42-01 ~]# ifconfig
eth1      Link encap:Ethernet  HWaddr 00:50:56:A9:25:07
          inet addr:192.168.42.10  Bcast:192.168.42.255  Mask:255.255.255.0
          inet6 addr: fe80::250:56ff:fea9:2507/64 Scope:Link
          UP BROADCAST RUNNING MULTICAST  MTU:1500  Metric:1
          RX packets:149 errors:0 dropped:0 overruns:0 frame:0
          TX packets:112 errors:0 dropped:0 overruns:0 carrier:0
          collisions:0 txqueuelen:1000
          RX bytes:16560 (16.1 KiB)  TX bytes:16306 (15.9 KiB)

lo        Link encap:Local Loopback
          inet addr:127.0.0.1  Mask:255.0.0.0
          inet6 addr: ::1/128 Scope:Host
          UP LOOPBACK RUNNING  MTU:16436  Metric:1
          RX packets:16 errors:0 dropped:0 overruns:0 frame:0
          TX packets:16 errors:0 dropped:0 overruns:0 carrier:0
          collisions:0 txqueuelen:0
          RX bytes:1260 (1.2 KiB)  TX bytes:1260 (1.2 KiB)

[root@nsxdemo-centos-pod1-42-01 ~]# ping 192.168.41.10
PING 192.168.41.10 (192.168.41.10) 56(84) bytes of data.
64 bytes from 192.168.41.10: icmp_seq=1 ttl=63 time=0.278 ms
64 bytes from 192.168.41.10: icmp_seq=2 ttl=63 time=0.256 ms
64 bytes from 192.168.41.10: icmp_seq=3 ttl=63 time=0.232 ms
64 bytes from 192.168.41.10: icmp_seq=4 ttl=63 time=0.265 ms
64 bytes from 192.168.41.10: icmp_seq=5 ttl=63 time=0.319 ms
^C
--- 192.168.41.10 ping statistics ---
5 packets transmitted, 5 received, 0% packet loss, time 4382ms
rtt min/avg/max/mdev = 0.232/0.270/0.319/0.028 ms
[root@nsxdemo-centos-pod1-42-01 ~]#
```

图 6.23　确认 192.168.42.10 可以 ping 通 192.168.41.10

2．在 NSX 主界面的左侧找到防火墙图标，单击之后，选择 "+" 来新增一条防火墙规则，如图 6.24 所示。

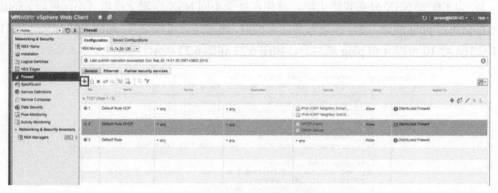

图 6.24　增加防火墙规则

在添加了这条规则之后，会看到它被显示在配置界面上，但是还没有配置防火墙的规则，如图 6.25 所示。

3．对防火墙添加规则。找到 Name 一栏，在 "+" 符号上，为其添加规则名称，如图 6.26 所示。

4．为这条规则配置源和目的。找到 Source 和 Destination，同样找到 "+" 图标，选择源和目的。在这里，源是 IP 地址为 192.168.41.10 的虚拟机，而目的是 IP 地址为 192.168.42.10 的虚拟机，如图 6.27 和图 6.28 所示。

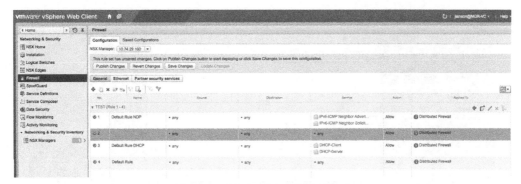

图 6.25　增加初始防火墙规则完成

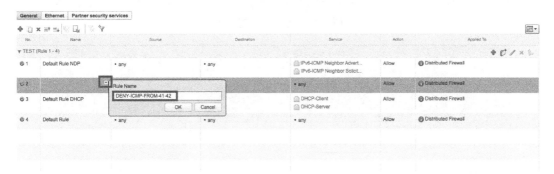

图 6.26　添加规则名称

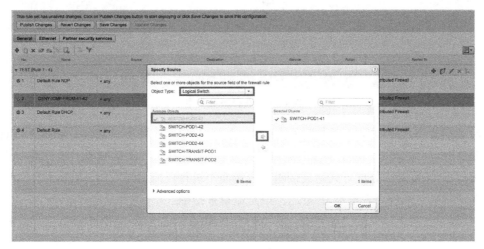

图 6.27　为规则配置源

5．完成源目配置后，选择服务类型。这里可以根据协议（如 IP、TCP、UDP、ICMP 等）及其端口号进行选择。为了实验的测试，这里选择了 ICMP Echo，如图 6.29 所示。

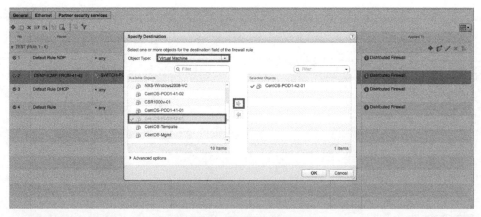

图 6.28 为规则配置目的

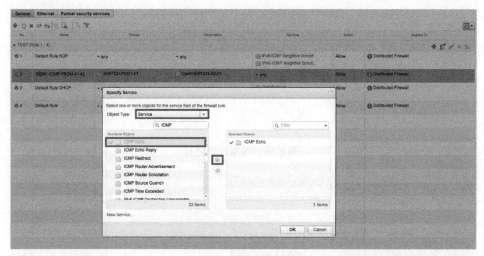

图 6.29 选择服务类型

6. 选择服务之后，可以对这种服务选择执行策略。策略有 3 种——Allow、Block 和 Reject。默认是 Allow，即放行。为了实验的测试，将其改为 Block，如图 6.30 所示。当然，也可以选择 Reject。Block 的处理方式是直接阻断流量而不进行任何通知工作，Reject 的处理方式是阻断流量并告知使用者虽然 IP 可达，但是流量被拒绝。

7. 分布式防火墙配置已经完成。需要单击 Publish Changes，策略才会执行，如图 6.31 所示。

8. 如图 6.32 和图 6.33 所示，通过测试，发现从 192.168.41.10 向 192.168.42.10 测试 ping 包流量已经被阻断，防火墙配置成功。而反向的 ping 测试仍然是连通的，这是因为只对 ICMP Echo 设置了防火墙规则，并没有防火墙策略运用在 ICMP Echo Reply 方向。

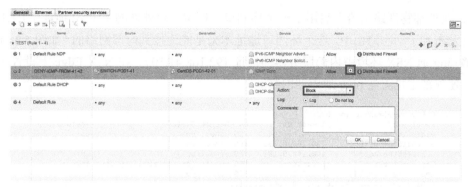

图 6.30　选择执行策略

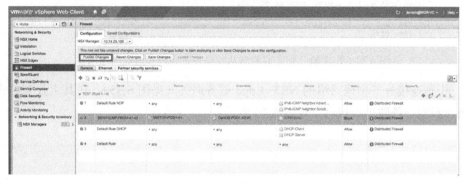

图 6.31　发布防火墙策略

```
[root@nsxdemo-centos-pod1-41-01 ~]# ping 192.168.42.10
PING 192.168.42.10 (192.168.42.10) 56(84) bytes of data.
^C
--- 192.168.42.10 ping statistics ---
5 packets transmitted, 0 received, 100% packet loss, time 4522ms

[root@nsxdemo-centos-pod1-41-01 ~]#
```

图 6.32　去往 192.168.42.10 的 ICMP 报文已被阻断

```
[root@nsxdemo-centos-pod1-42-01 ~]# ping 192.168.41.10
PING 192.168.41.10 (192.168.41.10) 56(84) bytes of data.
64 bytes from 192.168.41.10: icmp_seq=1 ttl=63 time=0.303 ms
64 bytes from 192.168.41.10: icmp_seq=2 ttl=63 time=0.247 ms
64 bytes from 192.168.41.10: icmp_seq=3 ttl=63 time=0.283 ms
64 bytes from 192.168.41.10: icmp_seq=4 ttl=63 time=0.199 ms
64 bytes from 192.168.41.10: icmp_seq=5 ttl=63 time=0.160 ms
^C
--- 192.168.41.10 ping statistics ---
5 packets transmitted, 5 received, 0% packet loss, time 4309ms
rtt min/avg/max/mdev = 0.160/0.238/0.303/0.054 ms
[root@nsxdemo-centos-pod1-42-01 ~]#
```

图 6.33　去往 192.168.41.10 的 ping 测试仍然成功

6.3.2　配置 NSX Edge 防火墙

配置 NSX Edge 防火墙的方法与配置 NSX 分布式防火墙类似，其步骤如下。

1．在外部物理路由器上启用了一个环回口，模拟一台外部的主机 IP 地址 1.1.1.1/32，并将其发布到了动态路由中。这个环回口地址本来是能连接到内部网络的（如图 6.34 所示，它能够 ping 通 NSX 环境中内部服务器的地址 192.168.41.10）。在 NSX Edge 上设置防火墙规则，使外部主机无法 ping 通内部网络。

```
CSR1000v-01#sh ip int bri
Interface              IP-Address      OK? Method Status                  Protocol
GigabitEthernet1       10.74.29.104    YES manual up                      up
GigabitEthernet2       100.100.8.101   YES manual up                      up
GigabitEthernet3       100.100.9.101   YES manual up                      up
GigabitEthernet4       unassigned      YES unset  administratively down down
Loopback0              1.1.1.1         YES manual up                      up
CSR1000v-01#ping 192.168.41.10 sour 1.1.1.1
Type escape sequence to abort.
Sending 5, 100-byte ICMP Echos to 192.168.41.10, timeout is 2 seconds:
Packet sent with a source address of 1.1.1.1
!!!!!
Success rate is 100 percent (5/5), round-trip min/avg/max = 1/4/19 ms
CSR1000v-01#
```

图 6.34　在实验开始之前测试从外部设备到内部地址的连通性

2．找到连接外部物理网络的 NSX Edge 服务网关（见图 6.35），在其上找到防火墙配置界面，新增一条防火墙规则，如图 6.36 所示。

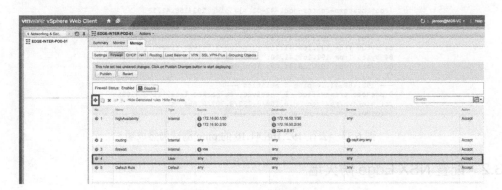

图 6.35　选择连接外部网络的 NSX Edge

图 6.36　新增一条防火墙规则

3. 在新增的策略之上就可以进行配置了。与配置分布式防火墙类似，首先为其取名，如图 6.37 所示。

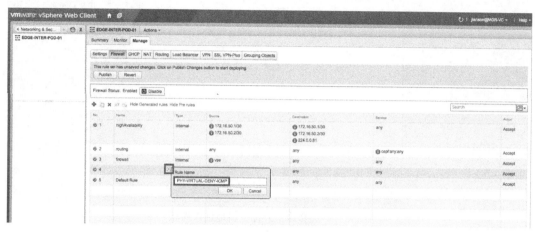

图 6.37　为防火墙取名

之后需要确定流量的源和目的。因此，需要使用这个 IP 地址作为源，为此，新建一个外部主机地址 1.1.1.1/32 作为源，如图 6.38 和图 6.39 所示。

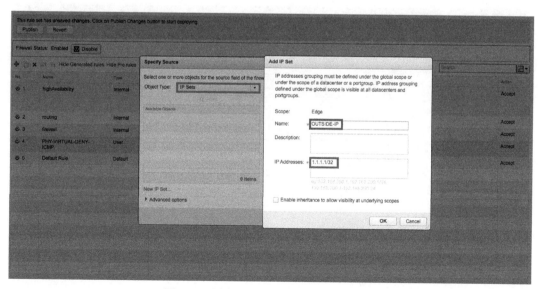

图 6.38　新建一个外部主机地址 1.1.1.1/32

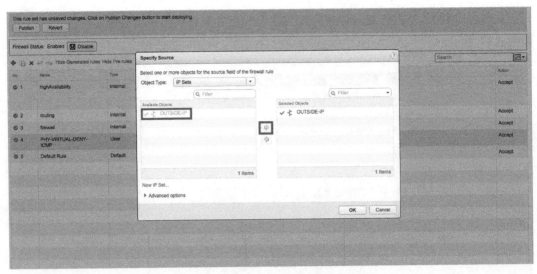

图 6.39　选择这个外部主机地址作为源

　　防火墙策略的目的为连接 192.168.41.0/24 的逻辑交换机，如图 6.40 所示。

　　4. 与 NSX 分布式防火墙的配置步骤相同，在设置完源目之后需要设置服务类型并执行策略。同样选择 ICMP Echo，并将其执行 Deny 策略，如图 6.41 和图 6.42 所示。

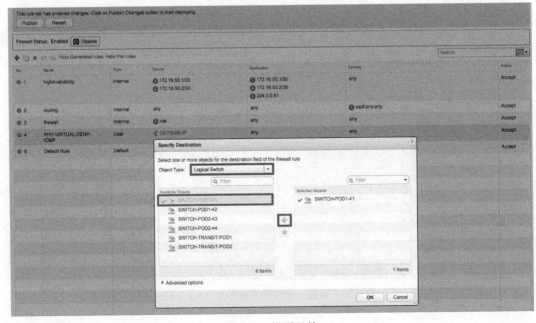

图 6.40　设置目的

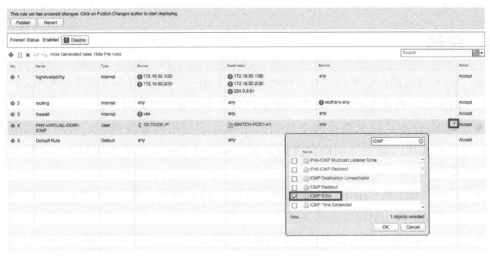

图 6.41 选择服务类型

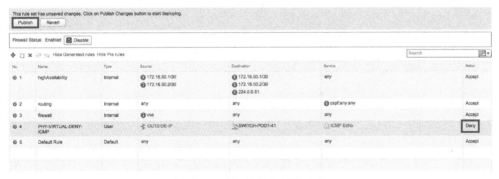

图 6.42 选择执行规则并发布

5. 经测试，之前可以正常 ping 通内部网络的外部主机，流量已经被防火墙策略所阻断，如图 6.43 所示。

```
CSR1000v-01#sh ip int bri
Interface        IP-Address    OK? Method Status                Protocol
GigabitEthernet1 10.74.29.104  YES manual up                    up
GigabitEthernet2 100.100.8.101 YES manual up                    up
GigabitEthernet3 100.100.9.101 YES manual up                    up
GigabitEthernet4 unassigned    YES unset  administratively down down
Loopback0        1.1.1.1       YES manual up                    up
CSR1000v-01#ping 192.168.41.10 sour 1.1.1.1
Type escape sequence to abort.
Sending 5, 100-byte ICMP Echos to 192.168.41.10, timeout is 2 seconds:
Packet sent with a source address of 1.1.1.1
.....
Success rate is 0 percent (0/5)
CSR1000v-01#
```

图 6.43 外部网络已经无法 ping 通内部地址

6.4　总结

- NSX 网络虚拟化平台中有两种类型的防火墙——NSX 分布式防火墙和 NSX Edge 防火墙，前者主要处理东西向流量，后者主要处理南北向流量。
- NSX 分布式防火墙不同于传统防火墙，它利用微分段技术，对网络的所有虚拟机实现二到四层细颗粒度的数据中心安全防护。它能实现隔离、分段和高级安全服务。
- 对于网络五到七层中的应用的安全防护，NSX 网络虚拟化平台可以通过集成第三方安全厂商的解决方案来实现。
- NSX 防火墙主要实现企业中不同部门资源之间的隔离和安全策略，也可以用于企业中应用的不同层级之间的安全防护，还可以实现 VDI 环境中的安全防护等。

第 7 章

NSX-V Edge 服务网关

在介绍完 NSX-V 的逻辑交换、逻辑路由和安全之后，下面开始介绍 NSX Edge。VMware 的研发人员曾将 NSX Edge 比作"瑞士军刀"，因为它可以在 NSX-V 环境中提供各种不同的服务，这些服务都是实时进行实例化部署的。有了这些服务，在设计数据中心时，可以省去很多硬件采购成本，且易于快速部署和扩展，还可以针对每个租户、每个应用实现动态的服务。NSX Edge 提供的这些服务其实非常像 NFV（网络功能虚拟化）提供的类似服务，也就是将各种本来需要硬件实现的网络功能，通过 x86 服务器在虚拟化环境中去实现。因此，有人认为 VMware NSX 解决方案也是一种 NFV 解决方案，前文提到的 NSX 的各种分布式服务也与 NFV 的理念一脉相承。

7.1 NSX Edge 服务网关简介

NSX Edge 提供的服务涵盖了网络中三层到七层的很多主要功能，如路由、防火墙、负载均衡、二层和三层 VPN、DHCP 和 DNS。本节会对 NSX Edge 服务网关进行基本的介绍，而具体网络服务的功能，则在后续小节分别详细介绍。

7.1.1 NSX Edge 服务网关能实现的功能

我们在第 4 章和第 5 章就利用 NSX Edge 服务网关配置过集中式路由和集中式防火墙。NSX Edge 网关的作用是连接孤立的网络，并与其共享上连网络接口。因此，可以利用 NSX Edge 网关实现诸多网络功能，比如二层桥接、三层路由，还有各式各样的 4-7 层服务。利用 NSX Edge 网关实现二层桥接、三层路由和防火墙功能已在前面章节讨论过，本章主要讨论利用 NSX Edge 网关实现 4-7 层网络服务。那么，NSX Edge 网关能实现哪些服务呢？

我们先回想一下之前章节演示过的实验配置。图 7.1 是之前利用 NSX Edge 服务网关配置路由时的截图。

Settings	Firewall	DHCP	NAT	Routing	Load Balancer	VPN	SSL VPN-Plus	Grouping Objects

图 7.1 NSX Edge 之上可配置的服务

不难看出，NSX Edge 服务网关能实现的 4-7 层功能包括防火墙、NAT、DHCP、负载均衡、VPN 等。

NSX Edge 服务网关是以虚拟机的形式存在，通过一个逻辑接口连接到逻辑交换机或逻辑路由器提供的虚拟机的网段。这样一来，从逻辑拓扑方面看，就像一台物理的防火墙、物理负载均衡设备或物理 VPN 设备连接到了核心交换机（其实在 NSX 环境中，分布式路由器承担了传统网络的核心交换机功能）上一样。这样部署的好处如下：

- 有利于快速部署和扩展；
- 实时地将服务实例化；
- 可以针对每个租户或应用进行差异化的动态策略；
- 利用 x86 计算机的能力，无需购买昂贵的第三方硬件产品；
- 服务流量在虚拟化内部完成，无需通过物理交换机绕行至硬件产品，消除流量瓶颈。

7.1.2 部署 NSX Edge 服务网关的资源分配

在部署 NSX Edge 服务网关的开始阶段，需要选择部署的 Size。具体部署的资源分配如图 7.2 所示。其中，Compact 的 NSX Edge 主要用于实验环境；Large 的 NSX Edge 主要用于一般生产环境；当需要针对南北向流量实现高性能的路由和防火墙功能时，需要部署 Quad-Large 的 NSX Edge；而实现高性能的负载均衡需求时，则建议部署 X-Large 的 NSX Edge。

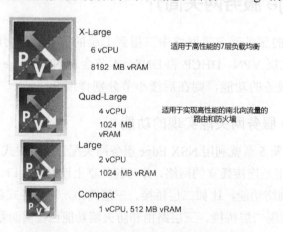

图 7.2 NSX Edge 针对 Size 所需的资源分配

在 NSX 6.1 版本之前，如果 NSX Edge 网关部署使用了错误的 Size，它可以被移除并按照实际 Size 创建新的网关来接管其服务（名字不能设置为一样的），旧的 NSX Edge 网关配置可以按需快速地由 NSX Manager 同步至新的网关，之后才可以将旧网关在系统中移除。在移除过程中，两个相同的服务会产生冲突，因此服务可能会中断，需要在合适的时间谨慎操作。在 NSX 6.2 版本之后，NSX Edge 可以无缝升级至新的 Size。

7.2 NSX Edge 的 HA

NSX Edge 中的各种服务允许逻辑网络和物理网络进行通信，包括二层桥接、三层路由、集中式防火墙功能，这些在第 4 章到第 6 章都有提及，当然 NSX Edge 的功能并不局限于此。这些功能往往非常重要，为了在 Edge 机柜中实现弹性和高可用性，一般将 NSX Edge 配置为冗余模式。

对于 NSX Edge，有三种可选择的冗余部署模式，即 Active/Standby（A/S）、Standalone 和 ECMP。其中 Standalone HA 模式是 NSX 6.0 版本的功能，在这种模式下，两台 NSX Edge 部署在分布式路由器和物理三层设备之间，可以通过制定路由策略，使得部分流量从一台 NSX Edge 中通过，而其余流量从另一台 NSX Edge 通过；在任何一台 NSX Edge 出故障的情况下，另一台设备都可以接管其工作。由于 Standalone HA 模式在 NSX Edge 中不支持等价多路径，这意味着 NSX Edge 无法实现流量的负载均衡，且不支持两台以上的 NSX Edge 的部署，因此这个功能在 NSX 6.1 版本之后被 ECMP HA 取代，本书对 Standalone HA 模式不做详细阐述。ECMP HA 的工作模式还能将 NSX Edge 和 DLR Control VM 的功能结合起来，实现数据平面中南北向的流量的冗余和等价多路径。本节将介绍如何使用 A/S 和 ECMP 的部署模式实现 NSX Edge 的 HA。

7.2.1 使用 A/S 实现 NSX Edge 的 HA

NSX Edge 网关可以通过在 NSX 网络虚拟化平台中配置为双台（一对）的模式，以实现高可用性（HA），这样一来，NSX Edge 服务可以一直保持在线状态。

状态化的 Active/Standby HA 模式是一种冗余的 NSX Edge 服务网关的部署模式。其中一台 NSX Edge 处于 Active 状态，作为主用 Edge，承载网络中的流量，并提供其他逻辑网络中的服务，而另一台 NSX Edge 处于 Standby 状态，作为备用 Edge，不承载网络流量和服务，它会等待主用 Edge 失效，并在之后接管其工作。

使用 Active/Standby 部署一对 NSX Edge，实现高可用性的方法如下所示。

● 部署处于不同 ESXi 主机的主/备的 NSX Edge 网关。

● 内部 vNIC 发出心跳（heartbeat）和同步（synchronization）数据包。

● 当运行主用 NSX Edge 的 ESXi 主机失效时，通过工作接管，保持其他 ESXi 主机中的备用 NSX Edge 的可用性。

将 NSX Edge 配置为 HA 模式后，主用 NSX Edge 会处于 Active 状态，而备用 NSX Edge 则

处于 Standby 状态。在安装备用 NSX Edge 之后，NSX Manager 会将 NSX Edge 配置从主用设备复制到备用设备，并在之后一直管理这一对设备的生命周期，同步推送更新的主用 NSX Edge 的配置和策略到备用 NSX Edge。推荐在不同的资源池（Resource Pool）和不同的数据存储（Datastore）中创建主、备 NSX Edge——如果在相同的数据存储中部署主、备 NSX Edge，数据存储就必须在集群内的所有主机中共享。因此，主/备的 NSX Edge 设备最好部署在不同的 ESXi 主机之上。

　　主备 NSX Edge 设备之间的心跳和同步信息使用了这两个 NSX Edge 的内部接口进行传递，接口使用了指定的 IP 地址，连接到相同的内部子网（必须在二层网络中通信），这个 IP 地址只能用于 NSX Edge 的信息同步，不能作为其他服务的 IP 地址。如图 7.3 所示，虚线部分即是 NSX Edge 主备设备之间的心跳和同步的示意。

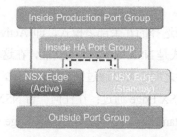

图 7.3　在主备 NSX Edge 之间逻辑架构

　　在主用和备用 NSX Edge 之间，会针对多种逻辑网络服务，使用内部通信协议交换健康和状态信息。如图 7.4 所示，连接逻辑路由器的逻辑网段的流量都是通过主用的 Edge 与物理网络通信的。

　　一旦主用 Edge 失效（比如其所在 ESXi 主机失效），备用 Edge 会接管其全部工作，而数据平面并不受影响，如图 7.5 所示。

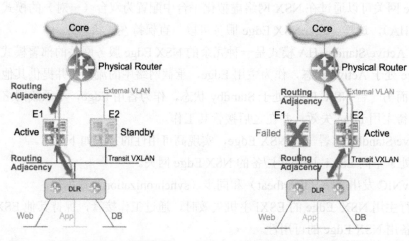

图 7.4　主用 NSX Edge 承载流量　　图 7.5　备用 NSX Edge 接管失效的主用 NSX Edge 的工作

在正常状况下，所有 NSX Edge 提供的服务运行在主用 NSX Edge 之上。当备用 NSX Edge 在一定时间（默认为 15 秒，最小设置为 6 秒，可以手动变更）无法接收到心跳信息后，它就会认为主 NSX Edge 不再工作，自己成为主 NSX Edge 并接管相关工作。在主备 NSX Edge 设备之间的切换发生后，NSX Manager 管理界面的"Settings & Reports"中会生成一张报表，将该事件告知企业的 IT 管理员。之后，负载均衡服务、VPN 服务需要与 NSX Edge 重新建立 TCP 连接，因此服务会中断一段时间。但是虚拟网络连接（主要是 NSX 路由）和防火墙的会话都是在主备 NSX Edge 之上同步的，服务不会中断。

当故障设备恢复正常后，考虑到再次切换仍然会中断一次部分服务，因此 NSX Conteoller 不允许之前失效的设备再次成为主 NSX Edge。如果需要将其重新设置为主设备，需要手动配置。当故障设备无法恢复正常时，建议在 NSX Manager 中将该设备删除，并添加新的备用设备。

当 ESXi 主机或虚拟机失效导致主 NSX Edge 无法工作时，也可以使用 vSphere DRS、vMotion 特性将 NSX Edge 迁移至其他 ESXi 主机上。这种情况下，HA 功能仍然是有效的（由于迁移虚拟机需要时间，在迁移完成后，主备设备的角色可能会互换）。可以考虑在 Edge 集群部署三台不同的 ESXi 主机，以确保失效的 NSX Edge 可以通过 vMotion 的方式迁移到其他 ESXi 主机，并成为新的备用 Edge。对于南北向的三层流量通信，需要配置分布式逻辑路由器、NSX Edge 和物理三层设备，才能成功建立三层流量通信。但这在设计上带来了如下一些考虑因素。

- 在控制平面，Active 的 DLR Control VM 和物理三层设备需要配置好相关动态路由策略，以使得 NSX Edge 在失效时可以有效进行网络收敛工作。通过在全局设置 hello/hold-time 时间，确保备用 Edge 在分布式逻辑路由器和物理三层设备的 hold-time 失效前，有足够多的时间重新启动路由协议。因为一旦 hold-time 失效，邻居关系可能就会中断，NSX Edge 学习到的路由信息和转发表也会被移除，这会导致在一台 NSX Edge 失效时，无法平稳进行主备切换——系统需要重新建立邻居关系，学习路由。因此，VMware 官方建议配置的 OSPF 和 BGP 的 hello、hold-time 时间为 40、120 秒。

- 在数据平面层面，分布式逻辑路由器的内核模块和物理三层设备都将流量的下一跳指向 NSX Edge。然而，新激活的 NSX Edge 使用的 MAC 地址与失效的 NSX Edge 不一样。为了避免流量无法通行，新的 NSX Edge 需要在外部 VLAN 和传输 VXLAN 的网段上发送一个无故 ARP 请求（Gratuitous ARP request，GARP），以更新设备的映射信息。

- 一旦新的 NSX Edge 重启了路由，它就可以向 DLR Control VM 和物理三层设备发送 hello 包了，这就是 NSX 中的 Graceful-Restart（GR）功能。借助于 GR，NSX Edge 可以通过旧的邻居关系与物理三层设备、DLR Control VM 建立新的邻居关系。如果没有 GR，邻居关系就需要重新建立，导致网络路由会中断一段时间。

● 还需要考虑 DLR Control VM 失效的情况。它的 Active/Standby HA 的部署方式与 NSX Edge 几乎完全一样。不同之处在于，DLR Control VM 承担的是分布式逻辑路由器控制平面的工作，不参与数据平面的工作。

DLR Control VM 和 NSX Edge 之间的 OSPF 与 BGP 的 hello/hold-time 时间，之前已经建议设置为 40/120 秒，这样就可以保证路由无需重新学习，不会造成网络中断。因此，当备用的 DLR Control VM 检测到了主用设备失效，在接管路由控制平面的时候，有如下值得注意的地方，这与 NSX Edge 的故障切换不尽相同。

■ 对于源自南向去往北向的流量（从虚拟机去往外部物理网络的流量），ESXi 主机的内核模块中的转发表中仍然存储了之前的路由信息，因此主用 DLR Control VM 故障不影响任何数据平面的流量转发。

■ 对于源自北向去往南向的流量（从外部物理网络去往虚拟机的流量），由于主用 DLR Control VM 不参与数据中平面的转发工作，意味着无需发送无故 ARP 请求。而数据平面仍然继续之前的工作，流量转发同样不受影响。

■ 一旦备用 DLR Control VM 接管到失效的 DLR Control VM 的工作之后，它就开始发送路由协议的 hello 包，GR 功能也可以开始启用了，以确保分布式逻辑路由器与 NSX Edge 保持邻居关系，并继续进行流量的转发。

7.2.2　使用 ECMP 实现 NSX Edge 的 HA

NSX 6.1 版本之后支持的 ECMP 的 HA 模式，支持 Active/Active 的冗余模式，且改进了 6.0 版本中 Standalone HA 不支持两台以上部署、不支持流量负载均衡的缺点，是我们在 NSX Edge 中推荐的 HA 部署方法。

使用 ECMP 的 HA，分布式逻辑路由器和外部物理网络之间通过部署最多 8 台 NSX Edge，最大可以支持 8 路等价路径。这意味着在同一时间，数据平面与外部物理网络的通信能达到最大的利用率，任何一台 NSX Edge 失效，其性能损失不大（由于部署了 8 台 NSX Edge，当一台失效时，仍然能保持原有性能的 87.5%）这种部署的拓扑架构如图 7.6 所示。

从图 7.6 中可以看到，南北向流量的通信很可能遵循非对称的路径，不同网段、不同类型的流量，可能会穿越不同的 NSX Edge 网关。这种南北向流量中非对称等价多路径的选择，是在分布式逻辑路由器或物理三层设备，对网络中的原始数据包的源目 IP 地址进行哈希计算得出的结果。

一旦其中一台 NSX Edge 失效，物理三层设备和分布式逻辑路由器会迅速重新建立邻居关系，并针对网络中的路径重新选路，使得存活的剩余 NSX Edge 仍然可以实现 ECMP，如图 7.7 所示。

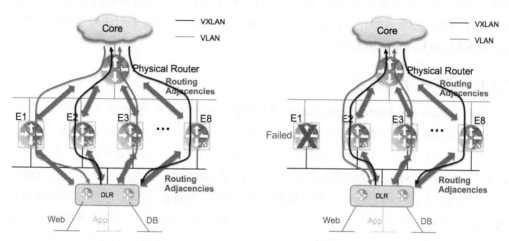

图 7.6　将 NSX Edge 部署为 ECMP 模式　　图 7.7　NSX ECMP 模式下一台 NSX Edge 失效的情况

使用 ECMP 模式部署 NSX Edge 的 HA，有如下考虑因素。

● 与 Active/Standby 的部署类似，在冗余切换过程中，路由是否会中断取决于物理三层设备、DLR Control VM 和失效的 NSX Edge 的邻居关系是否需要重新建立。因此需要考虑 hello、holdtime 的时间的设置，VMware 官方建议分别设置为 1、3 秒。

● 部署多个 Active 的 NSX Edge 时，不支持在 NSX Edge 网关之上对多个逻辑服务实现状态同步。因此，建议将不同逻辑服务部署在多个不同的 NSX Edge 之上，比如某几台 NSX Edge 中只部署了集中路由服务，而负载均衡服务会专门部署到其他几台 NSX Edge 中。乍看之下，这个功能可能带来更多的成本，而事实并不是这样——只需要部署多个 NSX Edge 即可，这些 NSX Edge 都是以虚拟机形式呈现的，不会造成成本的增加。因此，不建议在同一台 NSX Edge 之上同时实现路由和负载均衡（或其他服务）。

● 可以在 NSX Edge 上将静态路由重分布进 OSPF，将路由宣告进物理三层设备。这样做的好处是，万一邻居关系超时，学习到的路由被移除后，南北向的网络流量通信仍然可以通过基本的静态路由来进行。

7.3 利用 NSX Edge 服务网关实现 NAT

NAT 技术，最初是为了解决 IPv4 地址枯竭而提出的，它成功地将 IPv4 续命 20 多年。后来，NAT 技术有了更多的应用场景，包括保护重要数据、与负载均衡的部署进行融合。本节将从 NAT 技术开始介绍，然后引入 NSX 网络虚拟化环境中的两种 NAT 部署方法：Source NAT 和 Destination NAT。

7.3.1 NAT 技术简介

NAT（Network Address Translation，网络地址转换）技术是 1994 年提出的。当时，越来越多的计算机组成局域网，而这些局域网都需要连接至 Internet，这就造成了 IPv4 地址可能会不够用的情形。因此，NAT 技术应适而生。此后，在局域网中，人们习惯于通过 NAT 技术将私有网络地址转换为公有地址来访问 Internet，从而大大降低了公有地址的要求，使得 IPv4 技术得以延续至今。即便如此，IPv4 地址在当今还是面临着枯竭的危险，Internet 会逐渐迁移至 IPv6 环境，这是后话。NAT 可以借助于某些代理服务器来实现，但考虑到运算成本和网络性能，很多时候都是在 Internet 出口路由器或防火墙上来实现的，而如今，借助 NSX Edge 服务网关实现 NAT 有着更高的效率。

私有 IP 地址是指内部网络或主机使用的 IP 地址，公有 IP 地址是指在 Internet 上全球唯一的 IP 地址。RFC 1918 为私有网络预留出了三个 IP 地址块，这三个范围内的地址不会在 Internet 上被分配，因此可以不必向 ISP 或注册中心申请而在公司或企业内部自由使用。

- A 类：10.0.0.0～10.255.255.255
- B 类：172.16.0.0～172.31.255.255
- C 类：192.168.0.0～192.168.255.255

NAT 最初的设计目的是用于实现私有网络访问公共网络的功能，后来扩展到实现任意两个网络间进行访问时的地址转换，这里将这两个网络分别称为内部网络（私网）和外部网络（外网），通常私网为企业内部网络，公网为互联网。如图 7.8 所示，NAT 技术在为内部网络主机提供了"隐私"保护的前提下，使得内部网络的主机访问外部网络的资源。

此外，NAT 技术还可以避免地址冲突。考虑这样一种情形：两家大型公司为了发展业务并实现共赢，进行了一次合并与重组。但是，两家公司的内网地址有一部分是重复的，如图 7.9 所示，10.20.20.0/24 和 172.25.50.0/24 两个网段就可能产生冲突。由于重新设计网络、更换设备、更改配置、更新策略都是一项非常繁琐的工作，因此可以选择在两家公司重组过程中新部署的路由器之上设置 NAT，将冲突的地址在互连互通过程中转换为新的地址来避免这种情况。

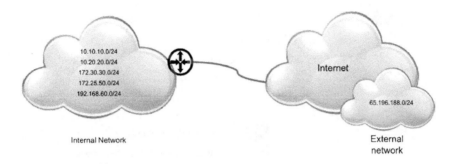

图 7.8 通过 NAT 实现外网与内网间的访问

图 7.9 通过 NAT 解决内网资源之间的地址冲突

除了节省 IPV4 地址、避免地址冲突外，NAT 还有一个好处就是通过地址转换，保护一些重要设备中的数据，免受黑客攻击或内部泄漏。因为使用转换后的地址，意味着在被攻击时多了一层防护，黑客不容易使用正常的思路和攻击方式获取这些设备的真实 IP 地址。

但 NAT 也有一些缺点。在 NAT 的处理中，由于需要对数据报文进行 IP 地址的转换，数据包的包头就不能被加密。另外，网络调试可能变得更加困难。比如内部网络的某一台主机感染了木马并试图攻击其他网络，管理员则很难发现究竟是哪一台主机出了问题，因为这台主机的真实 IP 地址被屏蔽了。

7.3.2 使用 NSX Edge 服务网关部署 Source NAT

在流量需要访问 Internet 时，可以使用 Source NAT 将私有内网 IP 地址转换为共有 IP 地址。在图 7.10 的例子中，通过 NSX Edge 网关将 192.168.1.0/24 网段的地址转换为 10.20.181.171，这种技术称之为 masquerading（IP 伪装）。在这种模式下，所有 NSX Edge 网关身后的网段都会伪装成 10.20.181.171 这个 IP 地址，与 Internet 或内网中的其他 IP 地址进行通信。

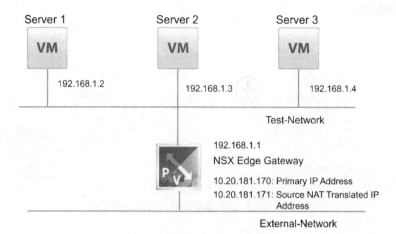

图 7.10　Source NAT 的应用

7.3.3　使用 NSX Edge 服务网关部署 Destination NAT

Destination NAT 通常用于发布一项位于内网中的服务，使得外部用户可以通过 Internet 访问这项服务——如果没有 NAT 技术，那么在发布服务时，需要将服务器暴露在公网中，这是不安全的，也不利于与内网资源进行整合。在图 7.11 的例子中，NSX Edge 网关通过 NAT 技术将 Web 服务器的 IP 地址 192.168.1.2 转换为公网地址 10.20.181.171，使得处于公网的用户可以安全、便捷地访问这个服务。NAT 技术同样可以将其转换为 10.20.181.170 这个地址，且 10.20.181.170 和 10.20.181.171 两个地址可以设置为负载均衡模式（后续小节就会讨论 NSX 负载均衡）。

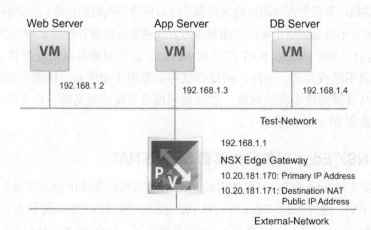

图 7.11　Destination NAT 的应用

7.4 利用 NSX Edge 服务网关实现负载均衡

负载均衡（Load Balance，LB）的技术核心为，将服务分摊到多个操作单元上执行，这些服务包括 Web 服务、FTP 服务、企业关键应用服务和其他服务等，从而共同完成工作任务。负载均衡技术建立在现有网络结构之上，提供了一种廉价、高效、透明的方法扩展网络设备和服务器的带宽，增加吞吐量，加强网络数据处理能力，提高网络的灵活性和可用性。

本节从介绍负载均衡技术开始，引入如何通过 NSX Edge 实现三种部署负载均衡服务：单臂模式、在线模式、分布式。

7.4.1 负载均衡技术

负载均衡设备可以提供多种负载平衡算法。企业可依照需求自行设定负载平衡规则，而网络会参照所设定的规则，对相应服务在需要实现负载均衡时进行计算，从而使得各个设备实现工作负载平均负担，并且可以在服务出现故障时，通过算法使得系统重新达到负载均衡。这些算法包括：

- 依序（Round Robin）；
- 比重（Weighted Round Robin）；
- 流量比例（Traffic）；
- 使用者端（User）；
- 应用类别（Application）；
- 联机数量（Session）；
- 服务类别（Service）；
- 自动分配（Auto Mode）。

负载均衡可以通过硬件来实现，也可以通过软件实现。软件负载均衡解决方案是指在一台或多台服务器相应的操作系统上安装一个或多个附加软件来实现负载均衡，优点是配置简单，使用灵活，成本低廉。

硬件负载均衡解决方案是直接在服务器和外部网络间安装负载均衡设备，这种设备通常称为负载均衡器。这样一来，专门的设备可以完成专门的任务，而且独立于操作系统，外加多样化的负载均衡策略，智能化的流量管理，可达到最佳的负载均衡需求。负载均衡器有多种多样的形式，除了独立的负载均衡器外，有些负载均衡器集成在交换设备中，部署在服务器与 Internet 之间；有些负载均衡器则以两块网卡将这一功能集成到服务器中，一块网卡连接到 Internet 上，一块网卡连接到后端服务器群的内部网络里。

一般而言，硬件负载均衡在功能、性能上优于软件方式，不过成本昂贵。在 VMware NSX 虚拟化环境中，利用 NSX Edge 服务网关部署的负载均衡，自然是通过软件实现的负载均衡。传统的基于软件实现的负载均衡，在每台服务器上安装额外的软件运行时会消耗系统 CPU 和内存资源，越是功能强大的软件，消耗得越多，当连接请求特别大的时候，软件本身可能成为系统的一个瓶颈。此外，在传统方案中，软件可扩展性并不是很好。但是使用 NSX Edge 服务网关部署的负载均衡，则杜绝了传统模式的种种弊端——现在的服务器由于 CPU 和内存都非常强大，且 VMware vSphere 又是最大化利用服务器资源的解决方案，加上 NSX Edge 的 ECMP 部署方式，很难遇到软件瓶颈问题，而 NSX Edge 扩展性也非常良好。此外，NSX 在版本 6.2 之后，支持分布式的负载均衡，更加杜绝了软件瓶颈问题。

从应用的位置来看，负载均衡分为本地负载均衡（Local Load Balance）和全局负载均衡（Global Load Balance，也叫地域负载均衡）。本地负载均衡是指对本地的服务器群做负载均衡，而全局负载均衡是指在放置于不同的地理位置、有不同网络结构的服务器群之间实现负载均衡。

本地负载均衡能有效地解决数据流量过大、网络负荷过重的问题，并且不需花费巨大费用来购置性能卓越的服务器，它充分利用现有设备，能有效避免服务器单点故障造成的数据流量的损失。灵活多样的均衡策略把数据流量合理分配给数据中心内部的服务器，由它们共同承担。

全局负载均衡主要用于在多区域部署服务器的情形，使得全球用户可以通过 Internet，以一个 IP 地址或域名就能访问到离自己最近的服务器，从而获得最快的访问速度。如果某些特大公司拥有较多子公司，子公司都有服务器，且它们之间通过 Intranet（企业内部互联网）互连，就可以使用这种解决方案达到资源统一分配。全局负载均衡有以下的特点：

- 实现地理位置的无关性，能够远距离地为用户提供完全透明的服务；
- 除了能避免服务器、数据中心的单点失效外，也能避免由于 ISP 专线故障引起的单点失效；
- 解决网络拥塞问题，提高服务器响应速度，由于服务就近提供，可以达到更好的访问质量。

负载均衡有三种部署方式：路由模式、桥接模式、服务直接返回模式。路由模式部署灵活，约 60% 的用户采用这种方式进行部署；桥接模式不会改变现有的网络架构；服务直接返回模式比较适合吞吐量大的网络应用。

如今，负载均衡技术的功能越来越强大，可以作为应用交付解决方案的核心功能来使用。应用交付解决方案已经逐渐可以自动化部署和运维各种应用。

7.4.2　基于 NSX Edge 服务网关的负载均衡

当使用 NSX Edge 来部署负载均衡服务时，是为了实现两个功能：将应用进行横向扩展（通过将工作负载横向分布在多台服务器上）。促进高可用性。图 7.12 所示为通过 NSX Edge 部署负载均衡的基本架构：最终用户（无论是内部用户还是外部用户）需要访问应用程序来获得服务时，通过在 NSX Edge 上部署的基于软件的负载均衡，最优地、均衡地连接数据中心资源。当集群内的服务器（虚拟机）有一台无法提供服务时，NSX Edge 会通过算法，对负载均衡进行重新计算，并将剩余服务器（虚拟机）提供的服务进行重新定义并对外提供。

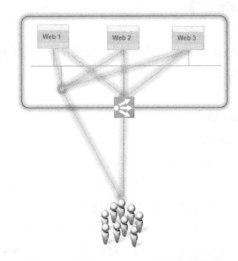

图 7.12　通过 NSX Edge 部署负载均衡

NSX Edge 的负载均衡服务有如下两个特征：

- 通过开放的 API 实现完全的可编程性；
- 与 NSX 其他功能有统一的中央管理和监控平台。

NSX Edge 提供的负载均衡服务满足绝大部分应用部署的需求，因为基于 NSX Edge 部署的负载均衡服务，提供了如下多种功能。

- 支持任何 TCP 应用，如 LDAP、FTP、HTTP、HTTPS 等，并不局限于这些。
- 在 NSX 6.1 版本之后，支持 UDP 应用。
- 支持多种多样的负载均衡算法，包括 Round-Robin、最小连接、源 IP 地址哈希、URI。
- 支持多种多样的健康状态检查，包括基于 TCP、HTTP、HTTPS 的内容检查。
- 会话保持（persistence）：一些使用负载均衡功能的网站会要求属于同一会话的请求必须交付给相同的服务器，这需要使用 persistence 模块来实现这一功能。NSX Edge 负载均衡可以提供基于 Source IP、MSRDP、cookie、ssl session-id 的会话保持功能。

- 节流（Connection throttling）：节流功能可以控制应用程序的使用量，节省一个单独的租户或整个服务实例的资源消耗。这种模式允许系统继续运行并满足服务质量，即便在增加的需求资源中放置一个极端负载的情形。NSX Edge 负载均衡使用限制最大连接数（max connections）和每秒连接数（connections/sec）的方式来实现这一功能——连接限制是通过限制用户发起的连接数、限制用户创建连接的速率或者限制用户建立连接所占用的带宽资源，对设备上建立的连接进行统计和限制，从而保护内部网络资源（主机或服务器）以及合理分配设备系统资源。
- 第 7 层网络操控，包括 URL 阻止（URL block）、URL 重写（URL rewrite）、内容重写（content rewrite）等。
- SSL 工作流的优化。

NSX 负载均衡服务的性能和扩展性非常好，能支持非常苛刻的应用。每个 NSX Edge 实际上可以扩展到如下性能。

- 吞吐量：9Gbit/s。
- 并发连接数：1000000。
- 每秒新连接数：131000。

使用 NSX Edge 来实现负载均衡，有如下两大优势。

- 负载均衡服务可以完全横跨租户实现分布式部署——每一个租户都可以部署自己的负载均衡，且配置变动不会影响到其他租户；一个租户的负载增加时不会影响到其他租户，每个租户的负载均衡服务的扩展性良好。
- 其他网络服务仍然完全可用——同一租户可以同时在 NSX Edge 上使用负载均衡服务和其他服务，如路由服务、防火墙服务、VPN 服务。

NSX 网络虚拟化平台在 6.1 版本之前支持两种负载均衡部署模式：单臂模式（One-arm mode，也叫代理模式[Proxy mode]）和在线模式（Inline mode，也叫传输模式[Transparent mode]）。在 NSX 6.2 版本之后，还支持分布式负载均衡部署，应用部署的方式和功能在 NSX 网络虚拟化平台中更加完善。

NSX 网络虚拟化平台还支持在其上加载第三方应用交付解决方案，如 F5 和 A10 等厂商的负载均衡、应用交付解决方案。之后的章节会讨论 NSX 和 F5 的集成解决方案。

7.4.3　使用单臂模式部署负载均衡

由 NSX Edge 直接连接到逻辑网络并提供负载均衡服务的模式叫作单臂模式（代理模式）。单臂模式在数据中心内部的部署拓扑如图 7.13 所示。可以看到，拓扑中单独使用了一个 NSX Edge 部署在数据中心内部。

图 7.14 为单臂模式下 NSX 负载均衡的工作流程，具体工作步骤如下。

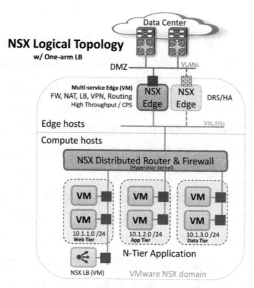

图 7.13 通过单臂模式部署负载均衡

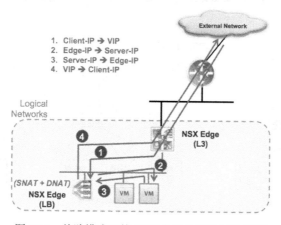

图 7.14 单臂模式下的 NSX 负载均衡的工作流程

1. 外部用户将流量发送到负载均衡服务的虚拟 IP 地址（Virtual IP address，VIP）。

2. NSX Edge 中部署的负载均衡服务（以下简称 LB）接收到客户端传递来的原始数据后，执行两个地址的转换——目的 NAT（Destination NAT，D-NAT），它是服务器群中某一台应用的虚拟机的地址，用于取代 VIP；源 NAT（Source NAT，S-NAT），它是 LB 中定义的一个地址，用来取代客户端的 IP 地址。

3. S-NAT 需要强制穿越 LB，并将流量从服务器群中返回到客户端——因此，在这一步，服务器群中的虚拟机回应了这个流量，将流量发送到了 LB。

4. LB 再次执行 S-NAT 和 D-NAT，并使用它的 VIP 作为源 IP 地址，将流量发送回外部的客户端。

单臂模式的优点是易于部署，非常灵活。它允许直接将 LB 服务（NSX Edge）部署在需要实现负载均衡的逻辑网段，而无需在与物理网络通信提供路由服务的 NSX Edge 之上做任何配置更改。但是，这种模式需要部署更多的 NSX Edge 实例，以执行 NAT 的工作，并且数据中心内部的服务器对原始客户端的 IP 地址失去了可视性。

图 7.15 所示为使用传统模式的情况下（无论虚拟机是否处于同一主机内），Web 服务器与 App 服务器进行交互并对外提供服务的流量模型。在传统模式中，Web 服务器与 App 服务器之间东西向的三层流量，需要经过二层交换机、三层交换机、旁路模式部署的防火墙，再回到三层交换机、二层交换机、物理服务器主机，这个过程需要 6 跳连接。在 Web 服务器与 App 服务器建立连接后，就可以对外提供 Web 服务了。外界要访问 Web 服务器的南北向流量，需要先抵达核心交换机，绕道防火墙进行过滤（如只允许 HTTP 和 HTTPS 的流量）并返回核心交换机。这时候，需要再次绕道负载均衡服务器进行处理并返回核心交换机，然后才能通过二层交换机抵达主机并访问 Web 服务，这个过程一共有 7 跳连接。此外，App 与数据库之间的连接，同样需要 6 跳，整个过程一共需要 19 跳才能完成。

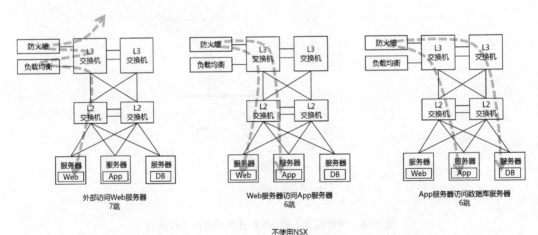

图 7.15　在非 NSX 环境中部署负载均衡后的 Web 模型流量所需跳数

如图 7.16 所示，在 NSX 环境中使用了单臂模式部署负载均衡后，同一个主机内的 Web 服务器与 App 服务器尽管处在不同网段，却可以在逻辑网络内部实现直接的连接（0 跳）；就算不在同一主机内，也只需要 2 跳。而对外提供服务时，外部访问流量通过核心三层交换机、二层交换机后去往 NSX Edge，这个 NSX Edge 串接在逻辑网络和物理网络之间，提供路由和防火墙服务。流量之后返回二层交换机，进入主机，就可以访问负载均衡 Web 服务了。由于在单臂模式下负载均衡和 Web 服务器之间可以是直连的（0 跳），因此整个过程最少只有 5 跳连接。如果为单臂模式的负载均衡服务单独部署了 NSX Edge，则为 7 跳连接。

加上 App 与数据库服务器需要交互的 2 跳，使用 NSX 网络虚拟化解决方案之后，外部用户访问一套完整的 Web 应用，最多需要 11 跳即可完成，最少只需要 7 跳连接。与传统部署相比，在仅增加了 NSX Edge 的情况下，大幅精简优化了流量的路径。

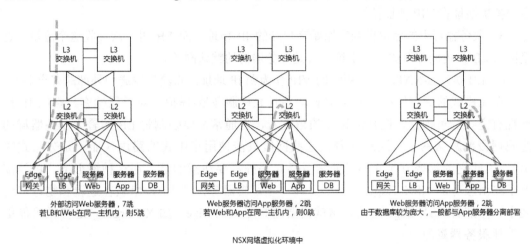

图 7.16　NSX 环境中部署单臂模式负载均衡后的 Web 模型流量所需跳数

7.4.4　使用在线模式部署负载均衡

在线模式（传输模式）实现负载均衡的方法与单臂模式相反，是由集中化的 NSX Edge 来提供路由和负载均衡服务的模式。在线模式在数据中心内部的部署拓扑如图 7.17 所示。可以看到，拓扑中利用了逻辑网络和物理网络之间的 NSX Edge 来部署负载均衡。

图 7.18 为在线模式负载均衡的工作流程，具体的工作步骤如下。

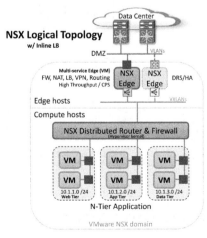

图 7.17　通过在线模式部署负载均衡

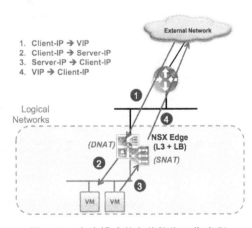

图 7.18　在线模式的负载均衡工作流程

在线模式下的 NSX 负载均衡工作流程如下。

1. 外部的用户将流量发送到负载均衡服务的虚拟 IP 地址（Virtual IP address，VIP）。

2. LB（内嵌在集中化的 NSX Edge 中）仅执行 D-NAT，使用部署在服务器群中的一台虚拟机地址将 VIP 地址替换。

3. 服务器群中的虚拟机回应原始客户端的 IP 地址，而 LB 再一次接收这个流量。这是因为 LB 是内嵌部署的，通常这里就是服务器群的默认网关。

4. LB 执行 S-NAT，并使用它的 VIP 作为源 IP 地址，将流量发送回外部的客户端。

在线模式的优点同样是易于部署，并且允许服务器/虚拟机对于原始客户端的 IP 地址拥有完全的可视性。但是从设计的角度看，它通常需要强制将 LB 部署为服务器群的逻辑网段的默认网关，这意味着在这些网段只能使用集中式的路由（而不是分布式路由），因此它的部署方式并不是非常灵活。另外需要注意的是，在这种情形下，已经部署了路由服务的 NSX Edge 新增了另外一项逻辑服务，即 LB，串联在逻辑和物理网络之中。在部署 NSX Edge 之前，这就需要选择更大的 Size（如 X-Large），这样做可能更加消耗服务器资源。

使用在线模式部署负载均衡时的流量模型如图 7.19 所示。对于同一个主机内的虚拟机之间，在传统模式下，Web 服务器与 App 服务器之间的流量交互过程依然是 19 跳。而在 NSX 环境中，通过在物理网络与逻辑网络之间的 NSX Edge 之上同时启用了防火墙服务和负载均衡服务，没有在系统中为负载均衡服务的流量增加任何多余的跳数，因此外部用户访问 Web 服务器的过程为 5 跳。整个 Web 应用模型最多 9 跳，最少 7 跳。

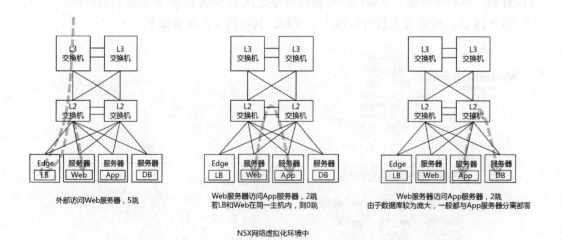

图 7.19 NSX 环境中部署在线模式负载均衡后的 Web 模型流量所需跳数

7.4.5 部署分布式负载均衡

分布式负载均衡是 NSX 6.2 版本之后的新功能。这种部署模式是将负载均衡服务分布式部署在 ESXi 主机的 Hypervisor 之上，实现分布式的架构，进一步优化数据中心的东西向流量。使用这种部署模式，可以直接由每个 Web 服务器所在的 ESXi 主机的 Hypervisor来处理负载均衡，无需使用 NSX Edge（无论单臂模式还是在线模式）来处理。分布式负载均衡的拓扑架构如图 7.20 所示。

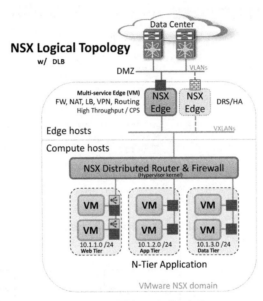

图 7.20　部署分布式负载均衡

分布式负载均衡的实现其实与 NSX Edge 没有直接关系。但是为了便于与 NSX Edge实现的两种负载均衡进行比较，因此仍然将分布式负载均衡放在本章进行介绍。

部署分布式负载均衡的方法是，在 NSX 中启用 DLB 服务，找到 Service Definitions 中的 Services 选项，新建一个服务，部署方式为 Host based vNIC，并在 Service Category 选项中选择 Load Balancer。其实 NSX 6.2 版本能集成更多的服务，可供选择的服务如图 7.21 所示。在这里选择的是负载均衡服务。

创建了分布式负载均衡服务之后，需要将其关联到服务实例中。之后就是 VIP 的配置了，其工作原理与之前讨论的两种负载均衡部署基本相同，只是负载均衡服务分布式地在ESXi 主机的 Hypervisor 之上启用。

如图 7.22 所示，分布式负载均衡流量模型与使用在线模式部署负载均衡的流量模型完全相同，跳数一致。这是因为外部用户访问 Web 服务器时不可避免地还是需要经过 NSX

Edge，而 Web 服务器之间的负载均衡实现，则完全通过 Web 虚拟机集群内部的分布式负载均衡服务来完成，没有多余的流量交互。分布式负载均衡与在线模式的不同点在于，当利用 NSX Edge 处理在线模式或单臂模式的负载均衡服务时，可能需要使用高性能的服务器安装 NSX Edge，并将 NSX Edge 部署为 X-Large 的 Size，而分布式负载均衡则完全不需要这样部署，且使用体验更好。

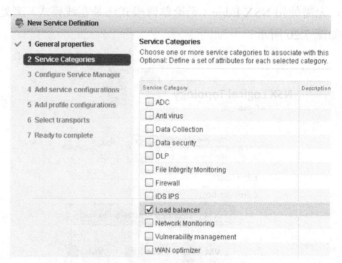

图 7.21　选择分布式负载均衡服务

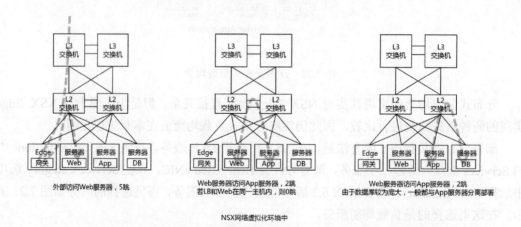

图 7.22　NSX 环境中部署分布式负载均衡后的 Web 模型流量所需跳数

7.5　利用 NSX Edge 服务网关实现 VPN

虚拟专用网（Virtual Private Network，VPN），顾名思义，就是虚拟出来的私有网络。

它经常用于利用 Internet，在不部署运营商专线的情况下，使得企业的分支节点网络成为企业内网的一部分。当然，在非 Internet 环境中，如果需要保护企业重要而敏感的内部网络资源，也可以利用 VPN 技术，在内部网络中实现数据在传输过程中的加密。

本节从介绍 VPN 开始，引入如何通过 NSX Edge 部署二层和三层 VPN 服务。

7.5.1 IPSec VPN 技术

VPN 主要是利用隧道技术，把 VPN 报文封装在隧道中，利用 VPN 骨干网建立专用数据传输通道，实现报文的透明传输（其实前文提到的 VXLAN 等技术，就是在早期 VPN 隧道技术的基础上发展起来的）。

VPN 有如下特点。

- **专用**（**Private**）：对于 VPN 用户，使用 VPN 与使用传统专网没有区别。一方面，VPN 与底层承载网络之间保持资源独立，即一般情况下，VPN 资源不被网络中其他 VPN 或非该 VPN 用户所使用；另一方面，VPN 提供足够的安全保证，确保 VPN 内部信息不受外部侵扰。

- **虚拟**（**Virtual**）：VPN 用户内部的通信是通过一个公共网络（公共的 Internet 或企业所有员工都能使用的内部网络）进行的，即 VPN 用户获得的是一个逻辑意义上的专网。这个公共网络称为 VPN 骨干网（VPN Backbone）。

和传统的数据专网相比，VPN 具有如下优势。

- 在远端用户、驻外机构、合作伙伴、供应商与公司总部之间建立可靠的连接，保证数据传输的安全性。这对于实现电子商务或金融网络与通信网络的融合特别重要。

- 利用公共网络进行信息通信，一方面使企业以更低的成本连接远地办事机构、出差人员和业务伙伴，另一方面提高网络资源利用率。

- 通过软件配置就可以增加、删除 VPN 用户，无需改动硬件设施，因此在应用上具有很大灵活性。

- 支持驻外 VPN 用户在任何时间、任何地点的移动接入，能够满足不断增长的移动业务需求。

- 构建具有服务质量保证的 VPN（如 MPLS VPN），可为 VPN 用户提供不同等级的服务质量保证。

VMware NSX 网络虚拟化平台主要利用 IPSec 技术实现 VPN。IPSec（IP Security）是 IETF 制定的三层隧道加密协议，它为 Internet 上传输的数据提供了高质量的、可互操作的、基于密码学的安全保证。特定的通信方之间在 IP 层通过加密与数据源认证等方式，提供了以下的安全服务。

- 数据机密性（Confidentiality）：IPSec 发送方在通过网络传输包前对包进行加密。

- 数据完整性（Data Integrity）：IPSec 接收方对发送方发送来的包进行认证，以确保数据在传输过程中没有被篡改。
- 数据来源认证（Data Authentication）：IPSec 在接收端可以认证发送 IPSec 报文的发送端是否合法。
- 反重放（Anti-Replay）：IPSec 接收方可检测并拒绝接收过时或重复的报文。

IPSec 具有以下优点。

- 支持 IKE（Internet Key Exchange，因特网密钥交换），可实现密钥的自动协商功能，减少了密钥协商的开销。可以通过 IKE 建立和维护 SA 的服务，简化了 IPSec 的使用和管理。
- 所有使用 IP 协议进行数据传输的应用系统和服务都可以使用 IPSec，而不必对这些应用系统和服务本身做任何修改。
- 对数据的加密是以数据包为单位的，而不是以整个数据流为单位，这不仅灵活而且有助于进一步提高 IP 数据包的安全性，可以有效防范网络攻击。

IPSec 协议不是一个单独的协议，它是一整套应用于 IP 层上网络数据安全的体系结构，包括网络认证协议 AH（Authentication Header）、ESP（Encapsulating Security Payload）、IKE（Internet Key Exchange）和用于网络认证及加密的一些算法等。其中，AH 协议和 ESP 协议用于提供安全服务，IKE 协议用于密钥交换。

IPSec 提供了两种安全机制：认证和加密。认证机制使 IP 通信的数据接收方能够确认数据发送方的真实身份以及数据在传输过程中是否遭篡改。加密机制通过对数据进行加密运算来保证数据的机密性，以防数据在传输过程中被窃听。

7.5.2　另一种 VPN 技术：SSL VPN

SSL（Secure Socket Layer，安全套接层）是为网络通信提供安全及数据完整性的一种安全协议。它由 Netscape 研发，用于保障在 Internet 上数据传输之安全。它利用数据加密技术，可确保数据在网络上的传输过程中不会被截取及窃听。现在，该技术广泛用于企业对外提供服务的 Web 应用，我们熟悉的以 HTTPS 打头的网页地址（如支付宝网页），就使用了 SSL 协议，其 TCP 端口号为 443。

SSL VPN 是以 SSL 协议为基础的 VPN 技术，工作在传输层和应用层之间。SSL VPN 充分利用了 SSL 协议提供的基于证书的身份认证、数据加密和消息完整性验证机制，可以为应用层之间的通信建立安全连接。由于使用的协议不同，SSL VPN 的实现方式与传统 VPN 有着很大区别。

企业的网络管理员可以在 SSL VPN 网关上创建企业网内服务器对应的资源，随后在远程接入用户访问企业网内的服务器时，首先与 SSL VPN 网关建立 HTTPS 连接，选择需要访问的资源，由 SSL VPN 网关将资源访问请求转发给企业网内的服务器。SSL VPN 通过在远程接入用户和 SSL VPN 网关之间建立 SSL 连接，然后 SSL VPN 网关对用户进行身份认证等机制，实现了对企业网内服务器的保护。

SSL VPN 的工作流程如下所示。

1. 管理员以 HTTPS 方式登录 SSL VPN 网关的 Web 管理界面，在 SSL VPN 网关上创建与服务器对应的资源。

2. 远程接入用户与 SSL VPN 网关建立 HTTPS 连接。通过 SSL 提供的基于证书的身份验证功能，SSL VPN 网关和远程接入用户可以验证彼此的身份。

3. HTTPS 连接建立成功后，用户登录到 SSL VPN 网关的 Web 页面，输入用户名、密码和认证方式（如 RADIUS 认证），SSL VPN 网关验证用户的信息是否正确。

4. 用户成功登录后，在 Web 页面上找到可以访问的资源，通过 SSL 连接将访问请求发送给 SSL VPN 网关。

5. SSL VPN 网关解析请求，与服务器交互后将应答发送给用户。

7.5.3 使用 NSX Edge 建立二层 VPN

如图 7.23 所示，使用 NSX Edge 进行二层 VPN 的部署，允许在两个不同的、分离的数据中心之间进行二层连接，使得虚拟机可以在不同数据中心之间进行迁移，存储也可以跨越数据中心进行复制和备份。

如图 7.24 所示，使用 NSX Edge 进行二层 VPN 的部署还可以用于私有云与公有云之间的连接——很多企业希望数据中心有冗余，但是为了节省成本，会自建一个数据中心，并使用公有云作为数据中心的备份。

图 7.23　利用 NSX 二层 VPN 连接不同数据中心　图 7.24　利用 NSX 二层 VPN 连接公有云

使用 NSX Edge 建立二层 VPN，在企业、数据中心、运营商中有多种应用场景。

- 将早先建立的企业网迁移至基于私有云或公有云的数据中心环境。
- 运营商的租户服务的上线。
- 云爆发（Cloud Bursting），这是一种应用部署模式，在该模式下应用运行在私有云或数据中心中，而当计算能力的需求达到一个阈值时，则"闯入"公共云中，调用共有云的计算资源，来扩展应用负载。

- 在混合云中延伸应用层。

在使用 NSX Edge 部署二层 VPN 的方案中，有如下特点。

- 二层 VPN 的连接是通过 SSL 加密隧道连接不同数据中心的网络来完成的，底层网络只需 IP 互通。不同的网络可以通过 VPN 连接到相同的子网。

- 本地网络可以是任何类型——二层 VPN 可以连接基于 VLAN 或 VXLAN 的异地网络。

- 在两个数据中心建立连接时，这仅仅是一个点对点的服务。在本地，NSX Edge 充当二层 VPN 服务器端的角色，而在异地数据中心，NSX Edge 则充当二层 VPN 客户端的角色，连接到服务器端。

- 支持 UI 以及 API 驱动配置。

- 二层 VPN 主要用于连接不同站点之间的网络，而中间的链路可能是企业自建或运营商提供的专线/互联网线路，建立二层 VPN，独立于这些线路，无需考虑延迟、带宽和 MTU 等（牵涉到中间运行的应用时才会涉及）。

使用 NSX Edge 部署二层 VPN 后，给企业带来了如下好处。

- 实现站点之间的二层扩展，且通信得以加密。

- 不需要特殊网络硬件。

- 支持企业私有云互联和混合云扩展。

- 支持与电信天翼混合云互联。

NSX 6.1 版本发布后，对于 VPN 的功能有了很大改进，主要体现在以下方面。

- 在 6.0 版本中，需要在不同数据中心部署两个独立的 NSX Domain 来进行 VPN 连接。这意味着需要在两个数据中心分别部署不同的 vCenter、NSX Manager 和 NSX Controller 集群。这在小型部署中可能问题不大，但是在运营商混合云部署中，就出现问题了——多达几十个站点的数据中心无法进行统一配置和管理。而 6.1 版本允许将异地 NSX Edge 作为 VPN 客户端进行部署，这样就可以在部署 VPN 服务器端的站点进行统一配置和管理。

- 6.1 版本支持在 NSX Edge 之上启用第三个接口（上连口与内部接口之外的一个接口），就是我们熟悉的 Trunk 接口。有了这个接口，就可以利用它，轻松使得二层 VPN 在多站点网络上扩展。而在 6.0 版本中，NSX Edge 有基于每个 vNIC 接口的限制。

- 6.1 版本中的二层 VPN 提供完全的 HA 支持（无论是利用 NSX Edge 部署二层 VPN 的服务器端还是客户端），一对 NSX Edge 在每个站点都可以部署为主备模式。

7.5.4　使用 NSX Edge 建立三层 VPN

三层 VPN 主要用于远程接入的客户端连接数据中心资源。一般来说，远程办公人员使用 SSL VPN 连接到数据中心，访问数据中心服务；而远程办公室使用 IPSec VPN 连接数据中心。

使用 SSL VPN 连接到部署了三层 VPN 的 NSX Edge 的方式称为 SSL VPN-Plus。如图 7.25 所示，远程用户通过在 NSX Edge 和本地 PC（操作系统可以是 Windows 或 Mac OS）之间建立的 SSL 封装隧道，可以安全地访问 NSX Edge 背后的数据中心资源，它与 VMware 桌面虚拟化解决方案 Horizon View 的目的不同，但可以有效集成。但目前 SSL VPN-Plus 不支持移动终端，也无法提供一些诸如代理服务等（Proxy）、用户入口（Portal）、SSL 加速（offload）等需要硬件厂商才能支持的高级 SSL VPN 功能。

如图 7.26 所示，当远程办公室跨越 Internet 连接公司总部或数据中心时，NSX Edge 使用了标准的 IPSec 协议与远程办公室建立三层 VPN，其实现方式与企业 VPN 提供商的解决方案类似。与二层 VPN 一样，它也能提供点到点和点到多点的 VPN 连接，但是在连接时，流量会经过三层路由服务来发送，需要配置静态或动态的路由协议，帮助流量进行路径选择。

图 7.25　SSL VPN-Plus　　　图 7.26　三层 VPN 用于远程办公室连接数据中心或总部

7.6　NSX Edge 服务网关的实验配置

7.6.1　配置 Source NAT

为了使得内网用户（或服务器）能够访问外部 Internet，需要配置 Source NAT。配置步骤如下。

1．在实验环境中模拟了一个外网 Internet 地址 10.74.29.10。在未做 NAT 的时候，它是无法访问的，如图 7.27 所示。

2．进入 NSX Edge 主界面，找到连接外部网络的 NSX Edge，如图 7.28 所示。

对这个 NSX Edge 添加一个接口，如图 7.29 所示。

```
[root@nsxdemo-centos-pod1-41-01 ~]# ifconfig
eth0      Link encap:Ethernet  HWaddr 00:50:56:A9:79:7B
          inet addr:192.168.41.10  Bcast:192.168.41.255  Mask:255.255.255.0
          inet6 addr: fe80::250:56ff:fea9:797b/64 Scope:Link
          UP BROADCAST RUNNING MULTICAST  MTU:1500  Metric:1
          RX packets:529424 errors:0 dropped:0 overruns:0 frame:0
          TX packets:527420 errors:0 dropped:0 overruns:0 carrier:0
          collisions:0 txqueuelen:1000
          RX bytes:50615800 (48.2 MiB)  TX bytes:51679095 (49.2 MiB)

lo        Link encap:Local Loopback
          inet addr:127.0.0.1  Mask:255.0.0.0
          inet6 addr: ::1/128 Scope:Host
          UP LOOPBACK RUNNING  MTU:16436  Metric:1
          RX packets:5526 errors:0 dropped:0 overruns:0 frame:0
          TX packets:5526 errors:0 dropped:0 overruns:0 carrier:0
          collisions:0 txqueuelen:0
          RX bytes:446456 (435.9 KiB)  TX bytes:446456 (435.9 KiB)

[root@nsxdemo-centos-pod1-41-01 ~]# ping 10.74.29.10
PING 10.74.29.10 (10.74.29.10) 56(84) bytes of data.
^C
--- 10.74.29.10 ping statistics ---
6 packets transmitted, 0 received, 100% packet loss, time 5337ms

[root@nsxdemo-centos-pod1-41-01 ~]#
```

图 7.27 确认 Internet 当前不可访问

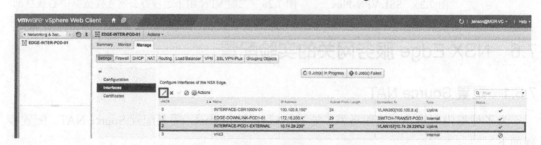

图 7.28 找到连接外部网络的 NSX Edge

图 7.29 准备添加 NSX Edge 接口

如图 7.30 和图 7.31 所示，这个接口地址 10.74.29.240/27 就是内部其他网络需要"伪装"的 IP 地址，它和能与 Internet 网络进行通信的地址 10.74.29.230/27 位于同一网段。10.74.29.230/27 这个地址与外网 Internet 地址 10.74.29.10 不在同一网段，但是由于运营商的路由策略（本实验就是在外部网络中做了简单的路由），是可以互通的。

图 7.30 增加接口地址

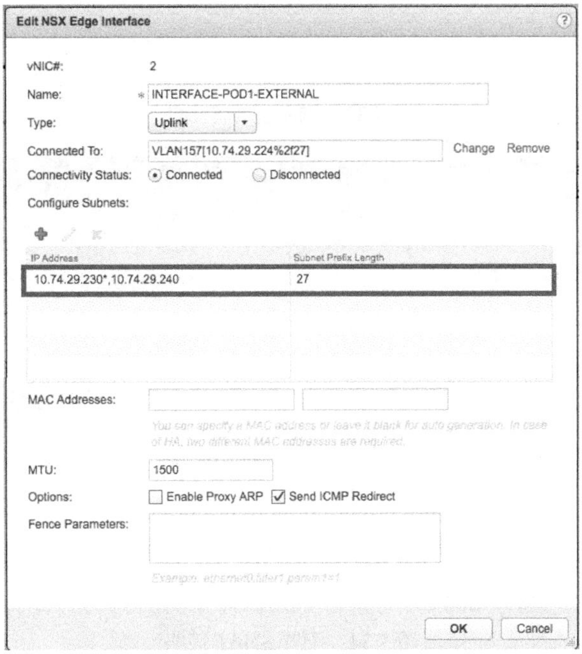

图 7.31 查看增加的接口地址信息

可以看到 Edge 的接口已成功添加，如图 7.32 所示。

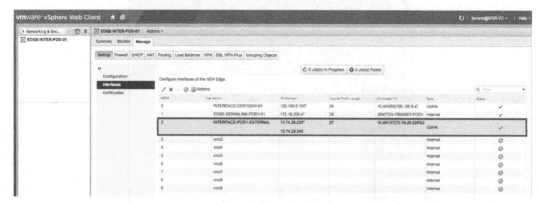

图 7.32　确认接口已添加

3. 现在进入 NAT 配置。将需要与 Internet 通信的所有 IP 地址段都"伪装"成 10.74.29.240 这个 IP 地址。添加一条 SNAT 策略，如图 7.33 和图 7.34 所示。

图 7.33　准备配置 SNAT

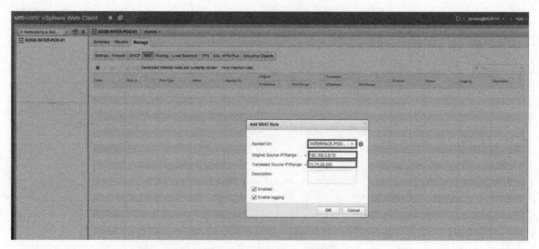

图 7.34　配置 SNAT 策略

由图 7.35 可知，这条 NAT 策略已成功添加。

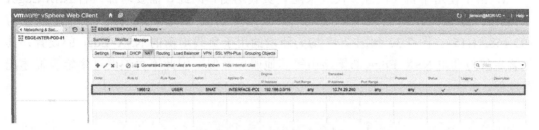

图 7.35　确认 NAT 策略已添加

4. 经测试，发现之前无法访问的外网 Internet 地址已可正常访问，如图 7.36 所示。

```
[root@nsxdemo-centos-pod1-41-01 ~]# ifconfig
eth0      Link encap:Ethernet  HWaddr 00:50:56:A9:79:7B
          inet addr:192.168.41.10  Bcast:192.168.41.255  Mask:255.255.255.0
          inet6 addr: fe80::250:56ff:fea9:797b/64 Scope:Link
          UP BROADCAST RUNNING MULTICAST  MTU:1500  Metric:1
          RX packets:529535 errors:0 dropped:0 overruns:0 frame:0
          TX packets:527486 errors:0 dropped:0 overruns:0 carrier:0
          collisions:0 txqueuelen:1000
          RX bytes:50625632 (48.2 MiB)  TX bytes:51688019 (49.2 MiB)

lo        Link encap:Local Loopback
          inet addr:127.0.0.1  Mask:255.0.0.0
          inet6 addr: ::1/128 Scope:Host
          UP LOOPBACK RUNNING  MTU:16436  Metric:1
          RX packets:5534 errors:0 dropped:0 overruns:0 frame:0
          TX packets:5534 errors:0 dropped:0 overruns:0 carrier:0
          collisions:0 txqueuelen:0
          RX bytes:447064 (436.5 KiB)  TX bytes:447064 (436.5 KiB)

[root@nsxdemo-centos-pod1-41-01 ~]# ping 10.74.29.10
PING 10.74.29.10 (10.74.29.10) 56(84) bytes of data.
64 bytes from 10.74.29.10: icmp_seq=1 ttl=125 time=0.620 ms
64 bytes from 10.74.29.10: icmp_seq=2 ttl=125 time=0.792 ms
64 bytes from 10.74.29.10: icmp_seq=3 ttl=125 time=0.752 ms
64 bytes from 10.74.29.10: icmp_seq=4 ttl=125 time=0.632 ms
64 bytes from 10.74.29.10: icmp_seq=5 ttl=125 time=0.646 ms
^C
--- 10.74.29.10 ping statistics ---
5 packets transmitted, 5 received, 0% packet loss, time 4084ms
rtt min/avg/max/mdev = 0.620/0.688/0.792/0.073 ms
[root@nsxdemo-centos-pod1-41-01 ~]#
```

图 7.36　经测试，NAT 配置已成功

7.6.2　配置 Destination NAT 和单臂模式负载均衡

尽管在线（传输）模式的负载均衡实现了对终端设备 IP 地址的可视性，但因为其他缺点，它并不是 NSX 网络虚拟化系统中的推荐配置，因此我们的实验使用单臂（代理）模式来配置负载均衡。我们模拟两台需要对外部网络进行信息发布的 Web 服务器（内部 IP 地址分别为 192.168.41.10 和 192.168.41.11），分别通过 Destination NAT 成为一台外部主机（IP 地址为 1.1.1.1）可以访问的 Web 服务，并实现应用负载均衡。配置

步骤如下。

1. 由于使用单臂（代理）模式来配置负载均衡，因此，需要增加一台 NSX Edge，专门用于提供负载均衡服务，它与 Web 服务器处于同一网段内（IP 地址设为 192.168.41.15）。图 7.37 到图 7.47 均为新增的用于负载均衡的 NSX Edge 的设置，其部署步骤与利用 NSX Edge 部署路由等其他服务类似，因此不再浪费过多笔墨描述配置过程。

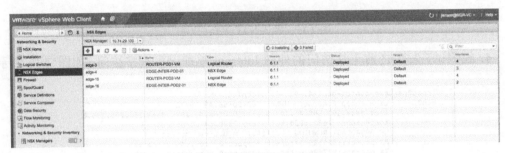

图 7.37　准备新增 NSX Edge

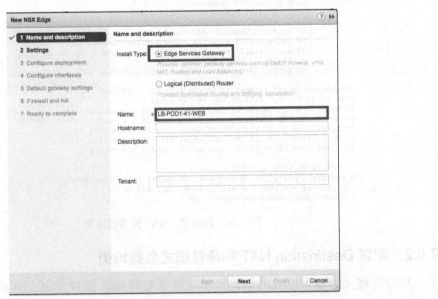

图 7.38　为新增的 NSX Edge 选择部署方式并为其取名

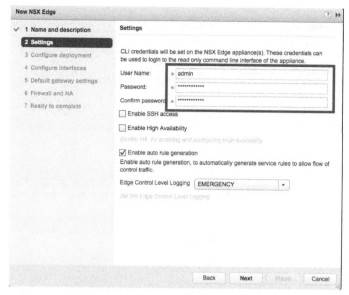

图 7.39 设置 NSX Edge 的用户名和密码

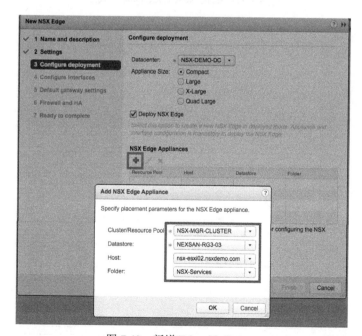

图 7.40 新增 Edge Appliances

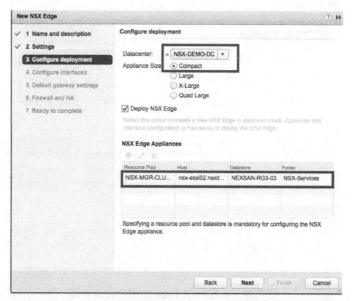

图 7.41 配置 NSX Edge 部署模式

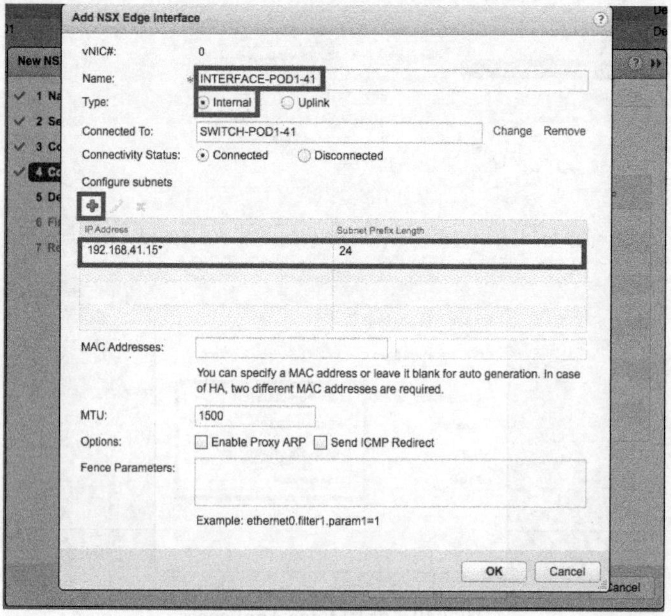

图 7.42 配置 Edge 的接口

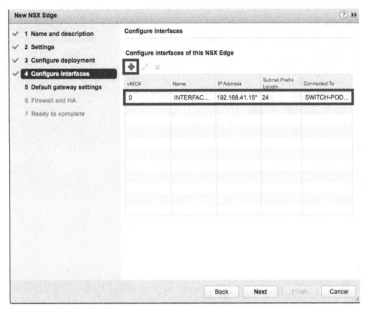

图 7.43　确认 Edge 的接口

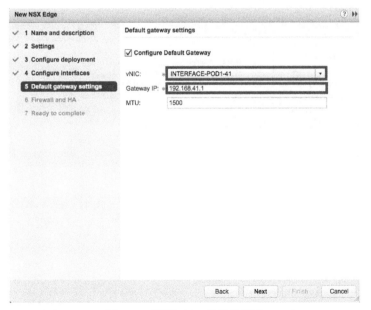

图 7.44　配置 Edge 的默认网关

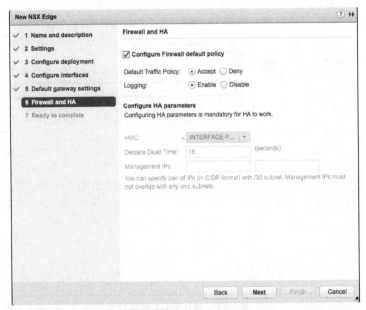

图 7.45 配置 Edge 的防火墙策略

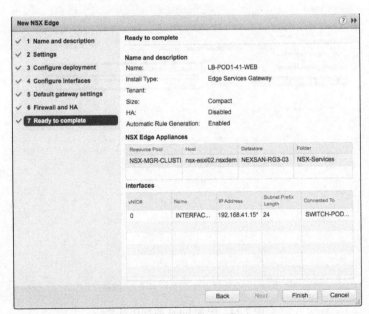

图 7.46 确认新增 Edge 的配置信息

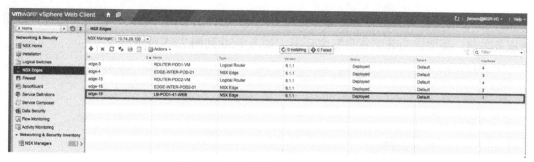

图 7.47　确认新的 Edge 已成功添加

2．进入负载均衡配置，在全局开启负载均衡服务（默认为关闭），如图 7.48 和图 7.49 所示。

图 7.48　准备配置负载均衡

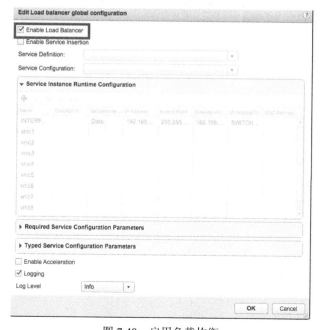

图 7.49　启用负载均衡

3．由于需要配置的负载均衡服务是通过 SSL 进行加密的，因此，在正式配置负载均衡服务之前，需要先为其配置自签名证书，如图 7.50 到图 7.55 所示。

图 7.50　准备配置证书

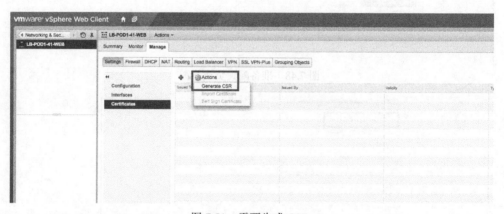

图 7.51　需要生成 CSR

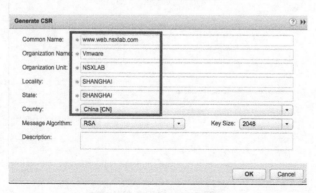

图 7.52　设置 CSR 的信息

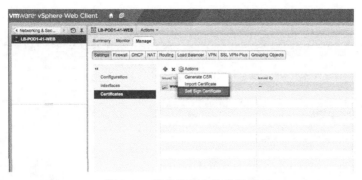

图 7.53 准备配置自签名证书

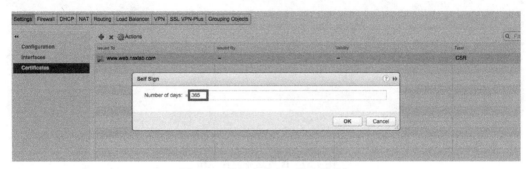

图 7.54 设置自签名证书有效时间

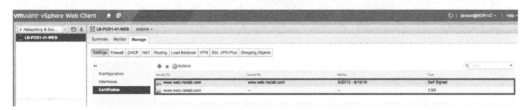

图 7.55 确认证书配置

4. 选择通过 ICMP 协议对应用服务的负载进行监控，以达到负均衡的效果，因此需要新建这条策略，如图 7.56 到图 7.58 所示。

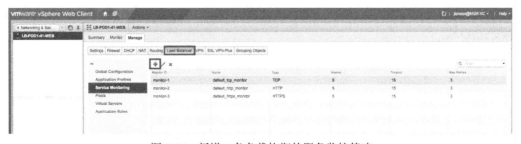

图 7.56 新增一条负载均衡的服务监控策略

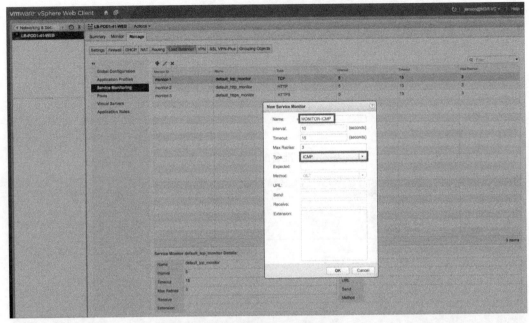

图 7.57 配置这条监控策略

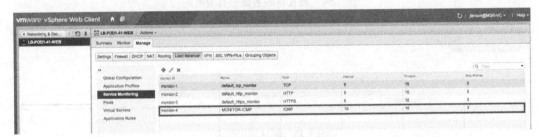

图 7.58 确认新增的监控策略

5. 为负载均衡服务创建 Application Profile，如图 7.59 到图 7.61 所示。

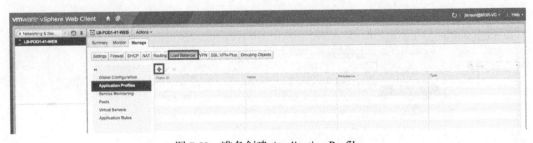

图 7.59 准备创建 Application Profile

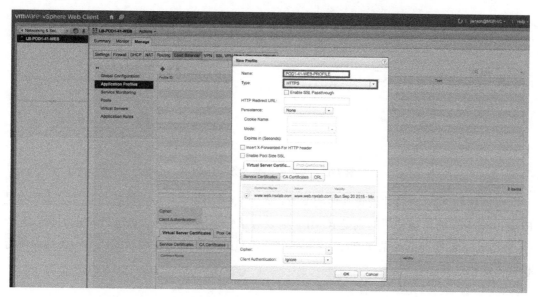

图 7.60 配置 Application Profile

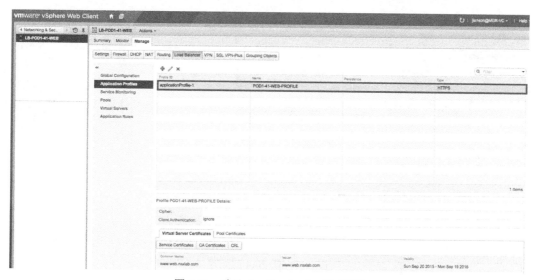

图 7.61 确认 Application Profile 配置

6. 为负载均衡服务创建 Pool，如图 7.62 所示。

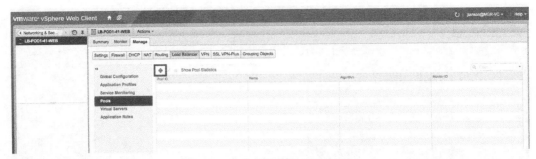

图 7.62　为负载均衡服务创建 Pool

为创建的 Pool 命名并设置其他的配置，如图 7.63 所示。其中，负载均衡算法选择的是 Round-Robin，而监控使用的则是 ICMP。需要着重强调的一点是：创建 Pool 的时候，有一个 Transparent 复选框（见图 7.63），一旦勾选，负载均衡就是在线模式，不勾选则为单臂模式。这里选择不勾选。

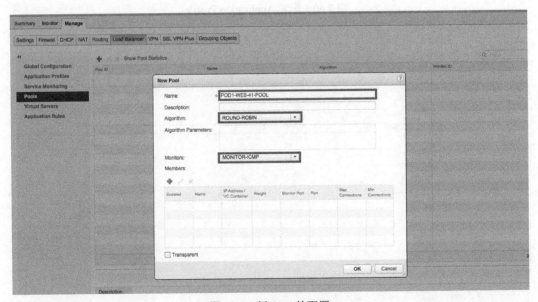

图 7.63　新 Pool 的配置

如图 7.64 到图 7.66 所示，我们需要将两台对外提供应用服务的服务器的 IP 地址添加进来，成为一个地址池，共同对外提供服务并最终实现负载均衡。

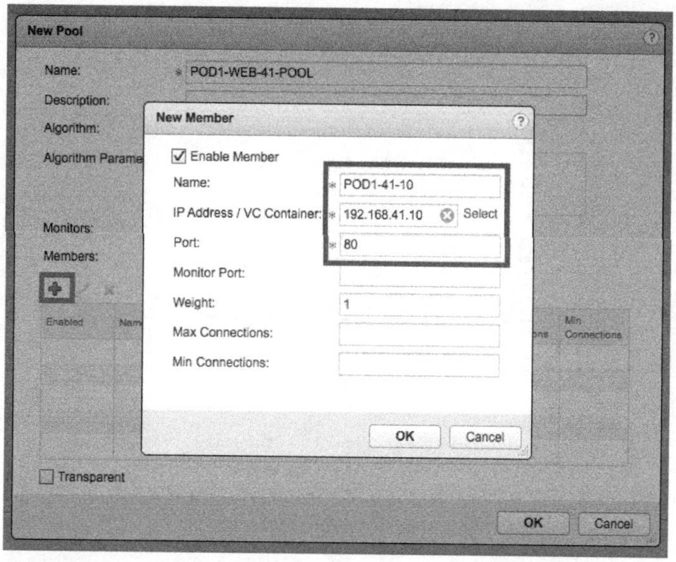

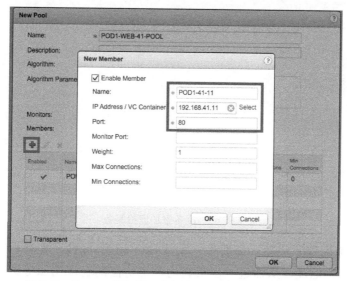

图 7.64 为 Pool 增加一个新成员（一台服务器地址）

图 7.65 为 Pool 增加另一个新成员（另一台服务器地址）

7．我们还需要配置虚拟服务，如图 7.67 和图 7.68 所示。这个虚拟服务的地址（192.168.41.15）就是两台服务器（192.168.41.10 和 192.168.41.11）在对外提供服务时，虚拟出来的 IP 地址。外部用户只需要通过域名访问到这个地址，就可以负载均衡地使用两台服务器对外提供的应用。

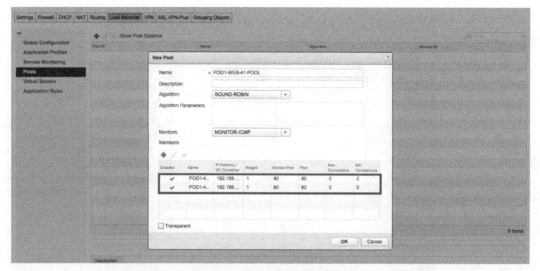

图 7.66　确认成员已成功添加

图 7.67　准备添加虚拟服务

8. 负载均衡配置完成后，需要做一条 Destination NAT，使得外部用户可以访问 192.168.41.15 这个地址，从而进一步负载均衡地访问两台应用服务器。配置方式与配置 DNAT 类似，如图 7.69 和图 7.70 所示，首先进入需要实现 DNAT 的 NSX Edge，这台 Edge 就是之前已经实现了 SNAT 的设备，它是 NSX 网络虚拟化内部环境和外界通信的桥梁。

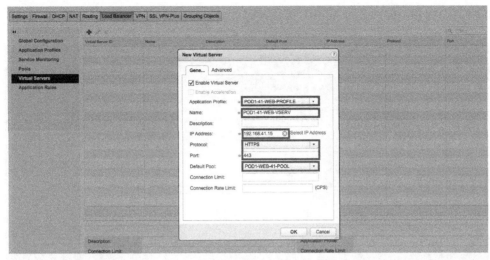

图 7.68　配置虚拟服务

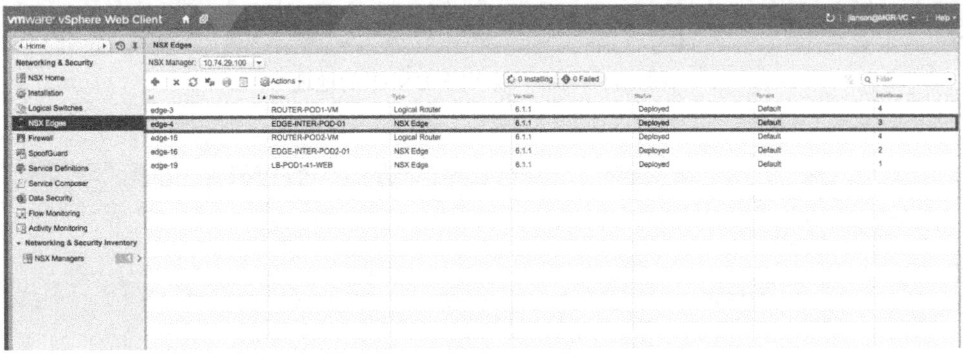

图 7.69　选择需要实现 DNAT 的 NSX Edge

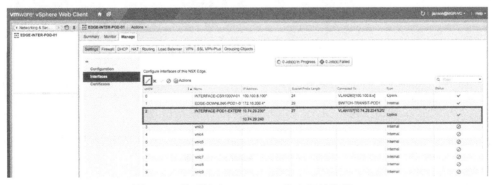

图 7.70　找到这台 NSX Edge 的上行链路接口

为了添加这条 NAT，首先在其接口中添加一条与 10.74.29.230/27 处于同一网段的 IP 地址 10.74.29.248，如图 7.71 和图 7.72 所示。

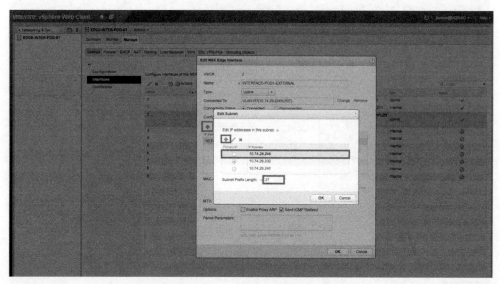

图 7.71　添加一条用于 DNAT 的地址

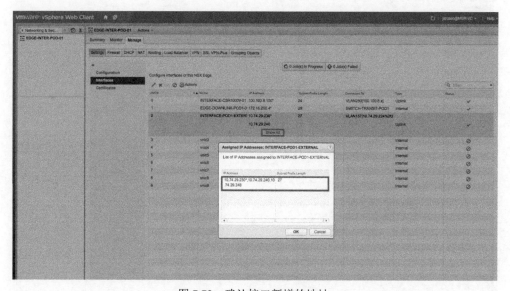

图 7.72　确认接口新增的地址

配置 DNAT，将这个地址转换成 192.168.41.15，如图 7.73 到图 7.76 所示。

图 7.73 选择 NAT 配置

图 7.74 选择增加一条 DNAT

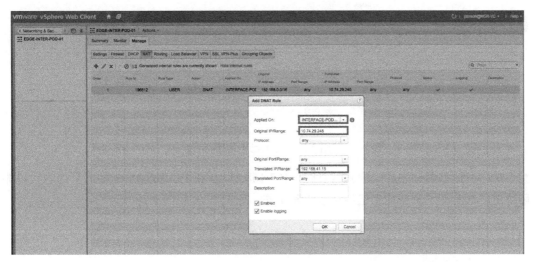

图 7.75 配置 DNAT

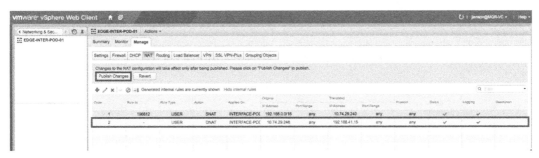

图 7.76 确认配置信息并发布配置

9. 使用两种方法验证配置结果。第一种方法是直接通过网页来访问 https://10.74.29.248 进行验证。输入地址后，会看到自签名证书已经可以正常工作，确认证书并继续，如图 7.77 所示。

图 7.77　证书已正常工作

10. 在证书确认之后，刷新网页时，192.168.41.10 和 192.168.41.11 的网页内容可以循环跳出，这验证了负载均衡已经可以正常工作，如图 7.78 和图 7.79 所示。

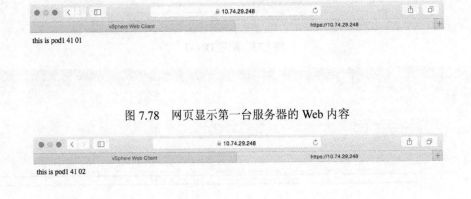

图 7.78　网页显示第一台服务器的 Web 内容

图 7.79　网页显示第二台服务器的 Web 内容

11．也可以利用命令行来进行配置结果的验证。在图 7.80 中可以看到两台服务器中内容循环显示。

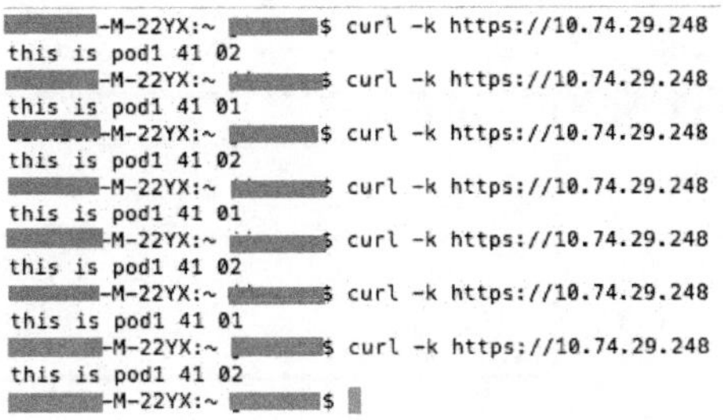

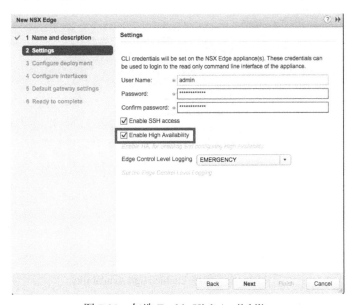

图 7.80　通过命令行验证负载均衡设置

7.6.3　配置并实现 NSX Edge 的 HA

要实现 NSX Edge 的 HA 配置，其实非常简单，只要在部署 NSX Edge 的时候勾选 HA 选项就可以。具体配置在前面部署 NSX Edge 的时候其实已经演示了，在这里重新提一下。

1．在图 7.81 所示的界面中，勾选 Enable High Availability 复选框，启用 HA 设置。之后就可以部署 HA 了。

在配置完了两个处于同一网段的管理 IP 地址，并配置了 Declare Dead Time 后，备用 NSX Edge 会在系统中自动生成，如图 7.82 所示。

图 7.81　勾选 Enable High Availability

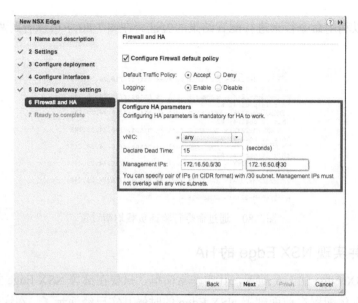

图 7.82　配置 HA

2．如果没有勾选 NSX Edge 的 Enable High Availability 复选框，那么之后的 HA 配置选项就是灰色的，无法进行配置，如图 7.83 和图 7.84 所示。

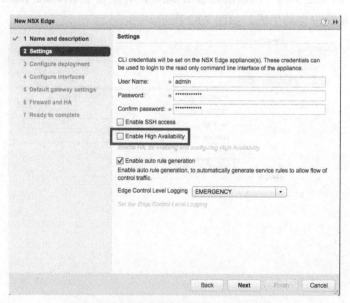

图 7.83　没有勾选 Enable High Availability

3．使用命令行对配置结果进行验证，发现 HA 配置已生效——一台 NSX Edge 为 Active 状态，另一台则为 Standby 状态，如图 7.85 和图 7.86 所示。

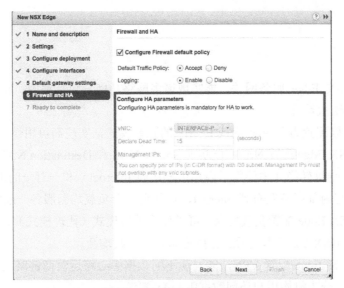

图 7.84 无法进行 HA 设置

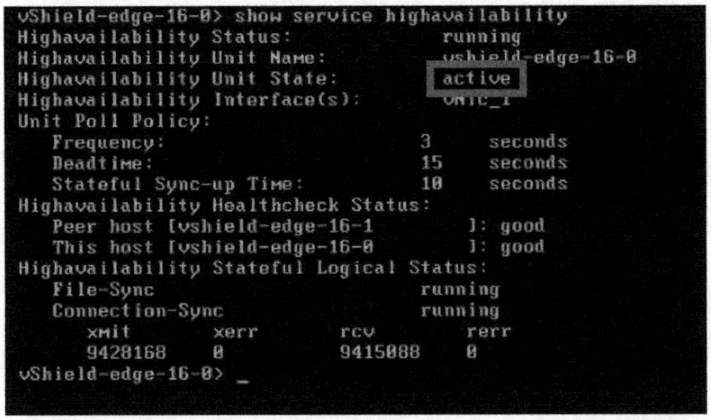

图 7.85 验证一台 Edge 为 Active

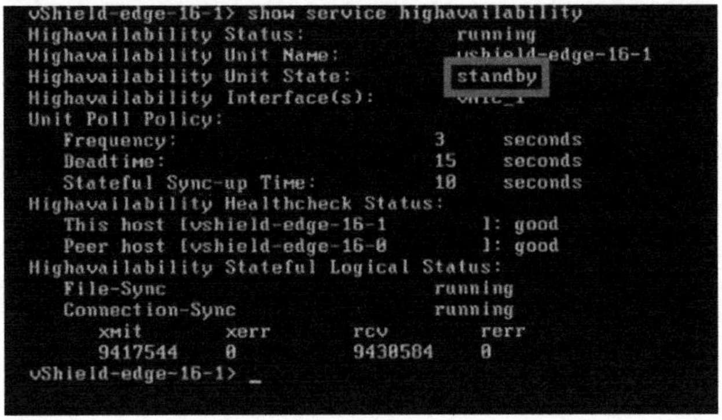

图 7.86 验证另一台 Edge 为 Standby

7.7　总结

- 使用 NSX Edge 服务网关，能实现诸多网络功能，包括路由、NAT、负载均衡、VPN 和防火墙等。
- NSX 可以配置为主用/备用或 ECMP 的冗余模式，实现高可用性。
- 使用 NSX Edge 配置 NAT，能实现 Source NAT 和 Destination NAT，分别用于多对一的 IP 地址转换（主要用于内部用户访问 Internet）和一对一的 IP 地址转换（主要用于将内部服务发布到 Internet，往往会结合负载均衡服务一起配置）。
- 使用 NSX Edge 配置负载均衡，可以使用单臂模式（代理模式）或在线模式（传输模式）。NSX 6.2 版本之后还支持分布式的负载均衡。
- 使用 NSX Edge 配置 VPN，能实现不同数据中心跨运营商链路进行二层互联，或使外部、分支机构用户访问数据中心 IT 资源。

第 8 章

多 vCenter 环境中的 NSX-V

在数据中心中很可能需要部署多个 vCenter，这些 vCenter 会分别管理不同的 ESXi 集群。在数据数中心会部署多个 vCenter 的原因如下：

- 解决单个 vCenter 的扩展限制；
- 适应需要专门的或多个 vCenter 的产品，例如 Horizon View、Site Recovery Manager（SRM）等；
- 逻辑分离各个环境，例如按业务单位、租户、组织或类型，分别部署专门的 vCenter；
- 同一个企业的不同站点的数据中心可能使用不同的 vCenter 进行管理。

为了匹配企业的这些需求，NSX 网络虚拟化平台也支持跨多台 vCenter 部署，在多台 vCenter 集群之间实现了统一的一套逻辑网络。本章将具体介绍如何跨越 vCenter 设计和部署 NSX 网络虚拟化平台。

8.1 跨 vCenter 的 NSX-V 架构和设计

在 NSX 6.1 版本之前，如果部署了多个 vCenter，由于 NSX Manager 的数量需要与 vCenter 一一对应，而每个 NSX Manager 又单独管理自己的逻辑网络，这就意味着一套 vCenter 管理的服务器虚拟化环境之下，只能实现一张逻辑网络；在多 vCenter 环境下，无法实现一张逻辑网络，只能在多张逻辑网络之间实现组网（利用 NSX Edge）。这就使得在多 vCenter 环境下，在跨越 vCenter 设计统一的网络虚拟化平台时困难重重，且部署非常复杂。

在 NSX 6.2 版本之后，可以跨越 vCenter 设计和部署 NSX 网络虚拟化环境。

本节将介绍跨 vCenter 的 NSX-V 的架构、基本组件和典型拓扑。

8.1.1 跨 vCenter 的 NSX-V 概述

在图 8.1 中可以看到，VMware vSphere 6.0 版本有一个非常重要的新功能，就是实现了跨三层网络、跨不同 vCenter、长距离的 vMotion。这意味着以前物理硬件厂商为了配合 "VMware vMotion 只能在二层中完成" 的限制而一直在打造和发展的 "大二层网络" 技术基本可以告一段落。

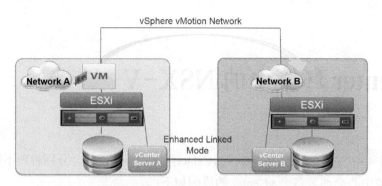

图 8.1　跨三层网络和跨不同 vCenter 之间的 vMotion

之前，vMotion 需要在同一个 vCenter 下的同一个二层域内实现，这是因为以前每个主机只有一个 TCP 协议栈，用于管理的 VMKernel 和用于 vMotion 的 VMKernel 是不同的，而默认路由只能指向管理网段的网关，这意味着 vMotion 的 VMKernel 的 IP 地址需要与用于管理的 VMKernel 位于同一个 VLAN。VMware 在 vSphere 5.5 版本中做了一些改进，可以再书写一条静态路由，指向 vMotion 的 VMKernel 网关地址，但真正实现跨三层的 vMotion 仍然不理想。而 vSphere 6.0 版本之后，用于管理的 VMKernel 和用于 vMotion 的 VMKernel 可以分别使用各自的 TCP 协议栈（见图 8.2），这意味着书写两条默认路由就可以实现跨三层网络、跨不同 vCenter 之间的 vMotion 了。

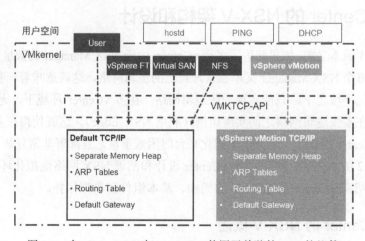

图 8.2　在 vSphere 6.0 中，vMotion 使用了单独的 TCP 协议栈

在 vSphere 6.0 版本推出了跨 vCenter 的 vMotion 功能后，NSX 6.2 版本也推出了跨 vCenter 的虚拟网络。现在，一个集群要设计得多大，一个 vCenter 要设计得多大，都已经变得无所谓了——因为可以跨集群、跨 vCenter 来进行资源分配，并且可以把这些跨域的资源分配给同一个租户，使得这些跨域的资源所在的虚拟机之间可以互相访问，应用也可以在不同 vCenter 中进行任意迁移。

在 NSX 6.2 版本中，每个 vCenter 可以同时存在 1 个主用 NSX Manager 和多达 7 个辅用 NSX Manager。可以在每个 NSX Manager 上进行配置并设置任务，无论它是主用 NSX Manager，还是辅用 NSX Manager。这样一来，跨越 vCenter 设计网络虚拟化解决方案的问题迎刃而解。可以在主用 NSX Manager 上创建通用对象，这些对象会在整个环境中的所有 vCenter 之间进行同步。

由于需要在 vCenter 环境中实现单一的虚拟网络，因此虚拟机不关心其所属的 vCenter，需要在不同 vCenter 中自由迁移，这也就牵扯到了 TCP 协议栈的问题。这意味着跨 vCenter 的 NSX 功能除了有 NSX 6.2 版本限制外，也仅能在 vSphere 6.0 及其后续的版本被支持。

跨 vCenter 的 NSX-V 主要包含如下功能。

- 增强了 NSX 逻辑网络的扩展性。属于任何 vCenter 管理的任何群集中的虚拟机都可以连接到同一逻辑网络。
- 集中式的安全策略管理。防火墙规则可从中央位置进行管理，并应用到任何虚拟机，不受位置和不同 vCenter 系统影响。
- 由于 vSphere 6.0 中支持新的移动边界，包括跨数据中心、跨 vCenter、跨多个逻辑交换机的远距离 vMotion，但是由于在以前，这样的远距离 vMotion 非常依赖于物理网络的部署方式，使得这个功能在实现的过程中并不灵活。但是在 NSX 6.2 之后，可以跨越 vCenter 实现同一张逻辑网络，这个问题也就得到了很好的解决。
- 增强了对多站点数据中心环境的支持，包括双活数据中心、备用数据中心、两地三中心等各种环境。只要不同数据中心之间的 RTT（Round-Trip Time，往返时间）在 150 毫秒内，都能利用 NSX-V 轻松实现多站点数据中心解决方案。

跨 vCenter 的 NSX-V 环境具有下面这些优点。

- 集中式管理所有通用对象，减少了管理工作的负担。
- 提高了工作负载的移动性，虚拟机无需重新配置或更改防火墙规则即可在 vCenter 之间执行 vMotion。
- 增强了 NSX-V 网络虚拟化环境下多站点的逻辑网络和灾难恢复功能。

下面看一下跨 vCenter 的 NSX-V 的工作模式。在跨 vCenter 的 NSX-V 环境中有多个 vCenter Server，每个 vCenter 都必须与 NSX Manager 进行配对。在 NSX 6.1 版本之前，这

种对应关系是 1:1，而 NSX 6.2 版本之后就没有这样的限制了。vCenter Server 与 NSX Manager 的对应关系可以是 1:1，也可以是 N:1，还可以是 N:M。在 N:M 的对应关系中，一个 NSX Manager 分配为主用 NSX Manager 角色，其他 NSX Manager 分配为辅用 NSX Manager 角色。主用 NSX Manager 用于部署通用 NSX Controller 群集，为跨 vCenter 的 NSX 环境提供控制层面的管理功能。辅用 NSX Manager 没有其自己的 NSX Controller 集群。主用 NSX Manager 可以创建通用对象，如通用逻辑交换机。这些对象通过 NSX 的"通用同步服务"同步到辅用 NSX Manager。必须使用主用 NSX Manager 来管理通用对象。而在辅用 NSX Manager 中，只能查看这些对象，无法编辑。同时，主用 NSX Manager 可用于配置环境中的任何辅用 NSX Manager。

如果在主用 NSX Manager 中创建了 NSX-V 环境的本地对象，如逻辑交换机和分布式逻辑路由器，这些对象仅存在于创建它们的本地 NSX-V 环境中，在跨 vCenter 的 NSX-V 环境中的其他 NSX Manager 中并不可见。当然也可以为 NSX Manager 分配独立的角色，这相当于 NSX 6.1 与之前版本的基本部署方式，而这种部署无法创建通用对象。跨 vCenter 的 NSX-V 的工作模式如图 8.3 所示。

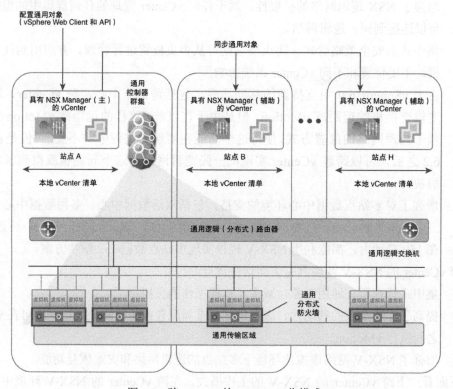

图 8.3　跨 vCenter 的 NSX-V 工作模式

8.1.2　跨 vCenter 的 NSX-V 组件介绍

跨 vCenter 的 NSX-V 的组件与 NSX-V 基本相同，但其部署、实现的功能还是有一些区别。

● 通用 NSX Controller 集群

每个跨 vCenter 的 NSX-V 环境都有一个通用 NSX Controller 与主用 NSX Manager 关联。辅用 NSX Manager 没有通用 NSX Controller 集群。通用 NSX Controller 集群会维护有关通用逻辑交换机和通用分布式逻辑路由器，以及该通用 NSX Controller 对应的本地逻辑交换机和本地分布式逻辑路由器的信息。

为避免任何对象 ID 重叠，系统会为通用对象和本地对象维护单独的 ID 池。

● 通用传输区域

在跨 vCenter 的 NSX-V 环境中，只能存在一个通用传输区域。通用传输区域在主用 NSX Manager 上创建，并会同步到辅用 NSX Manager。通用的逻辑网络集群必须添加到通用传输区域中。

● 通用逻辑交换机（ULS）

通用逻辑交换机允许二层网络跨越多个 vCenter Server 甚至多个站点。

在通用传输区域中创建逻辑交换机时，首先会创建一个通用逻辑交换机，它在通用传输区域中的所有集群上都是可用的。通用传输区域可以包括跨 vCenter 的 NSX-V 环境中的所有 vCenter 的集群。

子网的 ID 池用于向逻辑交换机分配 VNI，而通用子网 ID 池用于向通用逻辑交换机分配 VNI。这些池中的 ID 是不能重叠的。

在通用逻辑交换机之间实现路由功能时，必须使用通用分布式逻辑路由器。如果需要在通用逻辑交换机与逻辑交换机之间进行路由，则必须使用 NSX Edge 服务网关。

● 通用分布式逻辑路由器（UDLR）

通用分布式逻辑路由器提供能够在通用逻辑路由器之间、通用逻辑交换机之间、集群和主机之间的可集中式管理的路由。

创建通用逻辑路由器时，必须选择是否启用本地输出，本地输出允许根据标识符（即区域 ID）进行路由选择。这个设置在创建后无法更改。每个 NSX Manager 都分配有一个区域 ID，它的默认设置为 NSX Manager 的 UUID。如果不启用本地输出，区域 ID 就会被忽略，连接到通用逻辑路由器的所有 ESXi 主机将收到相同的路由。因此，建议启用这个功能，但并非所有跨 vCenter 的 NSX-V 配置都需要启用该功能。

● 通用防火墙规则

通过跨 vCenter 的 NSX-V 环境中的分布式防火墙，可以集中管理整个 NSX-V 网络虚拟化环境中的所有规则。由于分布式防火墙策略可跟随虚拟机迁移而迁移，并支持跨 vCenter

的 vMotion，因此扩展了数据中心的安全性。

支持可扩展性的数据中心的规模需要不断扩大，这就可能需要将应用程序迁移到不同
vCenter 管理的新 ESXi 主机之上。也可能需要将应用程序从环境中的测试服务器移至生产
环境的服务器，其中测试服务器由一个专门的 vCenter 进行管理，而生产环境的服务器又
由不同的 vCenter 进行管理。NSX 分布式防火墙支持这些跨 vCenter 的 vMotion 方案，它可
以把为主用 NSX Manager 定义的防火墙策略复制到辅用 NSX Manager。

在主用 NSX Manager 中，可以创建一个通用的二层防火墙策略规则区域和一个通用的
三层防火墙策略规则区域。这些区域及其规则都会同步到环境中的所有辅用 NSX Manager。
其他区域中的规则保持为相应的 NSX Manager 的本地规则。

以下分布式防火墙功能在跨 vCenter 的 NSX-V 环境中是不支持的：

- 排除列表；
- SpoofGuard；
- 汇总流的 Flow Monitoring；
- Network Service Insertion；
- Edge 防火墙。

此外，Service Composer 不支持通用同步，因此无法在通用区域中使用 Service Composer
创建分布式防火墙规则，这意味着与 Palo Alto 等第三方安全厂商的集成方案目前在跨
vCenter 的 NSX-V 环境中是有限制的。以上缺陷将在后续 NSX-V 的版本中逐步得到解决。

可以通过创建定义网络和安全对象，以在通用区域中的分布式防火墙规则中使用。这
些对象是：

- 通用 IP 集；
- 通用 MAC 集；
- 通用安全组；
- 通用服务；
- 通用服务组。

需要注意的是，只能从主用 NSX Manager 创建通用网络和安全对象。同样，无法从
Service Composer 中创中通用安全组。从 Service Composer 创建的安全组将成为该 NSX
Manager 的本地安全组。

8.1.3 单站点数据中心设计

通过跨 vCenter 的 NSX-V 环境，可以在多个 vCenter 之间的 NSX-V 部署中使用相同的
逻辑交换机和其他网络对象。多个 vCenter 可以位于同一站点的数据中心，也可以位于不同
站点的数据中心。

无论跨 vCenter 的 NSX-V 环境是在同一数据中心中还是跨越多个数据中心，都可以使用相似的配置，但是拓扑却不尽相同。

图 8.4 所示为在单站点数据中心内部署跨 vCenter 的 NSX-V 环境的简单拓扑架构图。图中创建了一个通用传输区域，其中所有集群都是在单站点数据中心内所有的 vCenter 之上创建的。通用传输区域的两个通用逻辑交换机用于连接虚拟机，并连接到通用分布式逻辑路由器。NSX Edge 上的通用逻辑路由器，又可以作为连接外部网络和通用分布式逻辑路由器的桥梁。通用 NSX Controller 可以对这些通用的 NSX 组件进行统一控制，并由主用 NSX Manager 进行管理。

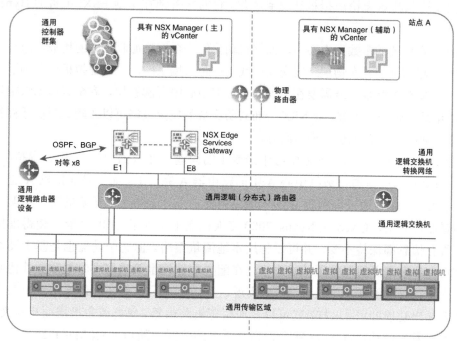

图 8.4 单站点数据中心的跨 vCenter 的 NSX-V 环境

8.1.4 多站点数据中心设计

在过去，设计一套多站点数据中心解决方案是一项极其复杂的工作。但是有了 vSphere 6.0 和 NSX 6.2 之后，这样的设计就变得相当容易了。

首先，需要在不同数据中心之间打通大二层的网络环境。由于数据中心之间的通信链路一般都是运营商提供的三层链路（同城数据中心可能使用光纤直连），因此在三层链路之上实现大二层就变得非常困难。在之前，可以借助 VPLS 这种二层 VPN 功能来实现它，但是会带来诸多问题。Cisco 的 OTV 解决方案优化了跨越三层的大二层解决方案，但是企业需要购买支持 OTV 的昂贵的 Nexus 7000 系列交换机或 ASR 9000 系列路由器、支持 OTV 的设备板卡和可以开启 OTV 功能的 License。而 NSX 网络虚拟化环境通过 VXLAN 可以轻松地在三层链路中打通二层隧道，从而非常有效地实现了大二层环境。

其次，由于虚拟机可能在不同数据中心之间进行迁移，那么漂移之后，其网关所在的位置也成了在部署中需要关心的问题。基于硬件的传统多数据中心解决方案可能在核心交换机上启用 HSRP 或 VRRP 的功能，在不同数据中心之间虚拟出一个共同的网关。然而 NSX 网络虚拟化平台则更进一步，在控制平面上创建的网关可以下发到每台 ESXi 主机之上，这意味着无论虚拟机迁移到哪里，它的网关都在本地 ESXi 主机的 Hypervisor 之上。

再次，在传统的多数据中心中，部署自动化的安全策略面临很大的挑战。由于访问控制等安全策略都是配置在物理三层交换机或物理防火墙上的，一旦虚拟机迁移到了其他数据中心，其安全策略很可能需要在另外一个数据中心中再次添加。安全策略无法跟随虚拟机移动，给运维带来了困难。而 NSX 分布式防火墙的安全策略可以跟随虚拟机迁移到其他站点数据中心，这个问题也就迎刃而解。

最后，也是设计多站点数据中心中最棘手的问题。在数据中心 A 中，虚拟机 A 与 Internet 的交互本来是通过数据中心 A 中的路由器 A 完成的，而一旦虚拟机 A 迁移到了数据中心 B，它能否通过虚拟机 B 的本地路由器 B 与 Internet 交互流量呢？实现这个功能的部署非常复杂，Cisco 在 Nexus 7000 交换机之上引入了 LISP 功能，使得虚拟机在迁移后所有信息都保持不变，并可以使用本地流量策略。但这个功能也是基于硬件实现的，因此会带来昂贵的硬件采购成本，且在配置本地流量策略时非常繁琐。其他硬件厂商对此尚无很好的解决方案。而 NSX 实现这个功能，只需要在创建通用逻辑路由器时启用本地输出功能即可。这样，就可以在通用逻辑路由器、集群或主机层面自定义路由。一旦虚拟机发生迁移，vCenter 就会知晓其所在的位置，随后 NSX Manager 就可以根据虚拟机的位置，将其区域 ID 设置为本地 ID，虚拟机的所有流量随后都可以通过本地路由器与外界进行交互。

如果跨越不同站点数据中心的流量全部由一个站点进行输出（主要是南北向流量），那么所有站点都使用同一台（对）物理路由器来处理去往 WAN 或 Internet 的流量。如图 8.5 所示，在不进行本地输出的情况下，在不同数据中心之间部署跨 vCenter 的 NSX-V 平台，除了辅用 NSX Manager 和其对应的 vCenter 部署在站点 B 之外，其余部分的设计与单站点完全相同。

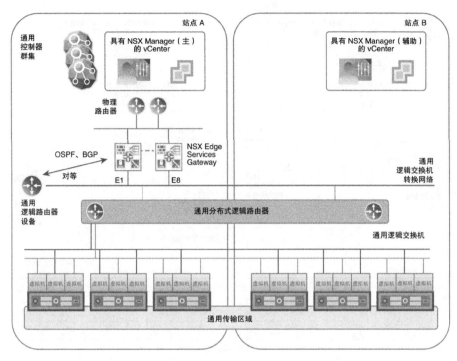

图 8.5　不同数据中心使用集中出口处理对外流量

如果需要在每个数据中心都使用本地出口来处理去往 WAN 或 Internet 的流量，那么在多站点数据中心中设计跨 vCenter 的 NSX-V 环境时，就需要启用本地输出。每个站点中的NSX Edge 服务网关都有一条默认路由，指向该站点的物理路由器，以处理默认路由流量。在 NSX Edge 之上配置两台通用逻辑路由器，放置在不同站点，分别作为通用逻辑路由器的主用设备和备用设备。这两台设备通过其站点的 Edge 网关那里获知路由信息，已获知的路由会发送到通用 NSX Controller 集群。而一旦虚拟机发生迁移，vCenter 就会知晓其所在的位置，与 vCenter 集成的主用 NSX Manager 就可以根据虚拟机的位置，将其区域 ID 设置为本地 ID。由于启用了本地输出，该站点的本地 ID 就会与这些路由关联。通用逻辑路由器会将匹配区域 ID 的路由发送给主机——从站点 A 中的设备获知的路由会发送给站点 A中的主机，而从站点 B 中的设备获知的路由会发送给站点 B 中的主机。在多站点数据中心中部署跨 vCenter 的 NSX-V 的拓扑如图 8.6 所示。

最后需要重新强调一次，不同数据中心之间的 RTT（Round-Trip Time，往返时间）必须在 150 毫秒以内，才可以实现在不同数据中心之间跨 vCenter 的 NSX-V 环境。

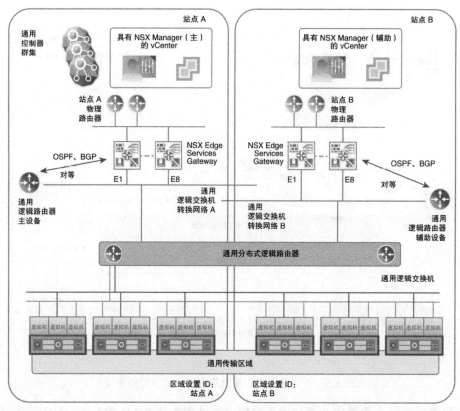

图 8.6 不同数据中心使用本地出口处理对外流量

8.2 跨 vCenter 的 NSX-V 部署

跨 vCenter 的 NSX-V 的部署和配置，与之前介绍的 NSX-V 有很大不同。本节会详细介绍如何部署跨 vCenter 的 NSX-V 网络虚拟化平台。

8.2.1 跨 vCenter 的 NSX-V 部署准备工作

在部署跨 vCenter 的 NSX-V 之前，需要在每个 vCenter Server 中安装一个 NSX Manager，在每个 ESXi 主机上安装一个 Guest Introspection，在每个数据中心（每个 vCenter 域中）安装多个 NSX Edge 实例。

在 vSphere 6.0 中引入了增强型链接模式，它使用一个或多个 Platform Services Controller 连接到多个 vCenter Server。这使得我们可以查看和搜索 vSphere Web Client 内所有已连接的 vCenter Server。在跨 vCenter 的 NSX-V 环境中，增强型链接模式允许从一个 vSphere Web Client 的可视化界面中管理所有的 NSX Manager。在存在多个 vCenter 的大型部署中，可以对 vCenter 组合使用跨 vCenter 的 NSX-V 和增强型链接模式。这两项功能是互补的，但又相互独立。

1. 组合使用跨 vCenter 的 NSX-V 和增强型链接模式

在跨 vCenter 的 NSX-V 环境中，会有一个主用 NSX Manager 和多个辅用 NSX Manager。它们中的每个 NSX Manager 都连接到独立的 vCenter。在主用 NSX Manager 上，可以创建能够从辅用 NSX Manager 查看的通用 NSX 组件（例如交换机和路由器）。此外，当使用增强型链接模式部署每个 vCenter 时，可以从一个 vCenter 查看和管理所有 vCenter。

因此，当对 vCenter 组合使用跨 vCenter 的 NSX-V 与增强型链接模式时，可以从任何连接到的 vCenter Server 查看和管理任意 NSX Manager 以及所有通用 NSX 组件。

2. 在不启用增强型链接模式的情况下部署跨 vCenter 的 NSX-V

对于跨 vCenter 的 NSX-V，增强型链接模式并不是必要条件或要求。如果不启用增强型链接模式，仍然可以创建跨 vCenter 的通用传输区域、通用交换机、通用路由器和通用防火墙规则。但是，在不启用增强型链接模式的情况下，必须登录到各个 vCenter，才能访问每个 NSX Manager 实例。

与一般的 NSX-V 中的描述相同，NSX Manager 在跨 vCenter 的 NSX-V 中同样提供用于创建、配置和监控 NSX 组件（如控制器、逻辑交换机和 Edge 服务网关等）的图形用户界面 REST API。为了实现高可用性，同样可以在配置了 HA 和 DRS 功能的群集中部署 NSX Manager，或直接将 NSX Manager 配置成 FT 工作模式。

在跨 vCenter 的 NSX-V 安装中，部署 NSX Manager 的过程与之前讨论的普通 NSX-V 环境中的部署过程基本相同，这里不再赘述，我们需要讨论的是如何配置主用 NSX Manager 和辅用 NSX Manager。

8.2.2 部署主用 NSX Manager

跨 vCenter 的 NSX-V 环境中只有一个主用 NSX Manager。需要选择一个 NSX Manager 作为主用 NSX Manager。主用 NSX Manager 用于部署通用 NSX Controller 群集，这是一个共享的对象，为跨 vCenter 的 NSX-V 环境提供控制平面的管理工作。辅用 NSX Manager 会自动导入通用控制器群集。跨 vCenter 的 NSX-V 环境中需要有一个主用 NSX Manager 和最多 7 个辅用 NSX Manager。除此之外，NSX Manager 可以拥有"独立"和"转换"的角色。要查看 NSX Manager 的角色，可以登录到 vCenter，找到 Networking & Security（配置 NSX 的图标），在 Installation 中选择 Management 选项卡，就可以查看 NSX Manager 的角色列。如果未显示"角色"这一列，则 NSX Manager 拥有独立角色。

配置主用 NSX Manager，需要满足以下前提条件。

● NSX Manager（主用 NSX Manager 和它的辅用 NSX Manager）的版本必须相匹配。

- 主用 NSX Manager 和它的辅用 NSX Manager 必须配置节点 ID 且节点 ID 不能相同。从 OVA 文件部署的 NSX Manager 实例均有唯一的节点 ID。从模板部署的 NSX Manager 就像将虚拟机转换为模板一样，会与用于创建模板的原始 NSX Manager 具有相同的节点 ID，这意味着不能通过模板进行部署。
- 每个 NSX Manager 必须向独立且唯一的 vCenter 进行注册。
- 对于所有 NSX Manager，用于 VXLAN 的 UDP 端口都必须相同。
- 当向 NSX Manager 分配辅用角色时，其注册到的 vCenter 不能包含任何已部署的 NSX Controller。
- 辅用角色的 NSX Manager 的网段 ID 池不得与主用 NSX Manager 的网段 ID 池或任何其他辅用 NSXManager 的网段 ID 池重叠。

将 NSX Manager 配置为主用角色的步骤如下。

1. 使用 vSphere Web Client 登录到与该 NSX Manager 注册的 vCenter。

2. 在 Networking & Security 图标中选择 Installation，并找到 Management 选项卡。

3. 选择需要分配为主用角色的 NSX Manager，单击 Actions，然后单击 Assign Primary Role。这样，这个 NSX Manager 就被分配为主用角色。

设置了主用 NSX Manager 之后，就可以继续其他的设置了。这些设置包括通用网段 ID、通用传输区域、通用逻辑交换机和通用逻辑路由器。

通用网段 ID 池指定构建逻辑网络网络时所使用的范围。跨 vCenter 的 NSX-V 部署使用唯一的通用网段 ID 池，以确保通用逻辑交换机 VXLAN 的 VNI 在所有辅用 NSX Manager 中保持一致。通用网段 ID 在主用 NSX Manager 中定义，随后会同步到所有辅用 NSX Manager。对通用网段 ID 的范围进行控制，限制了可以创建的通用逻辑交换机的数量。网段 ID 范围在用于跨 vCenter 的 NSX-V 部署中的任何一台 NSX Manager 中都必须是唯一的。

通用传输区域控制通用逻辑交换机可以访问的主机。通用传输区域由主用 NSX Manager 创建，并会同步到辅用 NSX Manager。通用传输区域可跨越整个网络虚拟化环境中的一个或多个 vSphere 群集。创建后，通用传输区域在跨 vCenter 的 NSX-V 环境中，所有辅用 NSX Manager 上都是可用的。只能创建一个通用传输区域。

在跨 vCenter 的 NSX-V 部署中，可以创建跨所有 vCenter 的通用逻辑交换机。当在通用传输区域添加逻辑交换机时，逻辑交换机是通用逻辑交换机。可以选择将虚拟机连接到逻辑交换机或通用逻辑交换机。

通用逻辑路由器用于提供通用逻辑交换机之间的东西向路由功能。配置时，需要确定是否需要启用本地输出功能。如果 NSX 的部署跨多个站点的数据中心，而每个数据中心都有自己的出口的时候，就应该启用这个功能。

8.2.3 部署辅用 NSX Manager

部署辅用 NSX Manager，需要满足以下前提条件。

- 至少有两台 NSX Manager，一台担任主用角色，另一台目前担任的是独立或转换角色。
- NSX Manager（主用 NSX Manager 和所有辅用 NSX Manager）的版本必须相匹配。
- 主用 NSX Manager 和辅用 NSX Manager 必须配置节点 ID 且节点 ID 不能相同。从 OVA 文件部署的 NSX Manager 实例均有唯一的节点 ID。从模板部署的 NSX Manager（原因在前文已阐述）会与用于创建模板的原始 NSX Manager 具有相同的节点 ID，这意味着不能通过模板进行部署。
- 每个 NSX Manager 必须向独立且唯一的 vCenter 进行注册。
- 对于所有 NSX Manager，用于 VXLAN 的 UDP 端口都必须相同。
- 当向 NSX Manager 分配辅用角色时，其注册到的 vCenter 不能包含任何已部署的 NSX Controller。
- 辅用角色的 NSX Manager 的网段 ID 池不得与主用 NSX Manager 的网段 ID 池或任何其他辅用 NSX Manager 的网段 ID 池重叠。

将 NSX Manager 配置为辅用角色的步骤如下。

1. 登录到主用 NSX Manager 注册的 vCenter。

2. 在 Networking & Security 图标中选择 Installation，找到 Management 选项卡。

3. 单击主用 NSX Manager，在 Actions 中添加辅用 NSX Manager。可以选择 Add Secondary NSX Manager 或新增更多的辅用 NSX Manager。

4. 输入辅用 NSX Manager 的 IP 地址、用户名和密码。

5. 检查证书指纹是否与 vCenter Server 的证书匹配。如果在 CA 服务器上安装了 CA 签名证书，就会获得该 CA 签名证书的指纹。否则，获得的是自签名证书。

6. 在注册成功后，该 NSX Manager 的角色将从"独立"更改为"辅用"。如果 vCenter 处于增强型链接模式，就可以从 Networking & Security 的 Installation 选项卡中看到与这些 vCenter Server 关联的所有 NSX Manager 的角色。如果没有采用增强型链接模式，则需要登录到辅用 NSX Manager 注册的 vCenter 中查看 NSX Manager 的角色。这里可能需要注销 vSphere Web Client 并重新登录一次，才能正确显示 NSX Manager。

设置了主用 NSX Manager 之后，就可以继续其他的设置了。辅用 NSX Manager 会在其 vCenter 群集成员的 ESXi 主机上安装 VIB 内核模块，并提供分布式逻辑交换、分布式逻辑路由、分布式防火墙等服务。这些非通用的 NSX 组件与之前讨论的单 vCenter 下的 NSX-V

部署中的组件功能完全一致。

8.3　总结

- 如果 ESXi 虚拟化环境中存在多个 vCenter，也需要针对这种情况设计底层虚拟化和网络虚拟化的部署方式。利用跨越 vCenter 的 NSX-V 解决方案，可以解决多站点数据中心架构中可能出现的各种问题。
- 跨 vCenter 的 NSX-V 解决方案主要是针对 vCenter 通过设置主用、辅用 NSX Manager 来实现。目前的版本可以设置 1 台主用和最多 7 台的辅用 NSX Manager。
- 在主用 NSX Manager 之上，可以设置通用 NSX Controller 集群、通用传输区域、通用逻辑交换机、通用逻辑路由器、通用防火墙规则。利用这些通用组件可以在多 vCenter 环境中实现同一套逻辑网络。
- 在辅用 NSX Manager 之上设置的 NSX 组件，与单一 vCenter 下的 NSX-V 部署中的组件功能完全一致。

第9章

多虚拟化环境下的 NSX-MH

到第 8 章为止，NSX-V 的架构、功能和各种流量模型均已介绍完毕。

前面讲到，NSX 支持的 Hypervisor 不局限于 vSphere。VMware 认为，某些硬件厂商的 SDN 或网络虚拟化解决方案捆绑了自己公司的硬件产品，是不现实也不利于市场推广的。因此，VMware 希望用 NSX 打造一个开放的平台，而不是捆绑自己的虚拟化软件，做一个相对封闭的解决方案。

然而 NSX-V 是 VMware 公司针对 vSphere 定制开发的，只能用于纯 vSphere 环境。要支持其他 Hypervisor，需要 NSX-MH 软件。在介绍 NSX-MH 架构之前，会先介绍两款重要的开源虚拟化解决方案——Xen 和 KVM。然后如同介绍 NSX-V 一样，再一步步拆分 NSX-MH 各个平面的组件和服务功能，并进行详细阐述。

本书在介绍 NSX-V 时，分了多个章节。NSX-MH 与 NSX-V 相比，在架构上极其相似，不同之处仅在于使用的虚拟化平台以及在虚拟化平台之上安装的虚拟交换机。因此，NSX-MH 的篇幅会比 NSX-V 有所减小，且不再拆分为架构、交换、路由、安全等章节，而是用一章的篇幅全部涵盖。

9.1　开源虚拟化平台

Xen 与 KVM 是当今最流行的两种开源的虚拟化平台。了解它们对深入研究 NSX-MH 非常重要。

Xen 是运行在裸机上的 Hypervisor，诞生于 2003 年，也是当前相当一部分 IT 公司采用的基础虚拟化技术，其中包括 Citrix 公司的 XenServer 和 Oracle 公司的虚拟机。Xen 技术的倡导者声称 Xen 的性能强，并且拥有一个强大的管理工具。

然而有一些 Linux 厂商，包括 RedHat 公司和 Canonical 公司，在 2007 年之后，把基于内核的虚拟机（KVM，Kernel-based Virtual Machine）技术内置在基于 RHEL（RedHat

Enterprise Linux）和 Ubuntu 的 Liunx 操作系统中。KVM 是一个轻量级的虚拟化管理程序模块，该模块主要来自于 Linux 内核。虽然 KVM 是后来者，但是由于其性能强大和实施简易，因此受到了很多人的追捧。KVM 现今已拥有了一个充满活力的社区。

　　本节将介绍 Xen 与 KVM 的发展历程和工作原理，从而引出本章的核心内容——在 Xen 和 KVM 之上实现 NSX-MH 网络虚拟化。

9.1.1　Xen 的起源和发展历程

　　Xen 最早是由于英国剑桥大学开发的一个开源的虚拟化项目。当时是 2003 年，虽然虚拟化还尚未流行起来，但 100%的虚拟化市场份额都被 VMware 公司垄断了。因此，剑桥大学计算机实验室的伊恩·普拉特（Ian Pratt）开始领导一个科研小组，着手研究一款开源的虚拟化平台，使得在这个平台之上能实现基本的虚拟化功能，并提供可编程性，能够让用户基于这个平台进行二次开发。这款产品就是 Xen，之后普拉特与志同道合的战友创立了 XenSource 公司，XenSource 于 2007 年被 Citrix 公司收购，成为以桌面虚拟化技术为主的 Citrix 公司的服务器虚拟化平台 XenServer 产品线，并成为 Citrix 公司的 XenApp 和 XenDesktop 产品的主要底层平台。不过，由于之前 Xen 的代码已经被公布并成为开源代码，由 GNU General Public License（GNU GPL）授权、管理，因此 Xen 技术并没有被 Citrix 公司一家独享。

　　与其他虚拟化平台类似，Xen 可以在一套物理硬件上安全地执行多个虚拟机，它和操作系统结合的极为密切，占用的资源非常少。Xen 之后赢得了 IBM、AMD、HP、RedHat 和 Novell 等诸多 IT 巨头的认可和大力支持。

　　Xen 产品的发展历程如下。

- 2003 年 10 月 2 日，1.0 版本发布，实现了最基本的虚拟化功能。
- 2004 年 11 月 5 日，2.0 版本发布，对 1.0 版本存在的诸多 bug 进行了改进。
- 2005 年 12 月 5 日，3.0 版本发布，开始支持 Intel VT 技术，支持 Intel IA-64 架构，同时开始支持 AMD SVM 虚拟化扩展、PowerPC 架构。之后的 3 年，3.1 至 3.4 的各个小版本相继发布，其功能不断丰富，如在线迁移、热备、电源管理等。
- 2010 年 4 月 7 日，4.0 版本发布，开始使用 dom0 的 Linux 内核，虚拟机性能得到了大幅提升。之后的 5 年内，4.1 至 4.5 的小版本不断更新，在此期间，Xen 成为 Linux 基金会项目，基金会的社区不断为 Xen 提供更强的可编程性，使得 Xen 可以与第三方解决方案集成，如 Nicira 公司的 OVS（Open vSwitch），可以更好地支持 ARM 架构。

　　使用 Xen 虚拟化平台的主要好处如下：

- 提高服务器硬件利用率；
- 快速配置；
- 对软件故障动态容错（通过快速重新启动）；

- 硬件容错（通过虚拟机的迁移）；
- 安全分离各个独立的虚拟操作系统；
- 在同一台计算机之上支持传统软件和新的操作系统实例。

9.1.2　Xen 的工作原理

Xen 开源软件在虚拟机的工作类型方面分为半虚拟化（Para-virtualization，也称准虚拟化）和全虚拟化（Full-virtualization）两种。

其中，半虚拟化主要是通过修改操作系统内核来实现的虚拟技术。这样一来，在某些对传统虚拟技术非常不友好的 x86 平台上，Xen 也有上佳的表现。Xen 的半虚拟化技术主要用在相同版本的 Linux 之上，也就是说，如果想要使用半虚拟化的方式启动多个虚拟机，那么那些虚拟机必须是相同的操作系统，甚至要求版本与内核都相同。

在半虚拟化的 Xen 架构中，系统分为多个层级（Layer）来执行操作。Linux 开机后，首先载入的是 Xen 的 Hypervisor，而第一个在其上启动的虚拟机的操作系统，称之为 domain-0，它包含了其他虚拟机启动所需的控制指令，并且 domain-0 也是控制所有虚拟机的主控系统。在 domain-0 之上有一个称为 xend 的重要的管理软件，它直接管理 Hypervisor 的运行，并且掌握了实际的 Linux 的驱动程序，因此其他虚拟机（会被依次命名为 domain-1、domain-2 等，统称为 domain-U）都是由这个 xend 来管理的，以与 domain-0 进行沟通。在 xend 中，可以提供一个 console 让系统管理员进行配置。Xen 的基本架构如图 9.1 所示。

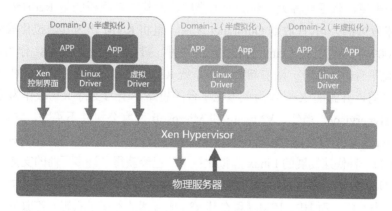

图 9.1　Xen 的基本架构

如果需要安装不同版本的 Linux 或者是其他的操作系统（如 Windows），就得使用全虚拟化技术了。但是全虚拟化技术有使用限制，只有当硬件满足下列需求时，才能够使用全虚拟化技术：

- 硬件支持 Intel-VT（Virtualization Technology）技术；
- 硬件支持 AMD-SVM（Secure Virtual Machine）技术。

9.1.3 KVM 的起源和发展历程

KVM 的全称是基于内核的虚拟机（Kernel-based Virtual Machine），它是一个开源的系统虚拟化模块，拥有极强的可编程性（因为开源），可以用来实现服务器虚拟化功能。2008 年 9 月，RedHat 公司以 1.07 亿美元的价格收购了 Qumranet 公司。Qumranet 是由以色列计算机科学家艾维·凯维蒂（Avi Kivity）在祖国创立的公司，该公司提出并推动了 KVM 项目。KVM 凭借其精简的架构、清晰的定位很快获得 Linux 社区多数开发人员的支持，从而成为 x86 虚拟化技术的一颗新星。凯维蒂也被誉为 KVM 之父。

当初 KVM 的推出，主要是为了解决远程桌面协议（RDP, Remote Desktop Protocol）的缺点，旨在简化虚拟化实例的管理。凯维蒂提出的 KVM 架构非常清晰而且设计精巧，它充分遵循 Linux 源自 UNIX 的设计思想，把架构的关注点聚焦在 Linux 内核部分，而用户空间和界面部分则交给了 Qemu。Qemu 当时已经比较稳定可靠，它是 Linux 内核用户空间的入口，而 KVM 仅需实现全虚拟化（在介绍 Xen 时已提及）功能，从而精简了设计。这样的设计在现在看起来似乎平淡无奇，但是，凯维蒂的方案需要在极短时间内通过代码实现这一当时几乎不可能实现的任务。这需要对整个计算机体系架构有深入理解，不单单是精通 x86 架构、Intel VT-x 和 AMD-V，以及各种其他计算机结构，还得深入了解 Linux 内核、精通汇编语言和 C 语言。凯维蒂团队的工程师花了不到一年时间就将 KVM 的架构设计了出来，并使得 Linux 社区接受了它，通过了代码审核。

KVM 一出现，就受到各大厂商的大力推广，而其中最积极的是 RedHat。这家此前专注 Linux 技术发展的公司，在收购 Qumranet 之后一直将 KVM 作为其虚拟化战略的一部分。RedHat 于 2009 年年底发布 Linux 5.4 版本的同时，鼓励用户使用 KVM 作为运行 RedHat 的首选虚拟化平台。2011 年，随着新版操作系统 RedHat Enterprise Linux 6 的发布，RedHat 彻底放弃了之前以开源的 Xen 作为虚拟化平台的思路，全力支持 KVM 作为运行其 Linux 操作系统的 Hypervisor。当然，VMware 和 Microsoft 两家公司并不买账，它们认为自己的 vSphere 和 Hyper-V 平台是运行 Linux 与 Windows 两种操作系统的首选 Hypervisor。

KVM 作为一种快速发展的 Linux 虚拟化技术，已经获得了许多厂商的支持，如软件公司 Canonical 和 Novell 等。Canonical 公司的 Ubuntu 操作系统是第一个能提供全功能的 KVM 虚拟化栈的 Linux 发行版。而 HP、IBM（现在其 x86 服务器业务属于联想）等服务器硬件厂商也不断力推其硬件与 KVM 的融合解决方案。为什么这么多 IT 公司对 KVM 感兴趣呢？其中最重要的原因就是 KVM 是 Linux 内核的一部分，这个轻量级的虚拟化 Hypervisor 模块能直接与硬件交互，且能够和 Linux 内核兼容，便于控制虚拟化进程，同时减轻管理的复杂性。

当然，KVM 在发展过程中并非一帆风顺，它面临了一些难题，引发了一些讨论。其中一个争论焦点在于 KVM 究竟属于 Type 1 还是 Type 2 的虚拟化平台。如果读者不清楚 Type 1

和 Type 2 Hypervisor 的区别，我们现在就来解释一下。Type 1 Hypervisor 直接运行于硬件系统之上，而 Type 2 Hypervisor 作为现有操作系统的一个应用程序运行。换言之，Type 1 Hypervisor 支持的是硬件级的虚拟化，而 Type 2 Hypervisor 是软件级的虚拟化。两种类型的虚拟化平台的定义与区别可以追溯到一篇名为 *Formal Requirements for Virtualizable Third Generation Architectures*（可虚拟化的第三代架构在形式上的需求）的论文。该论文于 1974 年发表，作者是罗伯特·戈德堡（Robert Goldberg）和杰拉德·波佩克（Gerald Popek）两位科学家。当今市面上主流的虚拟化软件中，VMware vSphere、Microsoft Hyper-V 和 Xen 虚拟化平台通常被认为是 Type 1 虚拟化平台，而 Mac OS X 的 Parallels、VMware Workstation 以及 Oracle VirtualBox，则通常被认为是 Type 2 虚拟化平台。

之所以不确定 KVM 究竟属于 Type 1 还是 Type 2 虚拟化平台，原因在于 KVM 的基因——它属于操作系统的一部分，类似直接运行于硬件系统之上的裸机管理程序，不需要修改操作系统。这就符合 Type 1 Hypervisor 的定义，这样的虚拟机软件提供方式，一般是为硬件提供虚拟化引擎，其性能较好，运行稳定，且减少了运行虚拟化管理程序本身所需的花销。而 Type 2 Hypervisor 更像是个应用，运行在现有操作系统上。比如，我们一定需要先运行 Apple 公司的 Mac OS X 才能开启 Parallels 软件，或者一定要先运行 Windows，才能使用 VMware Workstation，而这样的部署稳定性并不高，性能也受到操作系统和软件的制约，而 KVM 正是需要运行在 Linux 操作系统之上。

为什么 Type 1 和 Type 2 的 Hypervisor 会存在性能和稳定性的差别？这是因为，从工作原理上看，Type 1 和 Type 2 虚拟化平台之间存在 Hypervisor 和操作系统之间的转化发生次数的区别。对 Type 1 虚拟化平台来说。由于它是基于裸机的虚拟化平台，转化只发生一次，而 Type 2 虚拟化平台需要两次过程来往返主机操作系统和 Hypervisor。因此，才会有 KVM 究竟归属于哪种类型的争论。争论的重心之后也慢慢从 KVM 的类型转移到了稳定性和性能上。有人认为 Xen 和 vSphere 的性能远超 KVM。而当今，随着使用 KVM 的客户越来越多，基于客户对其性能的反馈，KVM 属于 Type 1 还是 Type 2 的讨论不再是企业部署 KVM 的前提了——随着 x86 服务器的 CPU 和内存性能不断升级，就算 KVM 属于 Type 2，性能也没有受到很大影响——几年前在 SPECvirt（一项在数据中心中，服务器使用虚拟化平台的情况下的服务器性能的标准测试与评价）测试中，RedHat Enterprise Linux 6.1、其内嵌的 KVM Hypervisor 以及 HP ProLiant DL980 G7 服务器三者结合，创造了绝佳的测试成绩——高虚拟化性能和多计算区块数量，并且 6 台虚拟机能同时运行一个应用程序，而现在 RedHat 发行的 7.x 版本对 KVM 的支持更好。

KVM 在发展过程中面临的另一个难题就是技术不成熟。KVM 从出现到现在，在可用资源、平台支持、管理工具、各种高级功能、实施经验方面不能与 VMware 解决方案、Xen 相比。一些关键特性，如动态资源分配、存储的动态迁移，需要进行二次开发，而并没有成为现成的通用功能。

KVM 作为新生技术，因为直接集成到 Linux 中而获得了一些性能优势，也因为省去了其他虚拟化厂商的 license 费用而获得了价格优势，外加 Linux 企业市场中份额最大的 RedHat 不遗余力地推广和开发，KVM 正在持续成长壮大。开放虚拟化联盟（Open Virtualization Alliance，OVA）也在为 KVM 护航，这个由 IBM、RedHat、Intel 等重量级厂商组成的联盟的宗旨是致力于促进 KVM 等开源虚拟化技术的应用，鼓励互操作性，为企业在虚拟化方面提供更多的选择和更具吸引力的价格。

9.1.4　KVM 基本架构

KVM 是 Linux 内核的一部分，它的基本架构由两个组件构成。

- libvirt：这是实现虚拟数据库的工具包。运行 KVM 时，就应安装这个工具包，它实现了 KVM 与 Linux 之间的交互，主要负责虚拟机的创建、虚拟内存的分配、vCPU 寄存器的读写以及 vCPU 的运行。
- qemu：用于模拟虚拟机的用户空间组件，提供 I/O 设备模型、访问外部设备的途径等。

由于 KVM 已经是 Linux 内核模块，因此可以看作是一个标准的 Linux 字符集设备（/dev/KVM）。qemu 通过 libKVM 应用程序接口，用 fd 通过 ioctl 向设备驱动来发送创建、运行虚拟机命令，运行了 Linux 的设备就会来解析并执行命令。KVM 基本架构如图 9.2 所示。

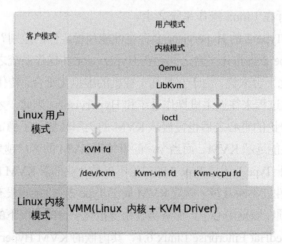

图 9.2　KVM 基本架构

KVM 模块使得运行了 Linux 的主机成为一个虚拟机监视器（Virtual Machine Monitor，VMM），并且在原有的两种 Linux 执行模式（内核模式和用户模式）的基础上，新增加了客户模式。

- 客户模式：执行非 I/O 的客户代码。虚拟机运行在这个模式下。
- 用户模式：代表用户执行 I/O 指令。qemu 运行在这个模式下。
- 内核模式：处理因 I/O 或者其他指令引起的客户模式退出（VM_EXIT），实现客户模块的切换工作。KVM 模块工作在这个模式下。

用户模式的 qemu 利用 libKVM，通过 ioctl 进入内核模式，而 KVM 模块为虚拟机创建虚拟内存、虚拟 CPU 后执行虚拟机 launch 命令，进入客户模式，加载并执行 Guest OS。如果 Guest OS 在执行过程中发生外部中断，就会暂停并退出客户模式进行异常处理，处理完毕后它重新进入客户模式完成相关操作。如果发生 I/O 事件或者信号队列中有信号抵达，系统就会进入用户模式进行处理。

9.2 NSX-MH 解决方案概览

在 2.1 节，我们就提出了一个问题——NSX 是否一定要部署在 VMware 的虚拟化环境中？答案是否定的。NSX 可以部署在 VMware vSphere、KVM、Xen 等诸多虚拟化环境中。后文会详细讨论 NSX 如何部署在多虚拟化环境中。

读者一定会问，为什么 VMware 作为全球市场份额最大的服务器虚拟化软件厂家，其网络虚拟化平台却能支持其他的服务器虚拟化软件？这是因为 VMware 并不认为自己的 NSX 网络虚拟化平台是一种封闭的平台，而是可以为所有的服务器虚拟化架构所用。此外，NSX 解决方案来自 VMware 收购的 Nicira 公司，在被收购之前，Nicira 公司就一直为基于 Xen、KVM 等开源虚拟化软件搭建的数据中心提供虚拟网络服务。

从本节开始，会详细阐述 NSX-MH 的架构、功能和流量模型。

9.2.1 NSX-MH 解决方案整体架构

多虚拟化环境下的 NSX 解决方案简称为 NSX-MH（NSX for Multi-Hypervisor）架构。为了搭建这个架构，需要下载并安装 NSX-MH 软件，该软件当前的最新版本是 4.2.5。

NSX-V 在推出时，为了匹配当时即将发布的 vSphere 6.0，因此发布的第一个版本也使用了 6.0 的版本号，而不是从 1.0 开始的。而 NSX-MH 则是 Nicira 的 NVP 的延续，其版本号随着 NVP 的 1.0 版本一路走到 4.2.5 版本，即便在 Nicira 被 VMware 收购后，其版本号还是传承了下来。在使用 NSX-MH 时，我们会看到在网页配置界面中还会保留一些 Nicira 公司的 Logo 和图标，而命令行配置界面中的命令也会经常包含 nvp 字样。在未来，NSX-V 和 NSX-MH 会进行整合，成为一套可以同时运行在所有虚拟机之上的网络虚拟化平台，Nicira 公司的 Logo、nvp 字样也会被逐渐消除。

NSX-MH 架构与 NSX-V 架构在逻辑层次的划分上完全一致——管理平面、控制平面、数据平面。管理平面和控制平面中使用的组件也基本相同——主要是 NSX Manager 和 NSX Controller，其中 NSX Controller 也可以使用集群式的部署方式。NSX-MH 和 NSX-V 最大的不同来自数据平面。在 NSX-V 中，服务器虚拟化软件是 vSphere，安装了 vSphere 的

物理服务器称为 ESXi 主机，其上可以运行多个虚拟机，这些虚拟机可以通过 vSphere
分布式交换机互相连接起来；而 NSX 网络虚拟化的其他组件和功能（主要是逻辑交换
机、分布式逻辑路由器、分布式防火墙，但不包括 NSX Edge 提供的功能），都是基于
vSphere 分布式交换机搭建的。而 NSX-MH 中，底层虚拟化平台可能是 vSphere，也可
能是 Xen 或 KVM，在它们之上安装的虚拟机是通过最早由 Nicira 公司设计并开发的
OVS（Open vSwitch）进行连接的，NSX-MH 中的逻辑交换机、分布式逻辑路由器、安
全组件等功能是建立在 OVS 的基础之上的。此外，NSX-V 中的 NSX Edge，在 NSX-MH
中替换为二层/三层网关，实现了类似的功能。

　　NSX-MH 解决方案的整体拓扑架构如图 9.3 所示，可以看到，与 NSX-V 相比，最大的区别
就是在 NSX-MH 中，服务器虚拟化平台可能会由 Xen 或 KVM 中的一种进行搭建，或混合搭建。
有时 ESXi 也会出现在架构中。这样一来，数据中心中的虚拟化软件可能同时有 Xen、KVM 和
ESXi。而逻辑交换机建立在 OVS（其中对于 ESXi 上使用的 OVS，在 NSX 环境中有个专门的名
称，叫 NSX vSwitch[NVS]）之上，而不是 vSphere 分布式交换机。

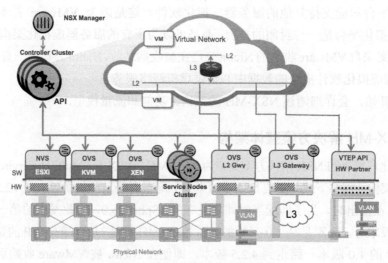

图 9.3　NSX-MH 整体拓扑架构

　　NSX-MH 的整体拓扑中，管理平面和控制平面的架构与其主要的组件与 NSX-V 仅有
一些细微的差别。而数据平面的架构和 NSX-V 相比有很大区别。本章后面会进行概述。

9.2.2　NSX-MH 的管理平面

　　NSX-MH 的管理平面与 NSX-V 一样。NSX-MH 中，管理平面的主要组件是 NSX
Manager，如图 9.4 所示，它提供了一个基于网页的友好 UI 页面。NSX Manager 被用于 NSX
的 API 与 NSX Controller 集群之间的交互，并可以对传输网络和逻辑交换机（OVS）进行

配置，将虚拟设备连接至逻辑网络。NSX Manager 也能提供基本的故障诊断、Syslog、数据采集、监控等功能。NSX Manager 同时希望在非纯 vSphere 环境下部署和管理逻辑网络时，可以通过云管理平台（如 OpenStack）进行自动的配置和管理，这样它就能更有效地专注于与 NSX Controller 集群的交互，而不是专注于配置和故障诊断。换句话说，由于在多虚拟化环境中，很可能存在用户定制开发的云管理平台，因此在 NSX-MH 架构下，NSX Manager 可以不用进行日常的配置和维护。

图 9.4　NSX-MH 中的 NSX Manager

NSX-MH 中，各种服务可以使用 Cloud Management Platform（CMP）进行运维和管理。CMP 是一种云管理的平台，它可以是 OpenStack、CloudStack 或其他第三方的云管理平台。CMP 用来进行应用的自动化部署和配置，或将应用连接至所在的逻辑网络，它提供了现代数据中心所需的重要特征——敏捷性。CMP 向终端用户和租户提供管理员服务，而对于应用服务，则可以通过允许用户利用授权的模板、使用 scratch 等工具进行部署。

OpenStack 作为一种开源的公有云和私有云管理平台（也是一种 CMP），经常被集成部署在 NSX-MH 环境中。由于 NSX 是网络虚拟化平台，因此 OpenStack 与 NSX 集成最多的是其网络组件——Neutron。这样的集成不局限于 NSX-MH 环境，在 NSX-V 环境同样适用。Neutron 允许借助第三方解决方案来丰富 OpenStack 的网络功能，而 NSX 网络虚拟化平台正可以提供诸多丰富的网络功能。VMware 提供的 Neutron Plugin 叫作 NSX Plugin，它允许 OpenStack 使用所有的 NSX-MH 中的网络服务，这些服务包括且不局限于：

● 二层 Overlay 网络；
● 跨越逻辑和物理网络之间的二层网络；

- 使用集中式或分布式路由的三层网络；
- 安全的 Profile；
- 访问控制，如 ACL 等；
- QoS。

图 9.5 所示为给定的租户通过 OpenStack 管理界面为 NSX-MH 创建的逻辑网络示意图，它来自于 OpenStack 仪表板组件 Horizon 自动生成的网络拓扑图。

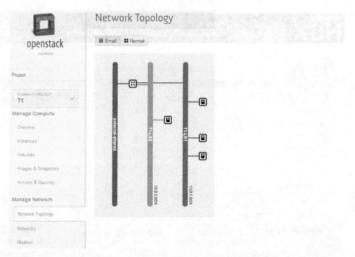

图 9.5　在 NSX-MH 环境中通过 OpenStack 的 Neutron 创建网络

9.2.3　NSX-MH 的控制平面

在 NSX-MH 中，NSX Controller 集群将逻辑网络的配置从管理平面发布至各个租户（通过 NSX API 服务）。它同时会从 Hypervisor 侧学习不同虚拟机的虚拟网络接口信息。通过这些信息，控制平面可以收集整个虚拟网络空间的所需流量信息，并将信息通过 OpenFlow 协议通告给运行在各个物理和虚拟传输节点（Transport Node）的 OVS 的所有接口。

为了使得 NSX Controller 获得弹性的架构与更高的性能，可以将 NSX Controller 部署为集群模式，这点与 NSX-V 中的部署一样，是一种可扩展的分布式部署。在 NSX Controller 集群中，每一个 NSX Controller 节点都分配了一个角色，用来定义工作任务的类型，图 9.6 为各个工作任务在各节点上的分布示意图。由于 NSX-MH 中的工作任务与 NSX-V 中的稍有不同，下面解释一下这些工作任务。

- 传输节点管理（Transport Node Management）：维持 OVS 与不同传输节点的连接性。
- 逻辑网络管理（Logical Network Management）：对工作流抵达或离开传输节点进行监控，并且配置 OVS 的转发状态，以部署逻辑网络的策略。
- 数据的持久性与复制（Data Persistence and Replication）：将所有的信息从 NSX API

和 OVS 那里复制到 NSX Controller 集群中的所有节点，这样一来就不用担心某一个节点失效了，因为其他节点都会知晓其信息，并在该节点失效后自动选择其他节点接管其工作任务。

- Web 服务的 API：从外部的客户那里处理 HTTP Web 服务请求，并处理 NSX Controller 节点的任务。

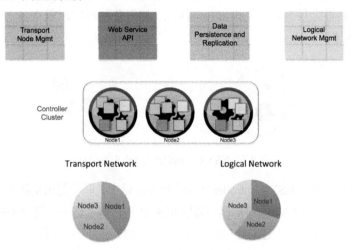

图 9.6　各个工作任务在各节点上的分布

NSX-MH 的 NSX Controller 集群节点之间同样引入了"切片"的概念，通过切片实现的集群之间的节点资源分配、节点失效后的重新分配与 NSX-V 中完全相同。这些内容不再赘述，当然同样建议将节点配置为至少 3 个，或其他奇数个节点数量。在 NSX-MH 中，NSX Controller 集群同样通过分布式的架构部署在 x86 服务器上，提供了以下两个重要功能。

- 高可用性（HA）：集群式的部署，确保在单个或多个 NSX Controller 节点故障时，整个 NSX Controller 依旧存活，并可以在故障恢复时，自动重新加入集群。
- 可扩展性（Scale-out）：可以轻松增加控制平面控制的终端节点数量，也可以将更多 NSX Controller 节点加入 NSX Controller 集群。

NSX Controller 集群在逻辑网络和物理网络方面的视角方面保持了一致性。一旦物理网络发生变化，比如虚拟机开机导致物理网络端口开启或更多子网流量经过一个 Trunk，或虚拟机发生迁移，NSX Controller 集群就会动态、智能地更新转发规则，并告知逻辑网络。这样一来，逻辑网络配置同时就会因为来自 API 的请求而发生变化，而 NSX Controller 集群会将变化后的最终结果同步到所有相关的传输节点。

下面通过图 9.7 详细说明在 NSX-MH 中，NSX Controller 集群是如何工作的。在每个传输节点（图中为 Hypervisor）与 NSX Controller 集群之间，控制平面的通道都有两个，一个是管理通道，它使用 OVSDB 协议（TCP 的 6632 端口），另一个是 OpenFlow 通道（TCP 的 6633 端口）。

管理通道用于 NSX Controller 集群与传输节点的通信，可以携带丰富的配置信息并将信息推送至 OVS，这些信息包括逻辑路由、逻辑交换的各种信息。同时，Hypervisor 也会使用 OVSDB 管理通道，向 NSX Controller 集群提供本地连接以及部署的虚拟机的 MAC 地址和 VIF-ID。这样一来，NSX Controller 集群就可以学习到所有虚拟机的位置信息，知晓全网物理拓扑结构，最终精确计算物理网络的路由、交换策略，这样就可以更好地部署逻辑网络。NSX Controller 集群之后会使用 OpenFlow 协议，使得各种网络流量在各个逻辑网络的传输节点直接进行传递。

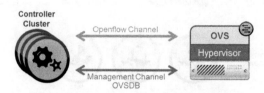

图 9.7　NSX Controller 与 OVS 的交互

每个传输节点只会从 NSX Controller 集群中接收流量中关联了逻辑交换机本地活跃（Active）的子网信息。换句话说，至少需要有一个活跃的虚拟机连接到了这个逻辑交换机的逻辑网段，传输节点才会收到逻辑交换机上建立连接的信息。这样的架构降低了逻辑网络中的资源消耗。

每一个节点和 NSX Controller 集群之间的通信通道在相互认证后，就可以成功建立连接。它们一般通过 SSL 进行认证。认证过程如下。

1．每一个传输节点在向 NSX Controller 集群注册时，可以提供一个证书。而 NSX Controller 集群必须在此之前就将这个证书注册到自己的系统中，然后才可以允许 OVS 连接各个传输节点。

2．同一时间，NSX Controller 集群使用这个 SSL 证书，与各个传输节点建立 OVS 的管理连接。这些传输节点也需要通过证书进行预配置，除非它收到的第一个证书是可信的（默认配置可信，可以进行修改）。

NSX Controller 集群还提供了通配符的功能。网络流量，是通过五元组的数据包关联起来并执行转发的。在一些情况下，五元组可以使用通配符来代替，这消除了传统 TCP/IP 协议的复杂性。下面通过两个例子来看一看 NSX Controller 集群是如何将 NSX-MH 环境下的五元组 TCP/IP 数据替换为通配符的。这种功能代替了繁琐的基于五元组的 TCP/IP 协议，使得流量的策略执行更加便捷、迅速。

- 如果所有从虚拟机 1（运行在 Hypervisor1 主机上）去往虚拟机 2（运行在 Hypervisor2 上）的流量被允许，那么 NSX Controller 集群就会在 Hypervisor1 的 OVS 推送一条流量规则：from L2-mac@VM 1 to L2-mac@VM 2 any IP / any protocol -> encapsulate the traffic and send it to hypervisor2。意思是从虚拟机 1 去往虚拟机 2 的任何 IP、任

何协议的流量都可以进行封装并发送到 Hypervisor2 的 ESXi 主机。

- 如果只有一个协议的流量可以被放行，比如只有虚拟机 1（运行在 Hypervisor1 主机上）去往虚拟机 2（运行在 Hypervisor2 上）的 HTTP 流量被允许，那么 NSX Controller 集群同样会在 Hypervisor1 的 OVS 推送一条流量规则，这个流量规则可以被 OVS 识别并读取：from L2-mac@VM 1 / L3-IP@VM 1 to L2-mac@VM 2 / L3-IP@VM 2 on TCP:80 -> Encapsulate the traffic and send it to hypervisor2。意思是仅有从虚拟机 1 去往虚拟机 2 的三层 IP 流量，且端口号为 TCP 80，才可以进行封装并发送到 Hypervisor2 的 ESXi 主机。

当 OVS 遇到一个 BUM（广播、不知道目的的单播、组播）流量时，无论是从源 Hypervisor 去往 OVS 逻辑交换机接口连接的所有传输节点（如果在 NSX 中选择源节点复制模式），还是通过一个 NSX 服务节点（默认推荐的服务节点复制模式），OVS 都会将流量泛洪到自身 OVS 逻辑交换机来处理。

对于北向接口，NSX Controller 集群提供了 NSX API。可以使用 NSX Manager、OpenStack 这些 CMP，通过 NSX API 接收到的管理平面信息来创建逻辑接口、逻辑网络、将虚拟机与逻辑网络连接。

9.2.4 NSX-MH 的数据平面

在 NSX-MH 中，数据平面是由 OVS 和其他组件（如 NSX 服务、NSX 网关、第三方二层网关设备）组成的，它们都由 NSX Controller 集群所控制。在 NSX-MH 中，这些接入层的虚拟和物理设备统称传输节点（Transport Node），可以将其理解成在物理网络中，机框式交换机的"线卡"应用在了逻辑网络。

传统的网络硬件设备（可以不由 NSX 控制，也可以通过开放的可编程 API、OpenFlow 协议交给 NSX 控制）为 NSX-MH 环境提供了底层 Underlay 网络平台，并连接 NSX-MH 中的各个传输节点。NSX 则创建了 Overlay，在 Underlay 之上部署了逻辑网络。

传输节点支持 OVS 管理接口，这是一种开放式的协议，对进入 OVS 的流量的转发提供细颗粒度的控制和可视性。

数据平面的终端主要有两种类型。

- **Hypervisor**：内嵌了 OVS 功能的虚拟交换机会被安装在每一个 Hypervisor 之上，它允许在 Hypervisor 之上运行的虚拟机终端连接逻辑网络。目前，NSX 网络虚拟化平台支持的 Hypervisor 包括 ESXi、KVM 和 Xen。在不久的将来发布的版本可能会支持 Hyper-V。
- **NSX 网关服务**：NSX 网关服务可以将一个或多个 NSX 网关从虚拟网络连接到不受 NSX 管控的物理网络。在 NSX-MH 中，每一个网关都运行着一个二层网关服务，可以将流量发送到物理设备的二层子网，或运行一个三层网关服务，并将它和物理路由器的端口进行关联。

在数据平面中，逻辑网络的部署方式有如下两种。

● **基于 Overlay 的逻辑网络**：Overlay 网络可以通过从二层到三层网络的隧道将流量进行封装，与 NSX-V 一样，这样就意味着逻辑网络拓扑可以实现与物理网络拓扑的完全解耦。在 NSX-MH 中，流量的封装类型可以是 STT、GRE、VXLAN、IPSEC-STT 和 IPSEC-GRE，而默认的是 STT，这和 NSX-V 是有区别的（默认是 VXLAN），这是因为 STT 是 Nicira 早先开发的专为 KVM 和 Xen 的虚拟化环境搭建虚拟网络的私有封装协议，它在多 Hypervisor 的环境中，有最佳的传输效果。

● **桥接的逻辑网络**：这种模式下，不进行封装工作。与建立在 Hypervisor 之上的传统网络一样，虚拟机的流量可以直接发送至物理网络。这种模式其实很少会用到，因为它需要在相应的 Hypervisor 之间建立二层连接关系，没有实现物理网络和逻辑网络的解耦，也缺少先前介绍的 Overlay 的任何优势。因此，后文只会讨论如何在 NSX-MH 环境下部署 Overlay 网络。

NSX 服务节点是一种可选择的传输节点，它可以使用双活的集群模式工作。NSX 服务节点有如下作用。

● 处理 BUM 流量时，Hypervisor 将流量发送到了 NSX 的服务节点，服务节点会将其复制到其他 OVS 下属的传输节点。

● 改变封装方式。比如，在 Hypervisor 和服务节点中使用 STT 的封装方式，但是服务节点和远端 NSX 网关之间使用 IPSEC-STT 的封装方式。

值得注意的是，在物理网络设备上，都无需提供 OVS 或 OpenFlow 的支持。物理网络设备只需要支持单播 IP 流量的可达性，以为传输节点提供连接即可，这是 NSX 平台的一大优势。当然，如果底层物理网络支持 OpenFlow 和 OVSDB，则可以通过在其开放的 API 上再编程，让 NSX 直接管理和控制底层物理网络。

9.3　NSX-MH 环境下的 OVS

本章已经不止一次提到了 OVS 这个名词，它是 Open vSwitch 的简称，最早是由 Nicira 公司的创始人卡萨多先生主持开发，并在之后公有化、标准化，主要用于在 KVM 和 Xen 虚拟化环境中构建虚拟逻辑网络，OVS 现在几乎已经垄断了基于开源系统的数据中心解决方案中的逻辑网络基础架构。

本节从 OVS 的起源和发展谈起，进而阐述其核心技术，再讲解它与 NSX-MH 转发平面的各个组件进行交互的方式，旨在帮助读者更好地理解基于 OVS 部署的 NSX-MH 逻辑交换、逻辑路由和安全。

9.3.1 OVS 的起源和发展历程

追溯 OVS 的诞生，还得从头说起。进入 21 世纪，随着以 Intel VT-x 和 AMD-V 为核心的服务器虚拟化技术取得了突飞猛进的发展，x86 服务器逐渐取代小型机，统治了数据中心。这种变化带来了另一个深远的影响——有可能成为人类历史上最伟大的商业和技术创新的"云计算"登上了历史舞台，并迅速得到了全球所有 IT 巨头的青睐，它们不约而同地都将云计算视作关键战略。但是，只有服务器虚拟化是远远不够的，云计算的隔离、弹性、动态迁移等特性都需要网络的紧密支持，这就需要网络的策略可以动态跟随虚拟机，但物理网络因其端口、位置的局限性，很难做到这一点。于是，人们想到了可以使用网络虚拟化技术。但是，虚拟网络与物理网络之间的"最后一公里"问题一直没有得到有效解决——这是因为物理网络和虚拟网络在之前没有实现完全解耦。2007 年 8 月，卡萨多先生提交了第一个开源网络虚拟交换机的项目提案，这个项目在 2009 年 5 月被正式称之为 Open vSwitch，简称 OVS，并在 2009 年 6 月 29 日正式推出，向世人揭开了面纱。之后几年，随着该技术越来越成熟，终于在 2012 年正式绑定到 Linux 内核中，成为 Linux 的标准功能之一。在那段时间，技术标准难以统一、利益冲突等问题的存在，促使各个厂商纷纷推出了自己的虚拟交换机，例如 Cisco 公司的 Nexus 1000V、VMware 公司的分布式交换机（VDS）、IBM 公司的 DOVE 等。与此同时，Linux 中的桥接（bridge）技术还有很多限制，不能称之为真正意义上的虚拟交换机。这些问题和现状，使得 OVS 一经推出就获取了业内的高度关注，如今，OVS 几乎成为开源虚拟化环境中虚拟交换机的标准。

人类信息科技史上不止一次出现过颠覆性的技术，然而，这些技术在解决某些领域的问题的同时，往往也会带来其他新的问题。而且新技术在推出的初期，往往会因为其不成熟、存在 bug、技术细节不被大众熟知而饱受质疑。因此，OVS 这种纯粹基于 x86 的虚拟交换机的方案，一经推出就被推到了风口浪尖上，尤其是网络硬件厂商都一致不看好它，它们不希望网络虚拟化技术完全基于 x86 或完全开源，而是希望在物理网络之上保留一些自己的功能。因此，网络硬件厂商都希望自行研发网络虚拟化系统，或通过收购来获得这一技术优势。然而几年过去了，就像 IBM 公司无法抗拒 x86 服务器不断取代其小型机，不得以推出自己的刀片式和机架式的 x86 服务器一样，那些网络巨头公司，如 Cisco 和 Juniper，也在不断认可 OVS、认可开源，因为开源已经成为不可逆转的潮流。

9.3.2 OVS 技术详解

OVS（Open vSwitch）是一个开源的、多层的虚拟交换机，它是基于开源 Apache 2.0 软件并使用 C 语言开发的，目的是让大规模的虚拟网络可以通过编程方式进行扩展，从而实现自动化。OVS 支持多种 Linux 虚拟化技术，包括 Xen、KVM 和 VirtualBox。OVS 可以在跨越多个物理服务器的分布式环境中进行部署，这与 VMware 的分布式交换机、Cisco Nexus 1000v 非常类似。图 9.8 所示为 OVS 在多物理服务器上跨越 Hypervisor 的分布式部署的逻辑示意图。

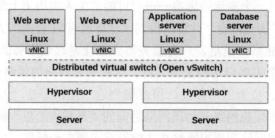

图 9.8　OVS 的分布式部署

在 2015 年 8 月 21 发布的版本中（2.40），OVS 支持的标准协议和特性如下所示。

- 虚拟机在通信时，可以使用 NetFlow、sFlow、IPFIX、SPAN、RSPAN、基于 GRE 隧道的端口镜像。
- 通过 LACP 实现链路聚合。
- 标准的基于 802.1Q 的 VLAN 模型，实现网络分区，同时支持 Trunk。
- 使用 IGMP（版本 1 至 3）实现组播侦听。
- 支持用于实现大二层的协议 SPB（这是一种 MAC in MAC 的封装技术，硬件层面主要由 ALE[Alcatel-Lucent Enterprise]和 Avaya 力推）。
- 支持链路发现协议 LLDP。
- 支持 BFD、802.1ag 链路监听。
- 支持 STP 和 RSTP。
- 支持针对不同的应用、用户和数据流部署 QoS。
- 在虚拟机的接口处实现配置和部署流量策略。
- 使用针对源 MAC 地址的负载均衡、主备、4 层哈希的方式绑定 NIC（Network Interface Controller）。
- 支持 OpenFlow。
- 完全支持 IPv6。
- 支持多种隧道技术，包括 GRE、VXLAN、STT 和 Geneve，并且在封装时都可以使用 IPSec 技术。
- 提供强大的可编程性，目前可以使用 C 和 Python 程序语言进行编程。
- 支持在内核空间和用户空间内的数据包转发引擎，这样一来，OVS 就可以在不离开内核空间的情况下，利用内核空间的多线程组件来提高系统的性能，以支持更好的灵活性和处理转发分组。

- 使用流量缓存引擎，实现多表转发通道（Multi-table forwarding pipeline）。
- 将转发层进行抽象，提供 OVS 端口，使其可以集成新的软件和硬件平台。

这些协议、特性是内嵌在 OVS 上的，而 OVS 又直接连接 Liunx 内核和服务器的网卡，这样一来，运行在服务器上的虚拟机就可以直接从这些协议和特性中受益，在整个虚拟网络中实现交换、路由、安全的一些高级功能，如图 9.9 所示。

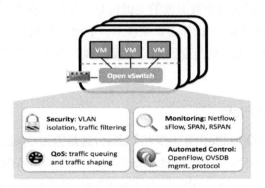

图 9.9 在 OVS 上实现高级网络功能

OVS 的模块和其功能如下。

- ovs-vswitchd：OVS 的主要模块，直接附加在 Liunx 内核之上，实现基于流表的交换。
- ovsdb-server：轻量级数据库服务器，主要保存整个 OVS 的配置信息，包括接口、交换策略、VLAN 等，而 ovs-vswitchd 会根据数据库中的配置信息进行转发工作。
- ovs-brcompatd：使得 OVS 替换在 Linux 内核侧的桥接（bridge）功能，包括获取 bridge ioctls 的 Linux 内核模块。
- ovs-dpctl：用来配置 switch 内核模块，可以控制转发规则。
- ovs-vsctl：获取、查询、配置和更新 ovs-vswitchd 的配置，也会更新 ovsdb-server 中的数据库。
- ovs-appctl：向 ovs-vswitchd 发送命令消息，运行相关 daemon。
- ovsdbmonitor：GUI 工具，用来显示 ovsdb-server 中的数据信息，这样就可以远程获取 OVS 数据库和 OpenFlow 的流表。

此外，OVS 也提供了支持 OpenFlow 的特性，这些特性如下所示。

- ovs-openflowd：一个简单的支持 OpenFlow 的交换机。
- ovs-controller：一个简单的 OpenFlow 控制器。
- ovs-ofctl：查询、控制 OpenFlow 交换机和控制器，在使用 OVS 作为 OpenFlow 交

　　　　换机时，用来控制流表。
- ovs-pki：OpenFlow 交换机创建和管理公钥的框架。
- ovs-tcpundump：tcpdump 的补丁，用来解析 OpenFlow 的消息。

　　下面来看 OVS 是如何工作的。首先，OVS 在 Liunx 的内核模块上实现了多条数据路径（类似于网桥功能），每条路径都可以有多个 vport（类似于网桥的端口）。每条数据路径也通过关联流表（flow table）来设置操作，而这些流表中的流都是用户空间对报文和数据进行映射的关键信息，一般的操作都是将数据包转发到另一个 vport。当一个数据包抵达一个 vport 时，内核模块就会提取这个数据流的关键信息，并在流表中查找这些信息。如果有一个匹配的流，它就会执行相应的操作；如果没有，它会将数据包送到用户空间的处理队列中（作为处理的一部分，用户空间会设置一个流表项，当以后遇到相同类型的数据包时，会根据该流表项来处理）。

9.3.3　OVS 与 OpenFlow

　　OVS 的工作流程和 OpenFlow 有不少相似之处，这是因为 OpenFlow 和 OVS 都是 Nicira 设计和开发的。并且在 OVS 中也会用到 OpenFlow——在 NSX-MH 中，NSX Controller 作为 OpenFlow 控制器工作，而 OVS 作为 OpenFlow 交换机，它们之间的通信协议正是 OpenFlow。第 1 章讲到，OpenFlow 在 SDN 架构中是最重要的南向接口协议。

　　前文在介绍 NSX-MH 的控制平面时已经介绍了 NSX Controller 和 OVS 的工作模式。在每个传输节点与 NSX Controller 集群之间，控制平面的通道都有两个：使用 OVSDB 协议的管理通道和 OpenFlow 通道。管理通道可以携带丰富的配置信息并将信息推送至 OVS，之后 OpenFlow 通道就会使用 OpenFlow 协议，使得各种网络流量在各个逻辑网络的传输节点直接进行传递，而不经过控制平面。

　　OpenFlow 协议的转发行为非常简单，它没有任何的状态机，纯粹就是一个匹配→执行（Match→Action）的过程。这个过程看不到任何具体的网络二层或三层等功能和协议的相关描述，也不知道什么叫路由，什么叫网桥，它唯一知道的就是查询哪种流表，匹配哪些字段组合，执行什么动作。至于这些流表和字段到底能组合成什么样的网络功能，它一概不关心，从而使得转发行为变得简易、快捷。

　　OpenFlow 协议在工作时，有如下两个基本的内容。这也是卡萨多和麦考恩最初提出的 Ethane 网络模型的基本架构。
- 基于流（Flow）的转发

　　每个 OpenFlow 交换机可以保存一个流表（Flow Table），它包含了很多条目，每个条目内容都是一个五元组的 IP 协议包（源端口、目的端口、源 IP 地址、目的 IP 地址、网络协议类型）。利用这个五元组，可以定义一种类型的网络流量，而一个流表中每个条目都代表着一种流量。OpenFlow 交换机会查询流表内的这些内容，并依据流表中每个条目对应的动作，对每种流量做出转发的指令。

● 中央控制器（Central Domain Controller）

中央控制器是一个独立的控制平面设备，而且只有它才能够修改 OpenFlow 交换机内部流表的内容。中央控制器不但决定了数据包转发的路径，还负责制定优先级、队列、流量限制等策略。

在 NSX-MH 环境下，OVS 作为 OpenFlow 交换机时，具有如下特性：

● 通过流表保存了对每个数据流的定义，以及相应的处理行为。其中，每个流表还包含如下三个部分。

● 匹配值：在内部记录数据包头内不同部分的值，以此定义一组数据流。匹配值是一个十元组，包含了重要的二层和三层信息，这些信息如表 9.1 所示。

表 9.1　　　　　　　　　　　　　十元组的匹配值

入向端口	VLAN ID	二层信息			三层信息			四层信息	
		目的地址	源地址	数据包类型	目的地址	源地址	协议类型	TCP 源端口	TCP 目的端口

十元组中，可以通配任意条目。例如某个条目仅仅定义了其 VLAN ID 为 50，TCP 目的端口为 8080，那么所有 VLAN 50 内端口号为 8080 的 HTTP 请求在此交换机上都被视为一个"数据流"。

■ 行为项：记录交换机对符合条目的数据流采取的执行策略。

■ 计数器：主要记录转发数据包的数量和比特位，以及条目的空闲时间。如果一个条目长期没有匹配的数据包，则此条目会被移除，以保证流表中的空间利用率。

● 提供安全的网络通道。当一个全新的数据包第一次抵达 OpenFlow 交换机时，交换机通过这个安全的通道，将数据包送往中央控制器进行解析。

● 提供开放的 OpenFlow 标准，用于读写流表的内容。

9.3.4　OVS 与服务节点

NSX 服务节点（Service Node）是运行了 Open vSwitch（OVS）的物理 x86 服务器设备，传输节点（Hypervisor 和 NSX 网关）在逻辑上连接了服务节点。在 NSX-MH 中，NSX 服务节点担任了重要的角色，这是因为它们承担了属于一个特定逻辑交换机之上，去往全部传输节点的 BUM 流量（如二层广播和组播）。这种在 NSX-MH 下的 BUM 流量复制模型会在后文详细阐述，本节只讨论 OVS 与服务节点的关系。

服务节点也可用于从 OVS 那里将网络中的数据包进行卸载（offload），这种数据包卸载功能将本来应该由操作系统或 CPU 进行的数据包处理（如分片、重组等）的功能用物理网卡去实现，这可以在降低系统 CPU 消耗的同时，提高系统处理的效率。之前在介绍 VXLAN、NVGRE 和 STT 三种隧道封装技术的区别时，提到过 STT 协议在 STT 头前面增加了 TCP 头，把自己伪装成一个 TCP 包，却无需三次握手建立 TCP 连接，而且它还能利用网卡可以对大的 TCP 包进行分片的特点，减轻服务器 CPU 负担。这种欺骗网卡提高 CPU 效率的技术，是通过 TSO（TCP Segmentation Offload）切分 TCP 数据包实现的。这个功能还可以通过 Rendezvous 管理服务器（Rendezvous 是使网络中的设备能够自动识别网络中的其他设备，并与之连接的一组协议）来实现。Rendezvous 管理服务器可以作为一个代理服务，部署在 NSX Controller 集群和远端部署的 NSX 网关之间，处理流量中的数据分片工作。

　　与 NSX Controller 集群类似，服务节点也可以采用集群式部署，这样，服务节点也能实现冗余性，且能提供更好的性能。集群式部署 NSX 服务节点的示意图如图 9.10 所示。

图 9.10　服务节点集群

　　服务节点集群可以被认为是具有 OVS 流量转发能力的一组资源池，这是因为所有节点都可以同时复制源自传输节点的流量，这需要所有的传输节点（Hypervisor 和 NSX 网关）都必须与服务节点集群中的每个成员建立隧道连接（如 STT、GRE 或者 VXLAN）。之后，Hypervisor 和 NSX 网关就在与服务节点集群的连接中，拥有了负载均衡处理流量的能力。因为这时对于集群中节点的选择的依据，是需要被复制流量的源数据包的二、三和四层头部进行哈希得出的结果。

　　对于集群内多服务节点的部署，需要理解当一个服务节点发生故障时，它是如何处理冗余策略的。NSX Controller 集群会使用管理连接，并配置全部传输节点的通道，而 OVS 运行在每个传输节点（Hypervisor、服务节点或 NSX 二/三层网关）之上，能够及时发现失效的通道并将情况报告给 NSX Controller 集群。当一个去往特定服务节点的通道失效，Keepalive 探针就会检测到隧道内有流量损失，然后传输节点就会知晓这个情况，并判定该通道已失效，然后重新将流量哈希到存活的其他服务节点中，以此提供弹性的服务节点故障切换。

9.3.5　OVS 与 Hypervisor

在 NSX-MH 中，Hypervisor 是一种传输节点，用于数据平面中处理虚拟的工作流。下面通过部署 Open vSwitch（OVS）来连接虚拟机，最终实现数据平面的这个功能。

首先来看传输节点之间是如何工作的。如图 9.11 所示，在一个基于 Liunx 的 Hypervisor 上运行 OVS，OVS 中一个提供了连接物理网络的外部桥接接口（br1）通过一个或多个上行链路接口（本例中是 eth1），在 Overlay 中与其他传输节点进行流量的交互工作。除了外部桥接外，OVS 还提供了一个内部桥接接口（br-int），用于连接所有的虚拟机（而不是物理 NIC）。NSX Controller 集群会从 OVS 的通道（STT、VXLAN 或 GRE）中发现并建立流表，再将流表推送并集成到桥接接口。这样就能够允许远端的虚拟机连接到与本地相同的逻辑网络，并与本地虚拟机进行通信。

需要注意的是，OVS 主要用于 KVM 和 Xen 环境，而在 VMware ESXi 主机中，OVS 称为 NVS（NSX vSwitch），要在 VMware 环境中获得这个特性，必须使用 vSphere 5.5 或更高的版本。

图 9.12 直观地说明了 OVS 在 NSX-MH 中的架构，并重点强调了用户空间和内核空间区别。

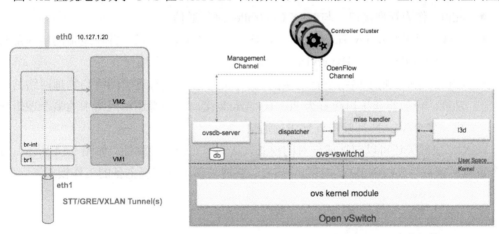

图 9.11　OVS 的接口提供　　　　　　　图 9.12　OVS 在 NSX-MH 中的架构

在 NSX-MH 中，OVS 接收到的第一个流量的数据包，会从内核空间发送到用户空间，从 NSX Controller 集群推送的所有流量的具体信息都是可用的。有了这些信息，具体的信息流就可以存储在内核空间中，因此属于同一个流量的所有后续数据包都会通过交换策略进入到内核空间，这就实现了 OVS 线速转发。

9.3.6　OVS 与 NSX 二层网关

在 NSX-MH 环境中，在不同类型的 Hypervisor 之上部署 OVS，可让属于同一逻辑交换机之下的虚拟机能够相互通信。但是在很多情况下，可能需要与物理网络建立二层通信。这点与 NSX-V 中需要建立二层桥接时的情况相同。之前介绍过，部署一个多层应用模型时，因为数据库服务器经常不使用虚拟化的方式进行部署，因此，就会产生"物理到虚拟"的流量。此外，实施 P2V 方案、将外部的物理设备作为默认网关、部署物理防火墙或负载均衡设备时，都可能在数据中心内部产生"物理到虚拟"的通信。与 NSX-V 中一样，这就需要连接物理网络和虚拟网络的设备有桥接功能，使得流量可以在逻辑网络和物理网络之间进行传递。

针对这些场景，NSX-MH 平台提供了基于软件部署二层网关服务的模型，它允许逻辑网络中的虚拟机通过逻辑交换机中的 VLAN ID 与外部物理网络匹配，从而通信。这种二层网关可以部署在虚拟化环境的虚拟机中，也可以部署在物理服务器中。

现在来看 NSX 二层网关（桥接）功能的工作原理。源自虚拟机的内部子网且去往物理设备的数据包，使用 Overlay 的协议（STT、GRE 或 VXLAN）在数据中心内部建立了通道之后，抵达了 NSX 二层网关。网关会对这个流量进行解封装（移除 STT、GRE 或者 VXLAN）头部，并将其与物理网络设备的 VLAN 进行桥接。反之，源自物理网络且去往逻辑网络的数据包，会在网关进行封装，并与 Hypervisor 建立隧道。

如图 9.13 所示，NSX 二层网关需要集成三个物理 NIC。

- eth0：作为管理接口，与 NSX Controller 进行通信。
- eth1：用于始发 Overlay（STT、GRE 或 VXLAN）流量，并在逻辑网络内部与其他 NSX 传输节点（Hypervisor 和服务节点）之间建立连接。
- eth2：与外部物理网络进行连接的接口，这个接口执行逻辑网络与物理网络的桥接功能。一般将该接口配置为 802.1Q Trunk 接口，使得逻辑网络中的多个逻辑交换机、多个 VLAN 都能与外部进行通信。

NSX 二层网关还可以部署成一对的模式，从实现冗余性和弹性。如图 9.14 所示，对于每个逻辑交换机与 VLAN ID 的映射，NSX 二层网关都可以实现主备的工作模式。

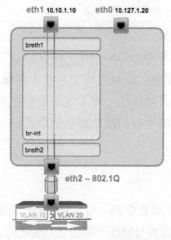

图 9.13　NSX 二层网关需要集成的 NIC

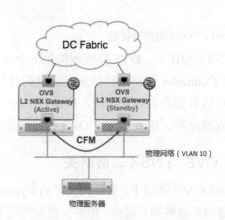

图 9.14　冗余的 NSX 二层网关

在这种部署模式下，只有主用网关才能在逻辑交换机和物理网络之间执行桥接功能，而备用网关并不工作；直到它检测到主网关失效，才会接管其工作。这种部署模式可避免在逻辑网络和物理网络之间产生环路。

继续看图 9.14。NSX 二层网关使用一个修改版的 802.1ag 连接故障监测（Connectivity Fault Monitoring，CFM）探针机制作为主网关设备的选举机制。这个探针通过连接到物理网络接口二层网关的桥接实例进行通信。CFM 报文包含了一个代表二层网关服务的 ID，如果二层网关监听到相同网段下的另一个二层网关单元，而这个单元的 ID 比自己的低，它就会成为备用设备，以防止任何潜在的环路。如果备用网关探测到主网关的设备不可用，它就会成为主网关，并开始接管进出物理网络的流量桥接工作。

需要注意的是，CFM 探针的检测总会发生在配置为二层网关服务的第一个 VLAN 之上。这意味着，为相同的二层网关服务配置了多个逻辑交换机与 VLAN 的映射关系，它就会一直负责执行这些 VLAN 桥接功能。并且，在目前推荐的部署模式下，所有的逻辑交换机与 VLAN ID 的映射是与二层网关服务关联的，并运行在相同的 NSX 二层网关设备之上。这意味着跨越不同逻辑交换机/VLAN 对的桥接功能无法使用负载均衡式的部署。因此，如果希望多个业务 VLAN 同时利用多个二层网关节点进行桥接，建议部署多个二层网关服务，并将不同的网关节点关联到不同的网关服务。这样虽然不能实现负载均衡，但由于每个服务都有自己的二层网关设备，不会造成性能瓶颈。

如图 9.15 所示，当两个 NSX 网关交换 CMF 报文时，只有一个网关是活跃状态，并且可以将流量转发到物理服务器（Server 1 和 Server 2）。一旦活跃的 NSX 网关失效（或影响其功能的任何情况出现，如链路失效），系统就会将主网关切换到之前的备用网关。当故障恢复后，两个设备仍然继续之前的 CFM 交互状态，并恢复先前的主/备模式。

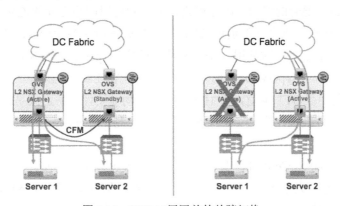

图 9.15 NSX 二层网关的故障切换

值得一提的是，一旦备用的二层网关设备变为活动状态，它必须确保部署在二层网络中的物理交换机和主机的 MAC 地址表可以被更新；否则，MAC 地址表会仍然指向失效的二层网关设备并尝试连接逻辑网络。为备用设备更新 MAC 地址表的方法是通过生成一个反向 ARP（RARP），将为二层网关服务配置的每个已知的 MAC 地址连接到逻辑交换机。

二层网关同样支持 802.1 生成树协议（STP），并且可以在网络上监控 STP BPDU 报文，以发现物理网络拓扑的变化（这样的变化可能会导致环路产生）。此外，它在 STP 层面还有如下特性。

- 可以配置二层网关服务桥 ID，使二层网关不会被选举为 STP 的根桥。
- 如果一个二层网关接收到一个携带了生成树根桥 ID 的新 BPDU，它就会假设网络拓扑发生变化，并在 60 秒内暂停收发逻辑网络和物理网络之间的数据，以防止潜在的环路。
- 由于预防环路的措施是由二层网关掌控的，因此 BPDU 报文并不会由二层网关服务向逻辑网络进行转发。

9.3.7 OVS 与物理二层网关

物理网络中的 ToR（Top-of-Rack）交换机是由物理网络设备厂商提供的，它也可以实现二层网关功能，可以与逻辑网络进行桥接。这种 ToR 交换机允许扩展 Overlay 隧道的功能，与数据中心网络的物理设备在逻辑网络的边缘进行直接连接，在物理交换机和 Hypervisor 之上的虚拟交换机之间建立一个混合的 Overlay 连接。

由于 VXLAN 协议已经成为了行业标准，而 NVGRE 和 STT 还是私有或不完全开放的协议，因此，唯一支持这些物理交换机的隧道协议就是 VXLAN，这意味着在 NSX-MH 环境下，可能需要建立混合的隧道，以提供物理网络和逻辑网络之间的连接。在 NSX-MH 环境下，STT 一般是传输节点之间隧道协议的首选。图 9.16 所示为使用 STT 协议在 Hypervisor 之间建立通道的情况下，同时使用 VXLAN 协议建立 Hypervisor 与物理网络之间的隧道的解决方案示意图。这时 Hypervisor 同时使用了 STT 和 VXLAN 协议建立不同的隧道。其中，Hypervisor 之间使用了 STT 隧道，而 Hypervisor 和物理硬件设备之间是 VXLAN 隧道。建立隧道时，物理硬件设备作为 OVSDB Server，而控制 Hypervisor 的 NSX Controller 作为 OVSDB Client。

在图 9.16 中，NSX Controller 集群会与二层网关进行交互，而且交互模式与它和其他 NSX 传输节点的交互模式类似。这使得对于一个给定的逻辑交换机，NSX Controller 集群始终配置和管理着其下属终端的连接点，而独立于工作流本身。NSX Controller 集群和 Hypervisor 之间的交互使用的是管理通道（OVSDB）和 OpenFlow 通道，NSX Controller 集群和第三方物理二层网关设备之间的通信使用的是一个单独的控制平面通道（使用

OVSDB 作为通信协议）。有两点需要注意的地方：第一，物理交换机需要支持 OVSDB，这样才能与 NSX 平台进行集成；第二，NSX Controller 不会向物理二层网关设备推送任何工作流的信息。

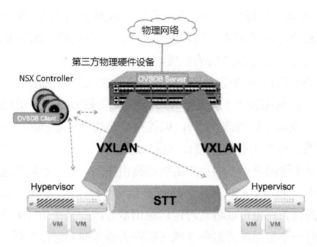

图 9.16　同时使用 VXLAN 和 STT 的 NSX-MH 环境

与 NSX 二层网关相比，ToR 的二层网关设备可以在物理网络方面支持更多的连接数，提供了更高的接口密度。但是，必须为每个物理接口（或端口聚合之后的逻辑接口）定义一个二层网关服务，这点与 NSX 二层网关类似。

物理二层网关履行学习物理网络中的主机 MAC 地址工作。与传输节点的工作模式不同，物理网关并不使用 OVSDB 与 NSX Controller 集群进行基于 MAC 地址的通信。其他传输节点在二层网关中依赖于数据平面的学习，将 MAC 地址与物理主机进行 MAC 地址与 IP 地址的映射。

9.3.8　OVS 与 NSX 三层网关

部署了 NSX 二层网关后，属于物理与虚拟网络的终端能够在同一个逻辑交换机下进行二层通信。而 NSX 三层网关则提供了虚拟网络到物理网络不同网段的二层域之间的连接，其内部架构如图 9.17 所示。三层网关通信的两个最基本需求如下：

- 连接了不同网段东西向的三层流量（网段分属逻辑网络和物理网络）的通信；
- 连接了不同网段南北向的三层流量（网段分属逻辑网络和物理网络）的通信，外部物理网络的通信点可能来自内部网络、WAN 或 Internet。

NSX 三层网关与 NSX 二层网关相比，主要的区别在于每个租户对路由功能的使用上。在 NSX 三层网关之上运行的逻辑路由器通常在租户所在的逻辑网络与外部物理网络之间，处理不同的逻辑网段之间的流量。

在图 9.17 中，每一个三层网关传输节点都使用一个物理 NIC 或绑定的多个物理 NIC（每个 NIC 或绑定的 NIC 都有一个桥 ID，比如对于接口 eth2，桥 ID 是 breth2），直接与外部物理网络进行连接。在多租户的部署中，这些与外部物理网络的连接可以被配置成 802.1Q Trunk，这样一来，就易于将每个租户的路由流量发送到下一跳物理路由器上，同时在整个租户环境中保持了租户之间的隔离。物理路由器上的一些功能，比如 VRF 和 MPLS VPN，还可以在整个三层网络中进行端到端的扩展。

要在逻辑网络中启用路由功能，首先需要定义一个三层网关服务。在这个定义的过程中，可以在同一个三层网关服务上分配多个三层网关传输节点，并明确配置每一个传输节点连接的物理接口（或绑定的物理接口），以连接外部物理三层网络。与 NSX-V 中的部署一样，这样的连接通常称为上行链路接口（uplink）。

因此，可以针对逻辑网络中不同租户需要的路由策略，定义不同的逻辑路由器功能。如图 9.18 所示，对于每个租户，NSX Controller 会选择两个网关，部署一对逻辑路由器，并使它们成为主备工作的模式。也可以将这对逻辑路由器分散部署在由 10 个网关节点组成的弹性服务池中，并与同一个三层网关服务（或三层网关服务池）进行关联。因此，所有的网关节点都可以同时为多个租户进行流量转发工作。

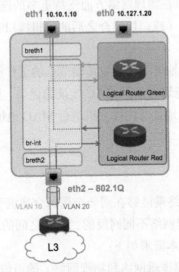

图 9.17　NSX 三层网关内部架构

图 9.18　针对不同租户的网关选择

这种弹性的三层网关服务池有如下一些特性。

● 用户不用手动配置和控制每一对主备逻辑路由器，具体网关节点的选择和部署完全交给 NSX Controller 来处理。

● 网关节点的负载并不是影响逻辑路由实例性能的考虑因素。多逻辑路由实例（主

用或备用设备）属于分散的租户，并可能部署在相同的三层网关设备上。比如，
图 9.18 上有 3 个逻辑路由器同时部署在了 GW-2 上，其中两个是主用设备，一个
是备用设备。

- 当 NSX Controller 需要为一个给定的租户部署一对主/备逻辑路由设备，并将它们
  部署在不同的网关节点之上时，它并没有参与这对逻辑路由器上对于主用或备用
  角色的选择。在这里，对于主用/备用设备的选择，是由逻辑路由器本身完成的，
  这与之前介绍的 NSX 二层网关中的 CFM 协议类似，主要的区别在于，CFM 探针
  的信息交换发生在传输节点之间的 STT 隧道建立时，而不是物理网络本身，如图
  9.19 所示。

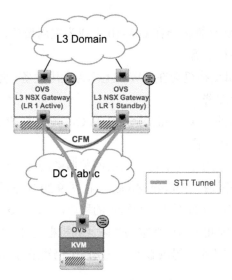

图 9.19　CFM 探针的信息交换

- 每一个远端的传输节点（如图 9.19 中的 KVM Hypervisor）会同时与主用和备用的
  三层网关节点建立 STT 隧道连接。这样就允许传输节点可以感知到远端三层网关
  节点的状态，从而对网络的下一步动作做出预判。
- 当三层网关节点失效时，系统就需要防止本地租户所在的逻辑路由器与主用三层网
  关设备进行三层通信。这样，先前部署在其他网关节点的备用设备就会接管主用设备
  的全部工作任务。下面列举了几个可能造成节点失效的情形：
  - 三层网关节点失效；
  - 连接物理网络的上行链接失效；
  - 与其他传输节点建立 Overlay 隧道的数据中心网络之间的链路失效；
  - 因为手工配置，使得三层网关变为 Admin Down 的状态。

● 在故障切换之后，新的主用逻辑路由设备拥有了全部相关的路由和 NAT 状态信息（因为与之前的主用设备同步过信息），并且可以开始处理从远端传输节点接收的流量。需要注意的是，三层网关节点与其他传输节点之间的通信究竟选择哪台逻辑路由器作为主用设备，是在通道建立时，由控制平面信息来选择的。一旦故障的网关节点（或相关的接口）恢复正常，它会通过抢占机制恢复其原来的角色。这是默认的抢占行为，不能通过配置来进行修改。

基于上文，现在回到刚才部署三层网关服务池的图 9.18，一旦 GW-2 失效，系统内事件发生顺序如下所述。

1．租户 A 所属的备用逻辑交换机会在其他网关节点重新部署（从 GW-2 到 GW-10 都有可能）。

2．租户 B 所属的逻辑交换机会在 GW-10 上成为主用设备，并且新的备用设备会在一个不同的网关节点之上进行部署。

3．租户 C 所属的逻辑交换机会在 GW-4 上称为主用设备，并且新的备用设备会在一个不同的网关节点之上进行部署。

4．一旦 GW-2 恢复正常，对于租户 A、B 和 C，其主备逻辑交换机的部署会重新恢复正常，与故障前的部署描述一样。

为了实现三层网关服务的弹性架构，三层网关服务池还可以进一步部署为两个分离的池，我们将其取名叫故障区域（Failure Zone）。在图 9.20 所示的例子中，每个故障区域都可以管理不同的服务器机柜，因此对于一个给定的租户，可以在这些分离的机柜中一直关联两个主/备逻辑路由器实例。因此，当更严重的故障（如机柜电源断电，导致整个机柜的服务器都不可用）发生时，为给定的租户提供服务的三层网关仍然是可用的。

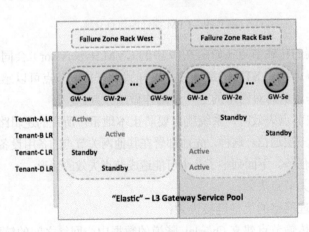

图 9.20　故障区域

9.3.9　OVS 与传输区域

传输区域（Transport Zone）的概念已经在 NSX-V 中进行了阐述，但在 NSX-MH 环境中，传输区域还是有一些区别的。一个最直观的区别就是，传输区域是多个 OVS 连接的设备的集合（如作为传输节点的 Hypervisor、服务节点、二层和三层网关），这些 OVS 连接的设备可以在整个物理和逻辑网络中相互通信。这种通信利用了一个或多个定义在每个传输节点之上的具体接口，该接口称之为传输连接点（Transport Connector）。每一个传输连接点都会一直与一个具体的传输区域进行关联，用来传输源自或去往传输连接点的 Overlay 流量。

当部署一个逻辑网络时，传输区域允许 NSX Controller 集群知晓传输连接点可以直接与其他设备进行通信的信息。比如，对于一个 Overlay 网络，NSX Controller 集群需要知道哪一个 Hypervisor 的 IP 地址可以用来建立直接的隧道连接。换句话说，传输区域在逻辑网络的边缘明确了节点的通信规则，使得整个网络得以更好地定义和扩展。

对于一个给定的传输节点的配置，同样运用了 Overlay 技术。多个隧道技术（STT、VXLAN 或 GRE）可以同时应用在单一的传输连接点之上。但是为了在一些分离的传输节点之间为工作流建立逻辑连接，需要在这些传输节点所在的传输区域之上使用一个相同的 Overlay 隧道技术。

只能定义一个单一的传输连接点关联到一个给定的传输区域。但是，还可以在传输节点上定义多个传输连接点，并将它们关联到不同的传输区域。比如，如果 Hypervisor 有一个接口用来发送公有的 Internet 流量，而另一个接口用来发送内部流量，这样的部署就同时包含了一个公有的传输区域和一个 back-end（纯内部网络）的传输区域。

最后，还得重申一下，NSX Manager 和 NSX Controllor 集群只会执行管理平面和控制平面的工作，不会参与数据平面的工作，因此，它们不需要连接到传输区域，也不需要被传输连接点所定义。

9.4　NSX-MH 逻辑交换

与 NSX-V 一样，在 NSX-MH 中，逻辑交换功能可以让不同虚拟机所属的逻辑交换机在同一个大二层网络中进行通信，并实现了一致的灵活性和敏捷性。物理网络和逻辑网络中的终端设备都可以连接到这些逻辑网段，并独立于具体的数据中心网络中的部署位置建立连接。这是因为在 NSX 网络虚拟化平台中，物理网络（Underlay）和逻辑网络（Overlay）是完全解耦的。

9.4.1　NSX-MH 逻辑交换简介

图 9.21 所示为 NSX-MH 的物理网络和逻辑网络在数据中心内的视角的架构图，其实在介绍 NSX-V 的逻辑交换时已经看到过这张图了。

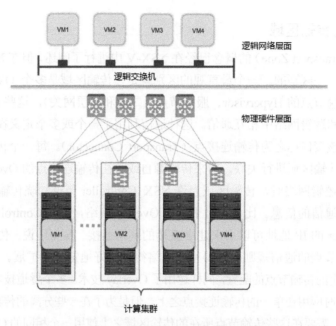

图 9.21 NSX-MH 逻辑交换在物理网络和逻辑网络的视角

与 NSX-V 相比，NSX-MH 的逻辑交换的异同如下所示。

● 在 NSX-MH 中，一般使用 KVM 或 Xen 部署虚拟化平台，或混用 KVM、Xen 和 vSphere；而在 NSX-V 中，则单一使用 vSphere。NSX-MH 中同样使用 Overlay 隧道协议，允许二层域（逻辑交换机）独立于底层物理架构的连接，在多物理服务器中进行扩展。

● NSX-MH 中的逻辑交换底层平台使用的是 OVS（包括 NVS），而在 NSX-V 中，使用的是 vSphere 分布式交换机。

● 逻辑网络中使用的 Overlay 隧道协议可以是 STT、GRE 或 VXLAN 中的任何一种（推荐使用 STT），而在 NSX-V 中，使用的是 VXLAN 协议。

之后就会详细讨论 NSX-MH 中，逻辑交换的各种流量模型。

9.4.2 虚拟网络之间的单播通信

在数据平面建立内部单播通信之前，虚拟机会收到一个 ARP 请求，并生成自己的 ARP 表。之后，同一个网段的虚拟机如果需要通信，同样也要生成自己的 ARP 表。在生成 ARP 表后，就可以交互二层流量了。在 NSX-MH 环境下，虚拟网络内部进行单播通信的具体步骤如下（见图 9.22）。

1. 虚拟机 1 想要与属于同一个逻辑交换机，但处在不同 Hypervisor 下的虚拟机 3 进行通信。虚拟机 1 生成了一个 APR 请求，以确定虚拟机 3 的 MAC 地址和 IP 地址的映射关系。

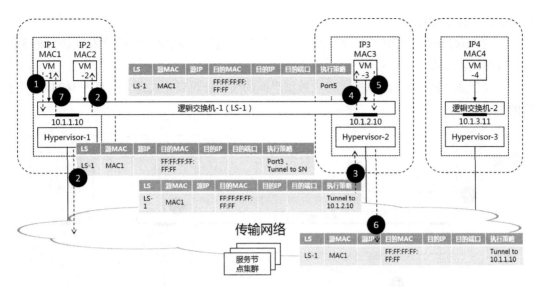

图 9.22 在 NSX-MH 中，虚拟网络内部进行单播通信的步骤

2. Hypervisor-1 上运行的 OVS 接收到该 ARP 请求。由于这是一个二层广播报文，需要发送到逻辑交换机所有本地连接的虚拟机（如虚拟机 2），并且需要将报文封装，发送到属于同一逻辑交换机的远端传输节点。在这个例子中，系统使用了服务节点，处理二层广播流量的复制。Hypervisor-1 上运行的 OVS 需要使用基于 STT 的 Overlay 技术，封装二层广播 ARP 的请求，并将其发送到一个具体的服务节点（服务节点集群中的一个或一部分）的传输连接点定义的 IP 地址。如图 9.22 中所示，为了达成这个目标，这个具体的数据流进入了 Hypervisor-1 上运行的 OVS 的内核空间。

需要注意的是，多目的的流量也可以直接被 Hypervisor 复制，这点会在 9.4.4 小节进行讨论。

3. 一旦逻辑交换机上有活跃的逻辑端口，服务节点就会将 ARP 请求复制到这些端口连接的虚拟机所属的所有 Hypervisor。NSX Controller 对于逻辑交换机有完全的可视性，因此它可以轻松定义这些逻辑交换机的端口，并将信息提供给服务节点。在这个例子中，流量需要被复制到 Hypervisor-2，但是不会复制给 Hypervisor-3，这是因为 Hypervisor-3 的虚拟机都属于另外一台逻辑交换机。此后，服务节点也会执行 RPF 检查，以防止将报文发送回原始的 Hypervisor-1。

4. Hypervisor-2 收到了这个 ARP 请求，并转发到所有逻辑交换机连接的本地虚拟机（在这个例子中，就是 Port 5 连接的虚拟机 3）。

5. 虚拟机 3 收到 ARP 请求，基于 MAC1/IP1 的映射信息生成自己的 ARP 表，并且生成一个可以直接去往虚拟机 1 的单播 ARP 回应。

6. 在 Hypervisor-2 上运行的 OVS 使用 STT 协议封装 ARP 回应，并且发送到 Hypervisor 1

传输连接点的 IP 地址。

7. 在 Hypervisor-1 中，ARP 回应会被解封装，这时在 ARP 表中也会存在虚拟机 3 的 MAC/IP 映射信息。

一旦生成 ARP 表，虚拟机之间的数据平面的通信就可以正式建立（见图 9.23），其通信的步骤如下。

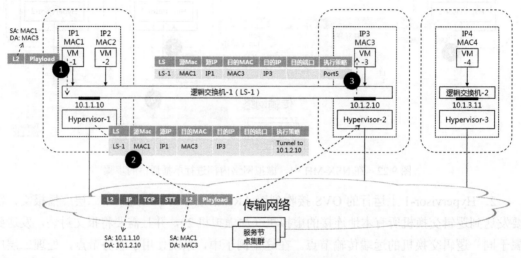

图 9.23　虚拟机之间的通信正式建立

1. 虚拟机 1 生成了一个目的为虚拟机 3 的数据包。

2. Hypervisor-1 上运行的 OVS 让这个具体的数据流进入自己的内核空间，并将其进行封装。之后，OVS 将其发送到 Hypervisor-2 定义的传输连接点的 IP 地址。

3. Hypervisor-2 上运行的 OVS 对这个数据包进行解封装，并将其发送到逻辑交换机的 Port5 连接的虚拟机 3。

4. 反之亦然，这样就可以在虚拟机 1 和虚拟机 3 之间建立双向的单播通信。

9.4.3　虚拟网络到物理网络的单播通信

之前已经简单讨论过虚拟网络到物理网络的情形，为此需要部署二层网关，使得同一个二层广播域下的虚拟网络连接的终端和物理网络连接的终端可以进行二层通信。图 9.24 所示为物理服务器如何通过 NSX 二层网关提供的桥接服务连接虚拟网络。

值得注意的是，多个二层网关服务可以同时在相同的逻辑交换机之上启用，并且可以通过一种 VLAN 转换（VLAN Translation）服务桥接不同的 VLAN ID，如图 9.25 所示。在逻辑网络和物理网络之间建立了二层连接后，部署的两个二层网关会通过 CFM 探针使得它们中的一个成为备用（Standby）模式，以防止环路的产生。所有的物理服务器会通过主用

（Active）的二层网关与逻辑交换机建立连接。

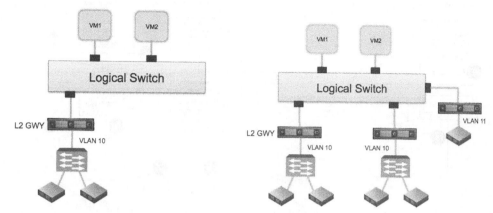

图 9.24　NSX 二层网关为虚拟和物理网络提供桥接　图 9.25　在相同的逻辑交换机启用多个二层网关服务

　　利用二层网关实现虚拟网络到物理网络的二层单播通信，与之前讨论的虚拟网络之间的通信还是比较类似的。这是因为 NSX 二层网关的传输节点同样利用了运行在 Hypervisor 之上的 OVS，因此，它同样会先让 Hypervisor 的流量进入自己的内核空间，再在终端之间转发。唯一的区别是，NSX 二层网关不会与 NSX Controller 交互通信的物理主机的 MAC 地址。因此，远端的 Hypervisor 使用数据平面学习这些物理主机的 MAC 地址/IP 地址的匹配关系，并且将其关联到 NSX 二层网关的传输连接点的接口。

　　在进行虚拟网络到物理网络的二层单播通信之前，同样需要建立 ARP 表。ARP 表建立的步骤如图 9.26 和图 9.27 所示。

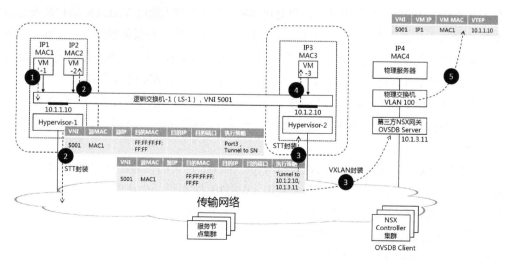

图 9.26　在 NSX-MH 中，虚拟网络与物理网络进行单播通信时 ARP 表的建立（前半部分）

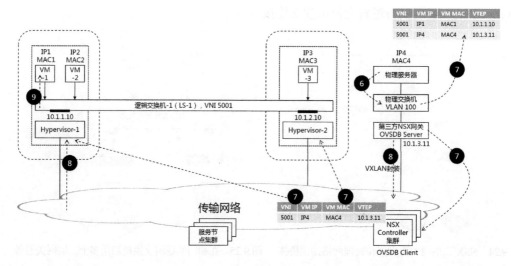

图 9.27　在 NSX-MH 中，虚拟网络与物理网络进行单播通信时 ARP 表的建立（后半部分）

1. 虚拟机 1 所属的逻辑交换机（属于 VNI 5001）发出了一个 ARP 请求，以确定处于同一个二层域（VLAN 100）中的物理服务器的 MAC/IP 映射信息。

2. 在 Hypervisor-1 上运行的 OVS 接收到 ARP 请求。由于这是一个二层广播报文，需要发送到所有本地连接的虚拟机（如虚拟机 2），并且同样需要将报文封装，然后再发送到具体服务节点的传输连接点的 IP 地址，以进行多目的流量的复制。流量会进入服务节点上运行的 OVS 的内核空间，进行二层广播报文的处理。

3. 由于虚拟机 3 也连接到了这个逻辑交换机，服务节点向 Hypervisor-2 复制了这个 ARP 请求（通过 STT 封装）。并且服务节点也会将 ARP 请求的副本通过 VXLAN 的封装发送给物理 ToR 二层网关。这个物理二层网关提供了 VLAN 100 下的物理服务器的流量交互。服务节点也会执行 RPF 检测，以防止数据包被发送回原始的 Hypervisor-1。需要注意的是，在这种情况下，需要在服务节点的传输连接点上，同时启用 STT 和 VXLAN 的封装功能。

4. Hypervisor-2 接收到了 ARP 请求，并将其转发到逻辑交换机连接的所有本地虚拟机（在本例中为虚拟机 3）。物理网关同样会接收到这个 ARP 请求，在解封装之后，将其发送到物理服务器。

5. 物理 ToR 交换机会基于 MAC1 和 Hypervisor-1 定义的传输连接点的 IP 地址的映射信息，生成 MAC 地址表。这个信息是利用 OVSDB 控制平面生成的。这个信息需要在虚拟机 1 尝试与物理服务器进行通信和需要在数据平面进行封装之前生成。

6. 物理服务器收到了广播 ARP 请求，并基于 MAC1/IP1 的映射信息生成 ARP 表，随后生成一个去往 MAC1 的单播回应。

7. 物理 ToR 交换机对于这个 ARP 回应的处理，会触发控制平面进行工作。

● ToR 交换机将本地连接的 MAC4 的信息加到自己的 MAC 地址表。

● 同样的信息通过 OVSDB 控制平面与 NSX Controller 进行交互。NSX Controller 并不关心物理主机的连接，它只关心 OVSDB 的通知信息。

● NSX Controller 使用 OpenFlow 控制平面通道，将最新发现的物理服务器的数据信息发送到所有 NSX 传输节点。

8. 在数据平面之上，物理网关将 ARP 请求封装到一个 VXLAN 数据包内，将其发送到 Hypervisor-1 传输连接点的 IP 地址。这个 Hypervisor 之上的传输连接点同样需要同时开启 STT 和 VXLAN 封装功能。

9. Hypervisor-1 将数据包进行解封装，并将 ARP 回应发送到虚拟机 1。之后，在 VM1 之上就可以通过接收到的映射信息生成 ARP 表了。

一旦生成了 ARP 表，处于虚拟网络和物理网络终端之间的数据平面通信就可以建立起来，如图 9.28 所示。

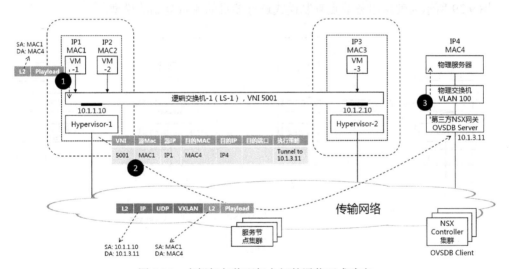

图 9.28　虚拟机与物理机之间的通信正式建立

1. 虚拟机 1 生成了一个去往物理网络中终端的报文。

2. Hypervisor-1 上运行的 OVS 让这个具体的数据流进入自己的内核空间，并将其进行封装。之后，OVS 将其发送到物理网关定义的传输连接点的 IP 地址。在这个过程中，使用了 VXLAN 协议在 Hypervisor 和物理交换机之间对数据流进行了封装。

3. 物理交换机将报文进行解封装，并将其发送到 VLAN 100 直连的物理终端设备。

反之亦然。这样就可以在逻辑网络和物理网络所属的终端之间建立双向的单播通信。

9.4.4　多目的流量的复制模型

前文讨论了 NSX-MH 的单播通信，包括虚拟网络之间的单播通信和虚拟网络与物理网络之间的单播通信。当属于同一个逻辑交换机的两个终端连接到了不同的传输节点，且需要直接通信时，单播封装的流量就会在每一个传输节点的传输连接点之上进行交互。但是在一些情况下，源自一个终端的流量需要发送到同一个二层域的所有其他终端。这点在介绍 NSX-V 时已提到过。这种流量叫作 BUM 流量，它是 Broadcast（广播）、Unknown Unicast（不知道目的的单播）和 Multicast（组播）流量的统称。

一旦在 NSX-MH 环境中出现了这三种流量中的一种，源自连接了一个给定传输节点的终端的流量，就可能被复制到多个远端的传输节点（它们在同一个二层网段中连接了其他终端）。NSX-MH 在逻辑交换机层面支持两种流量复制模式：服务节点（Service Node）复制模式和基于源节点（Source Node）的复制。这与 NSX-V 中的三种复制模式（组播复制、单播复制、混合复制）有很大不同。

图 9.29 所示为使用服务节点复制模式进行多目的流量复制的模型。

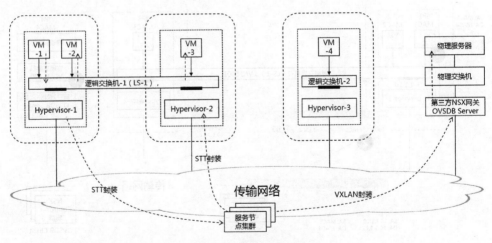

图 9.29　使用服务节点复制

一般推荐在大型部署的环境中使用服务节点复制模式，这是因为它能提供更大的包转发能力。如图 9.29 所示，可以部署服务节点集群以提供更强的性能和冗余性，而 NSX Controller 集群与服务节点集群中的每一个服务节点进行消息交互时，会将它们看做是单一的池，并将工作负载分布在集群中的每一个节点之上。Hypervisor 和网关会也会与服务节点集群中的每一个服务节点建立隧道，使用哈希算法优化工作流，达到负载分担、负载均衡。

需要注意的是，使用物理 ToR 交换机来执行二层网关功能时，服务节点复制模式是唯一可以使用的复制 BUM 流量的方法。这是因为现今的物理交换机并不支持基于源的复制。

图 9.30 所示为对于一个给定的逻辑交换机，使用基于源节点的复制模式进行多目的流量复制的模型。

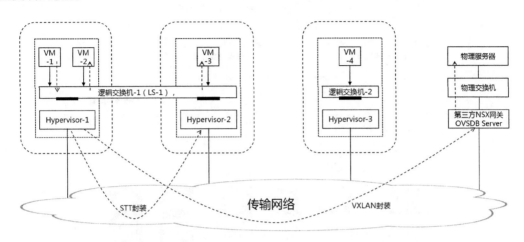

图 9.30 基于源的复制

在这个情况下，传输节点（Hypervisor 或 NSX 二层网关）会创建多个 BUM 报文副本，并将它们发送到其他所有的传输节点。而每一个传输节点都会从 NSX Controller 那里收到逻辑交换信息。这样一来，流量就会被复制到所有的 Hypervisor，虚拟工作流也会连接到给定的逻辑交换机。需要注意的是，源传输节点会一直将报文复制到虚拟或物理的二层网关，这是因为物理主机连接的 VLAN 与逻辑交换机的映射信息在流量刚刚发起时还未被发现。

9.5 NSX-MH 逻辑路由

与 NSX-V 相同，NSX-MH 中的逻辑路由功能为用户提供了部署在不同二层网络的终端（可能都是逻辑网络的终端，也可能既有逻辑网络终端又有物理网络终端）的连接。

9.5.1 NSX-MH 逻辑路由简介

部署逻辑路由器有两个主要的目的——连接属于分离的二层网络的终端（终端可能属于逻辑或物理网络）、连接属于逻辑网络中的终端与属于外部物理三层网络的设备。第一种情形一般发生在数据中心内部，为东西向流量。第二种情形为南北向流量，是为了将数据中心连接到外部物理网络（如 WAN、Internet 等）。部署逻辑路由器的目的与 NSX-V 中的叙述完全相同。

图 9.31 所示为两个不同的逻辑交换机需要通过逻辑路由进行流量交互的逻辑网络拓扑

和物理网络拓扑。

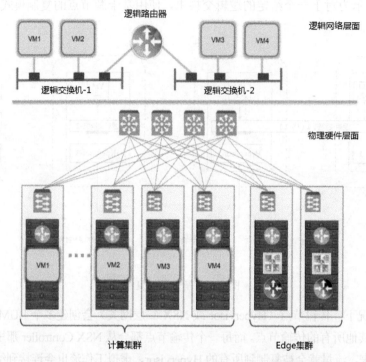

图 9.31 NSX-MH 逻辑路由在物理网络和逻辑网络的拓扑

需要注意的是，对于一个给定的逻辑交换机，只能连接一个 active 的逻辑路由器。冗余的路由服务可以通过部署一对主/备逻辑路由实例来实现。此外，使用上连接口将逻辑路由器连接到外部物理网络中的下一跳路由器，这点与 NSX-V 中的架构也完全相同。这个上连接口可以是一个物理 NIC，也可以将多个物理 NIC 捆绑在一起，作为一个 port-channel 进行上连。

对于一个给定的租户，逻辑路由可以有两种部署模式：集中路由和分布式路由（这也与 NSX-V 也完全相同）。后文会详细讨论在 NSX-MH 下如何实集中路由和分布式路由。

9.5.2 集中路由

在 NSX-MH 环境中，传统的集中路由功能是由 NSX 三层网关提供的。除了集中路由功能，NSX 三层网关还能提供 NAT 服务。集中路由可以用于南北向的三层流量的处理，也可以用于东西向三层流量的处理。由于存在"发夹效应"，使用集中路由处理东西向流量可能并不是优化的，这点在介绍 NSX-V 时，已经有所阐述。因此，主要使用集中路由处理 NSX-MH 中的南北向流量。

在集中路由模式下，两个连接了不同逻辑交换机的工作流之间的 ARP 交互过程如图 9.32 所示。

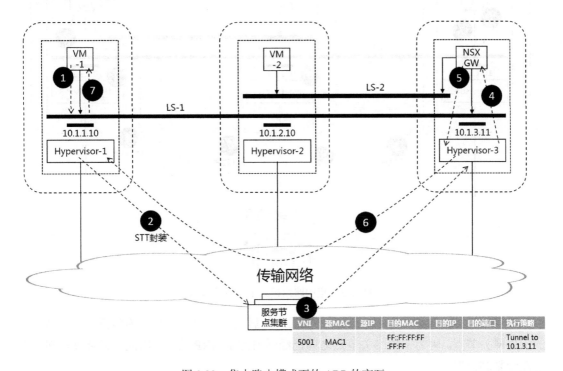

图 9.32   集中路由模式下的 ARP 的交互

1.属于不同逻辑交换机且部署在不同 Hypervisor 上的虚拟机 1 和虚拟机 2 想要相互通信（部署在相同 Hypervisor 的情况也同样适用）。虚拟机 1 生成了一个 ARP 请求，以在自己的默认网关处确定 MAC/IP 地址的映射信息，这个默认网关位于逻辑路由器连接其逻辑交换机的接口处。

2．服务节点收到 ARP 请求，以执行多目的的流量复制。

3．服务节点将 ARP 请求复制到连接该逻辑交换机的活跃虚拟机所在的所有 Hypervisor。ARP 请求同时还会被复制到开启逻辑路由功能的 NSX 三层网关节点。

4．NSX 三层网关对 ARP 请求进行解封装，并发送到逻辑路由实例。逻辑路由实例会生成基于 MAC1/IP1 映射信息的 ARP 表。

5．逻辑路由器向虚拟机 1 生成单播的 ARP 回应。

6．ARP 回应直接通过隧道去往 Hypervisor-1。

7．Hypervisor-1 将流量进行解封装，并发送到虚拟机 1。

之后，虚拟机 1 就会生成一个去往虚拟机 2 的数据包，数据包的通信过程如图 9.33 所示。

1．虚拟机 1 生成一个去往虚拟机 2 的数据包。

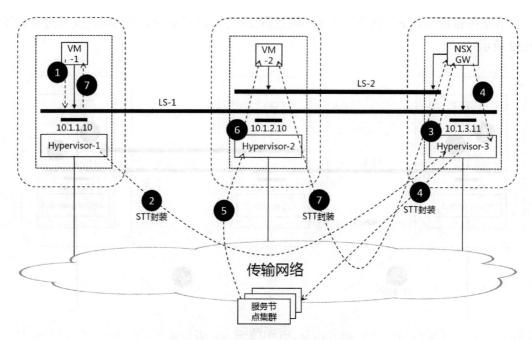

图 9.33 集中路由模式下的流量通信

2. 数据包被 Hypervisor-1 封装后，发送到开启逻辑路由功能且作为虚拟机 1 默认网关的三层网关节点。因为三层网关节点之前已经学习到了 ARP 信息，因此不需要使用多目的的流量复制模型。

3. NSX 三层网关对数据包进行解封装，并将其发送到逻辑路由器。这个逻辑路由器负责关联两个不同的逻辑交换机之间的三层路由。

4. 当逻辑路由器第一次试图与虚拟机 2 通信时，需要生成一个 ARP 请求，以在 ARP 表中生成 MAC2/IP2 的映射信息。ARP 请求随后被发送到服务节点。

5. 服务节点将流量复制到 Hypervisor-2，原因是虚拟机 2 处于 Hypervisor-2 中，并且虚拟机 2 与虚拟机 1 属于不同的逻辑交换机。

6. Hypervisor-2 对流量进行解封装，并将其发送至虚拟机 2。

7. 虚拟机 2 将单播的 ARP 回应发送到自己默认网关的 MAC 地址。数据包会在 Hypervisor-2 上进行封装，并发送到三层网关节点（逻辑路由器）。当 MAC2/IP2 的映射信息在 ARP 表中生成后，逻辑路由器就会将原始数据包发送到虚拟机 2，以允许虚拟机 1 和虚拟机 2 之间进行三层通信。

反之，当虚拟机 2 需要与虚拟机 1 进行三层通信时，需要重复上述过程。这样，就可以在三层虚拟网络的终端之间建立双向的通信。

在虚拟机和物理设备之间建立三层通信（南北向流量的通信）的步骤与上述过程类似，

只是拓扑将上述例子中的虚拟机 2 换成物理服务器。这里不再赘述。

9.5.3　分布式路由

在 NSX-MH 中，分布式路由的功能在数据中心内部，提供了一种优化和可扩展的东西向流量的交互功能。这种东西向流量可以是虚拟机之间的流量，也可以是虚拟机和物理终端之间的流量。如今，在每个行业的数据中心内部，东西向流量正在飞速增长，催生了新的协作、分布式架构和以服务为导向的应用架构，因此服务器与服务器之间的通信中需要更大的网络带宽、更低的延迟。因此，使用分布式路由架构是非常有意义的，因为它容易优化和扩展工作流。我们可以把在 Hypervisor 上部署分布式路由比作在一台机箱式交换机上安装一块带路由功能的线卡。与 NSX-V 中的表现形式一样，NSX-MH 分布式路由可以防范虚拟机之间进行三层路由通信时产生的"发夹效应"。这样，在逻辑交换机下属的虚拟机之间选择路由模式（东西向流量）时，可以用分布式路由取代集中路由。

在服务节点的 OVS 上安装一个带有路由功能的元件，这个元件称为 l3d daemon。可以把 l3d daemon 想象成在每个传输节点上的逻辑路由器，它可以在每个节点上都实现和之前讨论的类似于集中路由的功能。NSX Controller 将流量引入 OVS，并在本地的路由元件处理这个流量，以实现分布式路由的功能。

除了虚拟机与虚拟机的东西向流量的处理，也可以通过分布式路由实现南北向流量的处理，这就要求分布式路由与软件版的 NSX 二层网关进行集成部署。部署的逻辑拓扑如图 9.34 所示。NSX 二层网关在 Hyperviser 的传输节点上安装了 OVS，因此它也可以在本地安装分布式 l3d daemon 元件，在 NSX 二层网关的传输节点上实现分布式路由功能。但是，在物理二层网关上无法实现分布式路由，物理二层网关只能使用集中路由功能。还需要注意的一点是，在部署分布式路由处理东西向流量时，NAT 功能是不可用的。但是，由于 NAT 功能一般用于南北向的流量处理，因此在使用分布式路由处理南北向流量时，仍然可以在二层网关内部启用 NAT 功能。

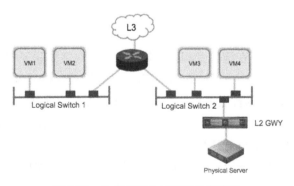

图 9.34　分布式路由处理南北向流量

分布式路由可以跨越极大数量的传输节点（Hypervisor 和网关）进行部署，但是，它可能在 NSX Controller 集群的计算和内存上产生更大的开销。这种大规模部署，可能是在分布式路由器上连接少量大型逻辑交换机，或是连接大量小型逻辑交换机。因此，将大型的分布式路由器切分为多个小型分布式路由器，并将服务实例关联到 NSX Controller 内的不同节点，可以有效减少 NSX Controller 的压力。

9.6 NSX-MH 安全

尽管 NSX-MH 不支持 NSX-V 中的基于微分段的分布式逻辑防火墙功能，但是对于相同逻辑交换机之间的工作流、不同逻辑交换机之间的工作流，以及虚拟网络和物理网络之间的工作流，NSX-MH 还是提供了下面几种安全防护功能，实现流量的过滤。

- 端口隔离：与 PVLAN（Private VLANs）功能类似，可以使得部署在同一逻辑交换机（IP 子网）下的虚拟机之间的通信得到控制。
- 端口安全：通过严格限制 MAC 地址和 IP 地址的绑定关系，使得有特定 IP 地址的虚拟机在收发流量时，只能通过接逻辑交换机的特定的逻辑端口，从而实现更高级的安全防护。
- 访问控制列表（ACL）：可以将状态化或非状态化的 ACL 关联到逻辑路由器端口、二层网关端口、逻辑交换机端口，从而只允许特定的 IP 地址段或特定协议的放行和阻断。在东西向流量的安全防护中，可以定义 Security Profile，从而配置安全组，最终使得配置简化，而南北向流量的防护则使用传统的 ACL，最终实现基于角色的三层、四层防火墙功能。

由于 MSX-V 的分布式防火墙功能强大，能实现所有二到四层的安全防护。但是在 NSX-MH 中，逻辑交换机是建立在 OVS 上的，现在还不支持分布式防火墙，只能利用端口隔离、端口安全和 ACL 进行安全防护。

9.6.1 端口隔离

端口隔离的功能是为了在连接到相同逻辑交换机（通常关联了相同的 IP 子网）的虚拟机之间提供二层隔离，在这一方面，它与物理网络中的 PVLAN（Private VLAN）的功能非常类似。如图 9.35 所示，尽管虚拟机 1、虚拟机 2 和外部物理网络的终端同属于一个二层子网，但是通过使用端口隔离技术，就能实现二层子网内部虚拟机之间的隔离，只允许虚拟机与外部物理网络的终端进行通信。

因此，端口隔离功能只能配置在逻辑交换机层面。当启用端口功能后，NSX Controller 就会将策略信息推送到所有 Hypervisor，以对内部流量进行隔离。

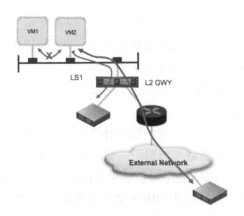

图 9.35 端口隔离技术

需要注意的是，在逻辑交换机上开启了端口隔离功能，可能会影响逻辑交换机支持的最大逻辑端口数量。具体情况需要参考 VMware NSX 官方文档。

端口隔离功能并不能保护一个用户有意或无意将恶意的流量或病毒从一个 MAC 地址未知的系统中注入逻辑交换机，因此可以使用 NSX-MH 的端口安全功能来进行进一步的安全防护。

9.6.2 端口安全

可以在一个逻辑交换机端口配置端口安全,通过设定一对具体的 MAC 地址和 IP 地址,使得只能使用特定的 MAC 或 IP 地址从端口发送或接收流量。这样做可以防止 MAC 地址欺骗攻击，或使用 ARP/IP 欺骗来完成的中间人攻击——在云网络的部署中，来自不同租户的虚拟机可能连接到相同的二层网络，它们很容易受到这种攻击。

如图 9.36 所示，端口安全应用在了逻辑交换机连接虚拟机 1 的逻辑端口之上。通过设定 MAC1/IP1 对，系统在处理流量时可以获得如下特性。

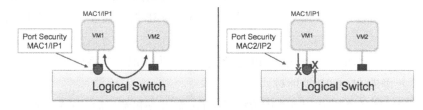

图 9.36 端口安全

- 对于进入逻辑端口的流量(流量从虚拟机 1 进入逻辑交换机),除非流量的源 MAC、源 IP 与允许的 MAC1/IP1 对匹配，逻辑端口才准予放行，否则一律丢弃。
- 对于出逻辑端口的外部流量（流量去往其他虚拟机），除非目的 MAC、源 IP 与允许的 MAC/IP 对匹配，才给予放行，否则一律丢弃。

这意味着，这个逻辑端口只有连接虚拟机 1 时，才可以与同一逻辑交换机或其他逻辑交换机下属的其他设备成功通信。继续参考图 9.36，一旦端口安全配置了 MAC2/IP2 对，虚拟机 1 的流量就会在进入逻辑交换机之前就被丢弃，而从逻辑网络去往虚拟机 1 的流量在进入这个端口前也会被丢弃。

现在考虑一个可能出现在生产环境中的具体情况。一个 VIF 端口连接了虚拟机，而虚拟机的 IP 地址是由 DHCP 服务器指派的，同时，在这个 VIF 端口上启用了端口安全。在这种情况下，就需要修改端口安全配置，以确保 DHCP 在给虚拟机分配给 IP 地址的时候可以正常工作。这是因为来自虚拟机的 DHCP 请求是携带了源 IP 地址 0.0.0.0 的 UDP 报文，因此在端口安全配置中，除了定义虚拟机的 MAC/IP 地址对外，还需要将 0.0.0.0 这个 IP 地址的策略加进来。

DHCP 服务器的部署还带来另外一个问题。由于虚拟机会动态获得一个 IP 地址，那么它在获得 IP 地址之后，如何对 MAC/IP 地址对进行配置，以使得虚拟机可以与外界安全地通信呢？因此，在 DHCP 的工作完成之前，MAC/IP 地址对的配置就无法进行，因为在此之前为虚拟机分配的 IP 地址还是不确定的。为了解决这个问题，可能需要部署一个云管理系统（CMS），将其与 NSX 网络虚拟化平台集成起来。例如，使用 OpenStack 作为 CMS 时，它可以创建计算资源（虚拟机）并且将它们连接到创建好的逻辑网络。这意味着 DHCP 服务也将运行在 OpenStack 架构中的 Neutron 功能模块中。对于 OpenStack，这样的部署就能对每一个虚拟机可分配的 IP 地址拥有完全的可视性和可管理性。之后，OpenStack 通过 NSX Controller 提供的 REST API 进行交互后，就能够在虚拟机获得 IP 地址之前，配置合适的 MAC/IP 地址对，以实现端口安全。

当用户选择使用外部的 DHCP 服务器连接 CMS 时，需要将 DHCP 服务器与 CMS 进行集成（通过 Neutron Plugin），其工作流程如下。

1. CMS 需要告知 DHCP 服务器新的 MAC 地址与虚拟机的关联应当被实例化。
2. DHCP 服务器需要告知 CMS，在匹配 MAC 与 IP 时，需要为一个虚拟机预留哪个 IP 地址。
3. CMS 需要与 NSX Controller API 建立会话，以为虚拟机即将连接的逻辑交换机端口配置正确的 MAC/IP 地址对。

最终，当端口安全配置运用到了虚拟机连接的逻辑交换机端口后，这个配置策略就会与虚拟机本身关联起来。这意味着，如果虚拟机在不同的 Hypervisor 之间发生迁移，端口安全策略也会通过一致的方式跟着虚拟机一起移动。因此在配置端口安全时，仍然无需基于五元组的 TCP/IP 进行配置，安全策略与 IP 地址、端口连接是独立的。

9.6.3 安全 Profile 与访问控制列表

NSX-MH 还可以通过部署与传统物理网络设备中类似的访问控制列表（ACL），实现工作流之间的安全交互。在 NSX-MH 中，由于访问控制列表是配置在网络虚拟化环境中，因此配置方式与传统物理设备中的配置还是有所不同的。NSX-MH 提供了两种配置方法。

- 在连接逻辑交换机端口（VIF）的虚拟工作流之间部署三、四层过滤，一般使用名为"安全 Profile"的逻辑结构。
- 将三、四层过滤应用到 NSX 二/三层网关连接的逻辑交换端口的时候，其配置模式与传统的 ACL 非常类似。

图 9.37 简单说明了安全 Profile 和 ACL 的部署位置。随后会详细讨论这两种配置方法。

与通过大多数 CMS/CMP（比如 OpenStack）创建的安全组功能非常类似，安全 Profile 可以提供一基于角色的模型，以定义一组过滤规则，并应用到一个特定的逻辑交换机端口。

每个安全 Profile 会定义一组出向规则（虚拟机的流量通过逻辑交换机端口去往别的虚拟机）和入向规则（抵达逻辑交换机的流量，并希望进入逻辑交换机端口连接的虚拟机）。一个逻辑交换机端口可以关联多个安全 Profile，安全过滤规则会匹配每个 Profile 中的任何一个条目。对于匹配的安全规则，流量被放行，反之就会丢弃。当逻辑交换机端口没有关联安全 Profile 的时候，流量过滤机制就不需要在该端口上进行工作。

当安全 Profile 工作时，需要深入理解"入向"和"出向"的流量过滤机制是如何在逻辑交换机的端口上进行的。下面通过图 9.38 来解释其工作机制。

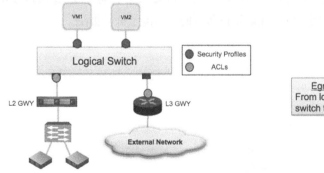

图 9.37 安全 Profile 和 ACL 的部署位置

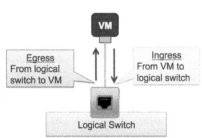

图 9.38 入向和出向过滤机制

- 逻辑接口出向过滤：安全 Profile 出向过滤的主要目的是保护不受信任主机的虚拟机试图连接其他虚拟机。一旦虚拟机连接的 VIF 接口关联了一个安全 Profile，默认就会执行"deny all"（拒绝全部流量）的流量过滤。这意味着虚拟机完全被隔离，网络中的其他所有设备都被保护了起来，不会收到这台虚拟机始发的流量，直到安全 Profile 中加入具体的规则,使得虚拟机的特定 IP 地址或某些协议端口的流量可以在逻辑交换机端口之上被放行,它才可以与其他虚拟机通信。

● 逻辑接口入向过滤:安全 Profile 入向过滤的主要目的是限制一组外部的虚拟机连接,这样就可以防止虚拟机从别的设备收到一些类型的流量。与出向过滤类似,入向过滤的默认规则同样是 "deny all",这个虚拟机同样被隔离,任何流量都无法穿越其连接的逻辑交换机端口,除非在端口之上明确允许了一些流量可以被放行。

在安全 Profile 中有一个重要的特性,叫做白名单(white-list)。它与传统的 ACL 不同,因为它可以混用"允许"和"拒绝"规则,并应用到流量过滤中。而传统的 ACL 一般是列出所有允许的流量,再拒绝其他所有流量,或拒绝某些特定的流量,再允许其他所有流量。因此,使用安全 Profile 进行流量过滤时,配置会变得更加灵活。

在安全 Profile 中,出向和入向流量是自然反射的。也就是说,当一个规则应用在虚拟机与外界建立连接时,对于相同的连接,其回应的流量会自动绕过反方向的过滤规则。NSX Controller 通过在该传输节点自动设定一个流量入口,允许其反向的 TCP 或 UDP 的五元组回应流量请求。ICMP 流量也能使用类似的行为来处理。图 9.39 就是这样一个自然反射特性的简单案例。它在逻辑交换机端口的出向允许了 TCP 和 80 和 443 端口,但是在入向拒绝所有流量,如果没有这样的反射性特性,外界对虚拟机的流量请求(哪怕是 HTTP 或 HTTPS)就无法得到回应。

图 9.39 其实也是当 Web 服务器的虚拟机连接到 VIF 时默认的安全 Profile 配置。这个默认过滤规则的目标是仅允许 HTTP 和 HTTPS 的流量进入虚拟机,并阻止其他入向流量。而当一个外部的客户端开始与 Web 服务器进行通信时,安全 Profile 又会自动生成入向的规则,通过 deny any any(拒绝所有)的规则,以确保虚拟机所有的出向流量都被拒绝。

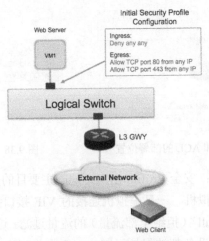

图 9.39　出向和入向流量是自然反射的

OVS 会通过 NSX Controller 维持这些动态建立的安全 Profile 的流量放行入口策略。当有一段时间没有原始流量通过时，入口策略就会被暂时移除，以提高系统的效率。超时时间如下。

- SSH 连接（TCP 端口 22）：60 秒。
- 其他 TCP 连接：300 秒。
- UDP 连接：5 秒。

安全 Profile 配置是与一个给定虚拟机连接的 VIF 进行关联的，它会自动跟随虚拟机（可以随虚拟机迁移而迁移），而不基于 IP 地址或端口。当虚拟机从一个物理主机迁移到了另一个主机时，安全 Profile 配置会随之迁移。同样，当安全 Profile 的一组规则或一组安全 Profile 发生变化时，其关联的所有逻辑交换机接口上的过滤规则都会自动更新。但是，连接跟踪状态则不会跟随虚拟机在 Hypervisor 之间迁移而迁移。这意味着状态（也就是前文所说的自然反射特性）会在虚拟机迁移到了新的 Hypervisor 并发送至少一个报文后自动刷新。参考图 9.38，当虚拟机 1 迁移到别的 Hypervisor 时，客户端就不会再从 Web 服务器收到数据，原因是存在默认的入向 deny all 策略。直到客户端再次尝试与其连接，被出向流量反射的入向流量（允许了 TCP 的 80 和 443 端口）在新的 Hypervisor 之上可以自动安排。

在生产环境中，如果希望配置安全 Profile，需要在 VMware 官网上参考每个 NSX 版本支持的安全 Profile 的最大数量、每个安全 Profile 的规则数量限制和一个逻辑端口可应用的规则数量。配置安全 Profile 时，如果配置的策略具有很高的复杂性，也会导致内存消耗和 NSX Controller 的开销变得很大。这些都是在规划和实施过程中需要注意的地方。

安全 Profile 功能虽然有很多优势，但只能运用在 VIF 上，以过滤逻辑交换机内部流量（虚拟机之间的流量）。传统的 ACL 则可以运用在 NSX 二层或三层网关的接口上，以在逻辑网络和物理网络之间实现安全通信。其实，使用安全 Profile 和 ACL 功能实现 NSX-MH 中的安全隔离，与 NSX-V 中的分布式防火墙和 Edge 防火墙相似，它们的实现原理不同，但目的相同——分别保护东西向流量和南北向流量。

图 9.40 所示为在 NSX 二层或三层网关上配置 ACL 的逻辑示意图。在 NSX Controller 之上配置了 ACL 策略，由它将这些策略信息推送到 NSX 网关，并安装到 OVS 内核中。这样，ACL 就可以在 NSX 网关的端口上应用并实现流量过滤。

在图 9.40 所示的例子中，假设需要过滤虚拟机 1 和虚拟机 2 之间的三层 ICMP 流量，一个具体的 ACL 就需要应用在连接两个不同逻辑交换机的逻辑路由器的端口上，相应的"丢弃"策略需要应用在传输节点的 OVS 的内核上，以执行这个过滤。然而，传输节点执行 ACL 策略的方式还依赖于具体的逻辑路由器的部署方式。

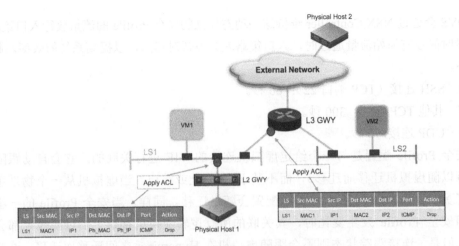

图 9.40　在 NSX 二层或三层网关上配置 ACL

- 使用分布式路由模式时，流量在源虚拟机（虚拟机 1）所在的 Hypervisor 上处理时，会进入的 OVS 内核空间，这就意味着流量在还没离开 Hypervisor 时，就会被丢弃。这个特性是非常有意义的，因为虚拟机 2 可能连接到了相同的 Hypervisor。
- 使用集中路由模式时，流量过滤在活跃（active）的逻辑路由器实例所处的三层网关设备之上进行，这就意味着源 Hypervisor 始发的流量会抵达网关，然后才被丢弃，而不是在没离开 Hypervisor 时就被丢弃。

在这个例子中，如果还需要将 ACL 应用在二层网关端口上，以使得虚拟机 1 和物理主机 1 之间的通信是安全的，流量过滤策略就需要应用在活跃（active）的二层网关所处的传输节点上。

部署 ACL 时，还有以下需要考虑的地方。

- 对于连接了一个给定逻辑交换机的虚拟机，由该虚拟机发出并被二层或三层网关所接收的流量，需要在网关上配置入向过滤。对于反方向的流量，即从二层或三层网关始发并去往逻辑交换机的流量，则需要在网关上配置出向的过滤。
- 与在传统物理网络设备上配置 ACL 不同，在 NSX-MH 中配置 ACL 时，并不需要在 ACL 的末尾书写 deny all（拒绝所有流量）这条规则。相反，默认规则的最后一条规则是 permit all（允许所有流量）。这意味着在 NSX-MH 中，强烈建议配置更加明细的拒绝策略，而不是简单地使用 deny all 这条规则。
- 每一条 ACL 规则都有三种可能的执行方式——deny（拒绝）、allow（允许）和 allow reflexive（允许反射性）。前两种执行方式是显而易见的，而 allow reflexive 则可以实现安全 Profile 中自动执行的反射功能，对于一个具体的流量（如在图 9.41 中，连接 LS1 的虚拟机 1 去往连接 LS2 的虚拟机 2 的流量），可以动态允许它按照原路径返回，而独立于任何一个应用在这个返回路径上的过滤策略。

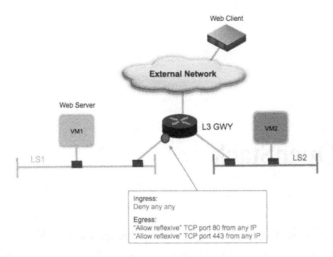

图 9.41 ACL 中的允许反射

9.7 总结

- 当前开源的虚拟化解决方案主要是 Xen 和 KVM。
- NSX-MH 用于在非纯 VMware 虚拟化环境中实现网络虚拟化。它使用的软件与 NSX-V 不同，但解决方案的架构基本相同，只是主要依赖于 OVS 创建逻辑网络。
- OVS 是 Nicira 公司最早开发的虚拟交换机，在 NSX-MH 环境中，它是逻辑网络的核心组件，服务节点、传输节点、传输区域的各种转发行为都与它息息相关。OVS 用于 ESXi 主机时，称为 NVS。
- NSX-MH 中默认的隧道封装类型为 STT。
- NSX-MH 中，逻辑交换的流量复制模型分为节点复制模式和基于源节点的复制。
- NSX-MH 中，路由分为分布式路由和集中路由。
- NSX-MH 中的安全策略有端口隔离、端口安全、安全 Profile 与访问控制列表。

第 **10** 章

NSX 与 OpenStack

介绍了多虚拟化环境下的 NSX，自然要介绍 OpenStack 了，因为 OpenStack 当今是多虚拟化环境的数据中心中最好的基于开源代码的自动化管理平台。OpenStack 在管理虚拟化平台时，能实现与 VMware vRealize 和 vCAC 类似的数据中心自动化管理功能。部署 OpenStack 之后，云计算的开发人员就可以使用 OpenStack API、CLI 和工具来调配和管理工作负载；云环境的运维人员，也可以使用 OpenStack 平台及其工具，对自己的云计算基础架构进行全面运维和管理。

OpenStack 因其开源且能进行二次开发的属性，被研发能力极强的各大互联网公司力捧，希望在其之上开发最适合自己企业应用的平台。有人说 OpenStack 将在未来一统天下，取代 VMware。这个观点可能有些片面了，OpenStack 和 VMware 绝不是竞争关系，而是相关合作和支持的关系。

本章将先讨论 OpenStack 的起源、发展历程、各大组件的功能，然后介绍 VMware 集成 OpenStack 的发行版软件，与 VMware NSX 网络虚拟化平台如何集成 OpenStack——VMware 旨在将自己打造成最适合集成 OpenStack 的平台。

10.1 OpenStack 简介

在介绍 NSX 与 OpenStack 的集成解决方案前，先来看一下 OpenStack 的发展史和基本架构。其实，OpenStack 从无到有，从默默无闻到大红大紫，不过 5 年多时间。在这 5 年多时间里，OpenStack 如火箭般飞速蹿红，无数极客趋之若鹜，多家初创公司也纷纷成立。

OpenStack 之所以如此火热，是因为它开源、免费，且能进行二次开发，从而为企业的应用定制化地实现强大的功能。而这些定制化的应用，在当今"互联网+"的大环境下，是很多企业急需的，尤其是大型互联网公司、OTT 行业。

本节将从 OpenStack 的起源和发展历程开始谈起，然后介绍其每个主要项目的组件与典型的部署，再阐述 VMware 与 OpenStack 的关系，以及 VMware 如何面对这个趋势和潮流。在本节之后，将真正介绍 VMware 与 OpenStack 的集成。

10.1.1 OpenStack 的起源和发展历程

OpenStack 最早是由美国国家航空航天局（NASA）和托管服务器及云计算提供商 Rackspace 在 2010 年开始合作研发的开源项目，旨在打造易于部署、功能丰富且易于扩展的云计算平台，使之成为公有云或私有云的管理工具。OpenStack 是数据中心环境下，用于编排工作流程和实现自动化的开源软件平台，可以为数据中心中的网络、计算、存储、安全等功能提供自动化配置、部署、监测和管理。

典型的 OpenStack 逻辑架构如图 10.1 所示。基于 OpenStack 的底层物理网络和服务器平台，还可以引入很多服务，这些服务是由 OpenStack 的一些开源项目的组件来实现的，如计算、网络、存储。在这些服务之上，OpenStack 提供了可编程的 API，可以与最终应用进行交互。而整个 OpenStack 环境的配置和管理可以通过 OpenStack Dashboard 来完成，它同样也是 OpenStack 的开源项目的组件提供的。

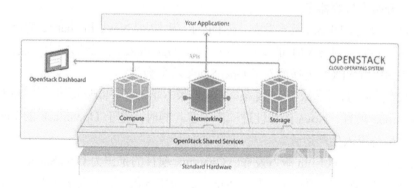

图 10.1 OpenStack 逻辑架构

OpenStack 的开源项目提供了 OpenStack 解决方案的各个组件，而这些组件可以在网络上下载，并运行在多个 Linux 发行版之上。OpenStack 中的主要组件如下所示。

- 计算：Nova。
- 网络：Neutron。
- 存储：Swift 和 Cinder。
- 仪表板 GUI：Horizon。
- 身份验证：Keystone。
- 镜像服务：Glance。
- 数据采集：Ceilometer。

- 物理计算配置：Ironic。
- 自动化：Heat。

2010 年 2 月，Rackspace 决定开发开源云软件。4 月，NASA 启动 Nebula 开放平台项目。到了 6 月，时任 Rackspace 副总裁的吉姆·库里（Jim Curry）给时任 NASA 艾姆斯研究中心 CIO 的克里斯·坎普（Chris Kemp）发了一封邮件，寻求将 Rackspce 和 NASA 手中的开源云项目进行整合的可能性，由此开始，OpenStack 项目的两个创始机构开始连线。同年的 7 月 19 日，在美国波特兰举办的 OSCON 大会上，OpenStack 开源项目诞生。虽然当时只有 25 家机构宣布加入这一项目，但是在此之后，OpenStack 的发展极其迅猛。

- 2010 年 10 月，OpenStack 第一个版本 Austin 发布。Austin 主要包含 Swift（用于对象存储）和 Nova（用于计算）两个子模块，带有简单的控制台，基于 Web 管理。
- 2011 年 2 月，Bexar 版本发布。Bexar 新增了 Glance 项目，负责镜像管理，Swift 增加了对 S3 的支持，Nova 开始支持 RAW 镜像。
- 2011 年 4 月，Cactus 版本发布。在 Cactus 版本中，Nova 支持 LXC 容器、ESXi，支持动态迁移，Glance 提供了新的 CLI 工具——OpenStack 非常有远见，第三个版本就开始支持容器了。
- 2011 年 9 月，Diablo 版本发布。在 Diablo 版本中，Nova 和 Glance 整合了 Keystone 认证，并增强对 KVM 的支持。这一年，OpenStack 虽然影响力一般，但两大 IT 巨头 HP 和 AT&T 选择加入了 OpenStack 基金会。
- 2012 年 4 月，Essex 版本发布。Essex 版本增加了 Horizon 项目，并正式发布了 Keystone 项目，Nova 的特性进一步丰富。同时，基于 OpenStack 的 Rackspace 开源云平台投入生产运营。
- 2012 年 9 月，Folsom 版本发布。Quantum 项目的推出为 OpenStack 提供了网络的管理服务，而这个项目主要是由 Nicira 公司主导的。这个版本还正式发布了 Cinder 项目，提供块存储服务。其实在 Folsom 版本发布前的几个月，VMware 就完成了对 Nicira 的收购。由于 Quantum 项目在 OpenStack 平台上可以基于 Nicira 开发的 OVS 实现网络虚拟化，此项收购让 VMware 赢得了当时正在筹建的 OpenStack 基金会的信任。此后，OpenStack 基金会正式成立，通过投票接纳 VMware、Intel、NEC 成为金牌会员，中国厂商华为也加入了 OpenStack 基金会。
- 2013 年 4 月，Grizzly 版本发布。Nova 引入了 Cell 的概念，并开始支持为虚机实例（CPU、磁盘 I/O、网络带宽）设置配额。Quantum 中引入了负载均衡服务。Cinder 中开始支持 FC 设备。
- 2013 年 9 月，Havana 版本发布。同时正式启动可用于监控报警的 Ceilometer 项目、可用于自动化编排的 Heat 项目。同时，网络服务 Quantum 更名为 Neutron 并增加了 VPN 功能，Nova 对 Docker 容器的支持加强，Cinder 开始支持裸盘。这一年，Oracle 加入 OpenStack 基金会，中国 OpenStack 创业公司如雨后春笋般出现。

- 2014 年 4 月，IceHouse 版本发布。在 IceHouse 版本中，平台项目间的整合能力加强，Swift 性能提升，新项目 Trove 被引入，用于提供数据库服务。这一年，OpenStack 变得炙手可热，出现了一大波标志性事件：RedHat 收购 eNovance，交易金额接近 1 亿美元；开源云项目 Eucalyptus 被 HP 收购；基于 OpenStack 的托管云的初创公司 MetaCloud 被 Cisco 收购；OpenStack 初创企业 CloudScaling 被 EMC 收购；中国首个基于 OpenStack 的公有云平台 UnitedStack 正式开放注册。

- 2014 年 10 月，Juno 版本发布。数据管理 Sahara 项目被正式集成，提供针对 Hadoop 和 Spark 集群管理和监控的自动化服务。对 NFV 的支持也提上日程。Neutron 开始支持 IPv6 和分布式虚拟路由。Swift 推出存储策略支持。3 个月之后的 2015 年年初，PayPal 宣布全面向 OpenStack 云迁移，其物理服务器规模达到 4100 台。

- 2015 年 4 月，Kilo 版本发布。这一版本在用户体验上做了较多努力，开始支持向导式的虚拟机创建，支持简单的主题（Theme），基础功能日臻完善。Swift 加入了纠删码。Kilo 首次发布了完整版裸机管理模块 Ironic。另外，在 Neutron 中，NFV 的功能得到进一步增强。这段时间，最早的 OpenStack 创业公司 Nebula 宣布倒闭，业界哗然。6 月，两家 OpenStack 初创公司 BlueBox 和 Piston 相继被 IBM 和 Cisco 收购。同时，拥有 300 多年历史的英国巴克莱银行启动基础设施更新计划，计划五年内每年以 20% 的服务器替代速度向 OpenStack 迁移——计划在五年迁移的服务器规模达到 10 万台。7 月 19 日，OpenStack 满五周岁，其社区已经聚集了 27000 余名开发者，支持企业多达 500 多家，用户遍及 160 多个国家和地区。

- 2015 年 10 月，Liberty 版本发布。在这个版本中，Magnum 项目被集成了进来，其主要工作是实现 OpenStack 与集群中的容器管理系统的互动。Liberty 版本也针对 Nova、Neutron、Swift 等项目进行了重点优化，例如 Nova 项目增强了服务器虚拟化的能力，开放了 Cellv2 版本的接口。此外，可以通过一套 Nova API 接口来管理多个 Nova 计算单元，从而实现跨数据中心的扩展，这极大增强了 OpenStack 的可扩展性。

- 2015 年 10 月底，在东京举行的 OpenStack Summit 峰会上，公布了新的 Navigator 项目，它可以帮助新用户根据自己的使用情况轻松辨别每个 OpenStack 云中最常部署的 6 个项目（具体包括 Nova、Neutron、Swift、Cinder、Keystone、Glance 等核心服务）与可选服务之间的差别。此外，东京峰会上强调了 Neutron 网络项目的地位。业内一致认为，在 OpenStack 中，就计算、网络、存储三个方面来说，计算和存储已经相对成熟稳定，网络则最为复杂，最为难以自动化，但却是最为重要的。OpenStack 通过与 SDN 技术的结合来发展 Neutron 项目就变得尤为关键。

Xen、KVM 和 OpenStack 都使用开源的理念与开发方法，都与 Linux、RedHat 有着千丝万缕的关系，但它们还是有很大的差别的，其最大的区别来自自身的定位——Xen、KVM 是虚拟化软件，是 Hypervisor，而 OpenStack 是整个数据中心的自动化管理平台。OpenStack 几乎支持所有的 Hypervisor，不论是开源的（Xen 和 KVM）还是厂商的（Hyper-V 和 VMware vSphere）。当然，由于 OpenStack 最早是基于 Linux 开发的，因此 OpenStack 的主要还是部署在大规模 Linux 环境中。如今，多数企业在 IT 环境中使用了超过一种的虚拟化软件，如同时部署 Xen、KVM 和 VMware vSphere。由于 OpenStack 可以同时管理这些虚拟化软件，因此具有巨大的行业发展推动力，并且拥有了一个充满活力的社区。

虽然开源在 IT 界都比较受关注，但是它们都存在一定的劣势。比如 OpenStack 引发了厂商之间的利益冲突，在兼容性方面有待解决，且其成熟度还比不上厂商级别的解决方案。此外，因为 OpenStack 与 KVM 都是开源的基因，这就导致了企业一旦在自己的 IT 环境内部署 OpenStack 与 KVM，就需要二次开发（无论是自身进行二次开发还是请第三方集成商来完成）来实现所需的高级功能，因此开发成本较高，交付周期较长，而且高级功能可能不稳定，服务支持也会滞后。但是，OpenStack 和 KVM 都有强大的发展动力，也有各大 IT 厂商的持续支持，它们未来的前景值得期待。

10.1.2　OpenStack 主要组件

刚才提到，作为一个开源的平台，OpenStack 包含了很多开源项目，这些项目提供了 OpenStack 解决方案的各个组件。下面对一些最常用的组件进行阐述。

1．计算：Nova

Nova 是 OpenStack 中的计算项目，是云计算矩阵控制器。它是 IaaS 系统的主要组件，用于配置和管理虚拟机，包括服务器计算资源（如 CPU、内存、磁盘和网络接口）的调度、对虚拟机和操作系统进行镜像化管理。此外，它还能实现基于角色的访问控制、跨计算组件的资源池的分配、针对仪表板的操作。Nova 不仅可以将计算资源分布在多个 KVM 之上，还能分布在 vSphere、Hyper-V、Xen 等其他 Hypervisor 上。这样一来，OpenStack 就可以通过可编程的 API 同时调度各种 Hypervisor，并通过 Nova 创建、配置、删除和在线移动虚拟机，最终在数据中心内部实现计算资源的自动化调度。

2．网络：Neutron

Neutron 是 OpenStack 中的网络组件，以前称为 Quantum，它为 OpenStack 提供了网络即服务的接口。Nova 提供了动态地为各种 Hypervisor 的请求而配置虚拟机的 API，而

Neutron 则提供了动态请求和配置虚拟网络的 API，OpenStack 的其他服务的接口（如 vNIC）连接到的虚拟机（通过 Nova 创建）组成了这种虚拟网络。换言之，Neutron 与 NSX 一样，是实现虚拟网络的一种组件。

核心的 Neutron API 主要工作在二层网络中，提供了一个叫做 Modular Layer 2（ML2）的模块，作为二层消息总线。由于 Neutron 是基于插件模型的架构（就是 OpenStack 中经常提及的 Plug-in），通过插件，可以包含多个可扩展的服务来提供更多功能，这使得各种网络解决方案能够基于 OpenStack Neutron 构建。而连接各种网络则需要虚拟交换机的支持，两个流行的开源虚拟交换的解决方案是 Linux Bridge 和 OVS（Open vSwitch）。

关于 OVS，之前在介绍 SDN 发展历程和 NSX-MH 时已经有所提及，它是由 Nicira 公司设计开发的开源虚拟交换机。Nicira 公司在还没被 VMware 收购的时候，主要通过其自主研发的 OpenFlow 协议和 OVS 虚拟交换机来创建网络虚拟平台（NVP），为诸多 IT 公司的数据中心提供服务，实现其数据中心自动化。OVS 主要运行在开源虚拟化平台（例如 KVM，Xen）上，实现虚拟交换功能，可以为动态变化的端口提供二层交换，并能很好地控制虚拟网络中的访问策略、网络隔离、流量监控等。这个功能现在已经移植到了 NSX 网络虚拟化平台上。正是因为这个原因，我们才说 NSX 网络虚拟化平台是可以融合 OpenStack 的极佳解决方案。

借助 Linux Bridge，OVS 可以创建网桥接口，将虚拟网络连接在一起，同时可以通过其创建的上行链路将虚拟网络连接到物理网络。OVS 中使用了称为 OVSDB 的数据库模型，该模型与 OVS 数据平面进行交互。可以通过 CLI 或 API 指令接收虚拟网络的配置，并将配置保存在本地数据库中。

Neutron 通过插件提供的高级服务功能中，有四个常用服务，即三层网络、负载均衡服务、VPN、防火墙。在部署 Neutron 的高级服务时，可能需要设置多个代理，如 L3 代理、DHCP 插件等。代理可以部署在控制节点上或单独的网络节点上。

3. 存储：Swift 和 Cinder

OpenStack 的存储组件是 Swift 和 Cinder。简单来说，Swift 将服务器的本地磁盘统一调用起来，形成一个虚拟存储资源池，其实现方式很像 VMware 的 VSAN 或 Nutanix 公司的分布式存储解决方案。Cinder 负责调用传统 SAN 网络中的物理存储资源。

Swift 是分布式对象存储系统，它可以扩展到数千台服务器，并针对多租户的高并发连接做了优化。它还可以用作备份、增加非结构化数据。Swift 提供的是基于 REST 的 API。

Cinder 是针对块存储的存储项目，能够创建并集中管理存储服务，这种服务器以"Cinder卷"的块设备形式配置存储。Cinder 组件最常用的场景是为虚拟机提供持久的存储资源。举例来说，Cinder 支持虚拟机存储资源的在线迁移、快照和克隆，这些功能可以通过向 Cinder 添加第三方提供的驱动程序来增强，最终实现持久、快速、稳定的存储系统。Cinder 后台运行的物理存储系统可以是集中式或分布式部署的，可以使用各种存储连接协议，如 iSCSI、FC、NFS 等。

4．仪表板 GUI：Horizon

GUI 组件 Horizon 是 OpenStack 的仪表板项目，它提供基于 Web 的 GUI 来访问、配置和自动化部署 OpenStack 的各种资源，如 Nova、Neutron、Swift 和 Cinder 等。这个项目的设计有助于与第三方产品和服务的集成，例如计费、检测和报警等。

最初，Horizon 是管理 Nova 项目的单个应用，仅包含视图、模板和 API 调用。后来，Horizon 的功能得到了扩展，可支持多个 OpenStack 项目和 API，这些项目和 API 被编排在仪表板和系统面板组中。

这些仪表板涵盖了核心的 OpenStack 应用。它将 OpenStack 项目的核心 API 抽象出来，形成美观友好的可视化 UI 界面，并通过 API 调用这些项目，为 OpenStack 提供了一致的、可重复使用的开发和交互手法。有了这些抽象的 API，开发人员不用去熟悉每一个 OpenStack 的 API，就可以直接在仪表板上进行操作了。

5．身份验证：Keystone

在 Openstack 中，Keystone 负责身份认证、服务管理、服务规则和服务令牌的功能。Keystone 类似一个服务总线，或者说是整个 Openstack 架构的注册表，其他服务通过 Keystone 来注册其服务。任何服务之间相互的调用，都需要经过 Keystone 的身份验证来获得目标服务。Keystone 包含两个主要部件：验证（Verification）与服务目录（Service Catalog）。

其中，验证部件提供了一套基于令牌的验证服务，主要包含以下几个概念。

- 租户（Tenant）：使用相关服务的一个组织（一个租户可以代表一个客户、账号、公司、组织或项目），必须指定一个相应的租户才可以申请 OpenStack 服务。在 Swift 中，一个租户可以拥有一定的存储空间，拥有多个容器，这可以理解为一个公司拥有一块存储空间。

- 用户（User）：表示拥有用户名、密码、邮箱等信息的个人，用户能够申请并获得访问资源的授权。用户拥有证书，可以与一个或多个租户关联。经过身份验证后，Keystone 会为每个关联的租户提供一个特定的令牌。一个用户可以在不同的租户中分配不同的角色。以 Swift 为例，可以这样理解：租户是一个公司，拥有一大块存储空间；用户是个人，是该公司的员工，能够根据用户的角色访问公司的部分或全部存储空间，当然这个员工可以同时在其他公司兼职，拥有其他公司的存储空间。如果某个公司只有一个员工，即该员工拥有公司的全部存储空间。

- 证书（Credential）：为了给用户提供一个令牌，需要用证书来唯一标识一个用户的密码或其他信息。

- 令牌（Token）：一个令牌是一个任意比特的文本，用于与其他 OpenStack 服务来共享信息。Keystone 以此来提供一个中央位置（Central Location）信息，以验证访问 OpenStack 服务的用户。一个令牌可以是范围内的（scoped）或范围外的（unscoped）。

一个 scoped 令牌代表为某个租户验证过的用户，而 unscoped 令牌则代表一个未验证的用户。令牌的有效期是有限的，可以随时被撤回。

- 角色（Role）：代表特定租户中的用户操作权限，一个角色是应用于某个租户的使用权限集合，以允许某个指定用户访问或使用特定操作。角色是使用权限的逻辑分组，它可以对通用的权限进行简单分组，并绑定到与某个指定租户相关的用户。

服务目录部件提供了一套 REST API 服务端点列表并以此作为决策参考，主要包含以下几个概念。

- 服务（Service）：一个 OpenStack 服务，例如 Nova、Swift、Glance 或 Keystone。一个服务可以拥有一个或多个端点，用户可以通过它与 OpenStack 的服务或资源进行交互。
- 端点（Endpoint）：一个可以通过网络访问的地址（例如一个 URL），代表了 OpenStack 服务的 API 入口。端点也可以分组为模板，每个模板代表一组可用的 OpenStack 服务，这些服务是跨区域（Region）可用的，例如将多个 Swift 代理服务器（Proxy Server）分别配置为不同的域。
- 模板（Template）：一个端点集合，代表一组可用的 OpenStack 服务端点。

6. 镜像服务：Glance

Glance 组件作为 OpenStack 虚拟机的 Image（镜像）服务，提供了一系列的 REST API，用来管理、查询虚拟机的镜像，支持多种后端存储介质，例如用本地文件系统作为介质、Swift 作为存储介质等。Glance 支持下列多种镜像的格式。

- raw：非结构化的镜像格式。
- vhd：一种通用的虚拟机磁盘格式，可用于 VMware vSphere、Xen、KVM、Hyper-V、VirtualBox 等。
- vmdk：VMware 的虚拟机磁盘格式。
- vdi：VirtualBox、QEMU 等支持的虚拟机磁盘格式。
- iso：光盘存档格式。
- qcow2：一种支持 QEMU 并且可以动态扩展的磁盘格式。
- aki：Amazon Kernel 镜像。
- ari：Amazon Ramdisk 镜像。
- ami：Amazon 虚拟机镜像。

7. 数据采集：Ceilometer

Ceilometer 是 OpenStack 中的数据采集项目，能把 OpenStack 内部发生的几乎所有事件都收集起来，然后为计费和监控以及其他服务提供数据层面的支持。

8. 物理计算配置：Ironic

Ironic 是提供裸机服务的 OpenStack 项目，它使得用户可以配置和管理物理服务设备。

之前，通过 Nova 可以创建虚拟机、虚拟磁盘，管理电源状态，快速通过镜像启动虚拟机。但是物理机的管理则一直没有成熟的解决方案，于是，Ironic 诞生了。它可以解决物理机的添加、删除、电源管理和安装部署问题。Ironic 最大的好处是提供了插件式的部署机制，让厂商可以开发自己的驱动程序。

9. 自动化：Heat

Heat 是 OpenStack 的编排程序，它创建了一种可访问的服务，用于管理 OpenStack 的基础架构和应用的整个生命周期。Heat 的编排引擎用于基于模板而启动的多个组合式的云应用，这种模板可以使用类似代码样的处理形式进行文本文件式的编辑。

有了这些组件，就可以将它们集成为一个整体，共同为 OpenStack 环境提供服务。这些组件之间的交互模式如图 10.2 所示。

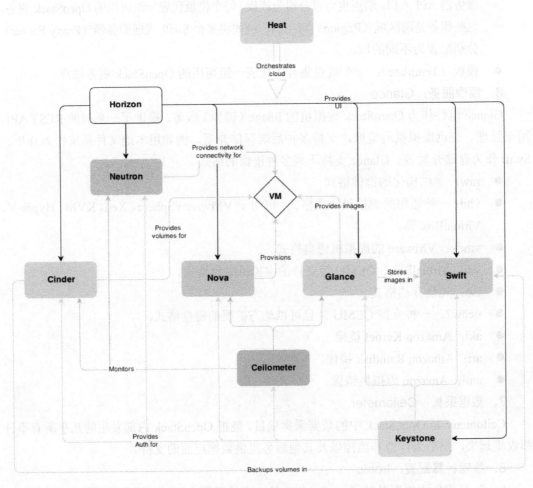

图 10.2 OpenStack 各组件之间的交互模式

10.1.3 OpenStack 在企业中的典型部署

在企业中部署 OpenStack 时，底层物理网络不需要做任何改变， OpenStack 的这个理念和 NSX 网络虚拟化平台如出一辙。通过将 OpenStack 的计算、存储等各个组件连接到数据中心 ToR 交换机（或直接连接数据中心核心交换机），就可以实现完整的 OpenStack 环境。

一些企业可能更喜欢用异构的方式为一些额外节点（如 OpenStack 的控制和支持节点，其中控制节点冗余部署）部署虚拟机，与基础架构中的各个项目组件保持一致。

典型的 OpenStack 部署常常包含至少 200 个节点，使用 Canonical 或 RedHat 的操作系统发行版，部署可通过手动配置，也可以使用 Puppet、Juju 或 Turnkey 进行自动化配置。一个典型的 ToR 式的部署拓扑如图 10.3 所示。

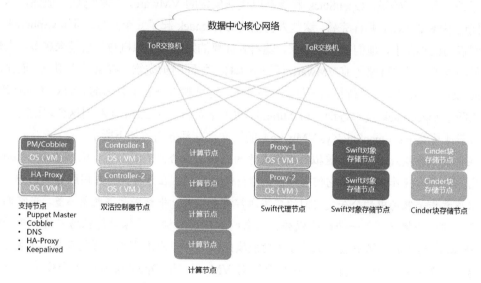

图 10.3 典型的 OpenStack 的企业部署

企业在规划 OpenStack 的部署时，需要考虑的因素有下面这些。

● OpenStack 部署在现有 POD（Point of Delivery）中还是新 POD 中。
● 清点硬件资产，包括所有机架式服务器、刀片式服务器、虚拟机和其他硬件，以便合理利用资源。
● 哪些应用需要新部署，哪些应用可以调用现有资源。
● 是否需要考虑多租户场景。
● OpenStack 中的 IP 地址需要慎密规划，是否需要 Overlay 的支持，是否需要 NAT。
● 是否需要借助外部路由器来处理三层网络流量。

- 负载均衡、安全的实现是否需要借助第三方解决方案。
- 是否需要实现完全的自动化或半自动化。
- 使用纯 OpenStack 部署，还是混合部署；如果是混合部署，如何与其他虚拟化管理平台相互调用和管理。
- 需要了解 OpenStack 当前的缺陷，如哪里需要二次开发，哪些应用的部署可能不稳定，企业能否容忍 OpenStack 当前高可用（HA）/灾难恢复（DR）的局限性等。

10.1.4　VMware 与 OpenStack 的关系

在 OpenStack 兴起之前，开源的虚拟化平台（包括 KVM 和 Xen）并没有像 VMware vCenter 和 vCAC 那样功能强大的管理工具。这就是为什么当今 OpenStack 技术被炒得火热的真正原因——开源的免费虚拟化平台能够得到有效、统一的管理了。

于是，有人开始说，OpenStack 将逐渐取代非免费的 VMware，尽管它还不成熟，尽管它的功能还不像 VMware 那样完善。这些人甚至给 OpenStack 起了一个外号，叫作 vSphere killer。这种观点的核心在于，他们认为在未来，随着云计算的发展，虚拟机数量会越来越多，人们对虚拟机的管理，无法再像之前 VMware 环境下那样，如同呵护宠物一样管理虚拟机，而是应当在 OpenStack 环境下，像对待牺牲口一样管理虚拟机。这种观点来自于著名的 Pets vs. Cattle 理论。一位供职于 OpenStack 技术咨询公司 Mirantis 的工作人员，在 2014 年利用这个理论写了一篇名为《云计算战争：OpenStack vs VMware》的博文，其部分内容如下所示。

在传统服务模式下，你将虚拟机想象成你的宠物，你给他们取名字，比如 dusty、cern 等，它们被精心抚养长大。当它们生病了，你得修复它们。在云计算型应用服务模型中，虚拟机被看作是农场中的公牛，它们的名字通常都是编号，牛和牛长得也差不多，当它们生病了，你就杀掉它，用一头新牛代替。未来的云应用架构应该像对待农场中的公牛一样。VMware 的保养、保护虚拟机的各种功能较比云计算型应用模式变得越来越不重要了。

这一篇著名软文被广泛转载。它甚至针对 VMware 和 OpenStack 的各个模块和组件进行了评分和对比——Vmware 在设计和功能上领先于 OpenStack，但是在用例和价值上则是 OpenStack 领先 VMware，比较总分最终得出 OpenStack 优于 VMware 的片面结论。鉴于它是 OpenStack 技术咨询公司 Mirantis 的员工写的，因此难免有失客观。

首先，这个观点错误地将 OpenStack 当成一个 Hypervisor。OpenStack 是数据中心自动化管理平台，不依赖于任何 Hypervisor。在 Hypervisor 层面任由用户自己选择——用户可以选择 vSphere，也可以选择 KVM 或 Xen，并且在 VMware 平台之上的 OpenStack 能达到最佳的用户体验，这么来看，OpenStack 与 vSphere 虚拟化平台何来竞争关系？与 vSphere 竞争的，只有开源且需要二次开发才能实现高级功能的 Xen 和 KVM。OpenStack 作为一个管理软件，仅仅能取代 VMware vCenter 和 vCAC 的部分功能，而且 VMware 还是主要靠

vSphere 的 license 来获得利润的。有人认为，那么 OpenStack 搭配免费的 Xen 和 KVM，不是也能取代 VMware 吗？诚然，OpenStack 结合 Xen、KVM 后会因为其开源和免费的属性，带来一定的市场竞争力，但是它的高级功能还是比较缺失的，需要研发人员进行二次开发来实现。这样新业务的上线时间将延长，且周期不固定——国内除了 BAT 外还有公司拥有这样的开发能力吗？另外，每个企业都会针对自己公司应用的特点，对 OpenStack 进行二次开发，使得 OpenStack 平台仅能用于自己企业内部，无法在行业内横向推广。这样一来，对于可能出现的软件 bug，由于之前企业没有处理类似 bug 的经验，也没有专门的 OpenStack 全球技术支持中心帮助处理，因此 bug 就无法得到及时的解决。一旦企业的关键应用出现 bug，企业的业务将产生严重影响。

其次，这个观点错误理解了 Pets vs. Cattle 理论模型。Pets vs. Cattle 的理论并不代表 VMware 在虚拟化中的诸多高级功能就无关紧要，而是意味着在大型数据中心或大型云计算型应用服务模型中，可以编辑诸多虚拟机的模板、快照等自动化部署的策略，这其中包括创建虚拟机、创建虚拟网络与创建存储资源池。只有通过这样的自动化地配置、管理和部署模式，才能真正实现数据中心的自动化。这样一来，当然是"牛"和"牛"都长的差不多了。而早期的虚拟化技术，或者说现今用于中小型企业的虚拟化技术，只是为了节省物理服务器硬件成本或节省机房空间而实施，并不是针对云计算环境而提出的。由于开启的虚拟机数量并不多，自然需要 IT 管理人员像维护以前的物理服务器一样维护虚拟机。在大型云环境中，VMware 的每台虚拟机也可以是一头"公牛"，而且这个公牛干活的能力更强，有些活还非它来干不可。只是这些公牛的买入价稍微贵了点，但可以降低维护成本，提高效率，且这些公牛不会出现什么问题。

那么，纯 OpenStack 环境下，通过 KVM、Xen 生成的公牛会出现什么问题呢？这些问题的存在，是 VMware 可以与 OpenStack 进行集成并提出融合解决方案的主要原因。

- OpenStack 在自己的控制平面方面，并不具备 vSphere 才拥有的高级功能，如 DRS 或 vMotion，这样一来其冗余性就会产生一定问题。因此可以利用 VMware 的高级功能，实现 OpenStack 控制平面的安全性、稳定性、可靠性。
- 原生的 OpenStack 技术在连接虚拟网络时，无法很好地调度网络中的高级功能，这导致服务链的修改、网络的可扩展性、安全性和向后兼容性都会出现问题。而 VMware NSX 可以使用网络虚拟化平台完美解决这些问题，带来基于 Hypervisor 内核的 VXLAN、分布式路由、分布式防火墙功能和诸多高级网络服务。
- OpenStack 中存在的启动风暴（Start-up Storm）问题可以通过 VMware 的虚拟机模板、快照、克隆等功能来解决。
- OpenStack 的组件非常繁多，部署极其复杂。熟悉 OpenStack 的读者应该知道，OpenStack 在部署中需要通过各种复杂命令行进行操作，而真正部署完之后，有了

Horizon 的界面，进行 Nova 等配置反倒简单了。而 VMware 可以为 OpenStack 的部署带来一个向导式、自动化的配置界面，可以简化 OpenStack 最繁琐的部署过程。虽然后来 OpenStack 可以通过 Fuel 工具进行快速部署，但部署时仍然无法很好地实现 OpenStack 控制平面的冗余性，且 OpenStack 的组件无法得到很好的管理——通过 VIO（VMware Integrated OpenStack，后文会详细阐述）部署的 OpenStack 组件完全是以虚拟机的形式呈现在 vCenter 管理界面中。

● OpenStack 因为不同用户开发而导致的 bug 处理滞后的问题，也能通过 VIO 来解决。由于 VIO 成为 vCenter 的一个组件，与 VMware 稳定的平台深度集成，大幅降低了故障率，且故障事件都可以由 VMware 全球支持中心第一时间提供支持，这样也有利于 VMware 针对已出现的 bug 进行 VIO 的改进和升级。

● OpenStack 社区每半年都会发布一个新的版本。对于已经上线的 OpenStack 平台，进行版本升级是非常困难的工作。而使用 VIO，用户则可以非常容易地将正在使用的 OpenStack 平台升级到最新版本。

当然，OpenStack 也有其优势，它最大的优势就是其开源的属性和多虚拟化环境的统一管理，这些是 VMware 解决方案中并不具备的属性。这也使得 VMware 与 OpenStack 可以进行集成并提出融合解决方案。

● 开发人员在开源的 OpenStack 上可以更好地进行应用的开发，尤其是 SaaS、Web 应用和移动后端。此外，OpenStack 平台还便于对开发环境进行批处理、数据分析、编码和模拟等操作。这样，即便在纯 vSphere 环境中，也能让开发人员从中受益。

● VMware 有成熟的虚拟化平台，但是企业很可能在其数据中心内部署多虚拟化平台——可能会同时部署 vSphere、KVM 和 Xen。这样一来，企业数据中心服务器就不是纯 VMware 环境，管理非 vSphere 的虚拟机可能就需要 OpenStack。而 VIO 则可以同时管理 vSphere 和其他的 Hypervisor，并实现一致的体验。

因此，VMware 和 OpenStack 之间不是互相竞争的关系，而是互补的关系。现在，VMware 是 OpenStack 基金会的黄金会员，且 VMware 为 OpenStack 项目贡献的代码在全球排在前十位。OpenStack 中主推的开源虚拟交换机 OVS，正是来自 VMware 收购的 Nicira 公司。在 OpenStack Neutron（Quantum）项目刚刚启动时，Nicira 公司还是该项目的发起者并领导了该项目的开发。VMware 旨在将 vSphere 打造成最适合运行 OpenStack 的平台，使得企业内部的 OpenStack 和 vSphere 的团队在管理网络、存储、计算方面可以更好地合作，在这个融合解决方案平台上，不同团队可以更紧密地进行应用开发工作，快速实现企业云环境的价值。

为此，VMware 开发了一款专门支持 OpenStack 的发行版软件 VMware Integrated

OpenStack（以下简称 VIO），用于帮助 IT 管理员在现有的 VMware 基础架构之上更加轻松地部署基于生产级的 OpenStack。IT 管理员能够通过基于 VMware 的基础架构，为开发人员提供不受供应商限制的 OpenStack API，从而让开发人员在 OpenStack 架构上对应用的开发进行创新。该 OpenStack 发行版软件通过用户早已熟悉的 VMware 管理工具的深度集成来提供主要的管理功能，包括安装、升级、故障排除，从而加速应用开发，并降低整体成本。可以使用 VIO 将 VMware 与 OpenStack 集成起来，实现融合解决方案。之后，IT 管理员就可以在现有 vSphere 中简单、快速、便捷地部署 OpenStack 服务，在部署完成后，也可以通过 VIO进行资源池的创建和规划，并进行再开发。目前，VIO 的版本是 2.0，它基于 OpenStack 的Kilo 版本（VIO 的 1.0 版本是基于 Icehouse 版本）。VIO 软件免费包含在 vSphere 企业加强版（vSphere Enterprise Plus）中，只有当用户需要 VMware 售后服务时，才收取费用。

当然，对于非纯 VMware 环境，也就是存在 KVM 和 Xen 作为 Hypervisor 的环境，就不需要 VMware 的 OpenStack 发行版软件进行支持了。在这样的环境下，在网络方面，可以直接将 OpenStack 与 NSX-MH 进行集成。

10.2　NSX 与 OpenStack 的集成

上文提到，VMware 致力将 vSphere 打造成最适合运行 Openstack 的平台。本节将对这个平台进行深入研究，尤其是对 NSX 网络虚拟化平台与 OpenStack 的集成解决方案中，Neutron 网络方面进行剖析。

NSX-V 与 OpenStack 的集成，主要是使用 VIO 的发行版软件来进行的。借助于该软件，IT 管理员可以在现有 vSphere 平台之上简单、快速、便捷地部署 OpenStack 服务。VMware VIO 简化的正是 OpenStack 中最繁琐的部署过程。

VMware 与 OpenStack 的集成在网络上可以通过 NSX-V 或 VDS 来部署。由于本书的重点是 NSX 网络虚拟化平台，因此主要讨论如何通过 NSX-V 来部署 OpenStack。

如果是 NSX-MH 与 OpenStack 集成，则不需要 VIO 软件，而是直接将 OpenStack 的API 与 NSX Manager 的 API 互相开放，使得 OpenStack 在成为多虚拟化环境下的管理者的同时，成为 NSX-MH 的 CMP。

10.2.1　VIO 发行版软件

VIO 软件，是通过在 vCenter 中，以 vApp 插件形式部署的。如图 10.4 所示，安装完成之后，就可以在 vSphere Web Client 中看到这个软件的图标，通过这个图标，可以进入VMware 提供的一个友好的 UI，IT 管理人员可以使用这个 UI 进行 OpenStack 的各种操作。部署完成之后，可以方便地通过 VIO 界面，对整个数据中心进行配置和管理，并实现数据中心的自动化。而且用户同样可以通过标准的 OpenStack API 来使用 OpenStack 的服务。同时，VIO 平台也继承了 OpenStack 强大的可编程性和多虚拟化环境的管理功能。

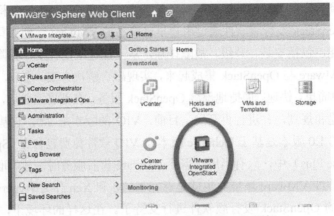

图 10.4　vSphere Web Client 中的 VIP 图标

VIO 可以将 vSphere 资源连接到 OpenStack 的计算、网络、块存储、映像服务、身份服务和编排等组件，它在 vSphere 环境中以管理群集和 OpenStack 组件的形式实现，这也是 VIO 两个核心模块。这些功能被一起打包到了一个 OVA 文件中，这个文件包含了管理用的服务器模板，以及一个可以部署不同 OpenStack 模板的基于 Ubuntu 的 Linux 虚拟机，用户之后也可以自行增加更多镜像。

VIO Manager 是 VIO 的管理工具，它在管理群集中为每个计算群集创建一个计算驱动程序实例。管理群集包含构成 OpenStack 的虚拟机，还包含内存缓存（Memcache）、消息队列（RabbitMQ）、负载均衡、DHCP 和数据库服务。VIO Manager 还提供了一个工作流，指导 IT 管理人员完成 VIO 的部署过程。IT 管理人员可以使用 VIO Manager 指定管理和计算群集、配置网络并添加资源。部署后的 VIO Manager 可以添加 OpenStack 的组件，或修改 OpenStack 基础架构中的配置。

在 VIO 中，OpenStack 的服务可以使用以下的组件，部署为分布式、高可用的架构。这些组件如下所示。

- vCenter 实例：VIO 是以 Plugin 的形式加载在 vCenter 中的。
- Active Directory（AD）：用于通过 OpenStack 身份服务进行用户身份验证。
- 管理群集：包含所有已部署的 OpenStack 组件和管理虚拟机。
- 计算群集：这是 Nova 的计算资源。所有租户虚拟机都是在这些计算群集上创建的。
- NSX Edge 群集：包含 Edge 虚拟机，可为逻辑网络提供 Edge 安全和网关服务，并为 OpenStack 网络组件提供 DHCP、NAT、安全组和路由功能。
- NSX Manager：NSX-V 的集中式网络管理组件，提供了系统的 UI。

- NSX Controller：对数据平面进行控制的组件。
- 管理网络：承载管理组件之间的流量。
- API 访问网络：显示 VIO 仪表板，并为租户提供对 OpenStack API 和服务的访问。
- 传输网络：连接 Edge 群集和计算群集中的 DHCP 节点。如果使用 NSX 来部署 OpenStack 的 Neutron 网络，就没有 DHCP 节点的概念了——只有使用 VDS 来部署 Neutron 才会出现 DHCP 节点。
- 外部网络：为 VIO 中创建的实例提供外部访问。

其中管理集群是 VIO 的核心。管理群集包含所有已部署的 OpenStack 组件和管理用的虚拟机，如图 10.5 所示。

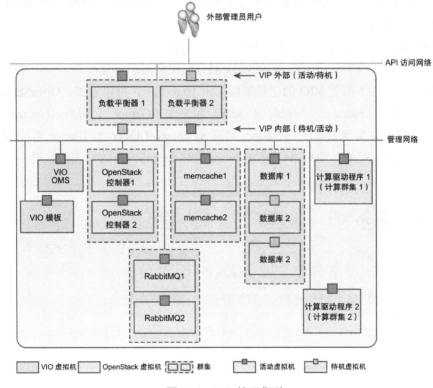

图 10.5　VIO 管理集群

管理集群的组件如下。

- OpenStack 控制器，是两台通过双活的模式，运行 Horizon Dashboard、Nova、Keystone、Heat、Glance 和 Cinder 服务的虚拟机。
- Memcached 集群，是高性能的分布式内存对象缓存系统，用于动态 Web 应用，以减轻数据库负载。它通过在内存中的缓存数据和对象来减少读取数据库的次数，从而提高 Web 服务的访问速度。它也可以配置为双活的工作模式。

- RabbitMQ 消息总线集群，是用于所有 OpenStack 服务之间的信息服务。它同样可以配置为双活的工作模式。
- 负载均衡虚拟机，通过主/备的集群方式实现简单的负载均衡功能。
- Nova 计算集群，处理所有租户的工作负载。VIO 在部署上可以拥有多个计算群集。
- 数据库集群，是 MariaDB Galera 集群，存储了 OpenStack 的元数据。由于这个集群非常重要，因此一般配置为三节点模式，其中一个节点工作，另外两个节点待机。
- 对象存储机，运行 Swift 服务。
- DHCP 节点，实现 DHCP 服务。之前就提到，如果使用 NSX 来部署 OpenStack 的 Neutron 网络，就没有 DHCP 节点的概念了——只有使用 VDS 来部署 Neutron 才会出现 DHCP 节点。
- VIO Manager Service，用于管理 VIO 的 vApp。
- VIO 模板，用于创建所有 OpenStack 服务虚拟机的基本模板。

在 vSphere 环境下部署 VIO 的逻辑架构如图 10.6 所示。可以看到，OpenStack 主导的集中服务，如计算（Nova）、块存储（Cinder）和映像（Glance）、网络（Neutron），都与 VMware 的一些组件实现了集成——Nova 对应 vCenter，Cinder 和 Glance 对应 VMDK，Neutron 对应 NSX。此外，还可以针对 VMware 优化 OpenStack 的安装和管理。

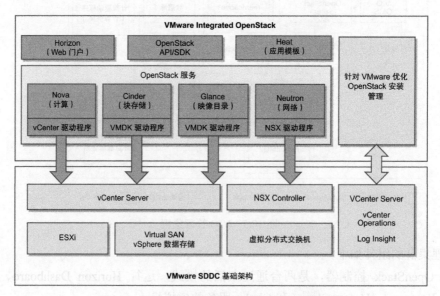

图 10.6　在 vSphere 环境下部署 VIO 的逻辑架构

如图 10.7 所示，通过 VIO 将 VMware 与 OpenStack 集成之后，就可以通过 OpenStack 的

Nova 组件来创建虚拟机模板，然后 vCenter 中的信息就能同步过去。在这里，Nova 在 vCenter 中是以 BLOB（binary large object，二进制大对象）的计算资源存在的。在部署虚拟机时，Nova 创建的虚拟机或模板会通过 DRS 机制的规则，在 ESXi 主机和集群之上进行部署。

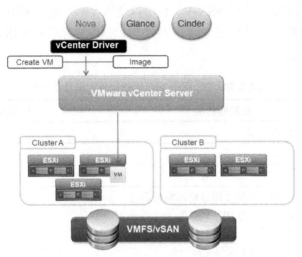

图 10.7　在 VIO 中通过 Nova 来创建虚拟机

再来看一个例子。OpenStack 中的 Cinder 组件可以用来完成存储的配置和删除任务，它使用了 vSphere 的 VMDK 驱动。如图 10.8 所示，VMDK 驱动收到了请求，需要给 vCenter 创建一个新的存储卷，Cinder 就会创建一个 Shadow 虚拟机，作为最初的存储创建。一旦创建完成，这个 Shadow 虚拟机就会以存储卷的形式存在。

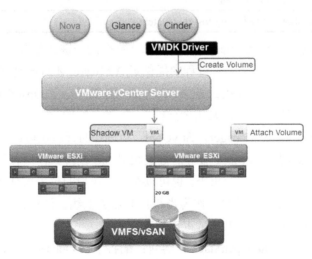

图 10.8　在 VIO 中通过 Cinder 来创建存储卷

在 VIO 中，借用 OpenStack 配置 vSphere，并允许 vSphere 保留了自己的高级功能，如使用存储的 DRS、存储的 vMotion 这些 VMware 的高级功能，这样，在配置和部署上，既借用了 OpanStack 灵活、简易的平台，还体现了 VMware 的优势。

而在 VIO 的网络部署中，可以将 NSX-V 用于其网络组件 Neutron。当然，如果客户在 VMware 虚拟化环境中没有使用 NSX-V，也可以使用 VIO，这时 VDS（分布式交换机）就会成为网络组件，当然功能较 NSX 会有一些缺失。表 10.1 所示为 NSX-V 和 VDS 用于 VIO 网络组件时的功能比较。

表 10.1　　　　　　　　　　NSX 和 VDS 用于 VIO 网络组件时的功能比较

支持的功能		VDS 模式	NSX 模式
提供基于 VLAN 功能的二层网络		是	是
API 和管理平面的高可用性		是	是
在整个数据中心之中实现控制平面的扩展性		限制	高
Neutron 功能集	● 独立于 VLAN 的专用逻辑网络标识符 ● 具备高可用性的 DHCP 服务 ● 安全组 ● 元数据服务的集成与支持 ● 三层路由功能（包括集中式和分布式）与其冗余性、扩展性 ● NAT、浮动 IP 的支持	否	是
企业级的功能	● 线速、状态化的防火墙功能，并实现微分段 ● 集成第三方安全服务 ● 内核级别的分布式路由	否	是
VMware vRealize Operations 软件和 Log Insight Content Packs 工具包		否	是

VIO 除了简单化、智能化 OpenStack 的部署（完全的一键式部署，不需熟悉 OpenStack 的工程师也可以胜任），并在其部署过程中提供了 VMware 才有的高级功能外，还可以和 VMware 其他的高级产品一起使用。这些高级产品或工具整合了 OpsnStack 之后，可以增强 VIO 的价值，真正使得用户在 SDDC 中受益。

- vCenter Operations Manager，即 vCops。vCops 的管理包可以与 OpenStack 协同工作。它可以监测 OpenStack 服务的健康状况，并在诸如存储容量达到上限、Glance 镜像服务停止工作时进行报警。也可以在一些租户的仪表板使用基于 AAA 的功能（如基于角色的访问控制），作为当租户的业务上线、消费云资源的计费、健康状况好坏时的权限分配和工作量审查的基准。
- VMware LogInsight OpenStack 内容包：配备了供 OpenStack 使用的集中的日志分析工具和仪表板，包括通过 Nova、Cinder、错误率、API 回应时间等搜集的各种日志信息文件。

10.2.2 使用 NSX-V 部署 VIO 的网络

由于本书的重点是 VMware NSX 网络虚拟化，因此通过 VIO 部署计算、存储资源不是本书要讨论的范围。前文讲到，可以通过 VDS 或者 NSX-V 部署 VIO 网络。由于 VDS 功能有缺失——租户无法创建自己的二层网络并且无法使用三层功能及更高级别的网络服务，如安全组和 NAT 等，因此建议在 Neutron 网络中使用 NSX-V，而 NSX 又是本书重点讨论的内容，因此，本书只讨论如何使用 NSX-V 部署 VIO 网络。

VIO 中，典型的 NSX-V 部署包括管理群集、计算群集以及 4 个主要网络——API 访问、管理、传输和外部网络各需要一个单独的专用 VLAN。也可以将 NSX-Edge 节点分离部署到单独的群集中。这样一来，基于 NSX-V 部署的典型的 VIO 架构就包含 3 个群集和 4 个VLAN，其基本逻辑架构如图 10.9 所示。

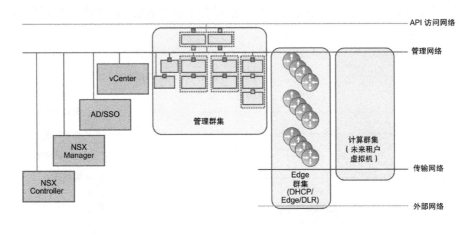

图 10.9　VIO 中的基本网络架构

- 用于 API 访问的 VLAN：为用户提供通过 API 或 VIO 仪表板访问 OpenStack 服务的权限。
  - 将管理集群中的所有主机通过 Trunk 连接到该 VLAN。
  - 可从外部进行访问。
  - 需要 5 个或更多的连续 IP 地址。
- 用于管理网络的 VLAN：承载管理组件之间的流量。
  - 将管理集群中的所有主机通过 Trunk 连接到该 VLAN。
  - 将计算集群中的所有主机通过 Trunk 连接到该 VLAN。

- 需要 18 个或更多的连续 IP 地址（如果添加 Ceilometer 组件，则需要 21 个）。
- 为 vCenter、NSX Manager、NSX Controller 三个组件启用对该 VLAN 的二层或三层访问。
- 如果在管理集群上部署 NSX Manager 和 NSX Controller 的虚拟机，则必须将其主机通过 Trunk 连接到管理网络。
- 用于传输的 VLAN：承载 OpenStack 实例之间的流量。
  - 将计算群集中的所有主机通过 Trunk 连接该 VLAN。
  - 将 NSX Edge 集群中的所有主机通过 Trunk 连接到该 VLAN。
- 用于外部访问的 VLAN：为外部用户提供对实例的访问权限。需要注意的是，其 MTU 必须设置为支持 1600 个字节。
  - 将 NSX Edge 集群中的所有主机通过 Trunk 连接到该 VLAN。

如图 10.10 所示，有了这 4 个主要网络，也就有了使用 NSX-V 部署 VIO 后的网络映射关系。

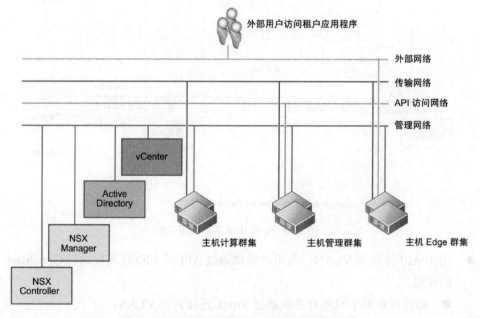

图 10.10　NSX-V 部署 VIO 后的网络映射关系

了解了 VIO 的架构，在安装和部署时就非常简单了。首先在 vSphere Web Client 中部署 VIO 的 OVA。将 VIO 的 OVA 文件部署为插件并注册后，就可以在 vSphere Web Client 中访问这个插件了。

随后，可以使用 VIO Manager 部署新的 OpenStack 实例，其向导化的部署步骤如下。

1．选择部署方法。

2．检查部署过程。

3．选择管理集群。

4．配置管理网络。

5．配置负载均衡。

6．添加 Nova 集群。

7．添加 Nova 数据存储。

8．添加 Glance 数据存储。

9．配置 Neutron 网络。

10．配置身份验证。

11．配置 Syslog 服务器。

12．完成配置。

首先，需要选择部署方法。部署方法有如下两种。

- 使用向导配置新的 OpenStack 实例，需要配置所有的必要信息，包括网络配置、群集、数据存储等。

- 使用导出的模板进行向导中的配置，即使用从现有 VIO 部署中导出的 JSON 模板，将其设置填写到部署向导中。

检查了部署过程和选择了管理集群后，在"配置管理网络"界面，可以为管理网络和 OpenStack API 访问网络提供配置。管理网络将 VIO Manager 和所有 OpenStack 环境中的虚拟机与 vCenter Server 连接起来，NSX Controller 节点也会连接至此网络。这样一来，用户就可以通过 API 访问网络访问 OpenStack API 和 OpenStack 仪表板了。需要设置的内容如下（管理网络和 OpenStack API 访问网络都需要设置如下信息）。

- 端口组：选择 VIO 部署时配置的端口组。

- IP 范围：指定 IP 地址范围，其中管理网络至少需要 18 个连续的 IP 地址，API 访问网络至少需要 5 个连续的 IP 地址。

- 子网掩码。

- 网关。

- DNS 地址。

之后，配置负载均衡并添加 Nova 集群、Nova 数据存储和 Glance 数据存储后，进入 Neutron 网络的配置。我们就是在这里使用 NSX-V 集成 OpenStack 网络的。在这里，首先需要选择配置是基于 vSphere Distributed Switch 网络还是基于 NSX-V 网络，需要注意的是，VIO 部署之后无法更改此选项。如果选择 vSphere Distributed Switch 网络选项，则此后不能升级或修改为 NSX-V 网络配置，除非重新部署整个 VIO。使用 NSX-V 集成 OpenStack 网络时，需要配置的内容如下所示：

- NSX Manager 的 IP 地址或域名；
- NSX Manager 的用户名和密码；
- NSX 传输区域；
- Edge 群集；
- VDS；
- 外部网络；
- 元数据服务网络。

之后，设置 VIO 身份验证，可以指定数据库或 Active Directory 作为 LDAP 服务器。最后一步是 Syslog 服务器的设置，这是一个可选项。最后，检查配置设置，然后单击完成，整个 OpenStack 的部署就成功了。

值得注意的是，对于基于 NSX-V 的部署，在部署完成后，需要从 NSX 的防火墙排除列表中加上 VIO Manager 的虚拟机，以确保管理流量不受防火墙规则的影响。

10.2.3　NSX–MH 与 OpenStack 的集成

之前在介绍 NSX-MH 的管理平面时已经讲到，在 NSX-MH 中，各种服务可以被 CMP 进行运维和管理，CMP 是一种云管理的平台，它可以是 OpenStack、CloudStack 或其他第三方的云管理平台。本节将介绍在 NSX-MH 中，OpenStack 是如何扮演 CMP 角色的。

NSX-MH 与 OpenStack 的集成不需要 VIO 软件，直接将 OpenStack 的 API 与 NSX Manager 的 API 进行互相开放，使得 OpenStack 在成为多虚拟化环境下的自动化管理工具的同时，成为 NSX-MH 的 CMP。而 NSX 提供的 Neutron Plugin 叫作 NSX Plugin，它允许 OpenStack 使用 NSX-MH 中的所有网络服务。

NSX Plugin 的集成可以帮助企业 IT 实现向云计算架构的过渡。为此，NSX-MH 向 OpenStack 提供了新的方法来管理逻辑网络的基础架构，旨在提供基于策略集中化的框架，来提高系统的灵活性、扩展性和本身的性能。此外，NSX-MH 的 API 是开放的，允许新的（包括第三方公司的）插件融合进 NSX-MH 与 OpenStack 的集成架构中。

在 NSX-MH 与 OpenStack 的集成架构中，OpenStack 的租户可以透明地配置和管理 NSX-MH 提供的逻辑网络。在租户的界面中进行了配置后，二层交换网络、三层路由、安全等 OpenStack Neutron 命令会转换为网络配置文件，为租户服务。

在数据中心网络中使用 NSX-MH 与 OpenStack 集成，除了可以将管理多租户虚拟化环境的 OpenStack 和其逻辑网络统一起来之外，还具备如下的优势。

- 实现易于开发应用的自动化平台：在 NSX 网络虚拟化平台中，应用与策略相关联，策略定义了应用与其他组件（包括外界）通信的方式。这些网络的策略通过 NSX Plugin 转换为 OpenStack 具体的网络需求，开发人员就可以根据互联网络的情形，按照这些需求在整网中部署应用，最终加快应用的部署，并确保部署的最终应用是最适合运行在当前基础网络平台之上的。

● 物理和虚拟网络的集成：之前说过，NSX 网络虚拟化平台实现了物理与虚拟网络的解耦，但是在部分情况下，物理网络与逻辑网络还是需要看成一个整体的，如数据库服务器使用物理服务器的情形。随着 OpenStack Ironic 项目的持续发展，也对 OpenStack Neutron 网络提出了更高的要求——透明地涵盖物理网络和逻辑网络的环境，并将其在管理和可视性上形成一体化。在没有 OpenStack 的环境下，需要在 NSX 的 API 上进行二次开发来实现，而使用 NSX-MH 与 OpenStack 的集成架构，这一点就比较容易实现了。并且，物理网络和逻辑网络中的隧道封装，也可以根据 OpenStack 的配置策略自动生成，而无需逐台地在物理设备上进行配置。

● 服务链：NSX-MH 与 OpenStack 的集成架构允许两个终端之间透明地插入和删除服务，这些服务包括路由、防火墙、负载均衡等。尤其是在多租户环境中，这个功能显得相当重要。租户的 IT 管理员可以根据自己的业务特点，借助 OpenStack API 或 NSX-MH 提供的界面，进行服务的定制化配置，尤其是在非 OpenStack 环境下，配置服务物理终端节点上的服务是 NSX-MH 并不擅长的。

10.3 NSX-V 的 VIO 安装和部署

本节将在实验环境中演示 VIO 的安装以及与 VMware 的集成。尤其在配置 Neutron 网络环节，会重点讲解如何通过 NSX-V 进行部署。

10.3.1 安装和部署 VIO Manager

在通过 VIO 部署 OpenStack 之前，需安装和部署 VIO Manager。步骤如下。

1.需要部署 VIO Manager 的 OVA 文件，如图 10.11 所示。与部署 NSX-V 的 NSX Manager 类似，找到 vSphere Web Client 的 Deploy OVF Template，开始安装 OVA 文件。之后需要接受 EULA（最终用户许可协议，End-User License Agreements）。这些都是安装过程中的 Source 部分。

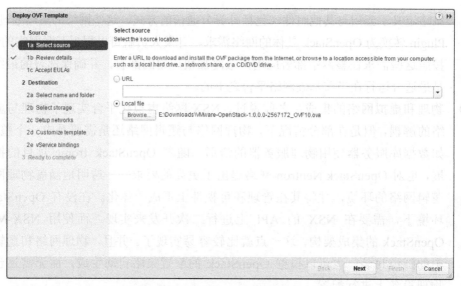

图 10.11　部署 VIO Manager 的 OVA 文件

2. 在同意并确认 EULA 之后，开始对导入的 OVA 模板进行初始化配置的工作，这些都是安装过程中的 Destination 部分。首先为其起名，并选择所在的文件夹，如图 10.12 所示。

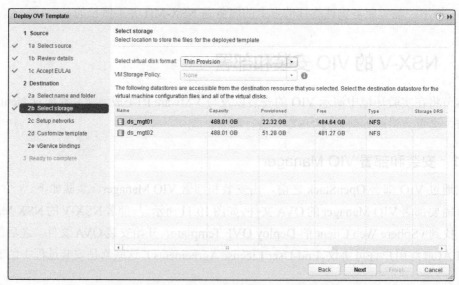

图 10.12　我们为 VIO Manager 起名，并选择所在的文件夹

之后选择其存储格式，并指定数据存储位置。实验环境中，我们选择 Thin Provision，因为它比较节省空间，如图 10.13 所示。

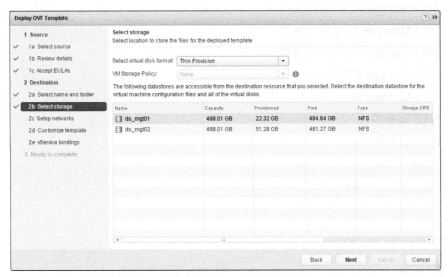

图 10.13　选择 VIO Manager 存储格式

再为 VIO Manager 选择其所在的网络位置，如图 10.14 所示。

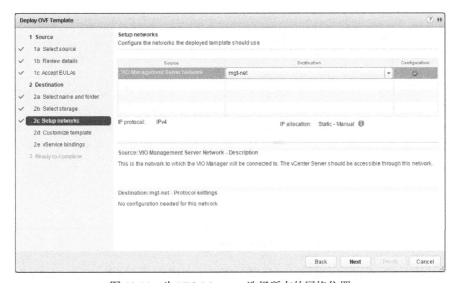

图 10.14　为 VIO Manager 选择所在的网络位置

在图 10.15 所示的用户定制化模板中，需要指定其网络设置，这些网络信息如下所示：

● VIO Manager 的域名；

● VIO Manager 的 IP 地址；

● VIO Manager 的子网掩码；

- VIO Manager 的默认网关;
- VIO Manager 的域名服务器;
- VIO Manager 的域名搜索路径;
- VIO Manager 的 IP 地址;
- VIO Manager 的 URL;
- NTP 服务器;
- Syslog 服务器。

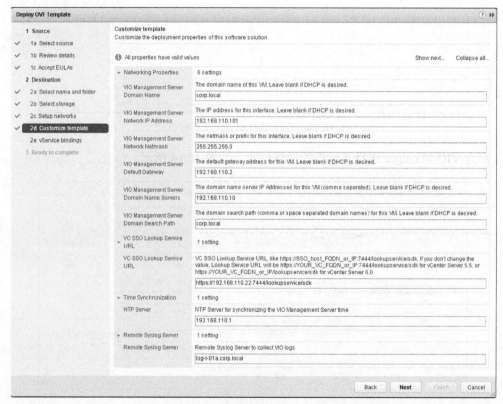

图 10.15　VIO Manager 的用户定制化模板

3. 跳过随后的 vService bindings 步骤,检查并完成配置。这时,在 vSphere Web Client 的主界面就可以看到一个 **VMware Integrated OpenStack** 的 **vApp** 图标,如图 10.16 所示。这里需要注意的是,可能需要重启一次 vSphere Web Client 才能看到这个图标。

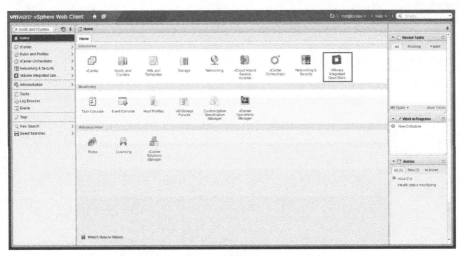

图 10.16 vSphere Web Client 中的 VIO 图标

10.3.2 通过 VIO Manager 部署 OpenStack

VIO Manager 安装完毕、正常运行且成功注册到 vCenter 后，就可以通过 VIO 来部署 OpenStack 了。在部署中会发现，这样的部署方式比通过传统方式部署 OpenStack 要简易得多。具体部署的步骤如下。

1. 单击 VIO 的图标进入 VIO 系统，在 Getting Started 界面中单击 Deploy OpenStack，开始部署，如图 10.17 所示。

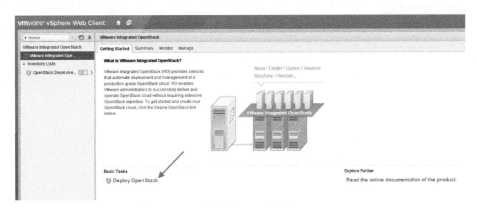

图 10.17 开始通过 VIO 部署 OpenStack

2. 随后就会看到一个向导化的配置界面。如图 10.18 所示，首先需要选择部署模式。可以选择部署一个新的 OpenStack 实例，也可以通过模板文件来部署 OpenStack 实例。由于之前并没有部署，也就没有模板，因此选择进行新部署工作。

图 10.18 选择 OpenStack 部署模式

在初始化部署过程中需要输入 vCenter 的用户名和密码，如图 10.19 所示。

然后，还需要选择其部署所在的管理集群位置，如图 10.20 所示。

3．进入基本网络的配置界面。这里配置的是基本网络，而不是通过 NSX-V 部署 Neutron。在这里配置管理网络和外部网络的各种信息，如图 10.21 所示。

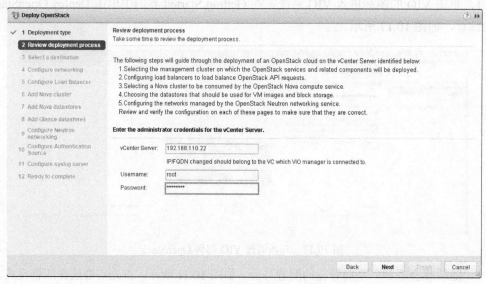

图 10.19 输入 vCenter 的用户名和密码

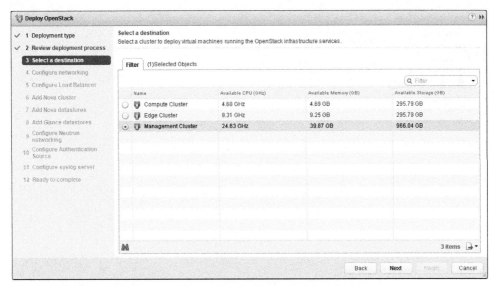

图 10.20　选择 OpenStack 部署所在的管理集群位置

图 10.21　配置 OpenStack 基本网络信息

也可以进行负载均衡设置，配置其公共域名和公共的虚拟 IP 地址，如图 10.22 所示。

图 10.22 配置 OpenStack 公共域名和公共虚拟 IP 地址

4. 现在进入 Nova 的配置阶段。首先增加一个用作 Nova 的计算集群，如图 10.23 所示。

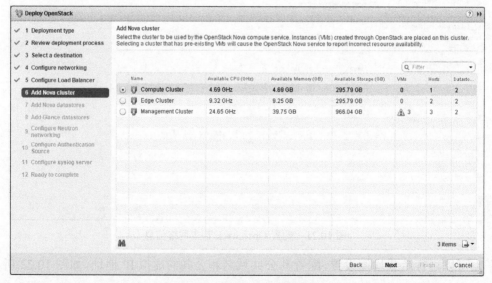

图 10.23 增加 Nova 计算集群

然后增加 Nova 数据存储，用来存放不同的实例，如图 10.24 所示。

5. 还需要选择一个数据存储，作为 Glance 镜像服务，如图 10.25 所示。

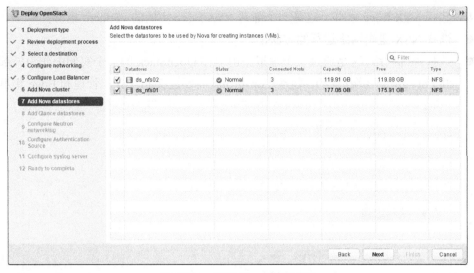

图 10.24 增加 Nova 数据存储

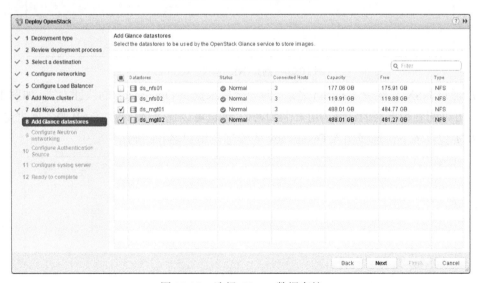

图 10.25 选择 Glance 数据存储

6. 现在终于到了 Neutron 网络的配置阶段。之前说过，这里可以使用 NSX-V 进行部署，也可以使用 VDS 进行部署。基于本书主题，我们选择 NSX-V 进行部署，如图 10.26 所示。需要输入以下信息：

- NSX Manager 的 IP 地址；
- NSX Manager 的管理员用户名和密码；
- 选择 NSX-V 中用于数据流量传输的传输区域；

● 选择 NSX Edge 集群，这是一个部署 NSX Edge 实例的 vSphere 集群；

● 选择 NSX 逻辑网络运行的 VDS；

● 选择外部网络，这是通过一个虚拟路由器在 OpenStack 的一个实例中作为外部网络的 Port-group（端口组）。这个 Port-group 需要连接到计算、管理和 Edge 集群。

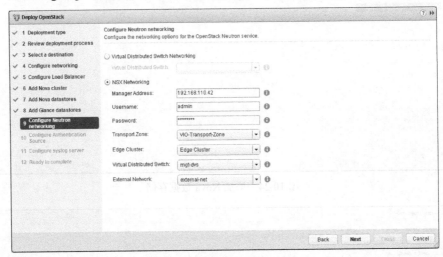

图 10.26   通过 NSX 配置 Neutron

7. 通过 NSX-V 配置 Neutron 之后，向导会要求提供 OpenStack 的认证方式，如图 10.27 所示。可以配置数据级的认证（用户名和密码），也可以通过 AD 或 LDAP 服务器来进行授权。在实验环境下，选择输入 OpenStack 的管理员用户名和密码。

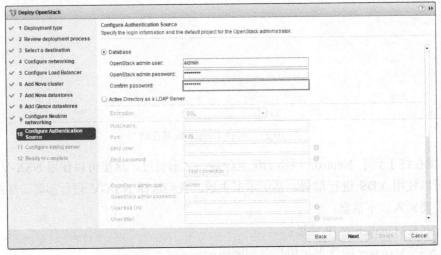

图 10.27   提供 OpenStack 的认证方式

8. 最后指定 Syslog 服务器，如图 10.28 所示。检查配置并单击 Finish 按钮，通过 VIO 部署 OpenStack 的工作就完成了。

图 10.28 指定 Syslog 服务器

9. 部署所需的时间取决于系统存储的大小和性能。在真实生产环境中不建议使用 NFS 作为存储系统。全部配置完成之后，就可以在 vSphere Web Client 中看到运行 VIO 的各个组件的虚拟机了，如图 10.29 所示。

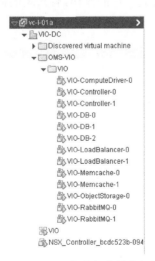

图 10.29 VIO 各个组件的虚拟机

10. 在浏览器中通过 HTTPS 的方式，输入 VIO 的域名或地址，就可以通过之前设置的认证方式（用户名/密码或 AD/LDAP）登录 VIO，以进一步管理 OpenStack 了，如图 10.30 所示。

图 10.30　登录 VIO

登录后的界面如图 10.31 所示。可以看到其界面和我们熟悉的 OpenStack Horizon 界面非常像，在配置和管理计算、网络、存储等的操作上也是一致的（只是多了一个 VMware 的 Logo）。之后就可以方便地通过 VIO 界面配置 OpenStack，同样可以通过标准的 OpenStack API 来使用 OpenStack 的服务。有关之后的操作，有兴趣的读者可以参考专门讲解 OpenStack 的书籍。

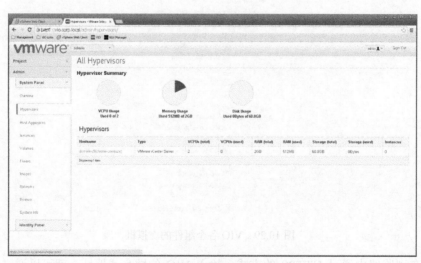

图 10.31　成功登录后的 VIO 界面

10.4 总结

- OpenStack 是当前流行的数据中心自动化管理软件，其诞生仅 5 年多时间，但是发展势头极其迅猛。
- 在网络方面，OpenStack 提供的组件叫 Neutron，它为 OpenStack 提供了网络即服务的接口。
- VMware 与 OpenStack 的关系不是竞争，而是合作。为了集成 OpenStack，VMware 推出了 VMware Integrated OpenStack（VIO）发行版软件，使得 IT 管理员可以快速部署 OpenStack，而使用 OpenStack 时，也能用到 vSphere 的各种高级特性。
- VIO 最新版本是 2.0，它基于 OpenStack 的 Kilo 版本。
- 可以使用 VDS 来部署 VIO 的 Neutron 网络，但更推荐使用 NSX-V。使用 NSX-V 部署 VIO 的 Neutron 网络能给用户带来更多的功能和更好的体验。
- 在 NSX-MH 环境下，可以使用 NSX Plugin 的方式将 NSX 与 Neutron 集成。

第**11**章

在 NSX 之上集成第三方服务

尽管 NSX 能实现强大的功能，但是如果企业已经使用了其他专业的安全或应用交付厂商的设备或服务，并且已经有了使用习惯和良好的体验，VMware 仍然可以通过在 NSX 之上集成第三方服务的方式，让专业的网络安全厂商、专业的应用交付厂商来进行处理。

NSX 的生态系统包括了大量的厂商，我们无法将这些厂商与 NSX 融合的解决方案一一罗列。因此，本章主要就 NSX 的应用层防火墙、防病毒、应用交付这三个可以在 NSX 网络虚拟化平台之上集成的重要功能入手，列举几个最典型的融合解决方案，来介绍如何在 NSX 之上集成第三方服务。

此外，VMware 正在与国内安全和应用交付厂商进行合作，希望将这些国内厂商的解决方案集成进 NSX 网络虚拟化平台，共同打造适用于中国国内企业的安全和应用交付平台。VMware 的研发人员正在与这些厂商的研发人员共同进行开发，相信不久的将来会有更多的解决方案供不同企业选择。

11.1 NSX 与合作伙伴打造下一代数据中心安全

之前在介绍 NSX 安全时已经提到过，NSX 与第三方安全服务的集成，主要是通过"嵌入、链接与定向"的服务模式来实现。通过将流量重定向到第三方安全厂商的服务中，选定一个第三方安全服务并将其集成到 NSX 网络虚拟化平台。例如，来自互联网的一个 Web 流量，需要去往内部 Apache 或 Tomcat 服务器，就可以将其重定向到 5-7 层的第三方深度包检查防火墙服务中，以实现高级安全防护。

在 NSX-V 6.0 版本中，这种流量重定向是在 Service Composer–> Security Policy 菜单中定义的。而在 NSX-V 6.1 版本之后，则提供了专门的第三方合作伙伴的界面，可以在 Partner Security Services 下的分布式防火墙菜单中，定义流量重定向的策略。

Partner Security Services 提供了一个强大且易于操作的用户界面来定义什么类型的流

量需要被重定向到该第三方安全服务。它遵循与分布式逻辑防火墙相同的策略定义结构，即源、目的和服务类型的结构，它们唯一的区别在于执行上——第三方安全服务不执行 Block/Allow/Reject 的操作，而是选择重定向/不重定向（Redirect/No Redirect）；一旦选择重定向，就会由第三方安全内部进行真正的策略执行操作。

本节会介绍 NSX 最重要的安全合作伙伴 Palo Alto 公司的产品是如何与 NSX 网络虚拟化平台进行集成并提出融合解决方案的。之后会简单讲解 NSX 与其他几个安全合作伙伴的集成解决方案。

11.1.1 Palo Alto NGFW 解决方案

近年，由于用户使用应用程序的行为和网络基础架构发生了很大改变，安全威胁进一步提升，传统的基于端口策略的防火墙的一些弊端也日渐暴露。用户现在会使用各种设备访问更广泛的应用，这样的行为会带来业务安全的风险。同时，数据中心扩展、服务器虚拟化、网络虚拟化和移动接入的蓬勃发展，迫使企业需要重新思考访问应用程序和数据的方式，从而保护网络免受一些攻击方式更先进的新威胁。这些内容在第 6 章已经阐述了很多。

Palo Alto 公司推出下一代防火墙（NGFW）的目的，是让企业实现应用安全的同时，防范已知和未知的威胁。Palo Alto 企业安全平台使用积极的安全控制模型，这个模型的特点如下。

- **基于应用层特征而不是端口识别应用**：现今，在访问应用时很容易使用各种技术绕过一个基于端口的防火墙，这样就带来了应用安全隐患。而 Palo Alto 企业安全平台通过独有的 App-ID（应用识别）技术，将多重分类机制应用在了流量中，使得平台对原本能见度有限的流量有了很高的可视性，以确保穿越防火墙的是被允许的应用流量。而且在识别所有流量时，都不关心其经过的端口和加密方式（如 SSH 或 SSL）。

- **减少威胁痕迹以阻止已知安全**：一旦应用识别完成，企业就可以通过只允许与企业业务相关的应用需求访问网络，并且对其内容进行检测的方式，来保护它们的系统免遭各种类型的攻击。入侵防御系统（Intrusion Prevention System，IPS）模块可以防范网络层和应用层的攻击、缓存溢出、DDoS 攻击和端口扫描。防病毒/反间谍软件模块可以防范数以百万计的恶意软件变种，这些恶意软件变种包括隐藏在压缩文件、Web 流量（使用 HTTP/HTTPS 压缩）、PDF 文件中的病毒。而 URL 过滤模块可实现对恶意站点的过滤，并对试图解析恶意域名的内部主机进行标识。对于使用 SSL 进行加密的流量，则可以选择基于策略的解密功能对其进行检测，而不关心其端口。Palo Alto 将入侵检测、防病毒和防间谍软件模块组合在一起，定义为威胁防御功能，并不是简单地拦截恶意内容，而是在其之上增加了具体的策略控制，以及为具体的内容进行深度检测，防止完全拦截而造成的数据丢失。

- **防范未知威胁**：一些未知的攻击，如定制或多形态的恶意软件，正越来越多地出现在现代网络中。Palo Alto 将其 NGFW 通过 WildFire 服务提供的高级检测和分析功能进行扩展。WildFire 服务提供了一个在线的云沙箱环境，可以模拟运行预先定义的可疑文件，并通过行为分析的方式判断文件的安全性，从而在设备自身的签名无法检测到威胁的情况下，对可疑文件进行进一步分析，发现并防范未知威胁。Palo Alto 在防范未知攻击方面有如下高级功能。这些高级功能增强了在攻击生命周期每个阶段中检测未知威胁的能力，可极大地降低入侵企业且需要人工参与事件响应的威胁数量。如果威胁仍得以入侵，企业和事件响应团队也可以通过可视化视图获取相关数据，并快速采取行动。

  - **文件可见性得以扩展**：现在可查看和筛选的常见文件类型包括 PDF、Office 文档、Java、APK、DLL 和 EXE 文件（无论是否加密）。

  - **零天攻击检测**：在 WildFire 云中通过使用针对特征的行为分析，快速识别常用应用程序和操作系统中的攻击，并在 5 分钟内将分析情报和针对威胁的全新签名发送给订购其服务的客户，以阻止未知攻击。

  - **发现恶意域名**：通过构建遭到入侵的域名和基础结构的全局数据库，在攻击正使用关键的命令或处于控制阶段时阻止攻击。

  - **事件响应数据的单一界面视图**：在单一视图中，安全管理员可访问有关恶意软件、恶意软件行为、遭到入侵的主机等丰富信息，便于事件响应团队快速识别威胁并构建主动控制。

传统 UTM（Unified Threat Management，俗称安全网关）和 Palo Alto 的 NGFW 最根本的区别在于它们解决问题的方式。UTM 将已有的网络安全功能固化到一个盒子中，例如状态检测防火墙、IPS、AV、URL 地址过滤，其本质是在状态检测防火墙上添加多项安全功能，从而让网络更安全。而 Palo Alto 的 NGFW 的不同之处是在于，它并没有将很多网络安全功能集成到一个盒子中，而是重新定义了防火墙的核心特性。市面上所有 UTM 中的防火墙功能都是基于状态检测的，而状态检测是 CheckPoint 公司在 20 世纪 90 年代早期发明的，Palo Alto 的 NGFW 的核心不是状态检测，而是基于 App-ID，通过应用识别和用户识别取代以前的通过端口和 IP 地址的识别，从而进行访问控制。

11.1.2 NSX 与 Palo Alto 集成解决方案

Palo Alto 的 NGFW 分两种，一种是物理硬件防火墙，还有一种就是可以集成虚拟化 Hypervisor 的虚拟防火墙。其中虚拟防火墙目前支持的虚拟化平台如下：

- VMware ESXi/NSX/vCloud Air；
- Citrix NetScaler SDX；
- KVM/OpenStack；
- AWS 公有云服务。

用来与 NSX 网络虚拟化平台集成的，自然是支持 NSX 的虚拟防火墙。NSX 与 Palo Alto 的集成解决方案中，Palo Alto 提供了如下核心组件。

- **VM 系列防火墙**：VM 系列防火墙是用于虚拟化环境的 Palo Alto NGFW。它使用了与 Palo Alto 硬件版 NGFW 相同的 PAN-OS 软件，在虚拟化与云计算环境中实现了安全扩展。这意味着，在虚拟化和云计算环境中，Palo Alto 安全平台可以通过 App-ID 的技术，对虚拟机之间的穿越流量进行归类和定义其身份，然后进行协调保护，实现诸多应用层的安全，如拦截恶意网站、防范漏洞扫描、防止病毒和间谍软件的入侵、使用内容识别技术进行恶意 DNS 查询等。WildFire 服务提供的高级检测和分析功能，也可以及时发现未知的恶意软件，并在 5 分钟内生成这个恶意软件的标识，自动运用安全策略将其拦截。

- **动态地址组**：在虚拟化和云计算环境中，虚拟机经常在服务器之间进行漂移，因此不应该再基于静态 IP 地址和端口来定义其策略。在 PAN-OS 6.0 软件版本下，可以通过定义动态地址组的特性，使用为虚拟机打标签作为其身份的方法来创建策略，只替代传统的基于静态目标的定义方式。也可以在虚拟机之上针对其不同属性设置多个标签并运用于动态地址组，以便虚拟机在创建或在漂移时，动态生成安全策略。

- **Panorama 管理软件**：在虚拟化和云计算环境中，使用了与物理防火墙设备相同的管理方式——Panorama 集中化安全管理软件。Panorama 可以集中管理所有物理和虚拟安全设备（如果 Internet 出口防火墙是 Palo Alto 硬件防火墙产品，就能得到统一的管理）。从部署安全策略，到威胁的分析，再到生成整网的报告，都是在 Panorama 中完成的。Panorama 将 Palo Alto 的 VM 系列虚拟防火墙注册为 NSX 的一个服务，从而使得 NSX 能和 Palo Alto 解决方案集成。一旦服务成功注册，就可以部署一个或多个集群，每一个集群内的主机都可以根据预先编排的策略进行虚拟防火墙的部署、授权、注册和配置。

图 11.1 所示为 NSX 与 Palo Alto 的融合解决方案的逻辑架构图。可以看到，在 NSX 分布式防火墙的基础上，另外增加了一层 Palo Alto VM 系列防火墙，用来处理从 NSX 分布式防火墙重定向来的网络流量，其部署策略和重定向策略，都是由 NSX Manager 定义的。而 Palo Alto VM 系列防火墙的策略，又通过与 NSX Manager 集成的 Panorama 进行定义。此外，Panorama 可以对外部物理防火墙进行统一管理。

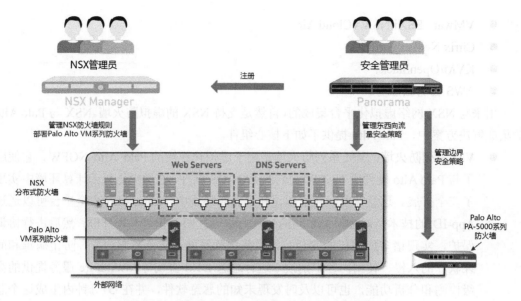

图 11.1 NSX 与 Palo Alto 的融合解决方案的逻辑架构

NSX 与 Palo Alto 的融合解决方案有如下特点。

- **独立于网络拓扑架构**：无论网络是基于 Overlay 技术搭建的逻辑网络，还是通过传统的 VLAN 进行部署的，安全策略都永远与虚拟机的位置和连接的端口无关。

- **自动地部署和配置**：注册到 NSX Manager 的 Panorama 成为了安全管理平台，并为 NSX Manager 提供关于 Palo Alto VM 系列虚拟防火墙的信息。其后，NSX Manager 就会在每一个 ESXi 主机上自动化部署下一代安全服务。Palo Alto VM 系列虚拟防火墙在成功部署之后，会与 Panorama 直接通信，并由 Panorama 进行授权和配置的工作。

- **无缝重定向至下一代安全服务**：在 NSX 网络虚拟化环境中，流量会通过 NSX 的 API 直接自动重定向到 Palo Alto VM 列虚拟防火墙，而无需对逻辑网络的任何组件进行手动配置。

- **基于应用、用户、内容和虚拟机的"容器"的动态安全策略**：所有的虚拟应用程序都可以被实例化，并被安放在逻辑的"容器"内。"容器"的概念可以扩展到基于 Palo Alto 下一代安全平台动态地址组的 VM 系列虚拟防火墙的安全策略。在 VMware 和 Palo Alto 的管理平台之间可以实现完整的上下文共享，使得动态地址组通过虚拟机容器的最新信息进行更新，而不是手动追踪成百上千的 IP 地址。这个特性使得我们非常容易在虚拟应用之上应用安全策略，无论虚拟机何时创建或在网络中漂移到什么位置。

- **利用下一代安全，保护虚拟应用和数据**：由于 VM 系列虚拟防火墙使用了 PAN-OS

操作系统，因此可以启用 PAN-OS 带来的全面的下一代安全特性来部署数据中心应用的定义、控制和安全策略，并对所有威胁的内容进行检测。安全的应用意味着可以建立基于应用程序的功能、用户和用户组、内容的防火墙策略，而不是基于端口、协议和 IP 地址，从而将传统的只能进行允许或拒绝操作的策略，转变为更加友好的策略模型。Palo Alto 的下一代安全平台在整个安全生命周期内都能够进行有效的安全防范，以保护系统免受病毒、间谍软件、恶意软件和有针对性的未知威胁，如高级持续性威胁（Advanced Persistent Threat，APT）

- **与主机同步线性扩展**：在 Hypervisor 数量增长时，IT 管理员无需考虑网络安全功能所需的物理资源消耗——每增加一个 Hypervisor，Palo Alto 下一代安全平台就会在上面自动生成，只要 license 数量足够。

11.1.3　如何集成 NSX 与 Palo Alto NGFW

NSX 与 Palo Alto NGFW 的融合解决方案利用"嵌入、链接与定向"的方式，将 Palo Alto 的下一代防火墙技术集成在 NSX 网络虚拟化平台之中，实现在基于微分段技术的 NSX 分布式防火墙之上，引入 5-7 层应用安全防护。下面来讲解如何将两个不同公司的不同技术集成在同一个解决方案平台上。

这个融合解决方案对于两家公司的产品的软件，有着版本要求，需要的最低版本如下：

- PAN-OS 6.0（Panorama and VM-Series）以上版本；
- ESXi 5.1 以上版本；
- vCenter 5.5 以上版本；
- NSX Manager 6.0 以上版本。

有了这些软件后就可以进行部署了。部署流程如图 11.2 所示。

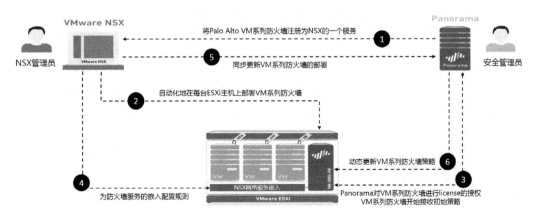

图 11.2　NSX 与 Palo Alto NGFW 的集成解决方案部署过程

1. 首先，需要将 Panorama 注册到 NSX Manager。注册时，需要在 Panorama 的 VMware Service Manager 界面上定义 NSX Manager 的各种信息，如 IP 地址、主机名、证书等。注册成功之后，就可以在 NSX Manager 的 Service Definitions 中看到 Palo Alto 安全服务，NSX 之后也可以自动根据数据中心内部的动态变化（如虚拟机迁移）与 Panorama 中的策略同步。

2. 之后，需要通过 NSX Manager 在所有 ESXi 主机上部署 Palo Alto VM 系列虚拟防火墙。这样，集群内每台主机就都可以获得 Palo Alto 的 NGFW 服务。NSX Manager 会在每台主机上自动加载 Palo Alto VM 系列虚拟防火墙的 OVF 文件，启动虚拟防火墙，并为新建的防火墙提供通信地址和 Panorama 的信息。

3. Panorama 会对每个虚拟防火墙进行 license 的授权，并将安全策略推送到每一个节点。Palo Alto VM 系列虚拟防火墙只使用一个 vNIC 用于管理，这个接口与 Panorama 直接通信，以获得策略规则配置和交换实时信息（如流量日志、策略更新等）。

4. 在 NSX Manager 里创建了安全组之后，它就会与 Panorama 的动态地址组关联起来。在 NSX 与第三方安全平台的集成中，在执行（Action）的操作中，会通过流量重定向。因此，将逻辑网络中的流量引过来，将需要第三方安全服务处理的流量交由 Palo Alto 的 VM 系列虚拟防火墙来处理了。值得注意的是，这样处理流量并不会产生所谓的"流量跳数增多"或"发夹效应"，因为 NSX 分布式防火墙和 Palo Alto VM 系列防火墙都是分布式部署在 Hypervisor 上的。

在 Panorama 中，需要把通信组定义成"对象"，然后针对这些对象定义其策略规则。策略规则包括源、目的、应用类型、服务、执行策略、安全目标等。其中，在应用类型、服务、目标等策略规则的定义上，都是 NSX 网络虚拟化平台甚至一些其他安全厂家都无法实现的。

表 11.1 所示为在 Panorama 上创建的一个简单的 Palo Alto 下一代安全平台策略，可以针对 Web 层去往 App 层的 RabbitMQ 应用，以及 App 层去往数据库层的 SQL 应用进行处理，而这些都是传统的 2-4 层防火墙不支持的。

表 11.1 一个在 Palo Alto 平台上创建的简单的安全策略

源	目的	应用	执行策略
Any	DAG-PAN-WEB	HTTP/HTTPS	Permit（允许）
DAG-PAN-WEB	DAG-PAN-APP	RabbitMQ	Permit（允许）
DAG-PAN-APP	DAG-PAN-DB	SQL	Permit（允许）

5. 当集群增大、主机数量增加时，上述所有步骤是自动完成的。NSX Manager 获得了 ESXi 主机的变化信息，而这些信息都可以在两个厂商的平台中同步并随时更新。

6. 一旦 Panorama 获得了来自 NSX Manager 的实时更新信息，它就会再次推送给 Palo Alto VM 系列虚拟防火墙，重复之前的步骤。这样就可以在新的主机上自动化部署 Palo Alto 的 VM 系列虚拟防火墙。

在第 6 章中讲到，利用基于微分段技术的 NSX 分布式防火墙，可以对三层 Web 应用模型进行防护。现在就可以利用 NSX 与 Palo Alto NGFW 的集成解决方案，对这个模型做进一步安全防护了。如图 11.3 所示，在 Web 层、App 层和数据库层都部署了 Palo Alto VM 系列虚拟防火墙，这就可以将需要进行 5-7 层高级安全防护的流量，重定向到 Palo Alto 下一代安全平台中去处理，这样，Web 服务器与 App 服务器的交互、App 服务器与数据库的交互，都能实现高级安全。在 NSX 网络虚拟化平台中，不仅东西向流量可以这样处理，南北向流量同样可以——从用户端访问 Web 服务器的流量也可以由 Palo Alto 下一代安全平台处理，因为 NSX Edge 服务网关是以 ESXi 虚拟机的形式部署的，同样可以在其之上部署 Palo Alto VM 系列虚拟防火墙。当然也可以针对南北向流量部署 Palo Alto 物理防火墙，并由 Panorama 进行同一的策略和管理。这样一来，NSX 中重要的安全功能"微分段"技术，被应用到了网络的 5-7 层。

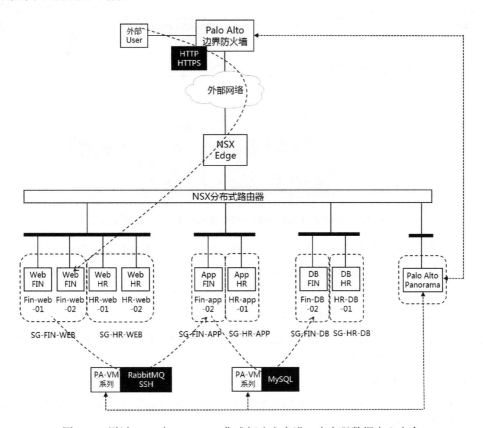

图 11.3 通过 NSX 与 Palo Alto 集成解决方案进一步实现数据中心安全

值得注意的是，所有被 Palo Alto 防火墙策略"干掉"的流量、病毒或恶意软件等，都可以在 Panorama 之上被网络或安全管理员看见，因此具有高可视性。这样，网络或安全管理员就可以针对外部的攻击或内部出现的数据泄露采取进一步措施。

11.1.4 NSX 与 CheckPoint vSEC 的集成解决方案

NSX 与 CheckPoint vSEC 的集成解决方案，是两家公司于 2015 年发布的。该解决方案的核心是，利用安装在 ESXi 中的 CheckPoint vSEC 虚拟防火墙，利用状态检测的功能，进行 NSX 环境下的 5-7 层安全防护，并实现安全策略在 SDDC 中的自动化。

该解决方案的原理、实现和逻辑架构，与 Palo Alto/NSX 集成解决方案非常相似。下面通过图 11.4 来说明 NSX 与 CheckPoint vSEC 集成解决方案的工作方式。

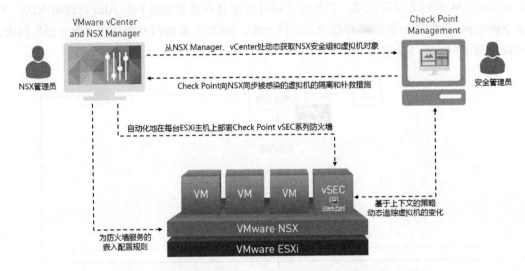

图 11.4 NSX 与 Checkpoint vSEC 集成解决方案的工作方式

可以看到，该解决方案的工作方式与 Palo Alto/NSX 集成解决方案几乎完全一致。CheckPoint 将其管理平台注册到 NSX 的管理平台后，CheckPoint vSEC 虚拟防火墙就会在 ESXi 主机上自动部署，而 vSEC 的安全策略会由 CheckPoint 的管理平台推送下来，而所有信息在 CheckPoint 的管理平台和 NSX 的管理平台之间都是同步的。系统之后会通过流量重定向，让 vSEC 虚拟防火墙处理相关流量。最终，NSX 网络虚拟化平台实现了 5-7 层应用安全和安全策略的自动化部署。

NSX 与 CheckPoint vSEC 的融合解决方案有如下特点。

- 将 NSX 基于微分段的分布式防火墙技术扩展到了应用层，而且没有增加网络拓扑和流量模型的复杂性。
- 全方面覆盖的安全防护。通过分布式部署的 vSEC 虚拟防火墙，将安全策略运用到了每一个虚拟机的虚拟接口，并与全球的综合威胁情报数据库同步，主动防御新型的针对性攻击、阻止僵尸网络、APT 和零天攻击。

- 简化的安全管理。通过集中的虚拟安全网关进行集中配置和监控。所有虚拟工作负载的流量都会被记录，并在仪表板中看见其安全报告和相关日志。由于所有信息都在 NSX Manager、vCenter 和 CheckPoint vSEC 的管理平台之间共享，且 CheckPoint 的安全平台可以根据基于上下文的安全感知策略，对于上下文的标签、字段、特征的匹配结果，判断流量是否是安全可信的，这样系统会根据新的威胁自动快速创建新的安全策略。

- 自动化的安全业务流程。CheckPoint 在发现恶意软件后或新攻击后，会创建策略，将其拦截，并通知到 NSX 平台中的其他主机，确保其他主机在恶意软件入侵之前就得到安全保障，而且这些过程都是自动完成的。预定义的 CheckPoint vSEC 模板也可以用于自动在 ESXi 主机中部署 Checkpoint 安全平台。

11.1.5　NSX 与 Symantec 的集成解决方案

由于 Palo Alto 和 CheckPoint 提供的防火墙主要是针对 5-7 层的应用安全，对多种类型的攻击和恶意软件进行防御，但是在防病毒层面，还是比不上 Symantec、TrendMicro 这样专门的防病毒厂商。因此，针对数据中心内部的服务器（尤其是易感染病毒的 Windows Server），可能还需要部署专门的病毒防护服务，而 Symantec 和 TrendMicro 的解决方案都可以集成到 NSX 网络虚拟化平台。

下面介绍 NSX 与 Symantec 的集成解决方案。部署在 NSX Symantec 中的服务叫作 SVA（Symantec Virtual Appliance）。如图 11.5 所示，它分布式部署在 ESXi 主机中，作用是反病毒（Antivirus）、反恶意软件（Antimalware）。与 Palo Alto、CheckPoint 解决方案类似，在 Symantec 与 NSX 平台集成后，SVA 都是自动部署和自动横向扩展的。

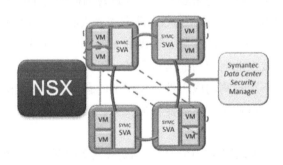

图 11.5　SVA 在 NSX 环境中的部署

在注册时，首先需要在 Symantec Data Center Security Manager 中输入 vCenter 和 NSX Manager 的 IP 地址、用户名和密码，以使得 SVA 服务注册到 NSX 网络虚拟化平

台。之后，Symantec 的网络安全服务就可以部署到每台 ESXi 主机。这一部分过程与 Palo Alto、CheckPoint 解决方案完全一致。

进入配置阶段。首先进入 NSX Manager 的 Service Composer 界面，创建 Security Group。可以创建一个名为 Quarantine 的 Security Group。在 Service Policy 界面中，创建一个名为 Symantec Scan 的策略，并将其与 Quarantine 安全组关联，这样就可以利用 SVA 服务发现这个安全组中的威胁并进行处理。值得注意的是，由于 Symantec 反病毒、反恶意软件服务并不是一个防火墙服务，因此不需要类似于 Palo Alto、CheckPoint 解决方案中的流量重定向配置，而是根据在 Symantec Data Center Security Manager 中定义的各种防病毒策略，针对系统中的威胁，进行主动发现和防御。

NSX 与 Symantec 的集成解决方案有如下好处：

● 减少资源冲突，如在文件升级时进行病毒扫描；
● 根据预先配置的策略进行自动化部署，减少安全部署时间；
● 提供单一的安全服务实例，集成整个安全生态系统，降低运维的复杂性；
● 通过统一的管理控制台和自动化的编排策略，使整个安全系统具备高可扩展性。

11.2 NSX 与合作伙伴共同交付 SDDC

负载均衡只是应用交付的一个方面。F5、A10 等公司被很多人认为是"生产负载均衡设备的厂商"，但它们从来都将自己定位为应用交付解决方案提供商，而不是单纯的"负载均衡设备厂商"。

数据中心在当前 IT 的环境中会有更多的应用，这些应用大多都需要实现负载均衡、认证与授权、安全、七层服务、可基于 API 进行编程，并需要支持弹性扩展。这些需求使得在部署应用时，解决方案的结构越来越复杂，各种终端都面着 DDoS 威胁、应用层安全威胁和恶意软件入侵的可能。而且随着 BYOD 理念深入人心，大量企业员工使用移动设备连接应用服务，这又带来移动设备的控制、管理和无线安全的问题。此外，由于没有统一有效的基础架构支持，导致企业对应用的运营不统一，由此带来不一致的业务执行和操作策略，云环境中也会出现不可预测的应用性能和安全问题，新的管理规范也会导致运营成本不断上升。为此，应用交付解决方案需要将最安全、最快速、最可靠的应用在任何时间交付给任何地点的任何人。

NSX 网络虚拟化平台可以解决应用交付中的负载均衡问题，甚至在 NSX 6.2 版本之后还能支持分布式的负载均衡部署，然而它对应用交付中其他高级功能的支持还是有限的。为此，VMware 公司与 F5 公司联手推出了 NSX 与 F5 BIG-IP/BIG-IQ 的集成解决方案，帮助客户解决数据中心中的应用交付部署和运维难题，并最终实现以应用为中心的网络虚拟化平台。

11.2.1　F5 应用交付解决方案简介

在当今快速变化的随需应变文化中,用户希望他们的应用始终能够在任何设备上快速、安全、有效地运行。企业需要向内部员工和外部客户提供灵敏的、覆盖整个渠道的、能够无缝交付新功能的应用来满足它们的期望。除了从企业数据中心向用户进行传统的线性应用交付之外,企业现在还应当在其数据中心以外的地方(包括 SaaS 提供商)交付应用。而现今,越来越多的移动用户也需要实现在任何地点通过任何设备访问应用的功能。与此同时,全球创新的步伐一直在加快,新应用的发布周期不断缩短,出现了开发运营模式,并有向持续交付演变的趋势。虽然这样的转变可以更好地把 IT 和业务协调起来,但它也为传统的基础架构带来了挑战。应用交付网络必须推动创新,但不能以牺牲稳定性、安全性或性能作为代价。

现今,用户的期望很简单,创新的需求也很清晰,但应对这些挑战的解决方案却并非如此。即使是当今 IT 系统运转最为顺畅的企业,也同样面临着挑战——这些企业需要处理的问题包括飞速演变的 IT 架构、应用的增长以及因移动性、云计算和虚拟化的发展而造成的复杂性。

想要成功地交付应用,IT 部门必须:

- 从任何地点,针对任何人员和任何设备优化应用性能,而不应增加成本或复杂性;
- 实现快速部署和创新;
- 随需应变的灵活性和规模。

IT 如何满足这些创新性和适应性的需求,同时保持应用的可靠性呢?一旦不能在需要扩展应用服务之时进行扩展,企业就无法实现收入增长,客户服务质量也会降低,相应的成本也会上升。传统基础架构的僵化是通向敏捷、以应用为中心的网络之路上的重大障碍。为此,企业需要将 4-7 层功能、可编程性以及应用流畅性融合到一个可扩展的应用交付网络中。

虽然高可用性和负载均衡等核心功能是大多数应用所需要的,但应用交付网络还应该提供更多其他的功能。为此,F5 公司的应用交付控制器(Application Delivery Controller,ADC)提供了数百项功能,这些功能可以被大致分为以下几类。

- 对应用交付网络和应用协议进行解析、转换和操控。例如 IPv4 向 IPv6 转换、FIX 流量的解析等。
- 加密和解密应用流量,实现安全性、流量检测等。例如 SSL 加解密、HTTP cookie 加密、SSL 流量可视性、密钥保护等。
- 提供应用流量信息。例如设备识别、位置感知、可信度感知、应用和服务器健康监控等。
- 改善应用的性能。例如 HTTP 对象压缩、TCP 连接复用、基于服务器健康评分的自适应流量分配、TCP 协议优化等。
- 控制和操纵流量。例如负载均衡、高可用性、连接限制、QoS 等。

- 解析和操控应用内容。例如从服务器响应中剥离信用卡号码以读取、记录交易 ID 等。
- 提供关于应用流量的统计数据并分析。例如 HTTP 应用页面加载时间、应用事件日志、客户端的延迟等。
- 数据中心安全防护功能，提供如 4-7 层的 DDoS 防护、防火墙、应用安全、WAF（Web Application Firewall，Web 应用防护系统）等。

尽管 F5 的应用交付解决方案功能众多，但面对数百种功能、数以千计的部署组合，企业如何才能最好地提供应用呢？一个良好的应用交付平台，应具备以下特点。

- 应用策略部署的智能化。

在复杂的应用交付环境中，系统需要根据应用和设备的不同定制交付策略。例如，为灵活、高频率的应用（如金融交易）的容量和可用性管理而设计的策略应该不同于面向 Microsoft Exchange 的邮件系统应用策略。如果这些差异极大的应用使用相同的策略，只会导致两种应用都无法获得所需的服务。这些不同的应用都需要从 ADC 中选择众多功能进行特定组合。

然而，手动配置和定制的应用交付策略可能会导致运营成本猛增，如果想不增加复杂性或管理开销，就需要一套智能的解决方案，根据应用需要自动化部署应用策略。因此，一个良好的应用交付平台，应当提供面向应用交付的可重复使用的模板，用来轻松创建与具体应用相关的服务，并减小管理的复杂性与配置的开销，节省应用部署时间，提高可靠性。

- 实现可编程性。

针对新的应用，需要迅速完成其原型设计、测试和部署，就需要创新的基础架构。因此，企业需要加强可编程性，使得可以为新应用创造出新的流量模型和分配方法，而无需等待应用厂商开发新功能。完全的可编程性能够让企业方便地在网络基础架构之上创建出软件定义的应用服务。可编程性与监测和业务编排系统相整合，能够实现业务的自动化，例如可以管理新应用发布周期、部署新的服务、对基础架构中变化做出响应。它减少了手动部署带来的漫长业务上线时间，同时减小了错误率，实现了敏捷的交付环境。

- 支持可扩展性

交付应用服务的架构需要像服务本身一样丰富、灵活、可扩展。这就意味着，企业不但需要在应用容量方面进行本地扩展，而且需要在其位置和架构方面进行扩展——这两者都跨越了传统的基础架构，进入了公共云和私有云领域。要实现真正意义上的可扩展性，平台必须足够安全，并且能够通过网络在任意时间、地点被安全连接。

针对这些应用交付的要求，F5 解决方案使用 ADC 的各种功能，提出了自己的解决方案。它实现的应用交付架构基于下述原则。

- 为可扩展的、互联的设备创建服务架构。

- 将该架构与应用和客户网络连接在一起。
- 利用可重复使用的模板来定义策略，以交付流畅的应用服务，并通过应用代理对应用进行优化。
- 开源的编排和集成的工具或软件，也能对该平台进行管理和控制。

这个架构的核心是 F5 BIG-IP 平台。BIG-IP 产品系列为 IT 管理员提供了统一的、智能的、灵活的和可编程的应用交付平台。BIG-IP 平台有物理、虚拟和云环境三种版本，可以根据需要轻松地部署应用并扩展到任意多的节点中。与 NSX 网络虚拟化进行集成的 BIG-IP 版本，主要是其虚拟版本（Virtual Edition，VE），当然也可以使用物理 F5 BIG-IP 设备。

F5 BIG-IP 平台有如下特点。

- 全面的 3-7 层功能。

从细粒度配置相关 TCP 协议，到十多种高级的特定应用代理，F5 BIG-IP 平台提供了广泛的特性和功能，旨在优化并向用户交付应用。它允许创建和使用真正针对企业特点的应用，并在网络和客户端层面进行应用服务的优化。

- 应用流畅性。

针对特定应用创建量身打造且优化的交付策略，需要耗费大量的时间和资源。而借助于 BIG-IP 平台，可以实现一套自动化部署、开箱即用的配置。

BIG-IP 平台对应用协议的深刻理解，能够提供更好的流量管理方法。由于它能够根据 HTTP cookie、FIX 消息类型或 SIP 头部等应用的值来对流量进行路由、丢弃或控制，这就更容易简化应用基础架构，并把额外的高级应用特性引入到应用交付架构中，且有助于加快和简化应用的开发周期。

F5 iApps 模板提供了一套简单的交互流程，用于配置和更新应用部署。它可以减少部署时间，消除人为手工操作带来的错误。使用 iApps 模板时，对所需的所有应用功能的选择和配置将被浓缩到单一的、简单的、以应用为中心的界面中。一旦应用部署完毕，iApps 系统将针对构成该部署的组件的健康状况和性能提供一个以应用为中心的视图，更有利于运营管理，而且可以为应用的下一个版本的开发或修订过程提供反馈意见。F5 维护着一个即时更新的 iApps 模板库，并保持与领先的软件供应商的合作伙伴关系，以确保这些模板能够紧跟业界最新应用的需求。

有了这样一个能够理解应用并且可以自动化部署应用的平台，企业在部署新应用以及实现现有应用价值最大化的过程中就可以节省大量的时间和成本。

- 创新的可编程平台。

F5 BIG-IP 平台提供了一套功能强大的可编程组件，企业借此可以建立一套适应性强且可以自动化部署的应用交付架构，能够通过这样的可编程性，实时控制应用流量以及自动化配置设备。

- 数据平面编程：F5 iRules 脚本语言能够对流经基础架构的应用流量进行实时控制。由于能够对任何方向的流量进行路由、拒绝、修改、检测，企业就可以克服很多应用带来的挑战。iRules 可以利用流量的可信度或位置等信息来做出流量管理决策。

- 控制平面编程：F5 iCall 脚本框架能够对 BIG-IP 平台进行配置，以便根据来自新服务器实例的 DHCP 请求等数据平面信息进行调整，或者根据监测数据的变化改变流量分布。

- 管理平面编程：F5 iControl 的综合性管理 API 能够与数据中心管理架构、编排工具、第三方应用和脚本相集成。iControl 还支持基于事件的模型，允许应用和框架订阅 BIG-IP 系统事件，例如某给定应用节点自上而下的状态变化。

这三方面的可编程性增加了系统的灵活性，降低了运营成本，改善了应用部署，从而推动了应用的创新，并推动和运维开发（DevOps）的协作。创新的 DevOps 实现了测试和部署过程的自动化，能够提高应用交付的效率，在管理上实现一致性，加快应用的上线速度。

● 安全、弹性的交付架构。

BIG-IP 平台能够使物理或虚拟设备连接到数据中心的核心网络中，或者在公有云环下，跨越所有区域提供应用服务和控制节点。功能和性能不再被锁定在特定区域中的设备孤岛内，而是可以存在于基础架构中的任何位置。F5 ScaleN 架构能够创建多达 32 台设备构成的集群，从而形成高可用、弹性的交付架构。发生故障时，应用工作负载也可以在设备之间迁移。设备可以以自动化的 license 密钥方式升级，以便处理更多流量或启用额外的功能。ScaleN 架构可以不断增加容量和服务，从而实现高可扩展性。通过对工作负载的管理，可以确保在最合适的设备上处理应用。通过 VE 版本 BIG-IP 的部署，企业还能细颗粒化地控制资源，进而控制应用。

BIG-IP 平台对网络虚拟化的支持能够实现虚拟基础架构与高性能物理网络的统一。对 VXLAN 和 NVGRE 的支持（仅在虚拟平台上）可以使交付架构从物理设备扩展至虚拟网络，从而把它处理应用的能力带入虚拟数据中心。

而 F5 BIG-IQ 产品则是一个开放的、可编程且智能的框架，用于管理应用服务的交付。它可以对 F5 物理和虚拟的 BIG-IP 设备进行集中管理，以及在本地和云中对应用服务进行编排。它在私有云和公共云环境中提供高效的自动化、协调功能和企业级应用服务控制。通过单一的管理平台，BIG-IQ 可用来快速查看设备、加快及放缓应用交付控制器（ADC）的运行速度、备份映像和配置文件、管理许可证以及完成更多操作。

BIG-IQ 有一个具有创新的 UI，模块式框架，并且支持基于角色的访问控制（RBAC），这样一来，我们就能够专注于完成的必要任务，而不会迷失在众多选项、特性和功能之中。

BIG-IQ 构建在一组开放的 API 之上，能够与各种自动化编排系统相集成。BIG-IQ 主要用于所有 F5 产品在公有云、私有云上的管理，或者混合云之间的统一管理，此外还能提高云安全以及控制云中的应用交付。

BIG-IQ 同样有软件版本和硬件版本。BIG-IQ 高性能、冗余的、基于群集的体系架构也确保它在大规模且要求最严格的网络环境中进行扩展时游刃有余。

除了应用交付服务外，在 F5 BIG-IP/BIG-IQ 平台之上还能实现 DNS 服务、防范 DDoS 攻击、云爆发服务、LTE 漫游服务等。基于 F5 BIG-IP/BIG-IQ 平台之上实现的这些强大功能，F5 公司解决方案的目标是帮助客户实现软件定义应用服务（Software Defined Application Service，SDAS）。

11.2.2 NSX 与 F5 集成解决方案

F5 应用交付解决方案有助于帮助客户实现流畅、可编程、安全、弹性的应用交付架构。然而，这样的应用交付解决方案需要运行在一套良好的基础架构平台上，才能更好地实现其价值。NSX 网络虚拟化平台与 F5 BIG-IP/BIG-IQ 的集成，有助于帮助企业实现 SDDC 与 SDAS 的融合，使得 F5 的 BIG-IP/BIG-IQ 的核心组件与其智能根据客户场景中部署应用的方法，融合到基于网络虚拟化的 SDDC 环境中。这样一来，以智能、自动化的形式部署应用就变得更加简便——在创建虚拟机、创建逻辑网络时，能一键部署所需应用。而人们在任何地点，使用任何终端设备，都可以有效访问应用资源。

图 11.6 所示为 NSX 与 F5 的集成解决方案的简单逻辑架构图。通过在 ESXi 主机安装 VE 版本的 F5 BIG-IP 软件（当然也可以使用物理 F5 设备），使得 NSX 网络虚拟化平台与 F5 应用交付解决方案融合起来，将 ADC 以服务的形式加载为 NSX 的一个组件。这样一来，F5 VIP 和 iApps 模板就可以呈现在数据中心中服务器资源池的前端。在部署上实现了在多层应用之上的特定应用加速和完整的服务交付，且针对工作负载的移动性进行了优化，而无需重新安置、加载服务。在运维上，在预分配应用时，可以自动完成 BIG-IP 的配置、部署和授权，且物理服务器上运行的应用与虚拟机上运行的应用能达到一致的策略。在管理上，可以使用 NSX 和 F5 集成的管理面板，也可以根据第三方 CMP 进行多层应用的预分配。

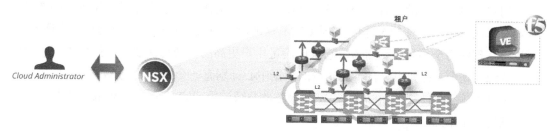

图 11.6　NSX 与 F5 的集成解决方案的简单逻辑架构

NSX 与 F5 的集成解决方案，允许 IT 人员通过在不同服务的协议层面和应用层面预定义的 BIG-IP 策略，进行自动化的智能应用部署，消除了传统应用部署过程中费力费时的重复劳动和手动配置可能出现的错误。这个功能是通过创建 F5 的 iApps 来完成的，它提供一个向导化的部署界面，支持任何应用服务在 BIG-IP 平台之上快速部署。因此，企业的 IT 管理员只需要做好自己的本职工作，就能让应用轻松交付和上线。

1. F5 管理员只需要将 BIG-IQ 注册到 NSX（随后 VE 版本的 BIG-IP 会自动在 NSX 环境下进行部署），配置 iApps 并将其发布到 NSX 平台，这时 BIG-IQ 就会将 iApps 目录发布到 NSX Manager。

2. 之后，NSX 管理员只需要为云管理员提前分配 NSX Edge，并将 F5 iApps 与 NSX Edge 预先进行映射。

3. 最终，应用管理员（或云管理员），只需要定义应用网络，进行应用预分配，指定负载均衡设备，指定 ADC 服务模板和服务实例化的位置。

做好了这些准备工作，就可以一键式智能部署应用服务了。例如，一个管理员，想要为 Microsoft Exchange 应用创建 gold、silver 和 bronze 的 iApps 模板。NSX Manager 与 BIG-IQ Cloud 之间集成的 API 就会将 vSphere 管理员引入，为运行应用的虚拟机部署必要的 BIG-IP 平台服务（作为 iApps 打包），而无需离开 NSX Manager 的管理界面。这种一键式的部署通过 iApps 模板将复杂的配置抽象出来，简化了应用部署流程，缩短了应用上线时间。

NSX 与 F5 的集成解决方案在部署并上线之后，应用就可以一键式部署了，这时就可以在任何地点，使用任何终端设备访问应用服务了。

图 11.7 描述了 NSX 与 F5 的集成解决方案的完整工作流程。VE 版本的 BIG-IQ 成功与 NSX Manager 注册后，就可以利用管理平面，通过 iApps 模板在加载了 VE 版本 BIG-IP 的虚拟机上自动部署应用，应用的工作负载也是全局可控的，且与 3-7 层网络服务紧密结合，实现应用加速、高可用性和安全。

图 11.7 中出现的 LTM 之前没有解释。它是 BIG-IP 的本地流量管理器（Local Traffic Manager），可以把它看成一个功能更加强大的本地负载均衡器，主要提供 F5 最拿手的负载均衡服务，可以将提供相同服务的多个设备虚拟成一个逻辑设备，供用户访问。也就是说，对于用户来讲，看到的只有一个设备，而实际上用户的服务请求是在多个设备之间通过负载均衡算法分担的。与 LTM 相对的是 GTM（Global Traffic Manager，全局流量管理器），可以将其理解为全局负载均衡器，它可以满足用户更高的负载均衡要求，提供不同站点间全局资源的调配。比如用户在不同站点的数据中心分别有一个 Web 服务器群，它们提供相同的 Web 访问页面，当一个站点的 Web 服务器负载过重或宕机时，GTM 就可以将流量重定向到另一个站点。

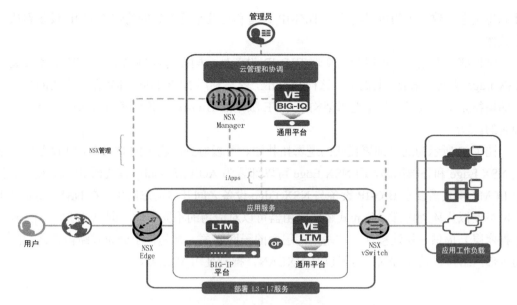

图 11.7　NSX 与 F5 的集成解决方案的工作流程

下面对 NSX 与 F5 的集成解决方案做一个简单的总结。该融合方案有如下特点和优势：

● 快速部署应用和服务，使得应用得以快速上线或更新，实现较高的投资回报率；

● 创建了一个灵活的 IT 环境，能够对不可预见的情况作出快速反应；

● 使用可靠的、可重复使用的、可扩展的解决方案，用于自动化交付高性能、高可用和安全的服务；

● 精简的管理节点，减小了可能存在的故障点数量，降低了应用系统的风险。

NSX 与 F5 的集成解决方案主要有三种部署方法，这三种方法也是 F5 公司官方推荐的部署模型：

● 使用物理 BIG-IP 设备，基于 VXLAN Overlay，与 NSX Edge 平行部署应用服务；

● 使用物理 BIG-IP 设备，基于 VLAN，与 NSX 分布式逻辑路由器平行部署应用服务；

● 使用 BIG-IP VE 版本，基于 VXLAN Overlay，利用单臂模式进行应用服务的部署。

11.2.3　与 NSX Edge 平行部署 F5 应用服务

第一种部署方式是使用物理 BIG-IP 设备，基于 VXLAN Overlay，与 NSX Edge 平行部署应用服务。也可以将 BIG-IP VE 版本部署在逻辑网络内部，将物理与 VE 版本的 F5 设备统一交给 BIG-IQ 管理。其实这种部署模式与利用 NSX Edge 部署在线模式的负载均衡的设计思想完全一致，因为可以将物理 BIG-IP 设备和与其平行部署的物理 BIG-IP 设备看成一个整体。

这种部署方法除了可以使用物理 BIG-IP 设备外，同样可以将 BIG-IP VE 版本安装在 NSX Edge 所在的 ESXi 主机上，这样在拓扑上就与利用 NSX Edge 部署在线模式的负载均衡的拓扑完全一致了，但是逻辑架构上，VE 版本的 BIG-IP 设备仍然是与 NSX Edge 平行部署的。

图 11.8 所示为这种部署模式的逻辑拓扑图。可以看到，物理的 F5 BIG-IP 设备同时连接 NSX Edge 和外部网络，而 NSX Edge 可以部署为 Active/Standby 模式或 ECMP 模式，其中 ECMP 模式需要在 BIG-IP 设备与 NSX Edge 设备之间开启动态路由。在 NSX Edge 之下的网络虚拟化环境内部，分布式逻辑路由器可以对应用的不同层面（即 Web 层、App 层、数据库层）提供三层连接性。这些不同层面的子网网关，都是位于分布式路由器之上的。而内部网络可以是 VLAN，也可以是 VXLAN，推荐使用 VXLAN。

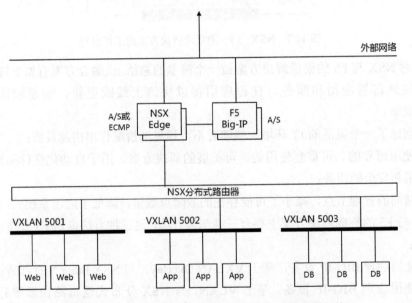

图 11.8　与 NSX Edge 平行部署 F5 应用服务的逻辑架构

图 11.9 所示为与 NSX Edge 平行部署应用服务的模式在数据中心机房的机柜中的部署示意图。这是一种典型的骨干/枝叶节点的数据中心部署模式（下一章会详细讲解这种部署模式），在枝叶节点层面，安装了大量虚拟机、部署了大量应用的服务器机柜（Computer Rack），与安装了物理 F5 设备、NSX Edge 的 Edge 机柜，都会连接到各自的 ToR 交换机。这些 ToR 交换机在底层物理网络中，也都会连接骨干节点，枝叶节点和骨干节点实现了 ECMP。而 Edge 机柜的 ToR 交换机也会如逻辑拓扑所示，连接外部网络。

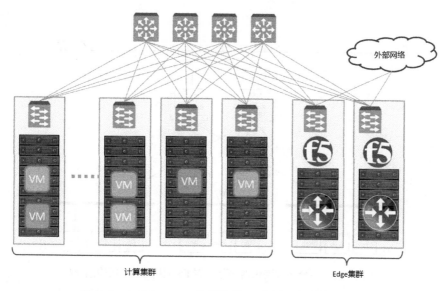

图 11.9　与 NSX Edge 平行部署 F5 应用服务的物理架构

对于一个需要访问 Web 服务器 VIP 客户端的外部流量，首先会前往物理 F5 设备进行 NAT 转换和负载均衡处理。之后，流量通过 NSX Edge 进入网络虚拟化环境内部，访问 Web 服务器，这时本应去往 App 服务器的流量，需要回到物理 F5 设备再次进行负载均衡处理（当然，这一步可以通过部署 VE 版本的 BIG-IP 来实现，以优化流量路径），然后再去往 App 层。当流量抵达 App 层时，则直接通过分布式逻辑路由器，去往数据库搜寻相关信息。App 层与数据库层的通信流量一般不会经过负载均衡、应用交付设备。

11.2.4　与分布式路由器平行部署 F5 应用服务

第二种部署方式是使用物理 BIG-IP 设备，基于 VLAN，与 NSX 分布式逻辑路由器平行部署应用服务。与第一种部署模式相同，同样可以使用 BIG-IP VE 版本部署在逻辑网络内部，并由 BIG-IQ 统一管理。

图 11.10 所示为这种部署模式的逻辑拓扑图。可以看到，物理 F5 BIG-IP 设备部署在外部网络，它并不与 NSX Edge 直接相连，它的位置是与 NSX 分布式逻辑路由器平行的。在内部网络，分布式路由器主要使用 VLAN 连接应用的 Web 层、App 层、数据库层，并为它们提供网关，并使用标准的 802.1Q 封装将基于 VLAN 的逻辑子网连接到物理 BIG-IP 设备所在的物理网络的子网。由于物理 F5 BIG-IP 设备可以提供动态路由功能，因此，流量需要由物理 BIG-IP 设备处理时，并不需要关心分布式路由器的部署，而是直接由物理 BIG-IP 设备处理路由，并作为 Web 层或 App 层流量的下一跳。

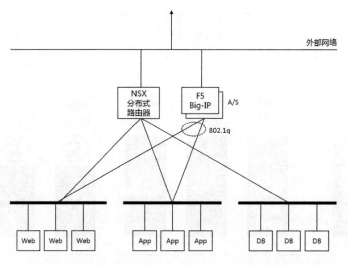

图 11.10 与分布式路由器平行部署 F5 应用服务的逻辑架构

再来看一看与分布式路由器平行部署应用服务的模式在数据中心机房的机柜中如何部署。在图 11.11 中可以看到，使用这种部署模式，物理 BIG-IP 设备是直接连接数据中心骨干节点的，并不部署在 NSX Edge 机柜中，这是因为它与分布式路由器的位置是平行的，不与 NSX Edge 进行物理连接。安装了虚拟机和应用的服务器机柜（Computer Rack）通过枝叶节点 ToR 交换机连接到骨干节点，并由部署在骨干节点的物理 BIG-IP 设备处理其流量。

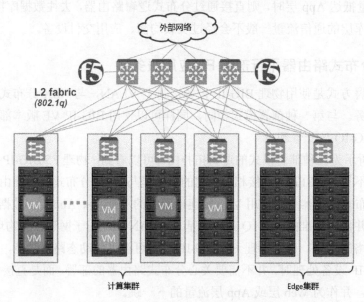

图 11.11 与分布式路由器平行部署 F5 应用服务的物理架构

需要访问 Web 服务器 VIP 客户端的流量，首先前往物理 F5 设备进行 NAT 转换和负载均衡处理。之后，流量会直接访问 Web 服务器，而不需要经过分布式路由器。这是因为提供路由功能的物理 BIG-IP 设备直接通过 802.1Q 连接到了逻辑网络。之后，流量需要访问 App 服务器，这时候流量需要在物理 BIG-IP 设备绕行一圈以进行负载均衡处理（同样越过分布式路由器）。最终，被部署在骨干节点的 F5 设备处理过的流量经过分布式路由器访问数据库。

11.2.5 使用单臂模式部署 F5 应用服务

最后一种部署方式是使用 BIG-IP VE 版本，基于 VXLAN Overlay，利用单臂模式进行应用服务的部署，这也是在 NSX 网络虚拟化环境中推荐的部署模式。

这种部署模式与使用 NSX Edge 的单臂模式负载均衡的部署完全一致。在图 11.12 中可以看到，在内部网络，分布式路由器通过 VXLAN 连接应用的 Web 层、App 层、数据库层，并为它们提供网关。NSX Edge 连接外部网络。整个拓扑图中没有物理 F5 BIG-IP 设备，这是因为在这个架构中，BIG-IP VE 版本是安装在 ESXi 主机中的虚拟版本，它通过 Active/Standby 模式或 Active/Active 模式部署在逻辑网络内部。在冗余性方面，无论物理 BIG-IP 设备还是 VE 版本 BIG-IP 设备，都支持集群式的 Active/Standby 或 Active/Active。一个集群最多支持 32 台 BIG-IP 设备，而且在 Active/Standby 模式，还支持 N+1 或 N+M 的冗余，以便实现更高级的故障切换。换句话说，物理服务器数量在 32 台以下时，就可以在每台服务器上都安装 VE 版本 BIG-IP，以在服务器集群内部实现分布式负载均衡。如果数据中心机柜数量在 32 台以下时，也可以在每个机柜部署一台 VE 版本 BIG-IP，在机柜之间实现分布式负载均衡。当服务器或机柜数量超过 32 时，可以对应用进行分类并增加集群，而所有集群内的 BIG-IP 设备都可以由 BIG-IQ 进行统一管理。其实一个 vCenter 集群中的 ESXi 主机很少会超过 32 台，因此，利用 BIG-IP VE 版本实现基本分布式负载均衡适用于绝大部分案例。

值得注意的是，由于只有在外部网络的客户端访问 Web 服务器时，或 Web 服务器与 App 服务器交互时，才需要实现负载均衡服务（App 层与数据库交互时的处理由 Oracle 等数据库软件提供商提供高级策略），因此利用 F5 设备实现分布式负载均衡时，只需要在提供 Web 服务的虚拟机所在的 ESXi 主机安装 VE 版本 BIG-IP 软件，并将这些安装了 BIG-IP VE 版本的 ESXi 主机部署成集群模式。

图 11.13 所示为使用单臂模式部署应用服务的物理架构图。在数据中心机房的机柜中的部署上，推荐将安装 VE 版本 BIG-IP 的服务器安装在服务器机柜（Computer Rack），而不是 Edge 机柜。其余设备的安装位置与第一种部署方式完全一致——将服务器机柜和 Edge 机柜的枝叶节点 ToR 交换机连接至骨干节点，Edge 机柜的 ToR 交换机同时连接外部网络。

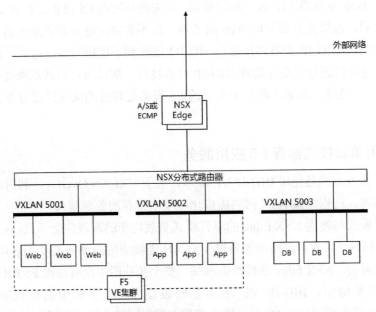

图 11.12　使用单臂模式部署 F5 应用服务的逻辑架构

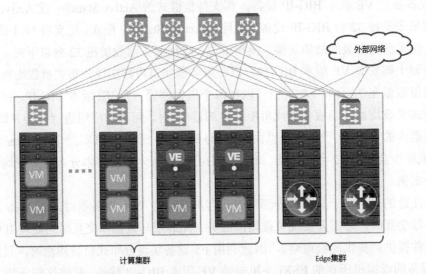

图 11.13　使用单臂模式部署 F5 应用服务的物理架构

　　现在看一下这种部署模式的流量模型。需要访问 Web 服务器 VIP 客户端的流量，在 NSX Edge 上进行 NAT 之后进入逻辑网络，并前往 VE 版本 F5 BIG-IP 设备进行负载均衡处理。之后，流量分别经过 Web 服务器、VE 版本 F5 BIG-IP 设备、App 服务器。这些都是在 NSX 网络虚拟化平台的逻辑网络内部完成的，这样就能在 NSX 与 F5 的集成解决方案中利用到了 NSX 网络虚拟化平台的各种优势，如大幅精简流量跳数等。流量最终访问的数据库，同样可以在逻辑网络内部完成，但现今企业也可能使用物理服务器部署数据库服务器。

11.3 总结

- 对于 NSX 与第三方防火墙厂商的集成，将流量重定向至 Palo Alto 或 CheckPoint 的全分布式的、基于虚拟机的 NGFW 进行处理，可以帮助 NSX 实现网络虚拟化环境中的 5-7 层安全。
- NSX 还可以集成第三方防病毒厂商解决方案，对服务器内部的病毒进行主动防御。
- 对于应用交付，NSX 主要与 F5 等厂商合作，实现自动化的负载均衡和高级应用策略，实现应用交付的自动化，最终将 NSX 网络虚拟化平台打造成一个以应用为中心的平台，同时实现 SDDC 和 SDAS。
- NSX 与 F5 的集成解决方案有三种部署方式，除了类似于利用 NSX Edge 实现的单臂模式和在线模式的负载均衡外，部署在物理网络的 F5 设备也可以集成到 NSX 网络虚拟化环境。推荐使用 VE 版本的 F5 BIG-IP 设备利用单臂模式进行部署。
- NSX 与第三方顶尖的专业安全或应用交付厂商的解决方案充分集成之后，可以给用户带来前所未有的网络功能体验，并全方位保留用户的使用习惯及管理界面。

第 **12** 章

NSX 的底层物理网络设计

在设计数据中心时，虽然利用 NSX 网络虚拟化平台实现了逻辑网络和物理网络的解耦，但是物理网络真的可以完全没有规划地进行部署了吗？

答案当然是否定的。我们需要将底层物理网络打造成最适合部署 NSX 网络虚拟化平台的 Underlay，这样才能设计出完整且完美的数据中心基础架构。有些时候，企业实在没有办法优化底层物理网络的架构。这些企业有的是因为在合并多家公司后，将这些公司原来的网络整合在一起，物理连接和路由选路极其复杂；有些是在设计网络之初没有考虑到未来的扩展性，或最初设计数据中心网络时，遵循了旧的设计思路，没有使用现今流行的架构。这些情况就导致了当应用需求增大后，网络在扩展时与原有网络的整合非常混乱。这些企业都可以利用 NSX 网络虚拟化平台与物理网络解耦的特点，创建一套独立的逻辑网络。然而，如果在新建数据中心时就对物理网络更好地进行规划，底层 Underlay 平台就可以更好地支持 NSX 逻辑网络。

本章将讨论底层物理网络和服务器如何承载使用了 Overlay 技术的 NSX 网络虚拟化平台。本章首先会讨论如何设计底层物理网络才能更好地运行 NSX 平台，之后还会讨论网络厂商是如何更好地支持 NSX 平台的——如何利用物理硬件网络厂商 Arista Networks 和 Brocode 的物理网络产品来搭建适合运行 NSX 网络虚拟化平台的 Underlay。最后讨论这些物理交换机的部署位置，并设计 NSX 中的不同集群。

12.1 为 NSX 而打造的 Underlay

本节将会讨论承载了使用 Overlay 技术的逻辑网络的物理网络在数据中心中的架构设计。本节首先会讨论数据中心的物理网络要求，并阐述如何优化物理网络以使其更加适用于网络虚拟化环境，之后会讨论如何设计最适合 NSX 网络虚拟化平台的 Underlay。

12.1.1　数据中心物理网络架构的演进

在讨论如何部署物理网络才能够最好地支持网络虚拟化平台之前，先来回顾当前数据中心网络架构的变化和未来趋势。在几年之前，大部分数据中心网络都是以模块化的方式部署的，如图 12.1 所示。

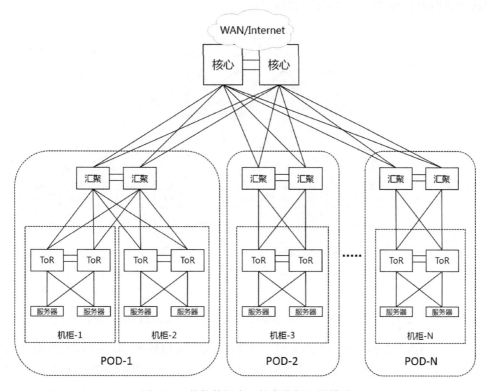

图 12.1　传统数据中心的交换机部署模式

在数据中心网络中，有一个叫作 POD（Point of Delivery）的概念。每一个 POD 就是一个业务模块，它一般按照业务功能区域划分，因此将其称为模块化的部署方式。在物理拓扑上，一般来说，一个 POD 由两台冗余的汇聚层交换机作为这个 POD 的业务核心，这两台交换机下连多个机柜的 ToR 接入交换机，并上连数据中心核心交换机。这种部署方式参考了传统园区网络经典的"核心-汇聚-接入"结构，这样设计的初衷是为了限制二层广播故障域。然而这样的设计更适用于园区网络中最常见的南北向流量的优化。在数据中心网络中，东西向流量远远多于南北向流量，这样部署的网络会造成数据中心网络在扩展时的不灵活与 VLAN 编排上的限制，且容易形成复杂的生成树。此外，不同 POD 之间的应用在相互访问时，东西向的三层流量都需要经过核心网络设备，不但流量路径是不优化的，还会给核心网络设备造成很大压力。

因此在近几年，这种经典的模块化的数据中心网络部署逐渐被一种基于"骨干-枝叶"（Spine-Leaf）节点来进行互联的架构所取代了。这样的部署使得数据中心网络更加扁平化，效率更高。因此，网络内部日益增长的东西向流量的通信需求就会得以优化，应用的部署在需要进行扩展时也不会再局限于传统架构中每一个 POD 内的二层域中。图 12.2 所示为利用这种数据中心网络架构部署的网络拓扑。

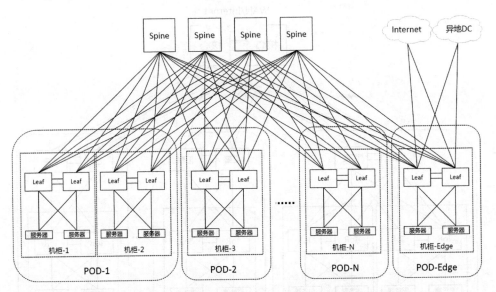

图 12.2　骨干-枝叶节点的数据中心部署模式（Folded CLOS 架构）

这种典型的基于骨干-枝叶节点的架构一般称为 Folded CLOS 架构，可以把它理解为折叠式的骨干-枝叶节点全互连架构。目前，大多数企业在大型数据中心都使用这样的部署方式，以在增强数据中心网络可扩展性的同时实现 ECMP，并消除网络中的生成树。Folded CLOS 网络中的每一个设备都是网络的骨干节点或枝叶节点，设备具体是什么节点取决于它部署在网络中的位置。

● 枝叶节点（Leaf）：在现今的数据中心网络中，枝叶节点取代了传统架构中的汇聚层和接入层设备，枝叶节点交换机一般是低延时且包转发能力极强的 ToR 交换机。在每个机柜中部署一对冗余的枝叶节点交换机，使用至少双链路连接数据中心服务器或存储设备。如果使用以太网枝叶节点交换机连接存储设备，存储设备的网络接口需要支持 iSCSI；如果存储设备的接口是传统 FC 或 FCOE 接口，则需要枝叶节点交换机的端口支持这些存储协议。有些读者可能会问，Brocade 或 Cisco 这些厂商不是有专门支持 FC 或 FCOE 的交换机，用于搭建一套独立于以太网的 SAN 网络吗？为什么现在需要用枝叶节点交换机来连接存储设备呢？原因是数据中心网络需要实现架构上的扁平化和管理上的一体化。如果还是使用传统 SAN 网络与以太网分离的部署方式，则在现代数据中心中无法实现效能和效率的最大化。现今，已有多家物理网络设备厂商的产品支持在一台 ToR 交换机上同时实现以太端口和 FCOE 端口，有些厂商甚至还能在此基础之上同时开启 FC 端口，如 Brocade、Cisco 和 ALE（Alcatel-Lucent Enterprise）。

- 骨干节点（Spine）：在现今的数据中心网络中，骨干节点交换机取代了传统架构中的核心层设备。在传统的部署架构中，核心设备一般使用两台高端机框式交换机实现集群或互为冗余，然而在网络大幅扩张时，两台核心设备可能无法处理日益增长的东西向流量。因此，在骨干节点会使用多台高端机框式交换机，与所有枝叶节点实现全互连。在全互连之后，就可以使用 FabricPath、TRILL 或 SPB 等大二层技术，在消除网络中的生成树同时，实现 ECMP。值得注意的是，骨干节点的各台交换机之间一般不进行直接互连，这是为了让 ECMP 的选路效果达到最优化。

- 边界枝叶节点（Border Leaf）：有些企业可能在部署数据中心网络时，将骨干节点设备直接连接外部网络（如 Internet 或 WAN）。但是推荐使用一对专门的边界枝叶节点设备与外部网络互连，这样一来，数据中心内部服务器与外部的通信流量也成了一种"伪东西向流量"，而不是传统意义上的南北向流量——在数据中心网络和应用中的诸多特性和功能都是针对东西向流量优化的，并且也没有必要针对传统的南北向流量配置更多专门的策略。

如今，更多客户更加倾向于将这种 Folded CLOS 架构部署为全路由的数据中心网络，骨干节点和枝叶节点不再是三层网络和二层网络的边界，枝叶节点的 ToR 交换机也逐渐需要引入功能强大的路由功能。这样一来，ToR 交换机下属的物理服务器或虚拟机之间的本地三层流量就无需经过骨干节点，还可以在全网（跨越所有骨干节点和枝叶节点）对高带宽的可用性、突发流量的可预见性和配置保持一致性。此外，如果在整个 Folded CLOS 架构中，物理交换机是来自不同厂家的设备，还可以提高设备的互操作性和整体的弹性，因为很多路由协议和大二层协议都是公有的。然而，这样的设计还存在一定的挑战，尤其是对应用需要在不同枝叶节点之间进行二层连接时的支持不够——每个枝叶节点在需要进行二层域扩展时是有限制的。因此，网络虚拟化技术浮出了水面，它将物理网络和逻辑网络进行解耦，允许在逻辑空间内进行任何方式的连接，且独立于底层物理网络的物理连接和配置。

当然，在网关规模不大的时候，骨干节点交换机可能只有两台，枝叶节点交换机数量也不会非常多。如图 12.3 所示，这其实也是 Folded CLOS 架构，只是骨干节点只有两台设备，枝叶节点也比较少而已。

Folded CLOS 架构给现代数据中心带来了非常多的优势，越来越多的企业希望在新建数据中心时使用这样的方式部署物理网络。一些几年前就已经使用模块化的多 POD 架构建好了数据中心的企业，也希望将它们先前的数据中心应用架构迁移至新的 Folded

CLOS 架构中来。但是由于物理网络架构的不同，导致各种网络路由、交换、安全策略都不尽相同，还需要细化两套网络中的连接策略。这些因素都对应用迁移带来了巨大的挑战。如图 12.4 所示，NSX 网络虚拟化平台由于实现了物理网络和逻辑网络的解耦，可以无需关心底层网络架构，跨越这两套物理网络架构创建共同的资源池，实现一致的网络服务模式，最终实现应用的无缝迁移和完整的业务连续性。

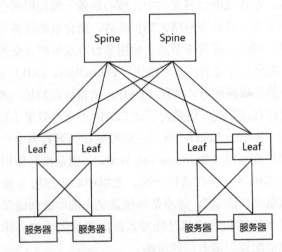

图 12.3 骨干节点交换机只有两台时的 Folded CLOS 架构

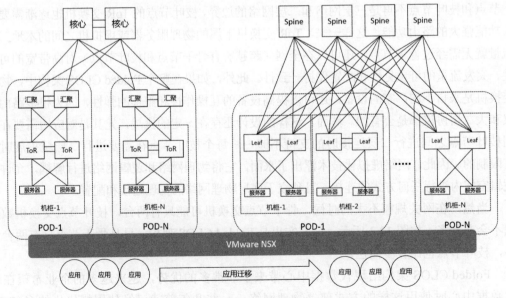

图 12.4 将应用从传统数据中心架构中迁移到 Folded CLOS 架构

12.1.2　NSX 对底层物理网络提出的要求

有了基于骨干-枝叶节点的 Folded CLOS 架构的数据中心网络，NSX 还对网络的其他一些功能提出了要求，以便部署在底层物理网络上的 NSX 网络虚拟化平台可以运行得更好。这些物理网络需要具备的特性应该是：简单性、可扩展性、高带宽、容错、QoS。

1. 简单性

简单性，意味着组成整个数据中心网络的骨干节点和枝叶节点的交换机配置必须是简单的，这样才能消除数据中心物理网络的复杂性，并提高可扩展性，为逻辑网络的运行提供良好的底层平台。有些企业认为复杂的配置才能实现安全性和更多高级的网络功能，然而这样只会造成部署、运维和扩展的复杂性。将底层物理网络进行最精简的配置，高级功能和安全性等配置则使用 NSX 网络虚拟化平台中的逻辑网络来配置。这是因为一旦 NSX 网络虚拟化平台搭建完成，网络功能全部在逻辑网络内部完成，那么物理网络的配置、策略修改就应该非常少（除非数据中心进行扩容）。因此，只有使用简单的物理网络配置，并将复杂配置引入虚拟网络内部才是 NSX 网络虚拟化平台希望看到的。

对于枝叶节点交换机，其连接服务器的接口（数据中心如今使用的一般是 10GE 的以太网接口）应该使用最少量、最精简的配置——一般使用 802.1Q Trunk 来承载多个 VLAN，使得交换机上连接该 ESXi 主机或基于其他 Hypervisor 服务器的 10GE 接口，可以为下属的所有虚拟机提供连接性。例如如果在同一台 ESXi 主机中需要同时承载 VXLAN 流量、管理流量、存储流量和 vMotion 流量，那么在交换机接口配置一条简单的 802.1Q Trunk 就可以实现这样的功能。现今的数据中心中，枝叶节点交换机一般都会使用三层交换机提供默认网关功能，在其之上创建的 VLAN 则会配置 SVI（Switch Virtual Interface）地址。推荐在一个机柜中部署一对 ToR 交换机作为枝叶节点交换机，将每个连接服务器的接口配置为 802.1Q Trunk，并跨越这一对枝叶节点交换机配置链路聚合。现今，很多网络设备厂家都可以提供这种跨越设备的链路聚合技术，如 Cisco 公司的 vPC（virtual Port-Channel）技术、Arista Networks 公司的 MLAG（MultiChassis Link Aggregation）等。对于不支持跨设备链路聚合技术的交换机，则可以配置 VRRP 或 HSRP 这些传统冗余热备协议。

枝叶节点交换机连接骨干节点交换机的接口则称为上行链路（Uplink）接口。通过这些接口连接的上连链路，是点对点的路由链路，而不是 802.1Q Trunk 链路。可以使用动态路由协议来配置其连接性，并在其路由全连通的情况下配置大二层协议。机柜中的每台 ToR 交换机都会通报其几个前缀（通常是一个 VLAN 或一个子网的前缀）。整个数据中心网络会根据从其他交换机收到的前缀计算等价路径，实现 ECMP。

骨干节点交换机只有连接到枝叶交换机的接口。所有接口都会配置为点对点路由链路，作为枝叶节点交换机上行链路的"另一端"的接口。骨干节点交换机之间通常不需要进行连接。一旦骨干节点交换机和枝叶节点交换机之间的链路出现故障,动态路由协议将迅速收敛,确保不会将受影响的流量引入已与该机柜的连接断开的骨干节点交换机。

2．可扩展性

与可扩展性有关的因素包括网络架构中支持的机柜数量、数据中心中任意两个机柜之间的带宽、枝叶节点交换机与另一机柜通信时可以选择的路径数,等等。

其中,支持的机柜数量由所有骨干节点交换机中的可用端口总数以及可接受的超额比例决定。

关于带宽,由于不同的机柜可能运行不同类型的应用,因此对带宽的要求也不尽相同。例如,机柜内的服务器如果是文件服务器或其他存储系统,那么这类机柜产生的流量可能会比数据中心中的其他机柜多。此外,与用于连接到外部环境的边缘机柜不同,计算机柜(即包含了数据中心内部工作负载和运行应用的虚拟机的机柜)的流量级别可能会有更高的带宽要求。为了满足不同的带宽要求,链路的速率和链路数量也会有所不同。可以针对每个机柜的带宽做出调整,而不影响到骨干节点交换机或枝叶节点交换机的体系结构。

与骨干节点交换机之间的链路的数量,决定了从此机柜到其他机柜的流量可以选择的路径的数量。任何两个机柜之间的路径跳数都是一致的,可以很容易基于 ECMP 进行流量选路。

3．高带宽

在基于骨干-枝叶架构的数据中心交换机拓扑中,如果发生链路超额,则通常会发生在枝叶节点交换机位置——即枝叶节点交换机可提供服务器连接的端口总带宽超过了其上行链路的总带宽。超额比的计算方式非常简单:可供连接到给定枝叶节点交换机的所有服务器的总带宽量除以聚合的上行链路带宽量就是超额比率。例如,一台有着 20 个可连接服务器的 10Gbit/s 端口的交换机,总共最多产生 200Gbit/s 的下连链路带宽。如果它的上行链路是通过 8 个 10Gbit/s 端口连接到骨干节点交换机,即总共 80Gbit/s 的上行链路,则超额比率就是 2.5:1。

现今的数据中心交换机一般使用 40Gbit/s 的端口作为骨干节点与枝叶节点的互连端口,这样就可以将 10Gbit/s 的端口全部用于连接服务器的端口,无需将它们链路聚合后再作为上连接口。

根据机柜中服务器的功能,可以配置更多或更少的上行链路,以向该机柜提供更多或更少的带宽。换句话说,每个机柜的超额比可能不同。在 NSX 网络虚拟化环境中,建议超额比不要超过 5:1。

从数据中心体系结构的角度看,带宽设计必须遵循一条规则:从枝叶节点交换机到每个骨干节点交换机的上行链路数量必须相同。如果到骨干节点交换机 A 有两条上行链路,而到其他骨干节点交换机 B、C 和 D 只有一条上行链路,这样的设计就是不合理的，这样一来，将会有更多流量通过骨干节点交换机 A 发送到枝叶节点交换机，造成流量不均衡。

4．容错

随着网络环境的规模越来越大，构成数据中心整体架构的交换机就越来越多，数据中心交换机的一台或它的一条链路出现故障的可能性也就越大。因此，应当设计一套具有较强恢复能力的网络架构，它可以承受单条链路或单个设备的故障，并不会产生大范围影响。

如果骨干节点交换机和枝叶节点交换机之间一条的链路出现故障，机柜之间的流量就可以继续通过剩余的骨干节点交换机，进行三层路由处理，通过路由协议选择其他路径。

如果骨干节点交换机本身无法工作了，那么，整个网络系统应在性能有一定损失的情况下（例如，数据中心中总共有 4 台骨干节点交换机，因为一台故障导致损失 25%的性能）保证业务流畅，而网络的功能没有任何损失。因此骨干节点交换机至少应安装两台。同理，对于枝叶节点交换机，也需要在每个机柜安装两台，以保证冗余性。任何一台枝叶节点交换机发生故障，对于这个机柜而言，只是影响 50%的性能而已，并不会对这个机柜需要提供的业务产生任何影响。

支持多路径的 Folded CLOS 架构可以很好地处理网络设备、服务器或链路故障，无需网络管理员手动进行网络维护或操作。如果网络管理员必须对交换机进行软件升级等操作，则也可以断开其链路进行单独操作，路由协议会自动选择其他链路处理业务流量，使得整个网络不会受到任何影响。

5．服务质量（QoS）

在网络虚拟化环境中，需要跨越物理网络基础架构传送各种类型的流量，包括租户、存储和管理流量。每种流量都具有不同的特征，这样一来，它对物理网络基础架构中的 QoS 也有不同的要求。通常状况下，虽然管理流量较少，但它对于控制物理和虚拟网络的状态却至关重要；IP 存储流量一般较大，且一般位于数据中心内部；云运营商可能会为租户提供各种级别的服务，每个租户都有着自己特殊的流量要求。因此，针对不同流量也具有应有不同的服务质量（QoS）配置。

在虚拟化环境中，在 Hypervisor 上可以配置一个可信的边界，这意味着它会为不同的流量类型设置相应的 QoS 值。在这种情况下，物理网络可以"信任"这些值。不需要在连接服务器的枝叶节点交换机端口上重新进行 QoS 级别分配。如果物理交换环境中存在拥塞点，网络就会检查 QoS 值，以确定应如何设定流量的顺序或优先级，并且将一些流量丢弃。当虚拟机连接到基于 VXLAN 的逻辑网络时，来自其内部数据包头部的 QoS 值就会被复制到 VXLAN 的头部，这样一来，外部物理网络也能够基于外部包头中的标记设定流量的优先级。

大部分的 QoS 配置可以由 NSX 网络虚拟化平台完成，并由物理网络"信任"，但是还是有一些需要直接由物理网络来处理 QoS，比如 IP 存储的流量。这是因为 NSX 作为一个网络虚拟化平台，对存储的流量并没有很好的可视性。此外，由于服务器无法提供 E1 等专门的语音接口，当 IP 语音流量需要拨打外线或其他站点时，需要通过物理语音网关路由器，这种 QoS 也不会配置在 NSX 网络虚拟化平台内部。

在物理网络中，可以支持两种类型的 QoS 配置，一种是在二层进行处理的 CoS，另一种是在三层进行处理的 DSCP。就 QoS 配置原理而言，物理网络和逻辑网络是一致的。

12.2　Arista Networks 网络平台与 NSX 的融合

介绍完如何在现代数据中心里设计物理网络的 Underlay，以更加有效地支持 NSX 网络虚拟化平台之后，下面来讨论物理网络设备厂家的解决方案如何与 NSX 网络虚拟化平台进行融合。

NSX 网络虚拟化平台不关心底层物理网络架构（当然我们推荐的是 Folded CLOS 架构），而且也不关心底层物理网络的品牌，它只关心服务器、虚拟机之间的 IP 是否可达（只需要 MTU 值大于 1600）。换言之，NSX 网络虚拟化解决方案可以运行在任何物理网络厂商的设备平台之上。然而各大物理网络设备厂商的技术、解决方案和协议可能都不尽相同，各自也有各自支持 NSX 网络虚拟化平台的方式和方法。在 NSX 的生态系统中，物理网络设备厂商的名单非常之长，不可能将所有物理网络厂商的数据中心解决方案一一罗列，因此，只讲解典型的两家物理网络硬件厂商的解决方案。

本节会介绍新兴数据中心网络品牌 Arista Networks 是如何支持 NSX 网络虚拟化平台的。Arista Networks 公司是一家成立仅 10 多年的网络产品公司，专注于数据中心高速交换、SDN 和网络虚拟化解决方案，为数据中心和云计算环境搭建可扩展的高性能和超低延时网络，是业内最早支持 100GE 端口的硬件网络厂商之一。Arista Networks 与 VMware NSX 合作非常紧密，并联合提出了融合解决方案。

12.2.1　Arista Networks 网络平台介绍

与其他厂商的产品相比，Arista Networks 数据中心交换机系列提供了更高的端口密度和极低的网络延迟，具备极强的可编程性，可以与 OpenStack、OpenFlow、VMware NSX 无缝集成。此外，Arista Networks 交换机的 EOS 软件可以提供跨所有平台的单一二进制映像、状态故障修复、零接触服务开通、延迟分析和可访问的 Linux Shell 等。最终，管理员可以实时响应事件并实现业务自动化，并进行可预测的故障管理。Arista Networks EOS 软件提供的这些高级功能如下。

- LANZ（Latency Analyzer）：这个功能支持网络在发生丢包前就可以进行识别，提供主动式拥堵管理和通知，并对网络拥堵进行缓冲，可以对实时队列深度分析和进行流式处理，并对延迟、突发数据和数据包丢失进行追踪。
- 网络追踪（Network Tracers）：这个功能提供了网络中应用的可视性。它包括下述功能。
  - VM Tracer 使网络工程师可以获知物理网络端口上有哪些 VMware ESXi 主机和虚拟机。
  - MapReduce Tracer 追踪直接连接到 Arista Networks 交换机的 Hadoop 工作负载并与之互动，以确保在发生节点故障时或拥堵链路中更快地重新平衡负载和进行网络收敛。这是 Arista Networks 针对大数据应用开发的功能。
  - Health Tracer 提升了硬件和软件层面的基础架构弹性，提高了总体服务可用性。
  - Path Tracer 监视和检测网络中所有路径发生的问题，如二层、三层网络的 ECMP。
- DANZ（Data Analyzer）：实现对应用和网络性能的可视性，提供高级流量监视和精确过滤，可以捕获所有 10/40/100GE 网络流量以对其记录和分析。
- 零接触预配置（Zero-Touch Provisioning，ZTP）：使用标准协议自动化基础架构的预配置，通过编写高级脚本提供定制功能，降低了部署成本并加快新服务的上线时间，消除了人工操作导致的错误配置。它可以结合 VM Tracer 完成虚拟化数据中心的部署的自动化。
- 零接触更换（Zero-Touch Replacement，ZTR）：自动化地更换交换机的预配置，缩短了停机时间，消除了人为错误。
- DevOps 集成：在本地支持 Puppet、Chef 和 Ansible，将 Puppet/Chef 命令行工具扩展到 EOS CLI，并允许网络状态存储、提供配置版本控制。

Arista Networks 数据中心交换机主要有如下型号。

- 7500E 系列：模块化核心（骨干节点）交换机，支持 10GE、40GE、100GE 接口板卡，但不支持 RJ45 接口。
- 7300X 系列：模块化核心（骨干节点）交换机，不支持 100GE 接口，但是支持 40GE 和 10GE 接口板卡，包括 10GE RJ45 接口。
- 7050/7150 系列：ToR（枝叶节点）交换机。

在数据中心部署 Arista Networks 交换机有两种典型的部署方式。如图 12.5 中的左图所示，当骨干节点交换机为两台时，使用 MLAG 技术将两台核心交换机、两台 ToR 交换机看成一个整体，实现跨设备的链路聚合。如图 12.5 中的右图所示，当骨干节点交换机大于两台时，一般使用 VXLAN 技术实现基于物理硬件交换机的 Overlay。当然，如果不使用 Overlay，也可以配置基本的 ECMP。无论数据中心中是否使用 NSX 网络虚拟化环境，都建议使用这两种拓扑模型。

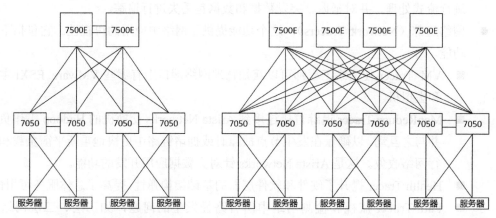

图 12.5　骨干节点交换机部署两台与大于两台时的 Arista Networks 拓扑架构

Arista Networks 数据中心交换机产品，由于其高速、低延迟的特点，加上极强的可编程性、可视性和可从网络层面对各种应用流量进行追踪和分析的特点，因此非常适用于一些"杀手级"的云应用的底层网络。这些应用包括：

● 高频金融交易应用；
● 高性能计算（HPC）；
● 集群、分布式计算；
● 视频点播；
● 网络存储访问；
● Web 分析、在线地图系统、数据库搜索查询。

12.2.2　在 Arista Networks 网络平台之上部署 NSX

Arista Networks 和 VMware 的合作由来已久。早在 2010 年，这两家成立时间并不长，却都蓬勃发展的公司就开始了第一阶段的合作。Arista Networks 交换机针对 ESXi 的标准交换机和分布式交换机在物理链路的连接层面做了优化。2012 年，两家公司联合 Cisco 和 Broadcom 公司共同参与研发了 VXLAN 协议并制定了这个协议的行业规范，同时 Arista Networks 还在其 EOS 软件中引入了 VM Tracer 功能。Arista Networks 和 NSX 的融合解决方案的提出，标志着两家公司的合作进入了第三阶段。

Arista Networks 与 VMware 认为，当今的数据中心需要在实现自动化、设备自动配置、线性扩展的同时，保证数据中心的经济性与实用性。在 Arista Networks 数据中心交换产品上运行 VMware NSX 网络虚拟化平台之后，企业能够通过单一的管理节点实现下一代网络的虚拟化、可编程性及架构的简化。

Arista Networks 和 NSX 的融合解决方案的一个典型的拓扑如图 12.6 所示。Arista Networks 的交换机有众多针对数据中心网络和应用的特点而优化的功能，作为承载 NSX Overlay 的 Underlay，这些功能都可以更好地支持逻辑网络。在这个拓扑中，数据中心中既有虚拟化环境，又有物理服务器。Arista Networks 交换机全部支持 VXLAN 技术，可以在连接物理服务器的 ToR 交换机之上处理 VTEP 的封装与解封装，并和 Hypervisor 端的 VTEP 进行交互。因此，无需在 Edge 机柜之上实现 VXLAN-VLAN 的转换，大大提升了数据中心中 Edge 机柜的效率并简化了部署。

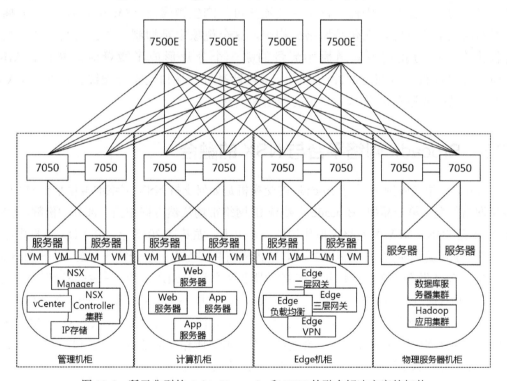

图 12.6　所示典型的 Arista Networks 和 NSX 的融合解决方案的拓扑

由于 Arista Networks 交换机具备极强的可编程性，因此 Arista Networks 公司的研发人员将这种可编程性以现成代码的形式进行交付，使得 Arista Networks 交换机可以轻松注册到 NSX Controller，并通过 OpenFlow 和 OVSDB 协议，让 NSX Controller 成为其 SDN 控制器，自己则只需要处理物理网络层面的数据转发工作。

Arista Networks 的 LANZ 和网络追踪功能，可以针对物理流量和虚拟流量进行识别、分析和追踪，这样，网络管理人员在物理网络层面对全网有一个全局的可视性，便于进行故障排查。

对于流量，本书之前讨论的所有 NSX 环境中的流量模型在 Arista Networks 和 NSX 的融合解决方案中都是完全一致的，NSX 网络虚拟化平台将各种复杂的多跳流量的路径进行了大幅精简。

最后，因为 NSX 网络虚拟化环境有需要使用 VXLAN 等隧道封装技术进行报文传输的特点，使用 Arista Networks 交换机部署底层物理网络还有一大优势。之前介绍过，由于 VXLAN 流量并不是一个 TCP 报文，因此传统网卡无法对其进行分片，可能需要 CPU 来处理，这种情况下会给整个网络带来一个副作用——分片之后，网络中会产生多个突发的线速流量。因此，网络中的流量可能产生微爆流（Microburst），形成拥塞并影响端到端的吞吐。在传统网络架构中，这个现象很难抑制，并且在发生之后很难进行排查，因为我们不知道原始流量的哪一个分片形成了微爆流。然而，Arista Networks 交换机中有深度缓冲的结构，可以针对每个端口动态分配缓存，结合 LANZ 技术，可以有效避免因微爆流产生的拥塞和丢包。

12.3　Brocade 网络平台与 NSX 的融合

本节会介绍老牌网络厂商 Brocade 的交换机是如何支持 NSX 网络虚拟化平台的。作为 SAN 网络的全球第一品牌，Brocade 在传统 IP 网络市场依然占据相当一部分的份额。近年，Brocade 在 SDN、NFV 和网络虚拟化领域重拳出击，尤其在 2015 年，其 VDX 数据中心交换机增强了可编程能力，与主流 SDN、NFV 供应商共同提出了融合解决方案。此外，Brocade 还在 2015 年还发布了 2.0 版本的 SDN 控制器和两个新的 SDN 应用——拓扑管理器、流量管理器，并且通过收购 NFV 初创公司 Connectem 获得了 vEPC 技术，还通过收购 Riverved 公司的 SteelApp 业务获得了虚拟应用交付（vADC）技术。由于 VMware NSX 解决方案是业内领先的网络虚拟化解决方案，希望在这个领域有所作为的 Brocade 公司与 VMware 公司的合作就非常紧密了——两家公司联合提出了解决方案。

12.3.1　Brocade VCS Fabric 平台介绍

Brocade 公司成立于 1995 年，专注于 SAN 网络和 IP 网络的交换技术以及这两种网络的融合架构。Brocade 的交换机支持的协议包括 iSCSI、FCIP、GigE、FICON、FCoE、DCB/CEE、二到七层 IP 网络协议。

Brocade 认为，在数据中心中使用 Folded CLOS 架构搭建物理网络时，所有用于 TOR 的枝叶节点交换机和骨干节点应当采用 40GE 端口连接，同时支持无缝的横向扩展。然而在扩展过程中，数据中心会变得越来越复杂，这样网络设备的自动化程度和上线的速度都至关重要——配置 TRILL 或其他大二层技术，需要在每台新的枝叶节点交换机上进行配置，并且还需要在骨干节点增加配置，这会带来大量的重复劳动，影响业务上线时间，且容易发生人为错误。

为此，Brocade 专注于对集群和 Fabric 的配置进行自动化和动态发现。Brocade VCS Fabric 采用了即插即用的集群化技术。自动化运维和配置对于重复性、常规性的配置，可以极大缩短网络配置时间，降低管理难度和出现问题的可能性。

Brocade 宣称，它们的交换机只需要三个步骤就可以部署——开机、配置 R-Bridge ID、在设备间连线。当然，由于每个端口连接的设备类型不同，还需要配置一些 IP 地址、二层封装方式（直接接入 VLAN 或配置成 Trunk）及一些安全策略。通过第三步即连线而形成的 Brocade VCS Fanric 的拓扑，依然建议遵循 Folded CLOS 架构。Brocade VCS Fabric 对于二层 Folded CLOS 的解决方法是使用 TRILL 技术，二层互联协议的配置都可以在交换机连线后自动生成，而无需特别手动配置。Brocade 对于三层 Folded CLOS 则混合使用 OSPF 和 BGP，这需要手动配置，无法自动生成互联的命令。

Brocade 数据中心交换机主要有如下型号。

- VDX8770 系列：机箱式多槽位交换机，主要用于骨干节点或超级骨干（Super Spine）。
- VDX6940 系列：2U 高度机架式交换机，全 40GE 端口，可用于骨干节点。
- VDX6700 系列：1U 或 2U 高度 ToR/枝叶节点交换机，其端口可以是 10GE 以太网端口，也可以是用于连接存储设备 HBA 卡的 FC 或 FCOE 端口。

通过这些 Brocade VDX 数据中心交换机系列，可以很容易搭建一张大型数据中心网络。由于 VDX8770 系列的超高性能，可以将它用作 Super Spine 交换机，而其下连的每个 POD 都建议部署为标准的 Folded CLOS，有其自己的骨干节点（一般使用 VDX6940 系列）和枝叶节点（一般使用 VDX6700 系列，如 VDX6740）。这样一来，每个 POD 都成为了大型数据中心的一个业务模块，Edge POD 则用于与其他数据中心或 Internet 的互联。此外，Brocade 的 VLAG 技术也可以实现与 Cisco 的 VPC 或 Arista Networks 的 MLAG 类似的功能，实现跨交换机的链路聚合，这样一来，枝叶节点交换机连接的服务器的上行链路也实现了冗余。这种存在 Super Spine 的 Brocade VCS Fabric 典型架构如图 12.7 所示。

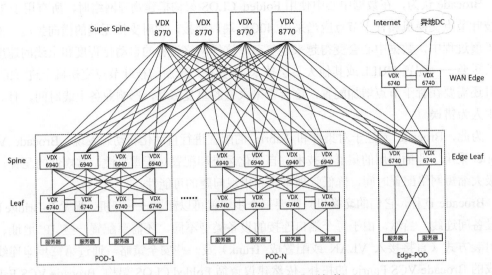

图 12.7　Brocade VCS Fabric 典型架构

12.3.2　在 Brocade VCS Fabric 平台之上部署 NSX

在 VMware NSX 网络虚拟化环境中，由于存在 VXLAN，跨三层网络的二层通信变为可能，而且无需特别在虚拟机的资源池之间使用传统二层协议。但在一些特殊情况下，在网络虚拟化环境内部还是需要使用这些纯二层连接。使用 Brocade VDX 设备，可以天然承载二层域的流量，并能够在硬件上终结 VXLAN 流量，如图 12.8 所示。

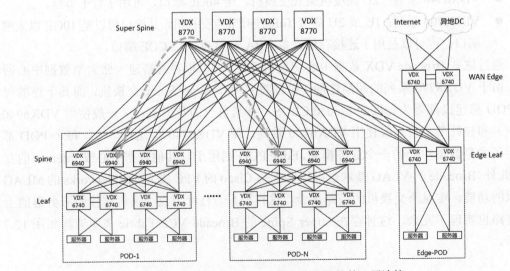

图 12.8　使用 Brocade VDX 设备实现天然的二层连接

此外，VMware NSX 网络虚拟化平台，可以使得服务器虚拟化和逻辑网络位于同一个管理平台之上，实现有效管理。但是如果想要通过 NSX Controller 去控制物理网络，需要编程人员通过编写代码来改写物理交换机的 API，并将 NSX Controller 进行再编程，使其成为 OpenFlow 控制器。这样的实现方式非常繁琐，且无法使用统一的 UI 进行管理。但是当 Brocade 和 VMware 深入合作以后，物理网络和逻辑网络统一管控的问题得到了解决。

在 Brocade 和 VMware NSX 的融合解决方案中，VMware NSX 管理 Hypervisor 中的逻辑交换机，并且使用 VXLAN 在 Underlay 物理网络之上创建和连接 Overlay 逻辑网络。对于 Overlay 网络，NSX 可以创建 VXLAN 隧道连接不同的网段。对于第三方物理设备，例如 Brocade VCS，可以作为物理网络中的 VTEP 设备，与 Hypervisor 之上的 VTEP 通信，承载 VXLAN 流量。此外，NSX 提供了可编程的 API，并通过 OVSDB 协议与物理网络设备交换信息，而 Brocade 研发人员直接实现了 VDX 系列交换机与 NSX API 的集成，无需编程人员通过再开发来实现。因此。对于跨逻辑网络和物理网络的 VXLAN 隧道，NSX 就可以只负责 VXLAN 隧道的创建和管理，其他外部网络特性仍然由物理网络设备单独实现。

在控制平面的层面，NSX 与 Brocade VCS 软件的交互过程就好比两个人打了电话。双方互相打了个招呼，说明一下自身情况，然后 VCS 就开始接受 NSX 远程遥控和调度——NSX Controller 成为了 VCS 交换机的控制平面，VCS 交换机通过 OpenFlow 协议接收控制平面信息，对数据平面的任务进行处理。为了将 Brocade VCS Fabric 配置成为 NSX 的 VXLAN 二层网关，它们的具体通信流程如下。

1．NSX Manager 获取 Brocade VCS 的设备相关信息。

2．Brocade VCS Fabric 进行回应，告知 NSX 自身的物理端口信息和设备信息。

3．NSX 管理员将 VCS 中的物理端口关联到 VTEP 二层网关服务。

4．NSX 管理员创建逻辑交换机，并且将其关联到一个 VNI（VXLAN 标识），并关联到传输区域。

5．同时，NSX 管理员需要创建逻辑网络端口，并且关联到交集交换机。这需要关联之前在 VCS 网关上面创建的 VLAN 和 VTEP 二层网关。

6．NSX 推送 VNI-VLAN 的映射给 VCS Fabric，同时提供 MAC 地址和关联的 VTEP 信息。

7．VCS 通过识别 VNI-VLAN 映射，连接 VXLAN 和 VLAN 间的流量。VCS 同时将逻辑网络中的 MAC 地址和 VXLAN 隧道进行关联。

8．VCS 将物理网络中 VLAN 下的 MAC 地址信息提供给 NSX，NSX 通过这些信息创建虚拟网络中的 MAC 地址。

总的来说，VCS Fabric 像一个"边桥"，用于连接基于 VXLAN 的逻辑网络和物理网络。对于一些需要通过物理网络连接到 VXLAN 环境中的服务（如数据库服务器），采用 Brocade VCS Fabric 作为边界也是简单易行的方案。另外，由于 Brocade VCS 技术的逻辑集群功能是对整个物理网络集群进行统一管理，因此在 NSX 之中，整个集群呈现为一个服务节点，网络硬件的管理可以交由 NSX 统一实现。

除了接受 NSX Controller 的统一控制，Brocade 还能够接受 VMware vRealize 的管理。可以使用 vRealize 工具在 VMware vSphere Web Client 统一视图之下提供对物理交换机的管理、分析以及日志信息记录，便于进行全局控制。

Brocade 和 NSX 的集成解决方案的优势如下：

● Underlay 和 Overlay 统一管理；
● 支持自动化的部署工具；
● 虚拟化和云网络环境的适配（虚拟机感知、管理、策略分发）；
● 在 vCenter 中可同时管理 SAN 设备和 IP 设备。

12.4 NSX 环境中物理交换机连接的机柜设计

在 NSX 网络虚拟化环境中，会有不同类型的机柜和集群，其承载的应用特点和流量特点都不尽相同。如何设计这些枝叶节点交换机连接的机柜和集群，就成了一个值得讨论的话题。

本节将基于之前讨论的三层物理网络，来讨论如何部署 NSX 环境中的机柜和集群。

12.4.1 NSX 环境中的机柜和集群设计

基于 NSX 网络虚拟化平台，可以在逻辑网络的层面为应用提供二层连接性、独立于底层物理网络平台的各种特性，这是基本的解耦效果。例如，一旦在数据中心网络中，二层和三层的边界位于枝叶节点，VLAN 就无法跨越不同机柜之间进行扩展。将这个 VLAN 的网关部署在骨干节点又会带来其他路由问题，回到了使用模块化方式部署数据中心网络的老路。但是，有了基于 NSX 网络虚拟化平台搭建的逻辑网络，就不会妨碍在不同机柜之间扩展二层网络的工作负载了。

构建新的网络环境时，选择一套在未来易于扩展的架构非常重要。之前已经讨论了如何部署 Folded CLOS 架构，使物理网络具备高可扩展性。当数据中心使用 NSX 网络虚拟化平台之后，则可以根据服务器数量的增加来进行逻辑网络的扩展，提供更多关于计算、管理、Edge 服务的诸多功能，而不用基于物理网络来扩展。这种物理网络和逻辑网络的解耦在数据中心中带来了如下优势：

- 对于提供特定功能的资源，在其业务（工作负载）扩大和收缩时，提供了灵活性。
- 有利于业务的分类和控制。
- 对于提供特性功能的资源，实现更好的生命周期管理（更好的 CPU、内存、网卡资源管理，使得它们可以更好地进行升级和迁移）。
- 基于逻辑网络中的应用实现更强的高可用性（利用 DRS、FT、HA 等虚拟化中才有的功能）。
- 对于频繁变化的业务（如应用层、安全标签、负载均衡等），可以实现自动化地控制。

图 12.9 所示为承载 NSX 网络虚拟化环境的基于 Folded CLOS 架构的数据中心物理网络中，不同机柜中的 ESXi 主机需要担任的角色的示意图。根据 ESXi 主机角色的不同，将它们分为计算机柜、Edge（边界）机柜、管理机柜。每种机柜中分别部署计算集群、Edge 集群和基础架构集群，每种机柜关联的集群可能有一个，也可能有多个。

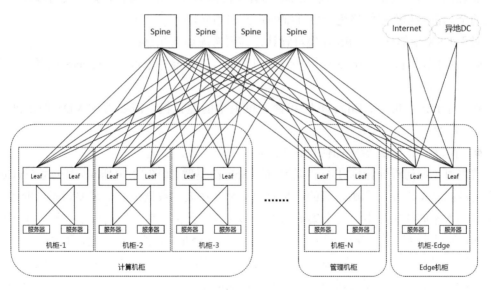

图 12.9　不同机柜中的 ESXi 主机需要担任的角色

- 计算机柜：计算机柜中的服务器可以是物理服务器，也可以是运行 vSphere 虚拟机的服务器（ESXi 主机）。对于 ESXi 主机，自然会在其之上部署 NSX 网络虚拟化平台。对于物理服务器需要分两种情况进行讨论：如果物理网络不支持或没有配置 VXLAN，逻辑网络中的应用与之通信的流量，需要通过 Edge 机柜再与之进行交互；如果物理网络配置了 VXLAN，则无需通过 Edge 机柜中的 NSX Edge 设备。

- Edge 机柜：Edge 机柜提供了逻辑网络与外部物理网络的连接能力，其主要的应用场景包括：逻辑网络连接到与物理服务器、逻辑网络连接到外部 Internet/WAN 或其他硬件设备（如物理防火墙、物理负载均衡设备）。这种机柜上的流量虽然也会出现东西向流量，但流量特征和南北向流量还是很像的。其中，运行 NSX Edge 的服务器仍然是运行了虚拟化程序的服务器，因为 NSX Edge 是需要安装在 ESXi 主机中的虚拟机里的。

- 管理机柜：管理机柜中主要运行一些管理组件，包括 vCenter、NSX Manager、NSX Controller、Cloud Management Systems（CMS）和其他共享的 IP 存储相关的组件。这种机柜里的很多服务其实也是运行在虚拟化环境中的，但是在其之上不会有任何与租户相关的通信流量，而只有管理信令流量或 IP 存储流量。对于 IP 存储流量，可能需要使用较高的网络带宽。

当然，对于小型数据中心网络，承担计算、基础架构和边界服务的 ESXi 主机可能会集中安装在一两个机柜中，或者将 Edge 与管理机柜进行合并。这样，就需要对枝叶节点交换机的全局策略和端口策略进行更详细的定义和划分。

对于 NSX 中的这三种 ESXi 集群设计，需要考虑如下几点：

- 对于计算机柜、Edge 机柜和管理机柜而言，需要考虑每个 vSphere 集群的范围和其扩展性；

- 对于计算机柜、Edge 机柜和管理机柜中的虚拟机，需要考虑 VDS 的上连链路带宽；

- 在每一个 NSX 域中如何设计 VDS。

首先讨论如何设计计算、Edge 和管理的 vSphere 集群。如图 12.10 所示，由于每个 vCenter 最多支持的 ESXi 主机和虚拟机的数量有限，因此在大型数据中心中需要将不同服务器和虚拟机划入不同的集群中。每个集群的大小都应有所预留，使得应用可以扩展。由于现在 VMware 可以实现跨越 vCenter 甚至跨越数据中心的 vMotion 技术，因此，不同集群之间的虚拟机迁移已不再是问题。而服务器、交换机或机架的故障，也会基于集群内或集群间配置的 vMotion 技术而实现高可用性，从而不影响应用功能和使用——受影响的只有集群容量、交换机带宽和性能。

为 NSX 网络虚拟化环境服务的 vCenter 可以有两种部署模式，即面向中小型数据中心的 vCenter 和面向大型数据中心的 vCenter。无论使用哪种部署模式，都需要考虑以下问题。

- 在 NSX 6.1 版本之前，NSX Manager 和 vCenter 之间必须是 1∶1 的关系。换句话说，对于一个给定的 vCenter Server，只能有一个 NSX 域与之关联，只能部署一张逻辑网络。这意味着在 NSX 网络虚拟化环境需要进行扩展的时候，会受到 vCenter 的限制。但是 NSX 6.2 版本之后则突破了这样的限制。

- 集群内的所有 NSX Controller,都需要部署到 NSX Manager 连接的同一台 vCenter 之下。这个限制在 NSX 6.2 版本之后也不存在了。

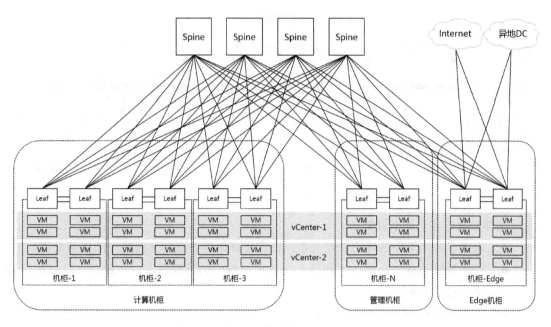

图 12.10　将不同集群划入不同 vCenter

　　面向中小型数据中心的 vCenter 和面向大型数据中心的 vCenter 的主要区别在于 vCenter 数量的不同。中小型数据中心只需要部署一台 vCenter,而大型数据中心需要部署多台 vCenter。图 12.11 所示为面向中小型数据中心的 vCenter 部署,一台 vCenter 与一台 NSX Manager 管控了所有 NSX 组件。

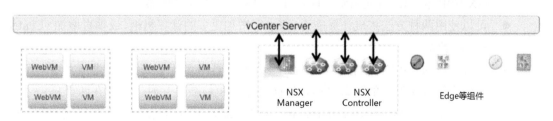

图 12.11　对于中小型数据中心部署一台 vCenter

　　即便是机柜数量较少的小型数据中心,如果需要利用 NSX 解决方案实现网络虚拟化,还是推荐针对计算资源使用独立的集群。此外,推荐将 Edge 资源和管理资源统一到一个独立的集群中。

　　如图 12.12 所示,对于大型数据中心的部署,大多数企业习惯针对管理机柜专门部署一个集群，利用统一的管理集群中的各种组件来管理不同 vCenter 下属的不同 NSX 域中的计算和 Edge 集群。

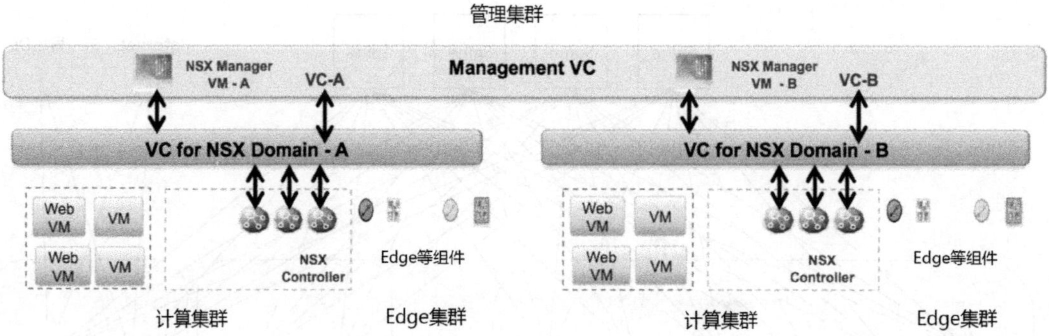

图 12.12　对于大型数据中心部署多台 vCenter

这种部署方式有如下好处：

- 避免了各个组件循环的依赖关系，管理集群始终处在它需要管理的域的外部；
- 对于异地数据中心的运维和操作，实现了统一的管理集群，在此之上可以进行移动式的配置和管理；
- 可以与现有 vCenter 实现集成；
- 便于部署和扩展多个 NSX 域；
- 升级任何一台 vCenter 时，都不会影响 NSX 域；
- 可以集成 SRM（VMware Site Recovery Manager）等其他专用的管理工具。

在大型数据中心的部署中，推荐使用一到两个专门的机柜，用于管理集群，并使用安装在这些机柜的 ToR 交换机连接到骨干节点。

在 NSX 域中部署 ESXi 主机集群时，还需要考虑下面这些因素。

- 可以使用两种方法扩展计算能力，即水平增加更多的计算机柜，或垂直增加 vCenter Server 数量。
- 管理集群通常不需要配置 VXLAN。当管理集群跨越两个或更多机柜（其中一个机柜作为管理集群中的冗余机柜，以防止整个机柜断电）时，需要在两个机柜之间的 vCenter Server、NSX Controllers、NSX Manager 和 IP 存储实现二层连通性。推荐的机柜之间的连接方式为在枝叶节点交换机之间打通 802.1Q Trunk，而机柜里的服务器则交叉连接不同机柜的 ToR 交换机。
- 通常来说，Edge 机柜是逻辑网络连接外部网络的唯一机柜。这样一来，外部流量只会影响 Edge 机柜，而不会穿越整个数据中心网络环境。
- 对于 Edge 集群，可以将其部署在一个或两个机柜中，并使用一对或两对冗余的 ToR

交换机连接骨干节点，这样就可以有效保证 Edge 机柜的冗余性。

以上讨论的机柜和集群设计都是 NSX-V 的情形。与 NSX-V 相同，在 NSX-MH 环境中仍然有三种类型的机柜——计算机柜、Edge 机柜、管理机柜。其中计算机柜中的服务器用来承担数据中心中的最终应用，它们都是部署在虚拟化平台上的，这些虚拟化平台包括 Xen、KVM 和 ESXi。Edge 机柜中会部署 NSX-MH 的二层、三层网关和服务管理节点集群。而管理机柜中的组件与 NSX-V 基本相同，包括 NSX Manager、NSX Controller、第三方管理平台（CMP/CMS）、存储，其部署方法与 NSX-V 中非常类似，在此不再赘述。

12.4.2 NSX 中的流量模型

部署在 NSX 环境中的 ESXi 主机有多种类型的流量，如 Overlay、管理、vMotion 和存储流量。其中，Overlay 流量是一种新型的流量模型，承载了 NSX 环境中几乎所有虚拟机的流量。这种流量如果是 VXLAN 流量，则会封装在 UDP 中进行传递。其他流量也有自己的特点。

在部署传统的服务器虚拟化解决方案时，对于物理网络，一般使用两条 1GE 上行链路承载不同类型的流量。如今，在数据中心中，由于流量的猛增，会使用两条或多条 10GE 上行链路进行流量承载。尤其是通过链路聚合技术捆绑了多条上行链路并将其视为一条之后，多种类型的流量就会在同一条逻辑链路中进行传输，因此对流量模型的规划就变得更加重要。

下面来详细解释各种流量模型。

1. VXLAN 流量

VXLAN 流量分为东西向流量（虚拟机之间的流量）和南北向流量（穿越 NSX Edge 的 VXLAN 流量或通过 NSX Edge 进行 VXLAN-VLAN 转换的流量）。源自虚拟机的流量会被 Hypervisor 的 VTEP 封装，到达目的虚拟机（或 NSX Edge）时会被对端的 VTEP 解封装，而外部物理网络逻辑网络的 MAC 和 IP 地址则无从知晓。

在 NSX-V 环境内部署 VXLAN 时，用于计算、Edge 集群的不同 VTEP 的 IP 地址建议位于不同网段之下。VTEP 的 IP 地址可以通过 DHCP 服务器来分配，也可以为其手动设置静态 IP 地址。根据特定机柜中的集群进行动态的 DHCP 地址分配，是推荐在生产环境中使用的部署方式。手动分配地址不利于网络的大规模扩张，仅建议用于实验环境。

2. 管理流量

管理流量源自并终结于主机之上的 VMkernel 接口，包含了 vCenter 和主机之间的通信信令，以及其他管理工具（如 NSX Manager 和 CMP）的管理流量。

单一的 VDS 可以跨越一台（或一对）枝叶节点交换机的多个 Hypervisor，但是由于

VLAN 在不同机柜的枝叶节点交换机之间不易扩展，因此当 VLAN 需要在多台枝叶节点交换机之间扩展时，Hypervisor 的管理接口也会参与进 VDS，用来将 VLAN 在分离的枝叶节点交换机进行扩展。

3．vSphere vMotion 流量

vSphere 环境中的虚拟机在进行 vMotion 的过程中，虚拟机的运行状态会被网络传输到对端。每台 ESXi 主机上的 vSphere vMotionVMkernel 接口是用来移动这种虚拟机状态的。在 ESXi 主机上，每个 vSphere VMotionVMkernel 接口分配了一个 IP 地址，而有多少这样的接口，则取决于物理网卡的速度以及可同时通过 vSphere vMotion 进行迁移的数量。当有万兆以太网卡时，可以同时执行 8 个 vSphere vMotion 的迁移工作。

在没有网络虚拟化环境时，可能会将所有部署的 VMkernel 接口都用于 vMotion，因为它们都是 IP 子网的一部分。然而，在网络虚拟化环境下，则会在不同的机柜为这些 VMkernel 接口选择不同的子网，无需将所有 VMkernel 接口都用于 vMotion。

4．存储流量

一个 VMkernel 接口还可以提供共享存储或非直连的存储功能，包括通过 IP 连接的 NAS、iSCSI 存储，或非 IP 连接的 FC、FCOE 存储。这种流量其实和管理流量的类型很相似，因此用于管理流量的策略同样适用于存储的 VMkernel 接口，而管理和存储的机柜也往往在一起统一部署。需要注意的是，存储 VMkernel 接口连接到枝叶节点交换机的子网只能位于同一台物理交换机之上。因此在不同的机柜中，存储 VMkernel 接口只能部署到不同的子网。但是如果枝叶节点交换机支持 FC 或 FCOE 接口，这个问题就不存在了，因为 FC 和 FCOE 的流量在传输过程中无需关心 IP 地址。

以上讨论的流量模型都是 NSX-V 中的情形。在 NSX-MH 环境下，同样存在管理流量和存储流量。而对于 STT 等其他类型的 Overlay 流量，其特点和 VXLAN 流量其实非常类似，而 KVM、Xen 的环境中同样存在虚拟机迁移流量，其特点又与 vSphere vMotion 流量相类似。因此对 NSX-MH 环境中的流量模型不再赘述。

12.5　总结

- 在现代数据中心中，建议使用 Folded CLOS 架构部署物理网络。
- VMware NSX 网络虚拟化环境对其底层物理网络提出了一些要求，主要表现在简单性、可扩展性、高带宽、容错和服务质量。
- Arista Networks 公司的数据中心交换机的诸多功能如 LANZ、DANZ、网络追踪，都可以对 NSX 网络虚拟化环境进行进一步优化，且 NSX Controller 也可以成为 Arista Networks 交换机的控制平面组件。

- Brocade 公司的数据中心交换机可以与 NSX 网络虚拟化环境完美融合，将物理硬件设备交由 NSX Controller 进行控制，实现逻辑网络和物理网络的统一控制和管理。
- 建议为计算、管理和 Edge 部署不同的集群，这些集群分属哪些 vCenter 也需要按照 vCenter 的容量、未来扩展的预留空间进行规划。
- NSX 环境中存在管理、Overlay、虚拟机迁移和存储四种流量模型，在生产环境中应对这些流量模型的特点进行细化设计。

参考文献

1. 《深度解析 SDN：利益、战略、技术、实践》——张卫峰著，电子工业出版社
2. 《腾云：云计算和大数据时代网络技术揭秘》——徐立冰著，人民邮电出版社
3. 《IP 领航 2014 特刊——Overlay 之 VXLAN 架构》——H3C 官方网站资料
4. 《白皮书：思科以应用为中心的基础设施》——Cisco 官方网站资料
5. 《面向企业的 CONTRAIL——引领网络迈进云时代》——Juniper 官方网站资料
6. 《VMware NSX for vSphere (NSX-V) Network Virtualization Design Guide》——VMware 官方网站资料
7. 《跨 vCenterNSX 安装指南——NSX 6.2 for vSphere》——VMware 官方网站资料
8. 《VMware NSX for Multi-Hypervisor (NSX-MH) Network Virtualization Design Guide》——VMware 官方网站资料
9. 《VMware Integrated OpenStack 安装和配置指南》——VMware 官方网站资料
10. 《VMware Integrated OpenStack：First Look》——VMware 官方博客资料
11. 《Next Generation Security with VMware NSX and Palo Alto Networks VM-Series》——Palo Alto 官方网站资料
12. 《白皮书：F5 应用服务参考架构》——F5 内部资料
13. 《VMware NSX for vSphere (NSX-V) and F5 BIG-IP Design Guide》——F5 官方网站资料